传感器原理 设计与应用

（第四版）

○ 刘迎春 叶湘滨 编著

○ 国防科技大学出版社

U0307099

内容提要

本书全面而系统地论述了各种传感器的基本原理、基本特性、信号调节电路以及它们在物理量、化学量、生物量、电量等测量中的应用。

全书共22章。第一、二、三章为传感技术总论,介绍了传感器的基本概念、基本理论,传感器特性分析方法与标定方法;第四至第十章论述常见的、应用广泛的传感器,它们是电阻应变式、电容式、电感式、压电式、磁电式、热电式和光电式等传感器;第十一至二十二章介绍国内外近年来研制与开发的新型传感器,它们是智能、光纤、图像、气体、湿度、红外、固态压阻、微波、超导、液晶、生物和机器人等传感器,反映了当代传感器技术的新发展与新成就。

本书可作为检测技术与仪器、自动控制、自动化仪表等专业的教材,亦可作为有关专业科学研究与工程技术人员的参考书。

图书在版编目(CIP)数据

传感器原理、设计与应用/刘迎春,叶湘滨编著. —4 版. —长沙:国防科技大学出版社,2004.2(2016.7 重印)

ISBN 978 - 7 - 81024 - 050 - 5

Ⅰ. 传⋯ Ⅱ. ①刘⋯ ②叶⋯ Ⅲ. 传感器 - 基本知识 Ⅳ. TP212

国防科技大学出版社出版发行

电话:(0731)84572640   邮政编码:410073

http://www.gfkdcbs.com

责任编辑:唐卫葳   责任校对:徐 飞

新华书店总店北京发行所经销

国防科技大学印刷厂印装

*

开本:787×1092   1/16   印张:25.75   字数:592 千

2004 年 2 月第 4 版 2016 年 7 月第 7 次印刷   印数:118101 - 121100 册

ISBN 978 - 7 - 81024 - 050 - 5

定价:47.00 元

第四版说明

本书第三版在用过四年之后，迎来了新世纪的曙光，它也应该以崭新的面貌与广大师生与读者见面。趁本书重印之际，我们对它的内容进行了调整与充实，以便使传感器的新发展、新技术与新成果尽快反映在教材中，从而满足教学与科研的需要。

下面对本书第四版作以下说明：

一、将传感器的标定一章并入第二章传感器的一般特性，改名为传感器的一般特性分析与标定，这样使本书结构更合理、更完美；

二、新增加生物传感器与机器人传感器两章，这样既反映了传感器技术的新发展，又使本书内容更丰富、更完善；

三、根据需要，对有关章节内容进行了部分修改与调整。

由于水平所限，书中疏漏不妥之处在所难免，欢迎广大读者批评指正。

作　者
2002 年 3 月于长沙

前　言

传感器技术在当代科技领域中占有十分重要的地位。随着计算机技术的不断发展，信息处理技术也在不断发展完善。但作为提供信息的传感器，它的发展相对于计算机的信息处理功能来说就落后了。这使得自动检测技术受到影响，也直接影响到多种技术的进一步发展。基于上述原因，愈来愈多的科技工作者对传感器技术予以了高度的重视，促使传感器技术加速发展，以适应信息处理技术的需要。

在我国出版的有关传感器技术的书籍中，能较全面反映近年来传感器技术新成就的为数不多。作者编写本书的目的就是在于向广大读者提供一本全面介绍传感器技术的书籍。

本书是按照国防科技大学检测技术与仪器专业的《传感器原理与非电量测试》课程教学大纲的要求，集作者多年来教学科研之经验，参考国内外有关资料编写而成的。原书名为《传感器原理与非电量测试》，分上、下两册，曾油印使用多次，反应较好。现经修订充实，予以公开出版。考虑到原书上、下两册虽有联系，但亦相互独立，故分成两本书出版。本书即为原书上册。原书下册更名为《非电量电测技术》，不久也将出版。

本书对当前使用较多的几类传感器，如电位计式、应变式、电容式、电感式、压电式、磁电式、光敏式、霍尔式传感器的基本原理，静、动态特性，信号调节电路及其应用都作了较为详细的分析，还介绍了有关这些传感器的设计知识。对光纤、气敏、湿敏和智能等新型传感器也作了介绍。本书内容新颖、丰富、全面，具有一定的深度和广度。叙述简明，深入浅出。可作为高等院校仪器、仪表和测试专业本科生教材，亦可供有关专业的工程技术人员参考。

限于作者的水平，书中疏漏不妥之处在所难免，敬请广大读者批评指正。

华中理工大学卢文祥副教授对本书进行了仔细审阅，提出了不少宝贵意见，在此深表谢意。

作　者
1988 年 5 月于长沙

目　　录

第一章　传感器概论

第二章　传感器的一般特性分析与标定

第三章　传感器中的弹性敏感元件

第四章　电阻应变式传感器

第五章 电容式传感器

第六章 电感式传感器

第七章 压电式传感器

第八章 磁电式传感器

第九章 热电式传感器

第十章　光电式传感器

第十一章　智能式传感器

第十二章　光导纤维传感器

第十三章　固态图像传感器

第十四章　气体传感器

第十五章　湿度传感器

第十六章　红外传感器

第十七章　固态压阻式传感器

第一章 传感器概论

1.1 传感器的组成与分类

1.1.1 传感器的定义

传感器是能感受规定的被测量并按照一定规律转换成可用输出信号的器件或装置。通常由敏感元件和转换元件组成。其中，敏感元件是指传感器中能直接感受被测量的部分，转换元件指传感器中能将敏感元件输出转换为适于传输和测量的电信号部分。

有些国家和有些学科领域，将传感器称为变换器、检测器或探测器等。应该说明，并不是所有的传感器都能明显分清敏感元件与转换元件两个部分，而是二者合为一体。例如半导体气体、湿度传感器等，它们一般都是将感受的被测量直接转换为电信号，没有中间转换环节。

传感器输出信号有很多形式，如电压、电流、频率、脉冲等，输出信号的形式由传感器的原理确定。

1.1.2 传感器的组成

一般讲传感器由敏感元件和转换元件组成。但是由于传感器输出信号一般都很微弱，需要有信号调节与转换电路将其放大或转换为容易传输、处理、记录和显示的形式。随着半导体器件与集成技术在传感器中的应用，传感器的信号调节与转换电路可能安装在传感器的壳体里或与敏感元件一起集成在同一芯片上。因此，信号调节与转换电路以及所需电源都应作为传感器组成的一部分。如图 1-1 所示。

图 1-1 传感器组成方块图

常见的信号调节与转换电路有放大器、电桥、振荡器、电荷放大器等，它们分别与相应的传感器相配合。

1.1.3 传感器的分类

传感器的种类繁多，不胜枚举。因此，传感器分类方法很多，表 1-1 给出了常见的分类方法。

表 1-1　传感器的分类

分类方法	传感器的种类	说　明
按输入量分类	位移传感器、速度传感器、温度传感器、压力传感器等	传感器以被测物理量命名
按工作原理分类	应变式、电容式、电感式、压电式、热电式等	传感器以工作原理命名
按物理现象分类	结构型传感器	传感器依赖其结构参数变化实现信息转换
	物性型传感器	传感器依赖其敏感元件物理特性的变化实现信息转换
按能量关系分类	能量转换型传感器	传感器直接将被测量的能量转换为输出量的能量
	能量控制型传感器	由外部供给传感器能量，而由被测量来控制输出的能量
按输出信号分类	模拟式传感器 数字式传感器	输出为模拟量 输出为数字量

1.2　传感器在科技发展中的重要性

1.2.1　传感器的作用与地位

人类社会已进入信息时代，人们的社会活动主要依靠对信息资源的开发及获取、传输与处理。传感器处于研究对象与测试系统的接口位置，即检测与控制系统之首。因此，传感器成为感知、获取与检测信息的窗口，一切科学研究与自动化生产过程要获取的信息，都要通过传感器获取并通过它转换为容易传输与处理的电信号。所以传感器的作用与地位就特别重要了。

若将计算机比喻为人的大脑，那么传感器则可以比喻为人的感觉器官。可以设想，没有功能正常而完美的感觉器官，不能迅速而准确地采集与转换欲获得的外界信息，纵有再好的大脑也无法发挥其应有的作用。科学技术越发达，自动化程度越高，对传感器的依赖性就越大。所以，20 世纪 80 年代以来，世界各国都将传感器技术列为重点发展的高技术，倍受重视。

1.2.2　传感器技术是信息技术的基础与支柱

前面谈到，现在人类社会已经进入信息时代，因而信息技术对社会发展，科学进步将起决定性作用。现代信息技术的基础是信息采集、信息传输与信息处理，它们就是传感器技术、通信技术和计算机技术。而且传感器在信息采集系统中处于前端，它的性能将会影响整个系统的工作状态与质量。因此，近十年来，人们对传感器在信息社会中的作用与重要性，又有新的认识与评价。

1.2.3　科学技术的发展与传感器有密切关系

传感器的重要性还体现在它已经广泛的应用于各个学科领域。例如工业自动化、农业现代化、军事工程、航天技术、机器人技术、资源探测、海洋开发、环境监测、安全保卫、医疗诊断、家用电器等领域，都与传感器有密切关系。而且传感器发展水平，会对其他学科发展产生制约作用。科学技术上的每一个发现与进步，都离不开传感器与检测技术的保证。

1.3　传感器技术的发展动向

传感器技术所涉及的知识非常广泛，渗透到各个学科领域。但是它们的共性是利用物理定律和物质的物理、化学和生物特性，将非电量转换成电量。所以如何采用新技术、新工艺、新材料以及探索新理论，以达高质量的转换效能，是总的发展途径。

当前，传感器技术的主要发展动向，一是开展基础研究，发现新现象，开发传感器的新材料和新工艺；二是实现传感器的集成化与智能化。

1．发现新现象

利用物理现象、化学反应和生物效应是各种传感器工作的基本原理，所以发现新现象与新效应是发展传感技术的重要的工作，是研制新型传感器的重要基础，其意义极为深远。例如日本夏普公司利用超导技术研制成功高温超导磁传感器，是传感器技术的重大突破，其灵敏度比霍尔器件高，仅次于超导量子干涉器件，而其制造工艺远比超导量子干涉器件简单，它可用于磁成像技术，具有广泛推广价值。

2．开发新材料

传感器材料是传感器技术的重要基础，由于材料科学的进步，人们在制造时，可任意控制它们的成分，从而可以设计制造出用于各种传感器的功能材料，例如半导体氧化物可以制造各种气体传感器，而陶瓷传感器工作温度远高于半导体，光导纤维的应用是传感器材料的重大突破，用它研制的传感器与传统的相比有突出的特点。有机材料作为传感器材料的研究，引起国内外学者极大兴趣。

3．采用微细加工技术

半导体技术中的加工方法如氧化、光刻、扩散、沉积、平面电子工艺、各向异性腐蚀以及蒸镀、溅射薄膜工艺都可引进用于传感器制造，因而制造出各式各样新型传感器。例如，利用半导体技术制造出压阻式传感器，利用薄膜工艺制造出快速响应的气敏、湿敏传感器，日本横河公司利用各向异性腐蚀技术进行高精三维加工，在硅片上构成孔、沟、棱、锥、半球等各种形状，制作出全硅谐振式压力传感器。

4．研究多功能集成传感器

日本丰田研究所开发出同时检测 Na^+、K^+ 和 H^+ 等多离子传感器。这种传感器的芯片尺寸为 $2.5mm \times 0.5mm$，仅用一滴液体，如一滴血液即可同时快速检测出其中 Na^+、K^+、H^+ 的浓度，对医院临床非常适用与方便。

催化金属栅与 MOSFEJ 相结合的气体传感器已广泛用于检测氧、氨、乙醇、乙烯和一氧化碳等。

我国某传感器研究所研制的硅压阻式复合传感器可以同时测量压力与温度。

5．智能化传感器

智能传感器是一种带微处理器的传感器，它兼有检测、判断和信息处理功能。其典型产品如美国霍尼尔公司的 ST－3000 型智能传感器，其芯片尺寸为 3mm×4mm×2mm，采用半导体工艺，在同一芯片上制作 CPU·EPPOM 和静压、压差、温度等三种敏感元件。

6．新一代航天传感器研究

众所周知，在航天器的各大系统中，传感器对各种信息参数的检测，保证了航天器按预定程序正常工作，起着极为重要的作用。随着航天技术的发展，航天器上需要的传感器越来越多，例如，航天飞机上安装 3500 支左右传感器，对其指标性能都有严格要求，如小型化、低功耗、高精度、高可靠性等都有具体指标。为了满足这些要求，必须采用新原理、新技术研制出新型的航天传感器。

7．仿生传感器研究

值得注意的一个发展动向是仿生传感器的研究，应该给予高度重视，特别是在机器人技术向智能化高级机器人发展的今天。仿生传感器就是模仿人的感觉器官的传感器，即视觉传感器、听觉传感器、嗅觉传感器、味觉传感器、触觉传感器等。目前只有视觉与触觉传感器解决的比较好，其他几种远不能满足机器人发展的需要。也可以说，至今真正能代替人的感觉器官功能的传感器极少，需要加速研究，否则将会影响机器人技术的发展。

1.4　机电模拟及双向传感器的统一理论

在非电量测量中，位移、速度、加速度、力等机械量占有很重要地位。为了测量这些机械量必须采用能将机械量转换为电量的传感器。这不仅需要研究机和电两个方面，而且要从机电耦合角度去研究传感器。就是说不仅研究传感器电系统的输出特性和机械系统的输入特性，而且还要研究机和电之间的变换特性。

在线性电路中用数学表达式描述电参量间的关系，输出对输入的响应也是用微分方程来描述的。同样，在线性机械系统中也是用同样的数学方法。具有相同类型的微分方程的不同物理系统，尽管微分方程的解所代表的物理含义不同，但其解的数学形式并不依赖于方程所代表的物理系统。因此，任何物理系统对给定激励的响应，只要系统是用同一微分方程来描述，则它们对相同激励函数的响应特性也是相同的。能用同一类型的微分方程描述的不同系统称为相似系统。一个由电阻、电容、电感组成的电系统可以和一个由阻尼器、质量、弹簧组成的机械系统相似。

在研究机械系统时，可以充分利用相似特性进行机电模拟，这样将带来许多好处。首先可以将复杂的机械系统变成便于分析系统状态的电路图和符号。只要确定了相似的电系统的电路图和参数，就可以充分利用电路的理论，利用阻抗概念及网络理论来分析计算实际的机械系统。再者，由于电系统的电路元件易于更换，测量电压、电流都较容易，这将为模拟和试验提供很大的方便。

建立线性机械系统和电系统之间的相似性，对于处理电和机相互联系的机电系统就显得更有价值。

1.4.1 变量的分类

通常变量的分类可按物理特性区分为机械量、电学量、热学量、声学量等。这种分类方法只便于区分变量的物理属性，但看不出不同种类的物理量所表现出来的共同特性，因此，研究不同种类的变量的相似特性并进行分类，对于研究机电模拟是必要的。

各类基本物理量间可以按它们在"路"中表现的形式分为通过变量和跨越变量。

表 1-2 变量的分类

变量	通 过 变 量		跨 越 变 量	
	状态变量	速率变量	状态变量	速率变量
基本关系	y	$\dot{y} = \dfrac{\mathrm{d}y}{\mathrm{d}t}$	x	$\dot{x} = \dfrac{\mathrm{d}x}{\mathrm{d}t}$
平　移	动量 p	力 F	位移 x	速　度 $v = \dfrac{\mathrm{d}x}{\mathrm{d}t}$
转　动	角动量 p_t	转矩 M	角位移 φ	角速度 $\omega = \dfrac{\mathrm{d}\varphi}{\mathrm{d}t}$
电　学	电荷 Q	电流 $i = \dfrac{\mathrm{d}Q}{\mathrm{d}t}$	磁链 ψ	电　势 $e = \dfrac{\mathrm{d}\psi}{\mathrm{d}t}$

只由空间或路上的一个点来确定的变量称为通过变量，例如力、电流。必须由空间和路上的两个点来确定的变量称为跨越变量，如位移、电压。一般把这两个点中的一个点作为基准点或参考点。

还可根据变量与时间的关系划分为状态变量和速率变量，状态变量是与时间无关的变量，它可以用空间和路上的某一点或两点间的状态来说明，如电荷、位移。速率变量是指用状态变量对时间的变化率表示的变量，如速度 v，电流 i。

按以上分类方法，机械系统和电系统各变量的分类如表 1-2 所示。

1.4.2 机电模拟

机电模拟是建立在所研究的机械系统的微分方程和等效电路的微分方程相似的基础之上的。在线性机械系统中，能与电系统参量相对应的模拟方案可有多种，目前经常采用的两种模拟是力—电压模拟和力—电流模拟。

一、力—电压模拟

在图 1-2 所示的机械系统中，除激励力 f 外，作用在质量 m 上的力还有

（1）惯性力

$$f_m = ma = m\frac{\mathrm{d}v}{\mathrm{d}t} = m\frac{\mathrm{d}^2 x}{\mathrm{d}t^2}$$

（2）阻尼力（粘性阻尼）

$$f_c = cv = c\frac{\mathrm{d}x}{\mathrm{d}t} = c\int a\,\mathrm{d}t$$

（3）弹簧力

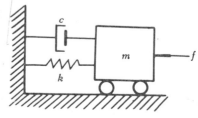

图 1-2 机械系统模型

$$f_k = kx = k\int v\,\mathrm{d}t = k\iint a\,\mathrm{d}t\,\mathrm{d}t$$

式中：m——质量块的质量；　　c——阻尼器的阻尼系数；

　　　　k——弹簧的刚度；　　　　x——质量块的位移；

　　　　v——质量块的速度；　　　　a——质量块的加速度。

　　根据力学原理，作用在质量块上的合力为零。由于图 1 – 2 为单自由度系统，且外力与上述三个力的方向相反，合力为其代数和。

则

$$f_m + f_c + f_k - f = 0 \qquad (1-1)$$

　　这样可列出此机械系统的二阶微分方程为

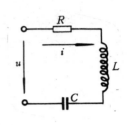

$$m\frac{\mathrm{d}v}{\mathrm{d}t} + cv + k\int v\,\mathrm{d}t = f$$

　　如果对图 1 – 3 的串联 R、L、C 电路列微分方程，可有

$$L\frac{\mathrm{d}i}{\mathrm{d}t} + Ri + \frac{1}{C}\int i\,\mathrm{d}t = u \qquad (1-2)$$

　　比较上面两个微分方程可以很容易发现二者类型相同。这

图 1 – 3　电系统模型

说明两个系统的物理性质虽然不同，但它们具有相同的数学模型，其运动规律是相似的，相同的数学模型是模拟的基础。根据所列的微分方程很容易找出机和电相似系统中的对应项来，如表 1 – 3 所示。

表 1 – 3　力—电压相似系统中参量对应关系

机械系统	力 f	速度 v	位移 x	质量 m	阻尼系数 c	弹性系数 $1/k$
电 系 统	电压 u	电流 i	电荷 Q	电感 L	电阻 R	电容 C

　　因为这种相似方法是以机械系统的激励力和电路的激励电压 u 相似为基础的，所以称为力—电压相似。这种相似方法的特点是：

　　(1) 机械系统的一个质点用一个串联电回路去模拟；

　　(2) 机械系统质点上的激励力和串联电路的激励电压相模拟,所有与机械系统一个质点连接的机械元件 ($m,c,k,$) 与串联回路中的各电气元件 (L,R,C) 相模拟。

　　例如,为了测量结构物的振动速度 v_x (相对于大地),常将磁电式传感器固定在结构物上,见图 1 – 4(a),由于传感器的外壳(质量为 m_2)与结构物之间具有一定的连接刚度 k_2 和阻尼 c_2,而传感器内部又是由惯性质量块 m_1 通过弹簧 k_1 和阻尼器 c_1 与外壳 m_2 相连的,这样的机械系统具有两部分质量 m_1 和 m_2,因此具有两个质点。而结构物的速度作为传感器的输入量将不必考虑结构物这个质点,其对应的相似电路就应具有两个回路,如图 1 – 4(b)所示。机械系统的输入速度 v_x 对应于该模拟电路的输入电流,弹簧 k_2(或阻尼器 c_2)两端的相对速度 v_2 是输入速度 v_x 与质量 m_2 相对于大地的速度 v_{m2} 之差 $v_2 = v_x - v_{m2}$。由质量 m_2 所决定的电回路 M_2 中的模拟元件应包括与质量 m_2 相接的所有 k_1,c_1,k_2,c_2,m_2 五个元件。同样在弹簧 k_1(或阻尼器 c_1)两端,即 m_2 相对 m_1 的

相对速度 v_1 为 $v_1 = v_{m2} - v_{m1}$，v_{m1} 为质量 m_1 相对于大地的速度。模拟质量 m_1 这一质点的串联回路元件应包括 k_1, c_1, m_1 三个元件，则可画出另一个回路 M_1。由于 k_1, c_1 同时与 m_1, m_2 相连，则 c_1, k_1 应是两个回路的公共部分。这样很容易画出模拟电路来。为了便于计算，在模拟电路中的电阻、电容、电感可直接用机械参数来表示，质量 m_1, m_2 上相对于大地的速度将由相应的电感元件 L_1, L_2 中的电流 i_{m1}, i_{m2} 来模拟。当关心的输出是质量 m_1 对质量 m_2 的相对速度 v_0 时，则应取 $v_0 = v_{m1} - v_{m2} = -v_1$ 作为输出。显然它是模拟电路中 $C_1 R_1$ 中的电流 i_1 的负值。当研究输出速度 v_0 的响应特性时，只需研究 $C_1 R_1$ 中的响应电流 i_1 即可。

上面的分析说明，力—电压相似系统是将电系统的跨越变量（电压 u）模拟了机械系统的通过变量（力 f）。电系统的通过变量（电流 i）模拟了机械系统的跨越变量（速度 v），因而形成了机械系统的一个质点需用电系统一个回路来模拟。虽然它们具有同样的微分方程，但从形式上这种模拟不直观，破坏了结构上的一致性。在测试时，为了得到速度值需要在模拟电路中串入电流表测电流，这给模拟实验带来不便，当采用下面的相似系统时则不同了。不过，由于机械系统经常是以力激励，而电系统是以电压激励，所以经常采用力—电压相似系统。

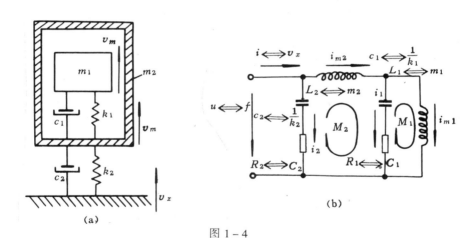

图 1-4

二、力—电流模拟

对于图 1-2 的机械系统可同样以采用图 1-5 所示的电流激励并联电路来模拟。该模拟电路的微分方程为

$$C \frac{\mathrm{d}u}{\mathrm{d}t} + Gu + \frac{1}{L} \int u \mathrm{d}t = i \qquad (1-3)$$

与机械的二阶系统的微分方程式（1-1）比较，它们也是具有相同类型的微分方程。

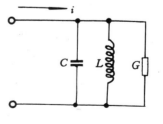

图 1-5

此相似系统是以机械系统的激励力 f 和模拟电路的激励电流 i 相似为基础的，所以称为力—电流相似系统。在这种模拟方法中，两个系统的对应相似参量如表 1-4 所示。

机械系统	力 f	速度 v	位移 x	质量 m	阻尼系数 c	弹性系数 $1/k$
电系统	电流 i	电压 u	磁链 ψ	电容 C	电导 G	电感 L

从表中可见机械系统的跨越变量（速度 v）与电系统的跨越变量（电压 u）相模拟，机械系统的通过变量（力 f）与电系统的通过变量（电流 i）相模拟。

机械系统中作用在一个质点上的所有通过变量的和为零，即 $\Sigma f = 0$；在电路中流入一个结点的所有通过变量电流 i 的和为零，即 $\Sigma i = 0$。采用力—电流模拟方法，可以将电系统的一个结点模拟机械系统的一个质点。从物理观点上看这种模拟方法比较直观，在模拟测试时也很方便。为了测量两个质点间的相对速度，只要测量相似电路中两个结点间的电压即可，这在实验测量中是很方便的。

力—电流相似系统的特点是：

（1）机械系统的一个质点与模拟电路的一个结点相对应；

（2）流入电路结点的激励电流与机械系统相应质点的激励力模拟。与该结点相接的电元件（GLC）与对应质点相接的机械元件（ckm）相模拟；

（3）当质量块的速度是相对于大地的速度，采用电容器模拟质量时，应将电容器的一端接电路地线。这就可以简化模拟电路。两个或更多个刚性连接的质量，其相似电路是两个或更多个一端接地的并联电容。

同样用电流模拟图 1－4(a) 的机械系统时，可以用图 1－6 所示的力—电流模拟电路。机械系统的一个质点 m_2 上连接 c_2, c_1, k_1, k_2, m_2 五个机械元件，作用在质量 m_2 上的力也有五个。则在模拟电路上的结点 a 上接五个支路，即两个电导 $G_1 \Leftrightarrow c_1, G_2 \Leftrightarrow c_2$，两个电感 $L_1 \Leftrightarrow 1/k_1, L_2 \Leftrightarrow 1/k_2$，和一个接地电容 $C_2 \Leftrightarrow m_2$，模拟电路结点 a 上的电压即模拟了机械系统质量 m_2 相对于大地的速度 v_{m2}。模拟电路的激励电流模拟了机械系统结构物的激励

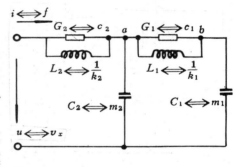

图 1－6

力 f，结构物相对大地的速度 v_x 是用激励电压 u 来模拟的。同样，质点 m_1 与电路的结点 b 对应，与 m_1 相接的 c_1, k_1 和 m_1 相应用与结点 b 连接的电导 $G_1 \Leftrightarrow c_1$，电感 $L_1 \Leftrightarrow 1/k_1$ 和接地电容 $C_1 \Leftrightarrow m_1$ 来模拟。

当要求两个质点 m_1, m_2 间的相对速度 $v_0 = v_{m1} - v_{m2}$ 作为输出时，只要得到模拟电路中的 a 和 b 两个结点间的电压差 $u_0 = u_1 - u_2$ 即可模拟输出速度 v_0 对输入速度 v_x 的响应。

1.4.3　双向传感器的统一理论

上述的机电模拟只是单纯地用电系统模拟机械系统。而在非电量电测量中还经常遇到机械量变为电量的机电变换器，它既包含机械系统又有电系统，输入为机械量，输出为电量，当做反变换器使用时，输入量为电量而输出为机械量。多数的机电变换器都具有这种双向特性，如磁电式传感器、压电式传感器等。

当传感器将机械量变换为电量时，它是作为机械量的接收器而作用的；当把电量反变换为机械量时，则它是机械量的发送器。上述的接收器和发送器均是指机械量而言的。凡是既能作机械量的接收器又能作机械量的发送器，从而实现机电可逆变换的变换器被称为双向传感器。

为了更好地理解上述内容，将以磁电式传感器（见图 1-13）为例来分析。

对这样的机电系统进行分析，实际上可应用电路的四端网络理论，并采用初等矩阵代数方程就能比较完善地表达机电系统的特性。这种处理方法保留了原有的机械量和电量，而机和电之间的联系则采用所谓"理想传感器"来实现。

在下面的分析中均采用力—电压相似。

一、基本两通道方程

与分析电的四端网络一样，把双向机电系统表示为图 1-7 所示的四端网络。输入为机械量 F，V，输出为电量 E，I，其逆变换也是如此。在研究它的双向特性时，可以不必考虑各量的实际正方向，先假定正方向如图中所示那样。

图 1-7

对于线性四端网络，一般可用三个参量表示网络的特性。当取两个自变量为速度 V 和电流 I 时，则两通道方程为

$$\begin{cases} F = F(V, I) = Z_m V + M_{fi} I \\ E = E(V, I) = M_{ey} V + Z_e I \end{cases} \tag{1-4}$$

式中：Z_m——机械内阻抗[*]；

Z_e——电路内阻抗；

M_{fi}——电流到力的变换因子（$V = 0$）；

M_{ev}——速度到电势的变换因子（$I = 0$）。

当取两个自变量为 V，E 时，则两通道方程为：

$$\begin{cases} F = F(V, E) = Z_m V + N_{fe} E \\ I = I(V, E) = N_{iv} V + Y_e E \end{cases} \tag{1-5}$$

式中：$Y_e = 1/Z_e$——内电路的等效并联导纳；

N_{fe}——电势到力的变换因子（$V = 0$）；

Z_{iv}——速度到电流的变换因子（$E = 0$）。

二、理想传感器

当机电变换器的机械系统一侧的机械内阻为零，即 $Z_m = 0$；而电系统一侧的电路内阻抗为零，即 $Z_e = 0$（或并联导纳 $Y_e = 0$）时，具有这两个条件的传感器被认为是理想的传感器。这说明机械系统一侧不存在机械内阻抗上的分力，在电系统一侧不存在内阻抗压降（或并联导纳的分流），输入的机械能（或电能）将全部转换为输出的电能（或机械能），不存在内部损耗。

---

[*] 机械阻抗定义为力与速度的比，正弦激励时机械阻抗为复数，阻尼器 c 的阻抗为 c，弹簧 k 的阻抗为 $-jk/\omega$，质量 m 的阻抗为 $j\omega m$。

与式（1-4）和式（1-5）方程组对应，可以得出两种理想传感器的方程。

$$\begin{cases} F = M_{fi}I \\ E = M_{ey}V \end{cases} \tag{1-6}$$

$$\begin{cases} F = N_{fe}E \\ I = Z_{iv}V \end{cases} \tag{1-7}$$

式（1-6）是理想传感器的方程组，其电系统输出为电势，因此称为电压源型理想传感器；式（1-7）也是理想传感器的方程组，其电系统的输出为电流，因此称为电流源型理想传感器。

由于理想传感器不存在内功率损失，因此输入的机械和电的功率总和为零。根据这个条件，可确定 M_{fi} 和 M_{fe} 以及 $N_{iv}N_{iv}$ 之间的关系。

输入理想传感器的机械功率为

$$P_m = \frac{1}{2} R_e(FV^*) = \frac{1}{2} R_e(M_{fi}LV^*) \tag{1-8}$$

输入理想传感器的电功率为

$$P_e = \frac{1}{2} R_e(E^* I) = \frac{1}{2} R_e(E^*_{ev}V^* I) \tag{1-9}$$

式中 V^* 和 E^* 分别为 V 和 E 的共轭复数。

因理想传感器满足 $P_e = P_m \neq 0$ 条件，则必然有 $M_{fi} = -M^*_{ev}$，可设 $M_{fi} = M$，$M_{ev} = -M^*$。基于同一道理，则有 $N_{fe} = -N^*_{iv}$，可设 $N_{fe} = N$，$N_{iv} = N^*$。

这样电压源型的理想传感器的方程改写为

$$F = MI$$
$$V = \frac{E}{-M^*} \tag{1-10}$$

而电流源型的理想传感器的方程组为

$$F = NE$$
$$V = \frac{I}{-N^*} \tag{1-11}$$

方程组（1-10）和（1-11）可以写成矩阵形式。电压源型理想传感器的矩阵为

$$\begin{bmatrix} F \\ E \end{bmatrix} = \begin{bmatrix} 0 & M \\ -M^* & 0 \end{bmatrix} \begin{bmatrix} V \\ I \end{bmatrix} \tag{1-12}$$

或

$$\begin{bmatrix} F \\ V \end{bmatrix} = \begin{bmatrix} M & 0 \\ 0 & -\dfrac{1}{M^*} \end{bmatrix} \begin{bmatrix} I \\ E \end{bmatrix} \tag{1-13}$$

电流源型理想传感器的矩阵为

$$\begin{bmatrix} F \\ I \end{bmatrix} = \begin{bmatrix} 0 & N \\ -N^* & 0 \end{bmatrix} \begin{bmatrix} V \\ E \end{bmatrix} \tag{1-14}$$

或

$$\begin{bmatrix} F \\ V \end{bmatrix} = \begin{bmatrix} N & 0 \\ 0 & -\dfrac{1}{N^*} \end{bmatrix} \begin{bmatrix} E \\ I \end{bmatrix} \tag{1-15}$$

可以用式（1－13）和式（1－15）的传递矩阵和方框图表示相应的理想电压源型和电流源型传感器，如图1－8所示。

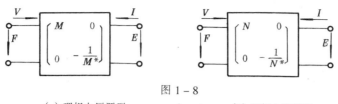

图 1－8

（a）理想电压源型　　　　　　　　（b）理想电流源型

三、实际传感器

由于实际的传感器存在机械内阻抗 Z_m 和电压源型的串联内阻抗 Z_e（或电压源型的并联导纳 Y_e），因而与理想的传感器不同，其两通道方程为（1－4）和（1－5）方程组，分述如下：

1. 阻抗矩阵

当实际的传感器采用理想电压源型传感器时，两通道方程（1－4）被改写为

$$\begin{cases} F = Z_m V + MI \\ E = - M^* V + Z_e I \end{cases}$$

其矩阵形式为

$$\begin{bmatrix} F \\ E \end{bmatrix} = \begin{bmatrix} Z_m & M \\ - M^* & Z_e \end{bmatrix} \begin{bmatrix} V \\ I \end{bmatrix} \tag{1－16}$$

此矩阵称为 M 型矩阵，由于 Z_m 和 Z_e 均为阻抗性质，所以又称为阻抗矩阵。实际的传感器的方框图如图1－9所示。

2. 混合矩阵

如果实际的传感器采用的是理想电流源型时，两通道方程（1－5）被改写为

$$F = Z_m V + NE$$

$$E = - M^* V + Y_e E$$

其矩阵形式为

$$\begin{bmatrix} F \\ I \end{bmatrix} = \begin{bmatrix} Z_m & N \\ - N^* & Y_e \end{bmatrix} \begin{bmatrix} V \\ E \end{bmatrix} \tag{1－17}$$

称为 N 型矩阵。由于 Z_m 和 Y_e 为阻抗和导纳形式，所以又称为混合矩阵。同样，实际的传感器的方框图如图1－10所示。

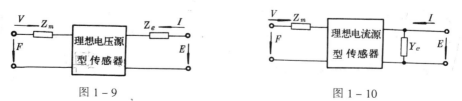

图 1－9　　　　　　　　　　　　图 1－10

M 型阻抗矩阵可很容易地转化为 N 型混合矩阵。用电压源型的参数表示的电流源

型混合矩阵为

$$\begin{bmatrix} F \\ I \end{bmatrix} = \begin{bmatrix} Z_m + \dfrac{|M|^2}{Z_e} & \dfrac{M}{Z_e} \\ \dfrac{M^*}{Z_e} & \dfrac{1}{Z_e} \end{bmatrix} \begin{bmatrix} V \\ E \end{bmatrix} \tag{1-18}$$

式中：$|M|^2 = M^* \cdot M$

同样，N 型混合矩阵可以很容易地转化为 M 型阻抗矩阵。用电流源型的参数表示的电压源型阻抗矩阵为

$$\begin{bmatrix} F \\ E \end{bmatrix} = \begin{bmatrix} Z_m + \dfrac{|N|^2}{Y_e} & \dfrac{N}{Y_e} \\ \dfrac{N^*}{Y_e} & \dfrac{1}{Y_e} \end{bmatrix} \begin{bmatrix} V \\ I \end{bmatrix} \tag{1-19}$$

式中：$|N|^2 = N^* \cdot N$。

3. 传递矩阵

双向机电偶合传感器的传递矩阵在传感器分析中具有特殊意义。传递矩阵的自变量和因变量各自是同类系统的参量，如 E、I 或 F、V。采用传递矩阵可以将传感器的机械系统和电系统用传递矩阵连乘形式来描述，而机和电系统的耦合是靠理想变换器的传递矩阵，这样只要灵活掌握各环节的传递矩阵，就可以用传递矩阵连乘来描述传感器的机电特性。

电压源型传感器的传递矩阵可由阻抗矩阵（1-16）在自变量改为电量 I，E 后导出

$$\begin{bmatrix} F \\ V \end{bmatrix} = \begin{bmatrix} M + \dfrac{Z_e Z_m}{M^*} & -\dfrac{Z_m}{M^*} \\ \dfrac{Z_e}{M^*} & -\dfrac{1}{M^*} \end{bmatrix} \begin{bmatrix} I \\ E \end{bmatrix} \tag{1-20}$$

而电流源型传感器的传递矩阵也可由混合矩阵（1-17）在自变量改为电量 I、E 后导出

$$\begin{bmatrix} F \\ V \end{bmatrix} = \begin{bmatrix} N + \dfrac{Z_e Y_m}{N^*} & -\dfrac{Z_m}{N^*} \\ \dfrac{Y_e}{N^*} & -\dfrac{1}{N^*} \end{bmatrix} \begin{bmatrix} E \\ I \end{bmatrix} \tag{1-21}$$

如果将上面的传递矩阵展开成矩阵连乘的形式，则传递矩阵（1-20）和（1-21）分别为

$$\begin{bmatrix} F \\ V \end{bmatrix} = \begin{bmatrix} 1 & Z_m \\ 0 & 1 \end{bmatrix} \begin{bmatrix} M & 0 \\ N & -\dfrac{1}{M^*} \end{bmatrix} \begin{bmatrix} 1 & 0 \\ -Z_e & 1 \end{bmatrix} \begin{bmatrix} I \\ E \end{bmatrix} \tag{1-22}$$

$$\begin{bmatrix} F \\ V \end{bmatrix} = \begin{bmatrix} 1 & Z_m \\ 0 & 1 \end{bmatrix} \begin{bmatrix} N & 0 \\ N & -\dfrac{1}{N^*} \end{bmatrix} \begin{bmatrix} 1 & 0 \\ -Y_e & 1 \end{bmatrix} \begin{bmatrix} E \\ I \end{bmatrix} \tag{1-23}$$

上式的中间因子为理想传感器的传递矩阵，左侧的因子为传感器的机械内阻抗传递

矩阵，右侧的因子为电系统阻抗 Z_e 或导纳 Y_e 的传递矩阵。传递矩阵必须按输入和输出的顺序连乘，其位置不能更换。

若双向传感器用作接收器时，输入端为激振源，其内机械阻抗 Z_{mo}，而输出端为负载阻抗 Z_{eo}（电压源型）或并联导纳 Y_{eo}（电流源型）。当用作发送器时，输入端是内阻抗为 Y_{eo} 的电压源（电压源型）或内导纳为 Y_{eo} 的电流源（电流源型），而输出端机械负载阻抗为 Z_{mo}。无论是哪种应用，在下面的分析中可以先不必针对具体应用而作为一个共同理论来进行分析。

这样，电压源型传感器的方框图如图1－11(a)所示，图 1－11(b)为双向传感器电压源型双通道方块图。其传递矩阵为

$$\begin{bmatrix} F_0 \\ V \end{bmatrix} = \begin{bmatrix} 1 & Z_{mo} \\ 0 & 1 \end{bmatrix} \begin{bmatrix} 1 & Z_m \\ 0 & 1 \end{bmatrix} \begin{bmatrix} M & 0 \\ 0 & -\dfrac{1}{M^*} \end{bmatrix} \begin{bmatrix} 1 & 0 \\ -Z_e & 1 \end{bmatrix} \begin{bmatrix} 1 & 0 \\ -Z_{e0} & 1 \end{bmatrix} \begin{bmatrix} I \\ E_0 \end{bmatrix} \quad (1-24)$$

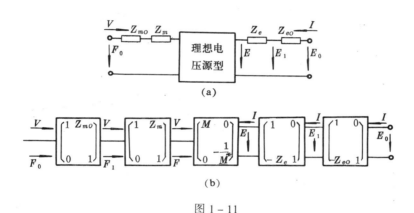

图 1－11

而电流源型传感器的方框图如图 1－12(a)所示，图 1－12(b)所示为双向传感器电流源型双通道方框图。其传递矩阵为

$$\begin{bmatrix} F_0 \\ V \end{bmatrix} = \begin{bmatrix} 1 & Z_{mo} \\ 0 & 1 \end{bmatrix} \begin{bmatrix} 1 & Z_m \\ 0 & 1 \end{bmatrix} \begin{bmatrix} N & 0 \\ 0 & -\dfrac{1}{N^*} \end{bmatrix} \begin{bmatrix} 1 & 0 \\ -Y_e & 1 \end{bmatrix} \begin{bmatrix} 1 & 0 \\ -Y_{e0} & 1 \end{bmatrix} \begin{bmatrix} E \\ I_0 \end{bmatrix} \quad (1-25)$$

若将式（1－24）和式（1－25）传递矩阵积化简，可得出电压源型化简传递矩阵

$$\begin{bmatrix} F_0 \\ V \end{bmatrix} = \frac{1}{M^*} \begin{bmatrix} M^2 + (Z_m + Z_{mo})(Z_e + Z_{eo}) & -(Z_m + Z_{mo}) \\ (Z_e + Z_{eo}) & -1 \end{bmatrix} \begin{bmatrix} I \\ E_0 \end{bmatrix} \quad (1-26)$$

和电流源型的化简传递矩阵

$$\begin{bmatrix} F_0 \\ V \end{bmatrix} = \frac{1}{N^*} \begin{bmatrix} N^2 + (Z_m + Z_{mo})(Z_e + Z_{eo}) & -(Z_m + Z_{mo}) \\ (Y_e + Y_{eo}) & -1 \end{bmatrix} \begin{bmatrix} E \\ I_0 \end{bmatrix} \quad (1-27)$$

四、双向传感器的一般特性

无论是用作机械量接收器还是作为机械量发送器的传感器，在研究它的特性时，需要导出机械量接收器输入端表现出来的输入机械阻抗，机械量发送器输入端表现出来的

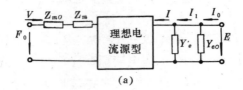

(a)

(b)

图 1 - 12

电输入阻抗，特别是它的变换函数更是我们所关心的。

1. 接收器的机械输入阻抗

对于终端接电负载阻抗 Z_{eo} 的电压源型接收器，计算它的机械输入阻抗时，应在输出端短路情况下进行计算，即令 $E_0 = 0$。对于终端接电导 Y_{eo} 负载的电流源型接收器，计算它的输入机械阻抗时，应在输出端开路情况下进行计算，即令 $I_0 = 0$。

(i) 电压源型接收器的机械输入阻抗

将 $E_0 = 0$ 代入传递矩阵 (1 - 26)，求得

$$\begin{cases} F_0 = \dfrac{1}{M^*} \left[M^2 + (Z_m + Z_{mo}(z_e + Z_{eo})) \right] I \\ V = \dfrac{1}{M^*} (Z_e + Z_{eo}) I \end{cases}$$

则机械输入阻抗为

$$Z_{mi} = \left. \frac{F_0}{V} \right|_{E_0 = 0} = Z_m + Z_{mo} + \frac{M^2}{Z_e + Z_{eo}} \qquad (1 - 28)$$

前两项为机械端的串联机械阻抗，第三项为电输出端对机械输入端的反射机械阻抗。

(ii) 电流源型接收器的机械输入阻抗

将 $I_0 = 0$ 代入传递矩阵 (1 - 27)，求得

$$\begin{cases} F_0 = \dfrac{1}{N^*} \left[N^2 + (Z_m + Z_{mo})(Y_e + Y_{eo}) \right] E \\ V = \dfrac{1}{N^*} (Y_e + Y_{eo}) E \end{cases}$$

则其机械输入阻抗为

$$Z_{mi} = \left. \frac{F_0}{V} \right|_{I_0 = 0} = Z_m + Z_{mo} + \frac{N^2}{Y_e + Y_{eo}}$$

同样，前两项为机械输入端的串联机械阻抗，第三项为电输出端对机械输入端的反射机械阻抗。

2. 发送器的电输入阻抗（或导纳）

不论是电压源型还是电流源型机械量发送器，其输入端为电量，而输出端是以机械

— 14 —

阻抗 Z_{mo} 为负载的，因此计算电输入阻抗时，应是机械系统终端悬空，即机械系统输出力 $F_0 = 0$，为此应将机械系统输出端短路。

（ⅰ）电压源型发送器的输入阻抗

将 $F_0 = 0$ 代入式（1-26）求得

$$0 = \frac{M^2 + (Z_m + Z_{mo})(Z_e + Z_{eo})}{M^*}I - \frac{Z_m + Z_{mo}}{M^*}E_0$$

则电输入阻抗

$$Z_{ei} = \left.\frac{E_0}{I}\right|_{F_0 = 0} = Z_e + Z_{eo} + \frac{M^2}{Z_m + Z_{mo}} \tag{1-29}$$

前两项为电输入端的串联电阻抗，第三项为机械端对电端的反射电阻抗。

（ⅱ）电流源型发送器的输入导纳

同样，将 $F_0 = 0$ 条件代入式（1-27），则得

$$0 = N^2 + (Z_m + Z_{mo})(Y_e + Y_{eo})E - (Z_m + Z_{mo})I_0$$

由此可导出电输入导纳

$$Y_{ei} = \left.\frac{I_0}{E}\right|_{F_0 = 0} = Y_e + Y_{eo} + \frac{N^2}{Z_m + Z_{mo}} \tag{1-30}$$

上式中前两项为输入端的并联导纳，第三项为机械端反射的电导纳。

3. 双向传感器的变换函数

研究双向机电传感器的静态和动态响应特性时，必须知道由机和电参数共同决定的双向传感器的变换函数。双向传感器的变换函数是输出函数与输入函数的比，取什么样的机械量和电量作输出量和输入量应根据需要而定。变换函数实际上也是传感器的灵敏度函数。

（ⅰ）电压源型接收器的变换函数

将 $E_0 = 0$ 代入矩阵方程（1-26），求得

$$\begin{cases} F_0 = \dfrac{1}{M^*}\left[M^2 + (Z_m + Z_{mo})(Z_e + Z_{eo})\right]I \\ V = \dfrac{1}{M^*}(Z_e + Z_{eo})I \end{cases}$$

由此可进一步求解，则得出输入的机械量为力 F_0，而输出量分别为电流 $-I$ 和电压 $-IZ_{eo}$ 的变换函数。

$$G_{if} = -\left.\frac{I}{F_0}\right|_{E_0 = 0} = -\frac{M^*}{M^2 + (Z_m + Z_{mo})(Z_e + Z_{eo})} \tag{1-31}$$

$$G_{ef} = -\left.\frac{IZ_{eo}}{F_0}\right|_{E_0 = 0} = -\frac{M^*_{eo}}{M^2 + (Z_m + Z_{mo})(Z_e + Z_{eo})} \tag{1-32}$$

同样也可求解出速度 V 为输入量的变换函数。

$$G_{iv} = -\left.\frac{I}{V}\right|_{E_0 = 0} = -\frac{M^*}{Z_e + Z_{eo}} \tag{1-33}$$

$$G_{ev} = -\left.\frac{IZ_{e0}}{V}\right|_{E_0 = 0} = -\frac{M^* Z_{e0}}{Z_e + Z_{e0}} \qquad (1-34)$$

（ii）电流源型接收器的变换函数

将 $I_0 = 0$ 代入矩阵方程（1-27），求得

$$\begin{cases} F_0 = \dfrac{1}{N^*}\left[N^2 + (Z_m + Z_{mo})(Z_e + Z_{e0}) \right] E \\[3mm] V = \dfrac{1}{N^*}(Y_e + Y_{e0})E \end{cases}$$

进一步求解可以得出输入为机械力 F_0，输出分别为电压 $-E$ 和电流 $-EY_{e0}$ 的变换函数。

$$G_{ef} = -\left.\frac{E}{F_0}\right|_{I_0 = 0} = -\frac{N^*}{N^2 + (Z_m + Z_{mo})(Y_e + Y_{e0})} \qquad (1-35)$$

$$G_{if} = -\left.\frac{EY_{e0}}{F_0}\right|_{I_0 = 0} = -\frac{N^* Y_{e0}}{N^2 + (Z_m + Z_{mo})(Y_e + Y_{e0})} \qquad (1-36)$$

当输入量取为速度 V 时，变换函数为

$$G_{ev} = -\left.\frac{E}{V}\right|_{I_0 = 0} = -\frac{N^*}{Y_e + Y_{e0}} \qquad (1-37)$$

$$G_{iv} = -\left.\frac{EY_{e0}}{V}\right|_{I_0 = 0} = -\frac{N^* Y_{e0}}{Y_e + Y_{e0}} \qquad (1-38)$$

（iii）电压源型发送器的变换函数

将 $F_0 = 0$ 代入传递矩阵（1-26），求得

$$\begin{cases} 0 = \dfrac{M^2 + (Z_m + Z_{mo})(Z_e + Z_{e0})}{M^*} I - \dfrac{Z_m + Z_{mo}}{M^*} E_0 \\[3mm] V = \dfrac{Z_e + Z_{e0}}{M^*} I - \dfrac{E_0}{M^*} \end{cases}$$

联立求解可分别导出输出为速度 $-V$ 和力 $-Z_{mo}V$ 的电压源型发送器的变换函数。

$$G_{ve} = -\left.\frac{V}{E_0}\right|_{F_0 = 0} = \frac{M}{M^2 + (Z_m + Z_{mo})(Z_e + Z_{e0})} \qquad (1-39)$$

$$G_{fe} = -\left.\frac{VZ_{mo}}{E_0}\right|_{F_0 = 0} = \frac{MZ_{mo}}{M^2 + (Z_m + Z_{mo})(Z_e + Z_{e0})} \qquad (1-40)$$

（iv）电流源型发送器的变换函数

同样，将 $F_0 = 0$ 代入传递矩阵（1-27），求得

$$\begin{cases} 0 = \dfrac{N^2 + (Z_m + Z_{mo})(Y_e + Y_{e0})}{M^*} E - \dfrac{Z_m + Z_{mo}}{N^*} I_0 \\[3mm] V = \dfrac{Y_e + Y_{e0}}{N^*} E - \dfrac{I_0}{N^*} \end{cases}$$

再联立求解可分别得出以激励电流 I 为输入，以速度 $-V$ 和力 $-VZ_{mo}$ 为输出的变换函数。

$$G_{vi} = -\left.\frac{V}{I_0}\right|_{F_0 = 0} = \frac{N}{N^2 + (Z_m + Z_{mo})(Y_e + Y_{e0})} \qquad (1-41)$$

$$G_{fi} = - \left. \frac{V Z_{mo}}{I_0} \right|_{F_0=0} = \frac{N Z_{mo}}{N^2 + (Z_m + Z_{mo})(Y_e + Y_{e\infty})} \qquad (1-42)$$

五、机电耦合系数和特征传递矩阵

对于一个具体的双向传感器, 为了描述它的特性, 必须知道机电耦合系数 M 或 N, 是采用电压源型还是采用电流源型的耦合系数。系数的选择将以哪种方法方便而定。一般磁电式传感器采用电压源型, 压电式传感器采用电流源型。

磁电式传感器是最常遇到的一种双向机电传感器, 这里以它为例, 图 1-13 示出它的原理结构图, 根据电磁感应定律, 在磁场中运动的线圈会产生感应电势:

$$e = - \frac{\mathrm{d}\psi}{\mathrm{d}t} = - Bl V$$

其中: B——气隙中的磁感应强度;

$\quad\quad l$——磁路中线圈导线的长度;

$\quad\quad Bl$——机电耦合系数;

$\quad\quad V$——线圈运动速度。

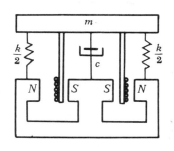

图 1-13

通过电流 1 的线圈在磁场中受力为

$$f = Bl I$$

传感器的机械系统是由质量 m, 弹簧 k 和阻尼 c 组成的二阶系统, 而线圈则有内阻 r_1 和电感 L_l, 严格讲还应有等效并联电容, 不过在低频下可以不必考虑。若质量 m 受的外力为 F_0, 相对于磁路的速度为 V, 而线圈中的电势为 E_0, 电流为 I, 则对传感器可列出方程组:

$$\begin{cases} F_0 = Z_m V + Bl I \\ E_0 = Z_e I - Bl V \end{cases} \qquad (-43)$$

这样, 可以将传递矩阵 (1-22) 具体化为

$$\begin{bmatrix} F_0 \\ V \end{bmatrix} = \begin{bmatrix} 1 & Z_m \\ 0 & 1 \end{bmatrix} \begin{bmatrix} Bl & 0 \\ 0 & -\dfrac{1}{Bl} \end{bmatrix} \begin{bmatrix} 1 & 0 \\ -Z_e & 1 \end{bmatrix} \begin{bmatrix} I \\ E_0 \end{bmatrix} \qquad (1-44)$$

其双通道方框图如图 1-14 所示。

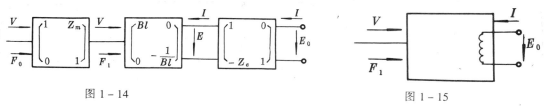

图 1-14

图 1-15

一般在研究传感器的机电变换部分时, 常不考虑机械阻抗 Z_m. 机械作用量是取作用在线圈上的电磁力 F_t $(F_t = F_0 - Z_m V)$ 和线圈相对磁路的速度 V, 这样就去掉了机械阻抗 Z_m 的传递矩阵, 此时实际传感器的传递矩阵称为特征传递矩阵。磁电式传感器的特征示意图如图 1-15 所示, 其特征传递矩阵为

$$\begin{bmatrix} F_t \\ V \end{bmatrix} = \begin{bmatrix} Bl & 0 \\ 0 & -\dfrac{1}{Bl} \end{bmatrix} \begin{bmatrix} 1 & 0 \\ -Z_e & 1 \end{bmatrix} \begin{bmatrix} I \\ E_0 \end{bmatrix} = \begin{bmatrix} Bl & 0 \\ \dfrac{Z_e}{Bl} & -\dfrac{1}{Bl} \end{bmatrix} \begin{bmatrix} I \\ E_0 \end{bmatrix} \qquad (1-45)$$

图 1 - 16 列出四种双向传感器的特征示意图和特征传递矩阵。

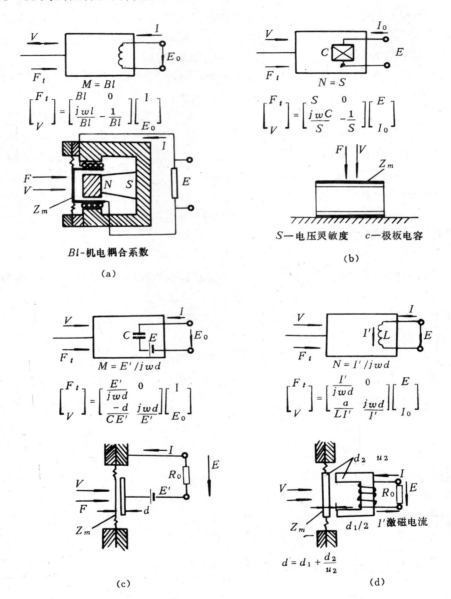

图 1 - 16

第二章 传感器的一般特性

传感器（或测量设备）的输出—输入关系特性是传感器的基本特性。从误差角度去分析输出—输入特性是测量技术所要研究的主要内容之一。输出—输入特性虽是传感器的外部特性，但与其内部参数有密切关系。因为传感器不同的内部结构参数决定它具有不同的外部特性，所以测量误差也是与内部结构参数密切相关的。

传感器所测量的物理量基本上有两种形式，一种是稳态（静态或准静态）的形式，这种信号不随时间变化（或变化很缓慢），另一种是动态（周期变化或瞬态）的形式，这种信号是随时间变化而变化的。由于输入物理量状态不同，传感器所表现出来的输出-输入特性也不同，因此存在所谓静态特性和动态特性。由于不同传感器有不同的内部参数，它们的静态特性和动态特性也表现出不同的特点，对测量结果的影响也各不相同。一个高精度传感器，必须有良好的静态特性和动态特性，这样它才能完成信号（或能量）无失真的转换。

2.1 传感器的静态特性

传感器在稳态信号作用下，其输出—输入关系称为静态特性。衡量传感器静态特性的重要措标是线性度、灵敏度、迟滞和重复性。

2.1.1 线性度

传感器的线性度是指传感器输出与输入之间的线性程度。传感器的理想输出—输入特性是线性的，它具有以下优点：

（1）可大大简化传感器的理论分析和设计计算；

（2）为标定和数据处理带来很大方便，只要知道线性输出—输入特性上的两点（一般为零点和满度值）就可以确定其余各点；

（3）可使仪表刻度盘均匀刻度，因而制作、安装、调试容易，提高测量精度；

（4）避免了非线性补偿环节。

实际上许多传感器的输出—输入特性是非线性的，如果不考虑迟滞和蠕变效应，一般可用下列多项式表示输出—输入特性。

$$y = a_0 + a_1 x + a_2 x^2 + \cdots + a_n x^n \qquad (2-1)$$

式中：y——输出量；　　　　　x——输入物理量；

　　　a_0——零位输出；　　　a_1——传感器线性灵敏度；

　　　a_2，a_3，$\cdots$，a_n——待定常数。

在研究线性特性时，可不考虑零位输出。多项式（2-1）的输出特性曲线如图 2-1（d)所示。下面介绍式（2-1）的三种特殊情况。

（1）理想的线性特性。如图 2-1（a）所示的直线。在这种情况下，有

$$a_0 = a_2 = a_3 = \cdots = a_n = 0$$

因此得到

$$y = a_1 x \qquad\qquad (2-2)$$

因为直线上任何点的斜率都相等，所以传感器的灵敏度为

$$S_n = \frac{y}{x} = a_1 = 常数$$

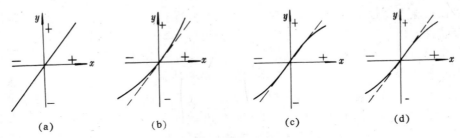

图 2-1　传感器的静态特性

（2）仅有偶次非线性项，如图 2-1（b）所示。其输出—输入特性方程为

$$y = a_1 x + a_2 x^2 + a_4 x^4 + \cdots \qquad\qquad (2-3)$$

因为它没有对称性，所以其线性范围较窄。一般传感器设计很少采用这种特性。

（3）仅有奇次非线性项，如图 2-1（c）所示。其输出—输入特性方程式为

$$y = a_1 x + a_3 x^3 + a_5 x^5 + \cdots \qquad\qquad (2-4)$$

具有这种特性的传感器，一般在输入量 x 相当大的范围内具有较宽的准线性。这是比较接近于理想直线的非线性特性，它相对坐标原点是对称的，即 $y(x) = -y(-x)$，所以它具有相当宽的近似线性范围。

传感器的输出—输入特性的线性度除受机械输入（弹性元件）特性影响外，也受电气元件输出特性的影响。使电气元件对称排列，以差动工作方式可以消除电气元件中的偶次分量，显著地改善线性范围。例如差动传感器的一边输出为

$$y_1 = a_1 x + a_2 x^2 + \cdots + a_n x^n$$

另一边反向输出为

$$y_2 = -a_1 x + a_2 x^2 - a_3 x^3 + \cdots + (-1)^n a_n x^n$$

总输出为二者之差，即

$$y = y_1 - y_2 = 2(a_1 x + a_3 x^3 + a_5 x^5 + \cdots) \qquad\qquad (2-5)$$

从式（2-5）可见，差动式传感器消除了偶次项，使线性得到改善，同时使灵敏度提高一倍。

在使用非线性特性的传感器时，如果非线性项的方次不高，在输入量变化范围不大的条件下，可以用切线或割线等直线来近似地代表实际曲线的一段，如图 2-2 所示。这种方法称为传感器非线性特性的"线性化"。所采用的直线称为拟合直线。实际特性曲线与拟合直线之间的偏差称为传感器的非线性误差，如图 2-2 中所示的 Δ 值，取其中最大值与输出满度值之比作为评价非线性误差（或线性度）的指标。

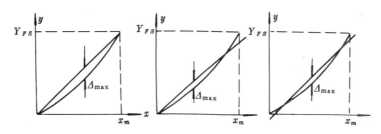

图2-2 输出—输入特性的非线性

$$e_1 = \pm \frac{\Delta_{\max}}{Y_{F \cdot S}} \cdot 100\% \qquad (2-6)$$

式中：e_1——非线性误差（线性度）；　　　　$\Delta_{\max}$——最大非线性绝对误差；

　　　y_{FS}——输出满量程。

　　传感器的输出—输入特性曲线（静态特性）是在静态标准条件下进行校准的。静态标准条件是指没有加速度、振动、冲击（除非这些本身就是被测物理量），环境温度为$20 \pm 5℃$，相对湿度小于85%，气压为（101 ± 8）kPa的情况。在这种标准工作状态下，利用一定等级的校准设备，对传感器进行往复循环测试，得到的输出—输入数据一般用表列出或画成曲线。

　　而拟合直线的获得有多种标准，一般是在标称输出范围中和标定曲线的各点偏差平方之和最小（即最小二乘法原理）的直线作为拟合直线（也称参考直线）

2.1.2　灵敏度

　　灵敏度是指传感器在稳态下输出变化对输入变化的比值，用S_n来表示，即

$$S_n = \frac{输出量的变化}{输入量的变化} = \frac{\mathrm{d}y}{\mathrm{d}x} \qquad (2-7)$$

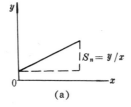 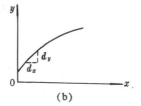

（a）　　　　　　　　　　　　　　　　　　　（b）

图2-3　灵敏度定义

（a）线性测量系统　　　　　　　　　　（b）非线性测量系统

　　对于线性传感器，它的灵敏度就是它的静态特性的斜率，变即$S_n = y/x$。非线性传感器的灵敏度为一变量，如图2-3所示。一般希望传感器的灵敏度高，在满量程范围内是恒定的，即传感器的输出—输入特性为直线。

2.1.3　迟滞（迟环）

　　迟滞（或称迟环)特性表明传感器在正(输入量增大)反(输入量减小)行程期间输出—输

入特性曲线不重合的程度,如图2-4所示。也就是说,对应于同一大小的输入信号,传感器正反行程的输出信号大小不相等,这就是迟滞现象。产生这种现象的主要原因是传感器机械部分存在不可避免的缺陷,如轴承摩擦、间隙、紧固件松动、材料的内摩擦、积尘等。

迟滞大小一般要由实验方法确定。用最大输出差值 Δ_{max} 对满量程输出 $y_{F,s}$ 的百分比表示

$$e_l = \frac{\Delta_{max}}{y_{F,s}} \cdot 100\% \qquad (2-8)$$

或

$$e_l = \pm \frac{\Delta_{max}}{2y_{F,s}} \cdot 100\% \qquad (2-9)$$

式中 Δ_{max} 为正反行程输出值间的最大差值。

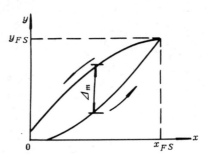

图2-4 滞环特性示意图

2.1.4 重复性

重复性表示传感器在输入量按同一方向作全量程多次测试时所得特性曲线不一致性程度(见图2-5)。多次重复测试的曲线重复性好,误差也小。重复特性的好坏是与许多因素有关的,与产生迟滞现象具有相同的原因。

不重复性指标一般采用输出最大不重复误差 Δ_{max} 与满量程输出 $y_{F,s}$ 的百分比表示:

$$e_z = \frac{\Delta_{max}}{y_{F,s}} \cdot 100\% \qquad (2-10)$$

不重复性误差是属于随机误差性质的,按上述方法计算就不太合理了。校准数据的离散程度是与随机误差的精密度相关的,应该根据标准偏差来计算重复性指标。因此,重复性误差 e_z 可按下式计算:

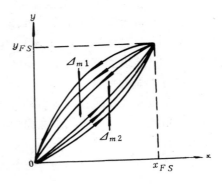

图2-5 重复性

$$e_z = \pm \frac{(2-3)\sigma}{y_{F,s}} \cdot 100\% \qquad (2-11)$$

式中 σ 为标准偏差。

误差服从正态分布,标准偏差 σ 可以根据贝塞尔公式来计算:

$$\sigma = \sqrt{\frac{\sum_{i-1}^{n} (y_i - \bar{y})^2}{n-1}} \qquad (2-12)$$

式中: y_i ——测量值;　　　　$\bar{y}$ ——测量值的算术平均值;

　　　　n ——测量次数。

2.2 传感器的动态特性

2.2.1 动态参数测试的特殊问题

在测量静态信号时,线性传感器的输出—输入特性是一条直线,二者之间有一一对

应的关系，而且因为被测信号不随时间变化，测量和记录过程不受时间限制，而在实际测试工作中，大量的被测信号是动态信号，传感器对动态信号的测量任务不仅需要精确地测量信号幅值的大小，而且需要测量和记录动态信号变换过程的波形，这就要求传感器能迅速准确地测出信号幅值的大小和无失真的再现被测信号随时间变化的波形。

传感器的动态特性是指传感器对激励（输入）的响应（输出）特性。一个动态特性好的传感器，其输出随时间变化的规律（变化曲线），将能同时再现输入随时间变化的规律（变化曲线），即具有相同的时间函数。这就是动态测量中对传感器提出的新要求。但实际上除了具有理想的比例特性的环节外，输出信号将不会与输入信号具有完全相同的时间函数，这种输出与输入间的差异就是所谓的动态误差。

为了进一步说明动态参数测试中发生的特殊问题，下面讨论一个测量水温的实验过程。用一个恒温水槽，使其中水温保持在 $T℃$ 不变，而当地环境温度为 $T_0℃$，把一支热电偶放于此环境中一定时间，那么热电偶反映出来的温度应为 $T_0℃$（不考虑其他因素造成的误差）。设 $T > T_0$，现在将热电偶迅速插到恒温水槽的热水中（插入时间忽略不计），这时热电偶测量的温度参数发生一个突变，即从 T_0 突然变化到 T，我们马上看一下热电偶输出的指示值，是否在这一瞬间从原来的 T_0 立刻上升到 T 呢？显然不会。它是从 T_0 逐渐上升到 T 的，热电偶指示出来温度从 T_0 上升到 T，历经了时间从 t_0 到 t 的过渡过程，如图 2-6 所示。没有这样一个过程就不会得到正确的测量结果。而从 $t_0 \rightarrow t$ 的过程中，测试曲线始终与温度从 T_0 跳变到 T 的阶跃波形存在差值，这个差值就称为动态误差，从记录波形看，测试具有一定失真。

究竟是什么原因造成的测试失真和产生动态误差呢？首先可以肯定，如果被测温度不产生变化，不会产生上述现象。另一方面，就应该考查热电偶(传感器)对动态参数测试的适应性能了，即它的动态特性怎样。热电偶测量热水温度时，水温的热量需通过热电偶的壳体传播到热接点上，热接点又具有一定热容量，它与水温的热平衡需要一个过程，所以热电偶不能在被测温度变化时立即产生相应的反映。这种由热容量所决定的性能称为热惯性，这种热惯性是热电偶固有的，这种热惯性就决定了热电偶测量快速温度变化时会产生动态误差。

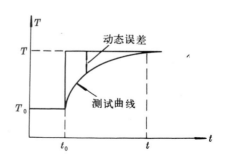

图 2-6　热电偶测温过程曲线

这种影响动态特性的"固有因素"任何传感器都有，只不过它们的表现形式和作用程度不同而已。研究传感器的动态特性主要是从测量误差角度分析产生动态误差的原因以及改善措施。

2.2.2　研究传感器动态特性的方法及其指标

研究动态特性可以从时域和频域两个方面采用瞬态响应法和频率响应法来分析。由于输入信号的时间函数形式是多种多样的，在时域内研究传感器的响应特性时，只能研究几种特定的输入时间函数如阶跃函数、脉冲函数和斜坡函数等的响应特性。在频域内研究动态特性一般是采用正弦函数得到频率响应特性。动态特性好的传感器暂态响应时间很短或者频率响应范围很宽。这两种分析方法内部存在必然的联系，在不同场合，根据实际需要解决的问题不同而选择不同的方法。

在对传感器进行动态特性的分析和动态标定时，为了便于比较和评价，常常采用正弦变化和阶跃变化的输入信号。

在采用阶跃输入研究传感器时域动态特性时，为表征传感器的动态特性，常用上升时间 t_{rs}、响应时间 t_{st}、过调量 c 等参数来综合描述，如图 2－7 所示。上升时间 t_{rs} 是指输出指示值从最终稳定值的 5% 或 10% 变到最终稳定值的 95% 或 90% 所需要的时间。响应时间 t_{st} 是指从输入量开始起作用到输出指示值进入稳定值所规定的范围内所需要的时间。最终稳定值的允许范围常取所允许的测量误差值 ± r。在写出响应时间时应同时注明误差值的范围，例如 $t_{st} = 5s$

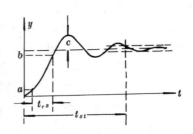

图 2－7 阶跃响应特性

（ ± 2% ）。过调量 c 是指输出第一次达到稳定值后又超出稳定值而出现的最大偏差，常用相对于最终稳定值的百分比来表示。

在采用正弦输入研究传感器频域动态特性时，常用幅频特性和相频特性来描述传感器的动态特性，其重要指标是频带宽度，简称带宽。带宽是指增益变化不超过某一规定分贝值的频率范围。

2.2.3 传感器的数学模型

传感器实质上是一个信息（能量）转换和传递的通道，在静态测量情况下，其输出量（响应）与输入量（激励）的关系符合式（2－1），即输出量为输入量的函数。在动态测量情况下，如果输入量随时间变化时，输出量能立即随之无失真地变化的话，那么这样的传感器可以看做是理想的。但是实际的传感器（或测试系统），总是存在着诸如弹性、惯性和阻尼等元件。此时，输出 y 不仅与输入 x 有关，而且还与输入量的变化速度 dx/dt，加速度 d^2x/dt^2 等有关。

要精确地建立传感器（或测试系统）的数学模型是很困难的。在工程上总是采取一些近似的方法，忽略一些影响不大的因素，给数学模型的确立和求解都带来很多方便。

通常认为可以用线性时不变系统理论来描述传感器的动态特性。从数学上可以用常系数线性微分方程表示传感器输出量 y 与输入量 x 的关系，这种方程的通式如下：

$$a_n \frac{d^n y}{dt^n} + a_{n-1} \frac{d^{n-1} y}{dt^{n-1}} + \cdots + a_1 \frac{dy}{dt} + a_0 y$$

$$= b_m \frac{d^m x}{dt^m} + b_{m-1} \frac{d^{m-1} x}{dt^{m-1}} + \cdots + b_1 \frac{dx}{dt} + b_0 x \qquad (2 － 13)$$

式中 a_n，a_{n-1}，$\cdots$，a_0 和 b_m，b_{m-1}，$\cdots$，b_0 均为与系统结构参数有关的常数。

线性时不变系统有两个十分重要的性质，即叠加性和频率保持性。根据叠加性质，当一个系统有 n 个激励同时作用时，那么它的响应就等于这 n 个激励单独作用的响应之和，即

$$\sum_{i=1}^{n} x_i(t) \rightarrow \sum_{i=1}^{n} y_i(t)$$

也就是说，各个输入所引起的输出是互不影响的。这样，在分析常系数线性系统时，总可以将一个复杂的激励信号分解成若干个简单的激励，如利用傅里叶变换，将复杂信号分解成一系列谐波或分解成若干个小的脉冲激励，然后求出这些分量激励的响应之和。频率保持性表明，当线性系统的输入为某一频率信号时，则系统的稳态响应也为同一频率的信号。

理论上讲，由式（2-13）可以计算出传感器的输出与输入的关系，但是对于一个复杂的系统和复杂的输入信号，若仍然采用式（2-13）求解肯定不是一件容易的事情。因此，在信息论和工程控制中，通常采用一些足以反映系统动态特性的函数，将系统的输出与输入联系起来。这些函数有传递函数、频率响应函数和脉冲响应函数等等。

2.2.4 传递函数

在工程上，为了计算方便，通常采用拉普拉斯变换（简称拉氏变换）来研究线性微分方程。

如果 $y(t)$ 是时间变量 t 的函数，并且当 $t \leq 0$ 时，$y(t) = 0$，则它的拉氏变换 $Y(s)$ 的定义为

$$Y(s) = \int_0^{\infty} y(t) e^{-st} \mathrm{d}t \qquad (2-14)$$

式中 s 是复变量，$s = \beta + j\omega$，$\beta > 0$。

对式(2-13)取拉氏变换，并认为输入 $x(t)$ 和输出 $y(t)$ 及它们的各阶时间导数的初始值($t = 0$ 时)为零，则得

$$Y(s)(a_n s^n + a_{n-1} s^{n-1} + \cdots + a_1 s + a_0)$$
$$= X(s)(b_m s^m + b_{m-1} s^{m-1} + \cdots + b_1 s + b_0)$$

或

$$\frac{Y(s)}{X(s)} = \frac{b_m s^m + b_{m-1} s^{m-1} + \cdots + b_1 s + b_0}{a_n s^n + a_{n-1} s^{n-1} + \cdots + a_1 s + a_0} \qquad (2-15)$$

式(2-15)等号右边是一个与输入 $x(t)$ 无关的表达式，它只与系统结构参数有关，因而等号右边是传感器特性的一种表达式，它联系了输入与输出的关系，是一个描述传感器传递信息特性的函数。定义其初始值均为零时(传感器被激励之前所有储能元件如质量块、弹性元件、电气元件均没有积存的能量，完全符合实际情况)，输出 $y(t)$ 的拉氏变换 $Y(s)$ 和输入 $x(t)$ 的拉氏变换 $X(s)$ 之比称为传递函数，并记为 $H(s)$。

$$H(s) = \frac{Y(s)}{X(s)} \qquad (2-16)$$

由式(2-16)可见，引入传递函数概念之后，在 $Y(s)$、$X(s)$ 和 $H(s)$ 三者之中，知道任意两个，第三个便可以容易求得。这样为我们了解一个复杂的系统传递信息特性创造了方便条件，这时不要了解复杂系统的具体内容，只要给系统一个激励 $x(t)$，得到系统对 $x(t)$ 的响应 $y(t)$，系统特性就可以确定。

$$H(s) = \frac{L[y(t)]}{L[x(t)]} = \frac{Y(s)}{X(s)} \qquad (2-17)$$

2.2.5 频率响应函数

对于稳定的常系数线性系统，可用傅里叶变换代替拉氏变换，此时式（3－14）变为

$$Y(j\omega) = \int_0^\infty y(t)e^{-j\omega t}\,\mathrm{d}t \tag{2-18}$$

这实际上是单边傅里叶变换。相应地有

$$X(j\omega) = \int_0^\infty x(t)e^{-j\omega t}\,\mathrm{d}t \tag{2-19}$$

$$H(j\omega) = \frac{Y(j\omega)}{X(j\omega)}$$

或

$$H(j\omega) = \frac{b_m(j\omega)^m + b_{m-1}(j\omega)^{m-1} + \cdots + b_1(j\omega) + b_0}{a_n(J\omega)^n + a_{n-1}(j\omega)^{n-1} + \cdots + a_1(j\omega) + a_0}$$

$H(j\omega)$ 称为传感器的频率响应函数，简称为频率响应或频率特性。很明显，频率响应是传递函数的一个特例。

不难看出，传感器的频率响应 $H(j\omega)$ 就是在初始条件为零时，输出的傅里叶变换与输入的傅里叶变换之比，是在"频域"对系统传递信息特性的描述。

通常，频率响应函数 $H(j\omega)$ 是一个复数函数，它可以用指数形式表示，即

$$H(j\omega) = A(\omega)e^{j\varphi} \tag{2-20}$$

式中：$A(\omega)$——$H(j\omega)$的模，$A(\omega) = |H(j\omega)|$；

  φ——$H(j\omega)$的相角，$\varphi = \arctan|H(j\omega)|$。

$$A(\omega) = |H(j\omega)| = \sqrt{[H_R(\omega)]^2 + [H_I(\omega)]^2} \tag{2-21}$$

称为传感器幅频特性。

$$\varphi(\omega) = -\arctan\frac{H_I(\omega)}{H_R(\omega)} \tag{2-22}$$

称为传感器的相频特性。

由二个频率响应分别为 $H_1(j\omega)$ 和 $H_2(j\omega)$ 的常系数线性系统串接而成的总系统，如果后一系统对前一系统没有影响，那末，描述整个系统的频率响应 $H(j\omega)$ 幅频特性 $A(\omega)$ 和相频特性 $\varphi(\omega)$ 为

$$\left.\begin{array}{l} H(j\omega) = H_1(j\omega) \cdot H_2(j\omega) \\ A(\omega) = A_1(\omega) \cdot A_2(\omega) \\ \varphi(\omega) = \varphi_1(\omega) + \varphi_2(\omega) \end{array}\right\} \tag{2-23}$$

常系数线性测量系统的频率响应 $H(j\omega)$ 是频率的函数，与时间、输入量无关。如果系统为非线性的，则 $H(j\omega)$ 将与输入有关。若系统是非常系数的，则 $H(j\omega)$ 还与时间有关。

2.2.6 冲激响应函数

由式（2－16）知，传感器的传递函数为

$$H(s) = \frac{Y(s)}{X(s)}$$

若选择一种激励 $x(t)$，使 $L[x(t)] = X(s) = 1$，就很理想了。这时自然会引入单位冲激函数，即 δ 函数。根据单位冲激函数的定义和 δ 函数的抽样性质，可以求出单位冲激函数的拉氏变换，即

$$\Delta(s) = L[\delta(t)] = \int_{-\infty}^{\infty} \delta(t) e^{-st} \mathrm{d}t$$

$$= e^{-st}\mid_{t=0} = 1 \qquad (2-24)$$

由于 $L[\delta(t)] = \Delta(s) = 1$，将其代入式$(2-16)$得

$$H(s) = \frac{Y(s)}{\Delta(s)} = Y(s) \qquad (2-25)$$

将式$(2-25)$两边取拉氏逆变换，且令 $L^{-1}[H(s)] = h(t)$，则有

$$h(t) = L^{-1}[H(s)] = L^{-1}[Y(s)] = y_{\delta}(t) \qquad (2-26)$$

式$(2-26)$表明单位冲激函数的响应同样可以描述传感器（或测试系统）的动态特性，它同传递函数是等价的。不同的是一个在复频域$(\beta + j\omega)$，一个是在时间域。通常 $h(t)$ 称为冲激响应函数。

对于任意输入 $x(t)$ 所引起的响应 $y(t)$，可以利用两个函数的卷积关系，即系统的响应 $y(t)$ 等于冲激响应函数 $h(t)$ 同激励 $x(t)$ 的卷积，即

$$y(t) = h(t) * x(t) = \int_0^t h(\tau) x(t-\tau) \mathrm{d}\tau$$

$$= \int_0^t x(\tau) h(t-\tau) \mathrm{d}\tau \qquad (2-27)$$

2.3 传感器动态特性分析

传感器的种类和形式很多，但它们一般可以简化为一阶或二阶系统。这样，分析了一阶和二阶系统的动态特性，就对各种传感器的动态特性有了基本了解，而不必一个个分别研究了。

2.3.1 传感器的频率响应

一、一阶传感器的频率响应

在工程上，一般将下式

$$a_1 \frac{\mathrm{d}y(t)}{\mathrm{d}t} + a_0 y(t) = b_0 x(t) \qquad (2-28)$$

视为一阶传感器的微分方程的通式，它可以改写为

$$\frac{a_1}{a_0} \frac{\mathrm{d}y(t)}{\mathrm{d}t} + y(t) = \frac{b_0}{a_0} x(t)$$

式中：a_1/a_0 具有时间的量纲，称为传感器的时间常数，一般记为 τ；

b_0/a_0 是传感器的灵敏度 S_n，具有输出/输入的量纲。

对于任意阶传感器来说，根据灵敏度的定义，a_0/b_0 总是表示灵敏度的。由于在线性传感器中灵敏度 S_n 为常数，在动态特性分析中，S_n 只起着使输出量增加 S_n 倍的作用。因此，为了方便起见，在讨论任意阶传感器时，都采用

$$S_n = \frac{b_0}{a_0} = 1$$

这样，灵敏度归一化之后，式（2-28）写成：

$$\frac{a_1}{a_0} \frac{\mathrm{d}y(t)}{\mathrm{d}t} + y(t) = x(t) \qquad (2-29)$$

这类传感器的传递函数 $H(s)$、频率特性 $H(j\omega)$、幅频特性 $A(\omega)$、相频特性 $\varphi(\omega)$ 分别为

$$H(s) = \frac{1}{\frac{a_1}{a_0}s + 1} = \frac{1}{\tau s + 1} \qquad (2-30)$$

$$H(j\omega) = \frac{1}{\tau(j\omega) + 1} \qquad (2-31)$$

$$A(\omega) = \frac{1}{\sqrt{1 + (\omega\tau)^2}} \qquad (2-32)$$

$$\varphi(\omega) = -\arctan(\omega\tau) \qquad (2-33)$$

图 2-8 所示的由弹簧阻尼器组成的机械系统属于一阶传感器，其微分方程为

$$c \frac{\mathrm{d}y(t)}{\mathrm{d}t} + ky(t) = kx(t)$$

或

$$\tau \frac{\mathrm{d}y(t)}{\mathrm{d}t} + y(t) = x(t)$$

式中：k——弹性刚度；

c——阻尼系数；

τ——时间常数，$\tau = c/k$。

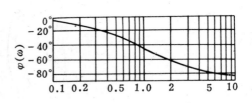

图 2-8 一阶传感器模型

图 2-9 为一阶传感器的频率响应特性曲线。从式（2-32）、（2-33）和图 2-9 看出，时间常数 τ 越小，频率响应特性越好。当 $\omega\tau \ll 1$ 时：

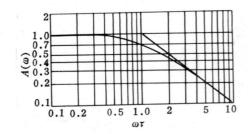

图 2-9 一阶传感器的频率特性

$A(\omega) \approx 1$，它表明传感器输出与输入为线性关系；

$\varphi(\omega)$ 很小，$\tan\varphi \approx \varphi$，$\varphi(\omega) \approx \omega\tau$，相位差与频率 ω 成线性关系。

这时保证了测试是无失真的，输出 $y(t)$ 真实地反映输入 $x(t)$ 的变化规律。

二、二阶传感器的频率响应

典型二阶传感器的微分方程通式为

$$a_2 \frac{\mathrm{d}^2 y(t)}{\mathrm{d}t^2} + a_1 \frac{\mathrm{d}y(t)}{\mathrm{d}t} + a_0 y(t) = a_0 x(t) \qquad (2-34)$$

其传递函数、频率响应、幅频特性和相频特性分别为

$$H(s) = \frac{\omega_n^2}{s^2 + 2\zeta\omega_n s + \omega_n^2} \qquad (2-35)$$

$$H(j\omega) = \frac{1}{\left[1 - \left(\dfrac{\omega}{\omega_n}\right)^2\right] + 2j\zeta\left(\dfrac{\omega}{\omega_n}\right)} \qquad (2-36)$$

$$A(\omega) = \left\{ \left[1 - \left(\frac{\omega}{\omega_n}\right)^2\right]^2 + 4\zeta^2\left(\frac{\omega}{\omega_n}\right)^2 \right\}^{-\frac{1}{2}} \qquad (2-37)$$

$$\varphi(\omega) = -\arctan\frac{2\zeta\left(\dfrac{\omega}{\omega_n}\right)}{1 - \left(\dfrac{\omega}{\omega_n}\right)^2} \qquad (2-38)$$

式中：$\omega_n = \sqrt{a_0/a_2}$，传感器的固有角频率；

$\zeta = a_1/2\sqrt{a_0 a_2}$，传感器的阻尼比。

图 2-10 所示质量-弹簧-阻尼系统属于二阶传感器，其微分方程为

$$m\frac{\mathrm{d}^2 y(t)}{\mathrm{d}t^2} + c\frac{\mathrm{d}y(t)}{\mathrm{d}t} + ky(t) = kx(t)$$

可改写为

$$\frac{\mathrm{d}^2 y(t)}{\mathrm{d}t^2} + 2\zeta\omega_n\frac{\mathrm{d}y(t)}{\mathrm{d}t} + \omega_n^2 y(t) = \omega_n^2 x(t)$$

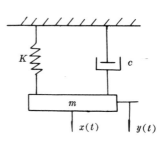

图 2-10 二阶传感器模型

式中：m——系统运动部分质量；

c——阻尼系数；

k——弹簧刚度；

ω_n——系统的固有频率，$\omega_n = \sqrt{k/m}$；

ζ——系统的阻尼比，$\zeta = \dfrac{c}{c_c} = \dfrac{c}{2\sqrt{mk}}$；

c_c——临界阻尼系数，$c_c = 2\sqrt{mk}$。

图 2-11 为二阶传感器的频率响应特性曲线。从式（2-37）、（2-38）和图 2-11 可见，传感器的频率响应特性好坏，主要取决于传感器的固有频率 ω_n 和阻尼比 ζ。

当 $\zeta < 1$，$\omega_n \gg \omega$ 时：

$A(\omega) \approx 1$，幅频特性平直，输出与输入为线性关系；

$\varphi(\omega)$ 很小，$\varphi(\omega)$ 与 ω 为线性关系。

此时，系统的输出 $y(t)$ 真实准确地再现输入 $x(t)$ 的波形，这是测试设备应有的性

能。

通过上面的分析,可以得到这样一个结论:为了使测试结果能精确地再现被测信号的波形,在传感器设计时,必须使其阻尼比 $\zeta < 1$,固有频率 ω_n 至少应大于被测信号频率 ω 的 $(3 \sim 5)$ 倍,即 $\omega_n \geqslant (3 \sim 5)\omega$。

在实际测试中,被测量为非周期信号时,可将其分解为各次谐波,从而得到其频谱。如果传感器的固有频率 ω_n 不低于输入信号谐波中最高频率 ω_{max} 的 $(3 \sim 5)$ 倍,这样可以保证动态测试精度。但保证 $\omega_n \geqslant (3 \sim 5)\omega_{max}$,制造上很困难,且 ω_n 太高又会影响其灵敏度。但是进一步分析信号的频谱可知:在各次谐波中,高次谐波具有较小的幅值,占整个频谱中次要部分,所以即使传感器对它们没有完全地响应,对整个测量结果也不会产生太大的影响。

实践证明,如果被测信号的波形与正弦波相差不大,则被测信号谐波中最高频率 ω_{max} 可以用其基频 $(2 \sim 3)$ 倍代替。这样,选用和设计传感器时,保证传感器固有频率 ω_n 不低于被测信号基频的 10 倍即可。即

$$\omega_n \geqslant (3 \sim 5) \times (2 \sim 3)\omega \approx 10\omega \qquad (2-39)$$

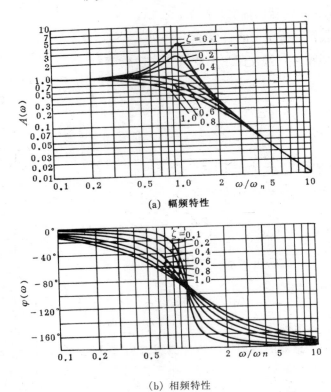

(a) 幅频特性

(b) 相频特性

图 2-11 二阶传感器的频率特性

从上面分析可知:为了减小动态误差和扩大频响范围,一般是提高传感器的固有频率 ω_n,提高 ω_n 是通过减小传感器运动部分质量和增加弹性敏感元件的刚度来到达的

$(\omega_n = \sqrt{k/m})$。但刚度 k 增加，必然使灵敏度按相应比例减小。所以在实际中，要综合各种因素来确定传感器的各个特征参数。

阻尼比 ζ 是传感器设计和选用时要考虑的另一个重要参数。$\zeta < 1$，为欠阻尼；$\zeta = 1$，为临界阻尼；$\zeta > 1$，为过阻尼。一般系统都工作于欠阻尼。

2.3.2 传感器的瞬态响应

传感器的动态特性除了用频域中的频率特性来评价外，也可以从时域中瞬态响应和过渡过程进行分析。阶跃函数、冲激函数和斜坡函数等是常用激励信号。

一阶和二阶传感器的脉冲响应及其图形列于表 $2-1$ 中。理想的单位脉冲输入实际上是不存在的。但是假如给系统以非常短暂的脉冲输入，其作用时间小于 $\tau/10$（τ 为一阶传感器的时间常数或二阶传感器的振荡周期），则近似地认为是单位冲激输入。在单位冲激激励下传感器输出的频域函数就是传感器的频率响应函数，时域响应就是冲激响应。

一、二阶传感器对其他几种典型输入的响应列于表 $2-2$ 中。

表 $2-1$ 一阶和二阶系统的冲激响应函数及其图形

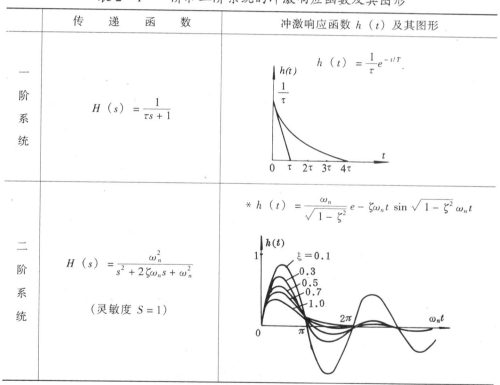

传 递 函 数	冲激响应函数 $h(t)$ 及其图形
一阶系统 $H(s) = \dfrac{1}{\tau s + 1}$	$h(t) = \dfrac{1}{\tau}e^{-t/T}$
二阶系统 $H(s) = \dfrac{\omega_n^2}{s^2 + 2\zeta\omega_n s + \omega_n^2}$ （灵敏度 $S=1$）	$* \ h(t) = \dfrac{\omega_n}{\sqrt{1-\zeta^2}}e^{-\zeta\omega_n t}\sin\sqrt{1-\zeta^2}\,\omega_n t$

* 对二阶系统只考虑 $0 < \zeta < 1$ 的欠阻尼情况，若 $\zeta > 1$，则可将系统看成是二个一阶环节的串联。

由于单位阶跃函数可以看做是单位冲激函数的积分，因此单位阶跃输入下的输出就是传感器冲激响应的积分。对传感器突然加载或突然卸载即属于阶跃输入。这种输入方式既简单易行，又能充分揭示传感器的动态特性，故常常被采用。

一阶传感器在单位阶跃激励下的稳态输出误差理论上为零，输出的初始上升斜率为 $1/\tau$（τ 为时间常数），若传感器保持初始响应速度不变，则在 τ 时刻，输出将达到稳

表 2-2 一阶和二阶系统对各种典型输入信号的响应

输　　入	输　　出	
	一阶系统 $H(s) = \dfrac{1}{\tau s + 1}$	二阶系统 $H(S) = \dfrac{\omega_n^2}{s^2 + 2\zeta\omega_n s + \omega_n^2}$
$X(s) = \dfrac{1}{s}$	$Y(s) = \dfrac{1}{s(\tau s + 1)}$	$Y(s) = \dfrac{\omega_n^2}{s(s^2 + 2\zeta\omega_n s + \omega_n^2)}$
单位阶跃 $x(t) = \begin{cases} 0 & t < 0 \\ 1 & t \geq 0 \end{cases}$	$y(t) = 1 - e^{-t/\tau}$ 	$*\ y(t) = 1 - [e^{-\zeta\omega_n t}/\sqrt{1-\zeta^2}]$ $\cdot \sin(\omega_d t + \varphi_2)$
$X(s) = \dfrac{1}{s^2}$	$Y(s) = \dfrac{1}{s^2(\tau s + 1)}$	$Y(S) = \dfrac{1}{s^2(s^2 + 2\zeta\omega_n s + \omega_n^2)}$
单位斜坡 $x(t) = \begin{cases} 0 & t < 0 \\ t & t \geq 0 \end{cases}$	$y(t) = t - \tau(1 - e^{-t/\tau})$ 	$y(t) = t - \dfrac{2\zeta}{\omega_n} + [e - \zeta\omega_n t/\omega_d]$ $\cdot \sin[\omega_d + \arctan(2\zeta\sqrt{1-\zeta^2}/1\zeta^2 - 1)]$
$X(s) = \dfrac{\omega}{s^2 + \omega^2}$	$y(s) = \dfrac{\omega}{(\tau s + 1)(s^2 + \omega^2)}$	$Y(S) = \dfrac{1}{(s^2 + \omega^2)}$ $\cdot (s^2 + 2\zeta\omega_n s + \omega_n^2)$
单位正弦 $x(t) = \sin\omega t \quad t > 0$	$y(t) = \dfrac{1}{\sqrt{1 + (\omega\tau)^2}}$ $[\sin(\omega t + \varphi_1) - e^{-t/\tau}\cos\varphi_1]$ 	$y(t) = A(\omega)\sin[\omega t + \varphi_2(\omega)]$ $- e - \zeta\omega_n t[K_1\cos\omega_d t + K_2\sin\omega_d t]$

*：表中 $A(\omega)$ 和 $\varphi(\omega)$ 见式（2-37）和式（2-38）；$\omega_d = \omega_n\sqrt{1-\zeta^2}$，$\varphi_1 = \arctan\omega\tau$；$K_1$ 和 K_2 都是取决于 ω_n 和 ζ 的系数；$\varphi_2 = \arctan[\sqrt{1-\zeta^2}/\zeta]$。

态值。但实际响应速率随时间的增加而减慢。理论上传感器的响应只在 t 趋于无穷大时才达到稳态值，但实际上当 $t = 4\tau$ 时其输出和稳态响应间的误差已小于 2% ，可以认为已达到稳态。毫无疑义，一阶传感器时间常数 τ 越小越好。

二阶传感器在单位阶跃激励下的稳态输出误差为零。但是传感器的响应很大程度上决定于阻尼比 ζ 和固有频率 ω_n . 传感器固有频率为其主要结构参数所决定，ω_n 越高，传感器的响应越快。阻尼比 ζ 直接影响超调量和振荡次数。$\zeta = 0$ 时超调量为 100% ，且持续不息地振荡下去，达不到稳态。$\zeta > 1$，则传感器蜕化到等同于两个一阶环节的串联。此时虽然不产生振荡（即不发生超调），但也需经过较长时间才能达到稳态。如果阻尼比 ζ 选在 0.6 ~ 0.8 之间，则最大超调量将不超过 2.5% ~ 10% 。若允许动态误差为 2% ~ 5% 时，其调整时间也最短 – 约为 $(3 ~ 4) / (\zeta\omega_n)$。这也是很多传感器（测试装置）在设计时常把阻尼比 ζ 选在此区间的理由之一。

斜坡输入函数是阶跃函数的积分。由于输入量不断增大，一、二阶传感器的相应输出量也不断增大，但总是"滞后"于输入一段时间。所以不管是一阶还是二阶传感器，都有一定的"稳态误差"，并且稳态误差随 τ 的增大或 ω_n 的减小和 ζ 的增大而增大。

在正弦激励下，一、二阶传感器稳态输出也都是该激励频率的正弦函数。但在不同频率下有不同的幅值响应和相位滞后。而在正弦激励之初，还有一段过渡过程。因为正弦激励是周期性和长时间维持的，因此在测试中往往能方便地观察其稳态输出 而不去仔细研究其过渡过程。用不同频率的正弦信号去激励传感器，观察稳态时的响应幅值和相位滞后，就可以得到颇为准确的传感器的动态特性。

2.4 传感器的无失真测试条件

对于任何一个传感器（或测试装置），总是希望它们具有良好的响应特性，精度高，灵敏度高，输出波形无失真地复现输入波形等。但是要满足上面的要求是有条件的。

设传感器输出 $y(t)$ 和输入 $x(t)$ 满足下列关系：

$$y(t) = A_0 x(t - \tau_0) \qquad (2-40)$$

式中 A_0 和 τ_0 都是常数。此式说明该传感器的输出波形精确地与输入波形相似。只不过对应瞬时放大了 A_0 倍和滞后了 τ_0 时，输出的频谱（幅值谱和相位谱）和输入的频谱完全相似。可见，满足式（2 – 40）才可能使输出的波形无失真地复现输入波形。

对式（2 – 41）取傅里叶变换得

$$y(j\omega) = A_0 e^{-j\tau_0\omega} X(j\omega) \qquad (2-41)$$

可见，若输出波形要无失真地复现输入波形，则传感器的频率响应 $H(j\omega)$ 应当满足：

$$H(j\omega) = \frac{Y(j\omega)}{X(j\omega)} = A_0 e^{-j\omega\tau_0}$$

即

$$A(\omega) = A_0 = 常数 \qquad (2-42)$$

$$\varphi(\omega) = -\tau_0 \omega \qquad (2-43)$$

这就是说，从精确地测定各频率分量的幅值和相对相位来说，理想的传感器的幅频特性应当是常数（即水平直线），相频特性应当是线性关系，否则就要产生失真。$A(\omega)$ 不等于常数所引起的失真称为幅值失真，$\varphi(\omega)$ 与 ω 不是线性关系所引起的失真称为相位失真。

应该指出，满足式（2-42）、（2-43）所示的条件，传感器的输出仍滞后于输入一定的时间 τ_0。如果测试的目的是精确地测出输入波形，那末上述条件完全可以保证满足要求；但在其他情况下，如测试结果要用为反馈控制信号，则上述条件是不充分的，因为输出对输入时间的滞后可能破坏系统的稳定性。这时 $\varphi(\omega)=0$ 才是理想的。

从实现测试波形不失真条件和其他工作性能综合来看，对一阶传感器而言，时间常数 τ 愈小，则响应愈快，对斜坡函数的响应，其时间滞后和稳定误差将愈小，对正弦输入的响应幅值增大。因此传感器的时间常数 τ 原则上愈小愈好。

对于二阶传感器来说，其特性曲线中有两段值得注意。一般而言，在 $\omega < 0.3\omega_n$ 范围内，$\varphi(\omega)$ 的数值较小，而且 $\varphi(\omega) - \omega$ 特性接近直线。$A(\omega)$ 在该范围内的变化不超过 10%，因此这个范围是理想的工作范围。在 $\omega > (2.5 \sim 3)\omega_n$ 范围内，$\varphi(\omega)$ 接近 180°，且差值很小，如在实测或数据处理中用减去固定相位差值或把测试信号反相 180° 的方法，则也接近于可不失真地恢复被测信号波形。若输入信号频率范围在上述两者之间，则因为传感器的频率特性受阻尼比 ζ 的影响较大而需作具体分析。分析表明，ζ 愈小，传感器对斜坡输入响应的稳态误差 $2\zeta/\omega_n$ 愈小。但是对阶跃输入的响应，随着 ζ 的减小，瞬态振荡的次数增多，过调量增大，过渡过程增长。在 $\zeta = 0.6 \sim 0.7$ 时，可以获得较为合适的综合特性。对于正弦输入来说，从图 2-11 可以看出，当 $\zeta = 0.6 \sim 0.7$ 时，幅值比在比较宽的范围内保持不变，计算表明，当 $\zeta = 0.7$ 时，在 $0 \sim 0.58\omega_n$ 的频率范围中，幅值特性 $A(\omega)$ 的变化不会超过 5%，同时在一定程度下可认为在 $\omega < \omega_n$ 的范围内，传感器的 $\varphi(\omega)$ 也接近于直线，因而产生的相位失真很小。

2.5 传感器的标定

传感器的标定分为静态标定和动态标定两种。静态标定的目的是确定传感器静态特性指标，如线性度、灵敏度、滞后和重复性等。动态标定的目的是确定传感器的动态特性参数，如频率响应、时间常数、固有频率和阻尼比等。有时，根据需要也要对横向灵敏度、温度响应、环境影响等进行标定。

2.5.1 传感器的静态特性标定

一、静态标准条件

传感器的静态特性是在静态标准条件下进行标定的。所谓静态标准是指没有加速度、振动、冲击（除非这些参数本身就是被测物理量）及环境温度一般为室温（20 ± 5℃）、相对湿度不大于 85%，大气压力为 101 ± 8kPa 的情况。

二、标定仪器设备的精度等级的确定

对传感器进行标定，是根据试验数据确定传感器的各项性能指标，实际上也是确定传感器的测量精度。所以在标定传感器时，所用的测量仪器的精度至少要比被标定的传感器的精度高一个等级。这样，通过标定确定的传感器的静态性能指标才是可靠的，所确定的精度才是可信的。

三、静态特性标定的方法

对传感器进行静态特性标定，首先是创造一个静态标准条件。其次是选择与被标定传感器的精度要求相适应一定等级的标定用的仪器设备。然后才能开始对传感器进行静态特性标定。

标定过程步骤如下：

（1）将传感器全量程（测量范围）分成若干等间距点；

（2）根据传感器量程分点情况，由小到大逐渐一点一点的输入标准量值，并记录下与各输入值相对应的输出值；

（3）将输入值由大到小一点一点的减少下来，同时记录下与各输入值相对应的输出值；

（4）按（2），（3）所述过程，对传感器进行正、反行程往复循环多次测试，将得到的输出－输入测试数据用表格列出或画成曲线；

（5）对测试数据进行必要的处理，根据处理结果就可以确定传感器的线性度、灵敏度、滞后和重复性等静态特性指标。

2.5.2　传感器的动态特性标定

传感器的动态标定主要是研究传感器的动态响应，而与动态响应有关的参数，一阶传感器只有一个时间常数 τ，二阶传感器则有固有频率 ω_n 和阻尼比 ζ 两个参数。

一种较好的方法是通过测量传感器的阶跃响应，可以确定传感器的时间常数，固有频率和阻尼比。

对于一阶传感器，测得阶跃响应之后，取输出值达到最终值的 63.2% 所经过的时间作为时间常数 τ. 但这样确定的时间常数实际上没有涉及响应的全过程，测量结果的可靠性仅仅取决某些个别的瞬时值。如果用下述方法来确定时间常数，可以获得较可靠的结果。一阶传感器的阶跃响应函数为

$$y_u(t) = 1 - e^{-\frac{t}{\tau}}$$

改写后得

$$1 - y_u(t) = e^{-\frac{t}{\tau}}$$

或

$$z = -\frac{t}{\tau} \tag{2-44}$$

式中

$$z = \ln[1 - y_u(t)] \tag{2-45}$$

式（2－44）表明 z 和时间 t 成线性关系，并且有 $\tau = \Delta t/\Delta z$（见图 2－12）。因此可以根据测得的 $y_u(t)$ 值，作出 $z-t$ 曲线，并根据 $\Delta t/\Delta z$ 值获得时间常数 τ，这种方法考虑了瞬态响应的全过程。

$$M = e^{-\left(\frac{\zeta \pi}{\sqrt{1-\zeta^2}}\right)} \tag{2-46}$$

或

$$\zeta = \sqrt{\frac{1}{\left(\dfrac{\pi}{\ln M}\right)^2 + 1}} \qquad (2-47)$$

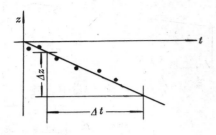

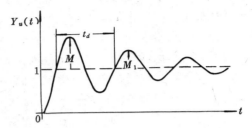

图 2-12 求一阶装置时间常数的方法　　　图 2-13 二阶装置（$\zeta<1$）的阶跃响应

因此，测得 M 之后，便可按式（2-47）或者与之相应的图 2-13 来求得阻尼率 ζ.

如果测得阶跃响应的较长瞬变过程，那末，可以利用任意两个过冲量 M_i 和 M_{i+n} 来求得阻尼率 ζ，其中 n 是该两峰值相隔的周期数（整数）。设 M_i 峰值对应的时间为 t_i，则 M_{i+n} 峰值对应的时间为

$$t_{i+n} = t_i + \frac{2n\pi}{\omega\sqrt{1-\zeta^2}}$$

将它们代入表 2-2 中的（＊）式，可得

$$\ln\frac{M_i}{M_{i+n}} = \ln\left[\frac{e^{-\zeta\omega_n t_i}}{\exp\left(-\zeta\omega_n\left(t_i + \dfrac{2n\pi}{\omega_n\sqrt{1-\zeta^2}}\right)\right)}\right]$$

$$= \frac{2n\pi\zeta}{\sqrt{1-\zeta^2}} \qquad (2-48)$$

整理后可得

$$\zeta = \sqrt{\frac{\delta_n^2}{\delta_n^2 + 4\pi^2 n^2}} \qquad (2-49)$$

其中

$$\delta_n = \ln\frac{M_i}{M_{i+n}} \qquad (2-50)$$

若考虑，当 $\zeta<0.1$ 时，以 1 代替 $\sqrt{1-\zeta^2}$，此时不会产生过大的误差（不大于 0.6%），则式（2-48）可改写为

$$\zeta = \frac{\ln\dfrac{M_i}{M_{i+n}}}{2n\pi} \qquad (2-51)$$

若装置是精确的二阶装置，那么 n 值采用任意正整数所得的 ζ 值不会有差别。反之，若 n 取不同值，获得不同的 ζ 值，则表明该装置不是线

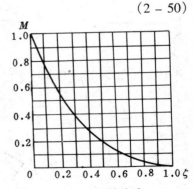

图 2-14 $\zeta-M$ 的关系

性二阶装置。

当然还可以利用正弦输入，测定输出和输入的幅值比和相位差来确定装置的幅频特性和相频特性，然后根据幅频特性分别按图 2 – 15 和图 2 – 16 求得一阶装置的时间常数 τ 和欠阻尼二阶装置的阻尼比 ζ、固有频率 ω_n。

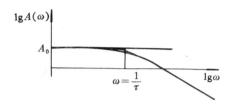
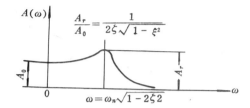

图 2 – 15　由幅频特性求时间常数 τ　　　　图 2 – 16　欠阻尼二阶装置的 ζ 和 ω_n

最后必须指出，若测量装置不是纯粹电气系统，而是机械 – 电气或其他物理系统，一般很难获得正弦的输入信号，但获得阶跃输入信号却很方便。所以在这种情况下，使用阶跃输入信号来测定装置的参数也就更为方便了。

2.5.3　测振传感器的标定

测振仪性能的全面标定只是在制造单位或研究部门进行，在一般使用单位和使用场合，主要是标定其灵敏度、频率特性和动态线性范围。

标定和校准测振仪的方法很多，但从计算标准和传递的角度来看，可以分成两类：一类是复现振动量值最高基准的绝对法，另一类是以绝对法标定的标准测振仪作为二等标准用比较法标定工作测振仪。按照标定时所用输入量种类又可分为正弦振动法、重力加速度法、冲击法和随机振动法等。

一、绝对标定法

我国目前的振动计量最高基准是采用激光光波长度作为振幅量值的绝对基准。由于激光干涉基准系统复杂昂贵，而且一经安装调试后就不能移动，因此需有作为二等标准标准的测振仪作为传递基准之用。

对压电加速度计进行绝对标定时，将被标压电加速度计装在标准振动台的台面上。驱动振动台，用激光干涉测振装置测定台面的振幅值（m），用精密数字频率计读出振动台台面的频率 $f(1/s)$，同时用精密数字电压表读出被标传感器通过与其匹配的前置放大器输出电压值（一般为有效值）E_{rms}（mV），则可求出被测测振传感器的加速度灵敏度 S_a 为：

$$S_a = \frac{\sqrt{2}\,E_{\text{rms}}}{(2\pi f)^2 X_m}\left(\frac{\text{mV} \cdot \text{s}^2}{\text{m}}\right) \tag{2 – 52}$$

利用自动控制振动台面振级和自动变化振动台振动频率的扫频仪和记录设备，便可求得被测测振传感器的幅频特性曲线和动态线性范围。整个标定误差 < 1%。

二、比较标定法

这是一种最常使用的标定方法，即将被标的测振传感器和标准测振传感器相比较。标定时，将被标测振传感器与标准传感器一起安装在标准振动台上。为了使它们尽可能地靠近安装以保证感受的振动量相同，常采用"背靠背"法安装。标准振动传感器端面上常有螺孔供直接安装被标传感器或者用如图 2-17 所示的刚性支架安装。设标准测振传感器和被标测振传感器在受到同一振动量时输出分别为 E_0 和 E，已知标准测振传感器的加速度灵敏度为 S_{a0}，则被标测振传感器的中速度灵敏度 S_a 为

$$S_a = \frac{E}{E_0} \qquad (2-53)$$

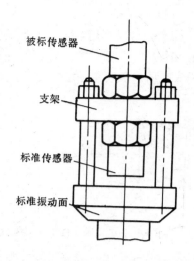

标注文字：被标传感器、支架、标准传感器、标准振动面

图 2-17　"背靠背"比较法标定系统

2.5.4　压力传感器的标定

用来作为动态测量的压力传感器除了按前述方法进行静态标定外，还要进行某种形式的动态标定。

动态标定要解决两个问题：①要获得一个令人满意的周期或阶跃的压力源；②要可靠地确定上述压力源所产生的真实的压力–时间关系，这两个问题将在下面进一步讨论。

一、动态标定压力源

获得动态标定压力的方法很多，然而，必须注意，提供了动态压力，并不等于提供了动态压力标准，因为，为了获得动态压力标准，必须正确地知道有关压力–时间关系，动态压力源的分类如下：

（1）稳态周期性压力源

　　（A）活塞与缸筒

　　（B）凸轮控制喷嘴

　　（C）声谐振器

　　（D）验音盘

（2）非稳态压力源

　　（A）快速卸荷阀

　　（B）脉冲膜片

　　（C）闭式爆炸器

　　（D）激波管

1．稳态标定法

常见的活塞和缸筒装置就是一种简单的稳态周期性校准压力源，其结构示意图如图 2-18 所示。如果活塞

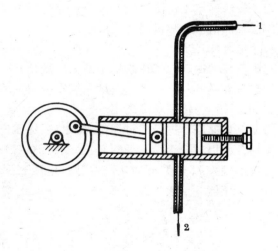

图 2-18　活塞缸筒静态压力源示意图

行程固定不变，压力振幅可通过调整缸筒体积来改变，它可以获得 70kg/cm^2 的峰值压力，而频率可达到 100Hz。

活塞运动源的一种变型是传动膜片，膜盒或弹簧管，通过连杆与管端连接的偏心轮使弹簧管弯曲，这样来使用弹簧管，效果很好。

图2-19表示获得稳态周期性压力源的另一种方法。已使用的这种形式的压力源的振幅可达到 0.1kg/cm^2，频率为 300Hz。

已经采用的另一种装置是应用变速电动机，借助圆形偏心轮，来驱动压力传感器。这种压力传感器本质上是一个可调伺服操纵阀，可用来控制稳压源的输出。

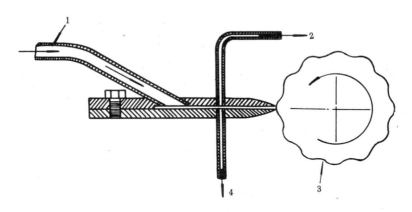

图2-19　凸轮控制喷嘴稳态压力源

以上提出的各种方法只提供了可变的压力源，但是它们本身没有提供确定数值或时间特性的方法。可是，这些方法特别适用于将未知特性的传感器与已知特性的传感器进行比较。

2. 非稳态标定法

采用稳态周期性压力源来确定压力传感器的动态特性时，往往受到所能产生的振幅和频率的限制。高的振幅和稳态频率很难同时获得。为此，在较高振幅范围内，为了确定压力传感器的高频响应特性，必须借助于阶跃函数理论。

可采用各种方法来产生所需要的脉冲。最简单的一种方法是在液压源与传感器之间使用一个快速卸荷阀，从 0 上升到 90% 的全压力的时间为 10ms。

采用脉冲膜片也可获得阶跃压力。用薄塑料膜片或塑料薄板。把两个空腔隔开，由撞针或尖刀使膜片产生机械损坏。由此发现，降压而不是升压，可以产生一个更接近理想的阶跃函数。降压时间约为 0.25ms。

还有一种阶跃函数压力源是闭式爆炸器。在该爆炸器中，它的压力发生跃变，例如烈性硝甘炸药雷管发生爆炸。通过有效体积来控制峰值压力。可以得到在 0.3ms 内的压力阶跃高达 54kg/cm^2。

所谓激波管，无疑它能产生非常接近的瞬态"标准"压力。激波管的结构十分简单，它是一根两端封闭的长管，用膜片分成两个独立空腔。

二、激波管标定法

用激波管标定压力（或力）传感器是目前最常用的方法。它具有三大特点：

（1）压力幅度范围宽，便于改变压力值；

（2）频率范围广（2kHz～2.5MHz）；

（3）便于分析研究和数据处理。

此外，激波管结构简单，使用方法可靠。下面将分别研究激波管工作原理，阶跃压力波的性质及标定方法。

1. 激波管标定装置工作原理

激波管标定装置系统如图2－20所示。它由激波管、入射激波测速系统、标定测量系统及气源等四部分组成。

（1）激波管

激波管是产生激波的核心部分，由高压室1和低压室2组成。1，2之间由铝或塑料膜片3隔开，激波压力的大小由膜片的厚度来决定。标定时根据要求对高、低室充以压力不同的压缩气体（通常采用压缩空气），低压室一般为一个大气压，仅给高压室充以高压气体。当高、低压室的压力差达到一定程度时膜片破裂，高压气体迅速膨胀冲入低压室，从而形成激波。这个激波的波阵面压力保持恒定，接近理想的阶跃波，并以超音速冲向被标定的传感器。传感器在激波的激励下按固有频率产生一个衰减振荡。如图2－21所示。其波形由显示系统记录下来，以供确定传感器的动特性之用。

激波管中压力波动情况如图2－22所示，图中（a），（b），（c）及（d）各状态说明如下。

图（a）为膜片爆破前的情况，P_4为高压室的压力，P_1为低压室的压力。图（b）为膜片爆破后稀疏波反射前的情况，P_2为膜片爆破后产生的激波压力，P_3为高压室爆破后形成的压力，P_2与P_3的接触面称为温度分界面。因为P_3与P_2所在区域的温度不同，但其压力值相等即$P_3 = P_2$。稀疏波就是在高压室内膜片破碎时形成的波。图（c）为稀疏波反射后的情况，当稀疏波波头达到高压室端

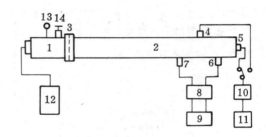

图2－20　激波管标定装置系统原理框图

1－激波管的高压室　2－激波管的低压室
3－激波管高低压室间的膜片　4－侧面被标定的传感器
5－端面被标定的传感器　6、7－各为测速压力传感器
8－测速前置级　9－数字式频率计　10－测压前置级
11－记录记忆装置　12－气源　13－气压表　14－泄气门

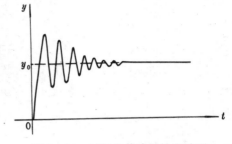

图2－21　被标定传感器输出波形

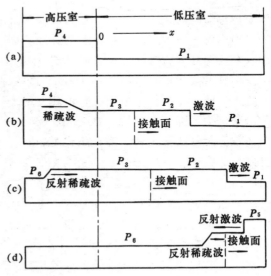

图2－22　激波管中压力与波动情况

（a）膜片爆破前情况　（b）膜片爆破后稀疏波反射前情况
（c）稀疏波反射后情况　（d）反射激波波动情况

面时便产生稀疏波的反射，叫做反射稀疏波，其压力减小如 P_6 所示。图（d）为反射激波的波动情况，当 P_2 达到低压室端面时也产生反射，压力增大如 P_3 所示，称为反射激波。

P_2 和 P_3 都是在标定传感器时要用到的激波，视传感器安装的位置而定，当被标定的传感器安装在侧面时要用 P_2，当装在端面时要用 P_3，二者不同之处在于 $P_3 > P_2$，但维持恒压时间 τ_3 略小于 τ_2。

计算压力基本关系式为

$$P_{41} = \frac{P_4}{P_1} = \frac{1}{6}（7M_S - 1）\left[1 - \frac{1}{6}\left(M_S - \frac{1}{M_S} \right) \right]^{-7} \tag{2-54}$$

$$P_{21} = \frac{P_2}{P_1} = \frac{1}{6}（7M_S^2 - 1） \tag{2-55}$$

$$P_{51} = \frac{P_5}{P_1} = \frac{1}{3}（7M_S^2 - 1）\frac{4M_S^2 - 1}{M_S^2 + 5} \tag{2-56}$$

$$P_{52} = \frac{P_5}{P_2} = 2\frac{4M_S^2 - 1}{M_S^2 + 5} \tag{2-57}$$

入射激波的阶跃压力为

$$\Delta P_2 = P_2 - P_1 = \frac{7}{6}(M_S^2 - 1)P_1 \tag{2-58}$$

反射激波的阶跃压力为

$$\Delta P_5 = P_5 - P_1 = \frac{7}{3}P_1(M_S^2 - 1)\frac{2 + 4M_S^2}{5 + M_S^2} \tag{2-59}$$

式中的 M_S 为激波的马赫数，由测速系统决定。

这些基本关系式可参考有关资料，这里不作详细推导。P_1 可事先给定，一般采用当地的大气压，可根据公式准确地计算出来。因此，上列各式只要 P_1 及 M_S 给定，各压力值易于计算出来。

（2）入射激波的测速系统

入射激波的测速系统（见图 2-20）由压电式压力传感器 6 和 7，前置放大器 8 以及频率计 9 组成。对测速用的压力传感器 6 和 7 的要求是它们的一致性要好，尽量小型化，传感器的受压面应与管的内壁面一致，以免影响激波管内表面的形状。测速前置级 8 通常采用电荷放大器及限幅器以给出幅值基本恒定的脉冲信号，数字式频率计能给出 $0.1\mu s$ 的时标就可满足要求了。由两个脉冲信号去控制频率计 9 的开、关门时间。入射激波的速度为

$$u = \frac{l}{t}（\text{m/s}） \tag{2-60}$$

式中：l——两个测速传感器之间的距离；

t——激波通过两个传感器间距所需的时间（$t = \Delta t \cdot n$，Δt 为计数器的时标，n 为频率计显示的脉冲数）。

激波通常以马赫数表示，其定义为

$$M_S = \frac{u}{a_T} \qquad (2-61)$$

式中：u——激波速度；

$\quad a_T$——低压室的音速。

a_T 可用下式表示：

$$a_T = \sqrt{1 + \beta T} \qquad (2-62)$$

式中：a_T——T℃时的音速；

$\quad a_0$——0℃时的音速（331.36m/s）；

$\quad \beta$——常数，$\beta = 0.00366$ 或 $1/273$；

$\quad T$——试验时低压室的温度（室温一般为25℃）。

（3）标定测量系统

标定测量系统由被标定传感器4，5，电荷放大器10及记忆示波器11等组成。被标定传感器既可以放在侧面位置上，也可以放在底端面位置上。从被标定传感器来的信号通过电荷放大器加到记忆示波器上记录下来，以备分析计算，或通过计算机进行数据处理，直接求得幅频特性及动态灵敏度等。

（4）气源系统

气源系统由气源（包括控制台）12、气压表13及泄气门14等组成。它是高压气体的产生源，通常采用压缩空气（也可以采用氮气）。压力大小通过控制台控制，由气压表13监视。完成测量后开启泄气门14，以便管内气体泄掉，然后对管内进行清理。更换膜片，以备下次再用。

2. 激波管阶跃压力波的性质

一个理想的阶跃波及其频谱如图2-23所示，阶跃压力波的数学表达式为

$$\begin{cases} P(t) = \Delta P, & 0 \leqslant t \leqslant T_n \\ P(t) = 0, & 0 > t > T_n \end{cases} \qquad (2-63)$$

通过傅里叶变换：可以得到它的频谱，如图2-23（b）所示。其数学表达式为

$$|P(f)| = PT_n \left| \frac{\sin \pi f T_n}{\pi f T_n} \right| \qquad (2-64)$$

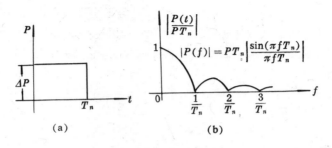

图2-23　理想的阶跃压力波

（a）理想阶跃压力波　　　　　　　（b）阶跃压力波频谱

式中：$P(f)$——压力频谱分量；

$\qquad$ P——阶跃压力；

$\qquad$ T_n——阶跃压力的持续时间；

$\qquad$ f——频率。

由式（2-64）可知，阶跃波的频谱是极其丰富的，频率可从 $0 \sim \infty$。

激波管法是不可能得到如此理想的阶跃压力波，通常它的典型波形如图 2-24 所示。可用 4 个参量来描述，即初始压力 P_1、阶跃压力 ΔP、上升时间 t_R 及持续时间 τ，从图可知，当时间 $t > (t_R + \tau)$ 以后，因为在实际标定中用不着，故不去研究它。下面将讨论 t_R，τ，ΔP 及 P_1 的作用及影响。

（1）上升时间 t_R 将决定能标定的上限频率。若 t_R 大，阶跃波中所含高频分量必然相应减少。为扩大标定频率范围，应尽量减小 t_R，使之接近于理想方波。通常用下式来估算阶跃波形的上限频率。

$$t_R \leqslant \frac{T_{\min}}{4} = \frac{1}{4 f_{\max}} \qquad (2-65)$$

式中 $f_{\max}$，$T_{\min}$ 为阶跃波频谱中的上限频率及其周期。

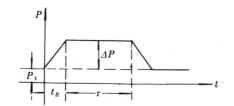

图 2-24　激波管实际阶跃压力波

图 2-25　估算 t_R 的方法

从图 2-25 中可以看出上式的物理意义，t_R 可近似理解为正弦波四分之一周期的时间。这样可以用 t_R 来决定上限频率，当 $t_R > T_{\min}/4$ 时，已跟不上反应了。实验证明，激波管产生的阶跃波，其 t_R 约为 10^{-9}s，但实际上因各种因素影响，要大于 $1 \sim 2$ 个数量级，通常取 $t_{R\min} \leqslant 10^{-7}$s，上限频率可达 2.5MHz。目前动压传感器的固有频率 f_0 都低于 1MHz，所以可完全满足要求。

（2）持续时间 τ 将决定可能标定的最低频率，标定时在阶跃波激励下传感器将产生过渡过程。为了得到传感器的频率特性至少要观察到 10 个完整周期，若要求数据准确可靠，甚至需要观察到 40 个左右。根据要求，τ 可用下式表示：

$$\tau \geqslant 10 T_{\max} = \frac{10}{f_{\min}} \qquad (2-66)$$

或

$$f_{\min} \geqslant \frac{10}{\tau} \qquad (2-67)$$

从精度和可靠性出发，τ 尽可能地大些为好。一般激波管 $\tau = 5 \sim 10$ms，因此可标定的下限频率 $f_{\min} > 2$kHz。

3. 误差分析

在前面的分析中做了一定的假设，一旦这些假设不成立时就会产生误差。如测速系统的误差，破膜及激波在端部的反射引起的振动产生的影响等。这些原因都会给标定造成误差，下面就这几方面因素做简单的分析讨论。

（1）测速系统的误差

根据动压传感器校准的要求，除了要保证系统工作稳定、可靠外，还得尽可能地准确。实际上影响测速精度的因素很多，由式（2－60）可知，测速误差为

$$\varepsilon_u = \varepsilon_1 + \varepsilon_\tau \qquad (2-68)$$

式中 ε_l，ε_t 分别为 l，t 的相对误差。

从式（2－68）知，影响测速精度的因素有测速传感器的安装孔距加工误差，有测速系统各组成部分引起的测时误差，它包括：

（ⅰ）各测速传感器的上升时间，灵敏度和触发位置的不一致性；

（ⅱ）各电荷放大器输出信号的上升时间、灵敏度的不一致性；

（ⅲ）频率计的测量误差（包括时标误差和触发误差）。如选用 E324 型频率计，时标误差 $\leqslant 1 \times 10^3$，可忽略不计，主要是开、关门的触发误差。

（2）激波速度在传播过程中的衰减误差

根据实验测定，激波实际传播速度与理论值有出入，前者小于后者，显然这是激波的衰减造成的；非理想的阶跃压力引起的误差通常小于 $\pm 0.5\%$。这两项误差只要选取 $P_{21} < 3$，可忽略不计。

（3）破膜和激波在端部的反射引起振动造成的误差

各种压力传感器对冲击振动都有不同程度的敏感，所以传感器的使用和标定都要考虑到振动的影响。激波管在标定中主要有两种振动。

（ⅰ）膜片在破膜瞬间产生的强烈振动。实验表明这种振动影响不大。因为这种振动在钢中的传播速度约为 5000m/s，比激波速度大得多。所以当激波到达端部传感器时这种振动的影响几乎衰减为零，可不予考虑；

（ⅱ）激波在端部的反射引起的振动。由于激波压力作用于压力传感器上的同时必然冲击安装法兰盘使之产生振动，这直接影响在其上安装的传感器。由于它的振动与传感器感受激波压力几乎是同时产生的。未经很大的衰减，而其振动频率较高。恰在我们欲标定的频段内。所以影响很大，产生的误差约 $\pm 0.5\%$。

根据文献并参照美国标准局（NBS）评定激波管装置系统的精度指标的规定。激波管的误差主要指的是阶跃压力的幅值误差，详述如下。

从（2－58）和（2－59）两式中可推导出

$$\varepsilon_{\Delta P2} = \varepsilon_{MS}\left(\frac{2M_S^2}{M_S^2 - 1}\right) + \varepsilon P_1 \qquad (2-69)$$

$$\varepsilon_{\Delta PS} = \varepsilon_{MS}\left(\frac{8M_S^2}{2 + 4M_S^2}\right) + \frac{2M_S^2}{5 - M_S^2} + \frac{2M_S^2}{M_S^2 - 1} + \varepsilon P_1 \qquad (2-70)$$

式中：$\varepsilon_{\Delta P2}$，$\varepsilon_{\Delta PS}$，ε_{MS}，ε_{P1} 分别为 ΔP_2，ΔP_5，M_S，P_1 的相对误差。

由上式可知，激波阶跃压力的误差完全取决于 P_1 及 M_S 的测量精度。由式（2－

61）和式（2-62）可求得

$$\varepsilon_{M_S} = \varepsilon_u + \varepsilon_{aT} \tag{2-71}$$

$$\varepsilon_{aT} = \varepsilon_T \left(\frac{T}{546 + 2T} \right) + \varepsilon_{a0} \tag{2-72}$$

式中：ε_{aT}，ε_{a0}，ε_T 分别为 a_T，a_0，T 的相对误差。

将 ε_u 及 ε_{aT} 代入式（2-71）中便得

$$\varepsilon_{MS} = \varepsilon_T \left(\frac{T}{546 + 2T} \right) + \varepsilon_{a0} + \varepsilon_t + \varepsilon_1 \tag{2-73}$$

由上式可知，M_S 的误差完全取决于 T，l，t 及 a_0 的测量精度。

第三章　传感器中的弹性敏感元件

3.1　引　　言

物体在外力作用下而改变原来尺寸或形状的现象称为变形，而当外力去掉后物体又能完全恢复其原来的尺寸和形状，那么这种变形称为弹性变形。具有弹性变形特性的物体称为弹性元件。

弹性元件在传感器技术中占有极其重要的地位。它首先把力、力矩或压力变换成相应的应变或位移，然后由各种形式的转换元件，将被测力、力矩或压力变换成电量。

根据弹性元件在传感器中的作用，它基本上可以分为两种类型——弹性敏感元件和弹性支承。前者感受力、力矩、压力等被测参数，并通过它将被测量变换为应变、位移等，也就是通过它把被测参数由一种物理状态变换为另一种所需要的相应物理状态，它直接起到测量的作用，故称为弹性敏感元件；后者常常作为传感器中活动部分的支承，起支承导向作用，因而要求有内摩擦力小、弹性变形大等特点，以便保证传感器的活动部分得到良好的运动精度。

本章主要讨论弹性敏感元件的基本特性和各种弹性敏感元件结构形式及应用。

3.2　弹性敏感元件的基本特性

3.2.1　弹性特性

作用在弹性敏感元件上的外力与其引起的相应变形（应变、位移或转角）之间的关系称为弹性元件的弹性特性，它可能是线性的（图 3-1 中的直线 1），也可能是非线性的（图 3-1 中的曲线 2 或 3）。弹性特性可由刚度或灵敏度来表示。

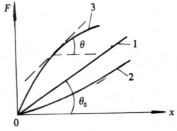

图 3-1　弹性特性

一、刚度

刚度是弹性敏感元件在外力作用下抵抗变形的能力，一般用 k 表示，其数学表达式为

$$k = \lim_{\Delta x \to 0} \left(\frac{\Delta F}{\Delta x} \right) = \frac{\mathrm{d}F}{\mathrm{d}x} \qquad (3-1)$$

式中：F——作用在弹性元件上的外力；

　　　x——弹性元件产生的变形。

刚度也可以从弹性特性曲线上求得。图 3-1 中弹性特性曲线 3 上某点 A 的刚度，可通过 A 点作曲线 3 的切线，此切线与水平线夹角的正切 $\tan\theta = \dfrac{\mathrm{d}F}{\mathrm{d}x}$ 就代表了弹性元件在 A 点处的刚度。如果弹性元件的弹性特性是线性的，则其的刚度是一个常数，即

$\tan\theta_0 = F/x = $ 常数（见图 3-1 中直线 1）。

二、灵敏度

灵敏度是刚度的倒数，一般用 S_n 表示，即为

$$S_n = \frac{\mathrm{d}x}{\mathrm{d}F} \qquad (3-2)$$

从式（3-2）可以看出，灵敏度就是单位力产生变形的大小。与刚度相似，如果弹性特性是线性的，则刚度为一常数，若弹性特性是非线性的，则灵敏度为一变数，即表示此弹性元件在弹性变形范围内，其各处由于单位力产生的变形大小不同。

在传感器中，有时需应用几个弹性元件串联或并联。当弹性敏感元件并联时，系统的灵敏度为

$$S_n = \frac{1}{\sum_{i=1}^{n} \frac{1}{S_{n_i}}} \qquad (3-3)$$

在串联情况下，系统的灵敏度为

$$S_n = \sum_{i=1}^{n} S_{n_i} \qquad (3-4)$$

式中：n——并联或串联弹性敏感元件的数目；

S_{n_i}——第 i 个弹性敏感元件的灵敏度。

3.2.2 弹性滞后

弹性元件在弹性变形范围内，弹性特性的加载曲线与卸载曲线不重合的现象称为弹性滞后现象，如图 3-2 所示。当作用在弹性元件上的力由 0 增加至 F' 时，弹性元件的弹性特性曲线如曲线 1 所示。而当作用力由 F' 减小到 0 时，弹性特性曲线如曲线 2 所示。作用力由 0 增加到一定值 F 和由大于 F 的作用力减小到 F 时，弹性变形之差 Δx 叫做弹性敏感元件的滞后误差。这种滞后误差将会给测量带来误差。曲线 1、2 所包围的范围称为滞环。引起弹性滞后的原因，主要是由于弹性敏感元件在工作时其材料分子间存在内摩擦。

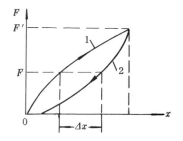

图 3-2 弹性滞后现象

3.2.3 弹性后效

弹性敏感元件所加荷载改变后，不是立即完成相应的变形，而是在一定时间间隔中逐渐完成变形的现象称为弹性后效现象。如图所示，当作用到弹性敏感元件上的力由 0 突然增加到 F_0 时，其变形首先由 0 迅速增加至 x_1，然后在荷载不变情况下，弹性敏感元件继续变形，直到变形增大到 x_0 为止。反之当作用力由 F_0 突然减至 0 时，其变形也是先由 x_0 迅速减至 x_2，然后继续

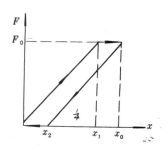

图 3-3 弹性后效现象

减小变形，直到变形为 0 止。由于弹性后效存在，弹性敏感元件的变形不能迅速地随作用力的改变而改变，使测量造成误差。在动态测量中，这种现象影响更加严重。

3.2.4 固有振动频率

弹性敏感元件的动态特性和变换时的滞后现象，与它的固有振动频率有关，一般总希望它具有较高的固有频率。固有频率的计算比较复杂，实际中常常通过实验来确定。但也可用下式进行估算：

$$f = \frac{1}{2\pi}\sqrt{\frac{k}{m_e}}(\text{Hz}) \qquad (3-5)$$

式中：k——弹性敏感元件的刚度；

m_e——弹性敏感元件的等效振动质量。

在实际设计弹性敏感元件时，常常遇到线性度、灵敏度和固有频率之间的相互矛盾问题。提高灵敏度，会使线性变差，固有频率降低，这就不能满足测量动态量的要求。相反，固有频率提高了，灵敏度却降低了。因此，必须根据测试对象和具体要求，加以综合考虑。

3.3　弹性敏感元件的材料

弹性敏感元件在传感器中因为直接参与变换和测量，所以对它有一定要求。在任何情况下，它应该保证有良好的弹性特性，足够的精度和稳定性，在长时间使用中和温度变化时都应保持稳定的特性。因此，对材料的基本要求是：

（1）弹性滞后和弹性后效要小；

（2）弹性模数的温度系数要小；

（3）线膨胀系数要小且稳定；

（4）弹性极限和强度极限要高；

（5）具有良好的稳定性和耐腐蚀性；

（6）具有良好的机械加工和热处理性能。

通常使用的材料为合金钢、铜合金等，其中 35CrMnSiA，40Cr 是常用的材料，尤其 35CrMnSiA 合金钢适合制作高精度的弹性敏感元件。50CrMnA 铬锰弹簧钢和 50CrVA 铬钒弹簧钢由于具有优良的机械性能，可用于制作承交变载荷的重要弹性敏感元件。黄

表 3-1　弹性材料的温度特性

牌　　　号	名　　称	弹性模量的温度系数 β_E（$\times 10^{-4}$）	线膨胀系数 α_s（$\times 10^{-6}$）
40Cr	合金结构钢	-3.0	11
35CrMnSiA	合金结构钢	-3.0	-
1Cr18Ni9	不锈钢	-3.4	16.6
302（美）	不锈钢	-4.3	16.7
QBe2	铍青铜	-3.5	16.5
QBe2.5	铍青铜	-3.1	16.6

铜(H_{62}、H_{80})可用于制造受力不大的弹簧及要求不高的膜片。德银(Zn18% ~ 22%,(Ni + Co)13.5% ~ 16.5%,其余为 Cu)用于制造抗腐蚀的弹性元件。锡磷青铜(QSn6.1 - 0.1,QSn6.5 - 0.4)用于制造一般的弹性元件或抗腐蚀性能好的弹性元件。铍青铜(QBe2,QBe2.5)用于制造精度高、强度好的弹性敏感元件。不锈钢(1Cr18Ni9Ti)用于制造高强度、耐腐蚀性好的弹性敏感元件。表 3 - 1 列出了一些弹性材料的温度特性。

3.4 弹性敏感元件的特性参数计算

在传感器中,经常用到一些弹性敏感元件,下面我们给出它们的特性参数的计算方法。

3.4.1 弹性圆柱（实心和空心）

柱式弹性元件的特点是结构简单,可承受很大的载荷,根据截面形状可分为实心截面、空心截面（见图 3 - 4）。

在力的作用下,它往往以应变作为输出量。在轴向承受作用力 F（拉或压）时,在与轴线成 α 角的截面上所产生的应力、应变为

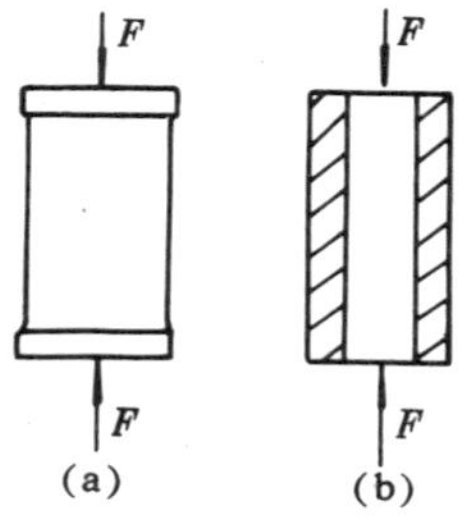

$$\sigma_\alpha = \frac{F}{A}(\cos^2\alpha - \mu\sin^2\alpha) \qquad (3 - 6)$$

$$\varepsilon_\alpha = \frac{F}{AE}(\cos^2\alpha - \mu\sin^2\alpha) \qquad (3 - 7)$$

式中：F——沿轴线方向上的作用力；

E——材料的弹性模量；

μ——材料的泊松系数；

A——圆柱的横截面积；

α——截面与轴线的夹角。

因此在轴向（$\alpha = 0$）产生的应力、应变为

$$\sigma = \frac{F}{A}$$

$$\varepsilon = \frac{F}{AE}$$

而在横向（$\alpha = 90°$）产生的应力、应变为

$$\sigma = -\mu\frac{F}{A}$$

$$\varepsilon = -\mu\frac{F}{AE}$$

图 3 - 4 弹性圆柱

(a) 实心圆柱　　　　(b) 空心圆柱

这种元件在与轴成不同角度 α 的截面上所产生的应力、应变是不相等的,在轴线方向上的应力、应变最大。为了比较各方向上的应变大小,引入灵敏度结构系数 β 的概念：

$$\beta = \cos^2\alpha - \mu\sin^2\alpha \qquad (3 - 8)$$

因而圆柱应变的一般表达式为：

$$\varepsilon = \frac{F}{AE}\beta \qquad (3 - 9)$$

由式（3-9）可以看出，圆柱的应变大小决定于圆柱的灵敏结构系数、横截面积、材料性质和圆柱所承受的力，而与圆柱的长度无关。

对于空心截面的圆柱弹性敏感元件，上述表达式都是适用的。并且空心截面的弹性元件在某些方面优于实心元件，因为在同样的截面积情况下，圆柱的直径可以增大，因此圆柱的抗弯能力大大提高，以及由于温度变化而引起的曲率半径相对变化量大大减小。但是空心圆柱的壁太薄时，受压力作用后将产生较明显的桶形变形而影响精度。

柱形弹性元件的固有频率 f_0 为

$$f_0 = 0.159 \frac{\pi}{2l} \sqrt{\frac{EA}{m_l}} \qquad (3-10)$$

式中：l——柱形元件的长度；

    m_l——柱形元件的单位长度的质量。

弹性敏感元件单位长度的质量由下式计算

$$m_l = A\rho \qquad (3-11)$$

式中：ρ——柱形材料的密度。

把 m_l 和 π 的值代入式（3-10）可得

$$f_0 = \frac{0.249}{l} \sqrt{\frac{E}{\rho}} \qquad (3-12)$$

由柱形弹性敏感元件的基本公式（3-9）和（3-12）可见，为了提高应变量，应当选择弹性模量小的材料，此时虽然相应的固有频率降低了，但固有频率降低的程度比应变量的提高来得小，总的衡量还是有利的。不降低固有频率来提高应变量必须减小弹性元件的截面积，而不降低应变值来提高固有频率必须减短圆柱的长度或选择密度低的材料。

柱形弹性敏感元件主要用于电阻应变式拉力或压力传感器中，各种 BLR 型拉力传感器的弹性敏感元件即为空心圆柱体。

3.4.2 悬臂梁

悬臂梁是一端固定一端自由的弹性敏感元件，它的特点是结构简单，加工方便，在较小力的测量中应用较多。根据梁的截面形状不同又可分为等截面梁和变截面（等强度梁）。

一、等截面梁

对于一端固定的矩形等截面悬臂梁（见图3-5）作用力 F 与某一位置处的应变关系可按下式计算：

$$\varepsilon_x = \frac{6F(l-x)}{EAh} \qquad (3-13)$$

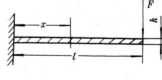
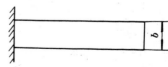

图 3-5　等截面悬臂梁

式中：ε_x——距固定端为 x 处的应变值；

    l——梁的长度；

    x——某一位置到固定端的距离；

    E——梁的材料的弹性模量；

    A——梁的截面积；

h——梁的厚度。

由式（3－13）可知，随着位置 x 的不同，在梁上各个位置所产生的应变也是不同的。在 $x = 0$ 处，应变最大，在 $x = l$ 处应变为零。显然，它的应变灵敏度结构系数 β 为

$$\beta = 6\left(1 - \frac{x}{l}\right) \tag{3－14}$$

在实际应用中，还常把悬臂梁自由端的挠度（位移）作为输出，这时挠度 y 与作用力 F 的关系式为

$$y = \frac{4l^3}{Ebh^3}F \tag{3－15}$$

等截面悬臂梁的固有振动频率为

$$f_0 = \frac{1.875^2}{2\pi l^2}\sqrt{\frac{EJ}{m_l}} \tag{3－16}$$

式中：J——梁的横截面的惯性矩，$J = \frac{bh^3}{12}$；

m_l——梁的单位长度的质量。

将相应的 J 和 m_l 值代入式（3－16），可得固有振动频率的表达式：

$$f_0 = \frac{0.162h}{l^2}\sqrt{\frac{E}{\rho}} \tag{3－17}$$

从式（3－13）、（3－15）和（3－17）可以看出，等截面梁的厚度的减小可以使灵敏度提高，固有振动频率降低。而材料的特性参数（E，ρ）对灵敏度和固有频率都有影响。

二、变截面梁（等强度梁）

等截面梁的不同部位所产生的应变是不相等的，这对电阻应变式传感器中应变片粘贴的位置提出了较高的要求。而等强度梁（见图3－6）在自由端加上作用力时。在梁上各处产生的应变大小相等。它的灵敏度结构系数与长度方向的坐标无关，都等于6，这给应变式传感器带来了很大方便。

为了保证等应变性，作用力 F 必须加在梁的两斜边的交汇点 T 处。等强度梁各点的应变值

$$\varepsilon = \frac{6l}{Eb_0 h^2} \cdot F \tag{3－18}$$

其自由端的挠度

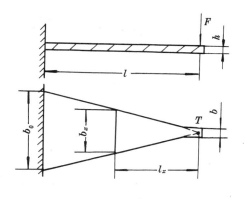

图 3－6　等强度梁

$$Y = \frac{6l^3}{Eb_0 h^3} \cdot F \tag{3－19}$$

由于等强度梁的宽度沿长度方向是变化的，因而使它的固有振动频率也随着变化，其表达式为

$$f_0 = \frac{0.316h}{l^2}\sqrt{\frac{E}{\rho}} \tag{3-20}$$

3.4.3 扭转棒

在力矩测量中常常用到扭转棒，图 3-7 所示为圆截面的扭转棒。当棒端承受力矩 M_t 时，在棒表面产生的最大剪切应力为

$$\tau_{max} = M_t / (\frac{J}{r}) \tag{3-21}$$

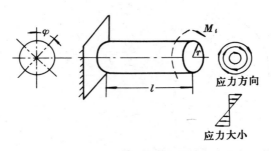

图 3-7 圆截面扭转棒

式中：M_t——力矩；

r——扭转棒圆半径；

J——横截面对圆心的极惯性矩，$J = \frac{\pi d^4}{32}$；

d——扭转棒直径。

式（3-21）表明，最大剪应力与作用的力矩 M_t 成正比，而与其横截面的极惯性矩和半径之比成反比。

单位长度的扭转角

$$\varphi_i = \frac{M_t}{GJ} \tag{3-22}$$

式中 G 为扭转棒材料的剪切弹性系数。

式（3-22）表明单位长度扭转角 φ_i 与扭矩 M_t 成正比，而与乘积 GJ 成反比，GJ 称为抗扭刚度。

扭转棒长度为 l 时的扭转角为

$$\varphi = \varphi_i l = \frac{M_t l}{GJ} \tag{3-23}$$

在与轴线成 45 度角的方向上出现最大垂直应力 σ_{max}，其数值与最大剪切应力 τ_{max} 相等，即

$$\sigma_{max} = \tau_{max}$$

这时最大应变为

$$\varepsilon_{max} = \frac{\sigma_{max}}{E} = \frac{rM_t}{EJ} \tag{3-23}$$

3.4.4 圆形膜片和膜盒

圆形膜片分平面膜片和波纹膜片两种。在相同压力情况下，波纹膜片可产生较大的挠度。

一、圆形平膜片

圆形平膜片在均布载荷情况下应力分布如图3-8所示。在压力 P 作用下，中心最大挠度为：

$$y_{max} = \frac{3}{16} \cdot \frac{1-\mu^2}{E} \cdot \frac{R^2}{h^3} P \qquad (3-24)$$

式中：P——压力；　R——膜片的半径；

h——膜片的厚度；

y——膜片中心的最大挠度（位移）。

从式（3-24）可以看出，膜片的中心挠度正比于压力，但这只有当 $y_{max} \ll h$ 时，式（3-24）才成立。

当 $y_{max} \geqslant h$ 时，挠度与压力的关系具有下面的关系

$$\frac{PR^4}{Eh^4} = \frac{16y}{3(1-\mu^2)h} + \frac{2}{21} \cdot \frac{23-9\mu}{1-\mu} \left(\frac{y}{h}\right)^3 \qquad (3-25)$$

式（3-25）是夹紧固定情况下的最大挠度公式，在小挠度时，$\left(\frac{y}{h}\right)^3$ 就很小，可以略去，则式（3-25）简化为式（3-24）。当 $\mu = 0.3$ 时，式（3-24）简化为

$$y_{max} = \frac{0.17R^4}{Eh^3} \cdot P \qquad (3-26)$$

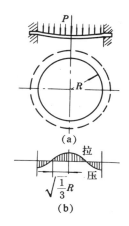

图3-8　圆形膜片应力分布图
(a) 圆形膜片　(b) 应力分布图

由式（3-25）可知，圆形膜片中心的位移 y 与压力 P 间呈非线性关系，为了减小非线性，位移量应当比膜片的厚度要小的多。

在半径为 r 处膜片的应变值

$$\varepsilon_r = \frac{3}{8} \cdot \frac{(1-\mu^2)}{Eh} \cdot (R^2 - 3r^2)P \qquad (3-27)$$

圆形平膜片的固有振动频率

$$f_0 = \frac{0.492h}{R^2} \sqrt{\frac{E}{\rho}} \qquad (3-28)$$

二、波纹膜片

波纹膜片是一种压有环状同心波纹的圆形薄板，一般用来测量压力（或压差），为了增加膜片中心的位移，可把两个膜片焊在一起，制成膜盒，它的位移为单个膜片的两部，如果需要得到更大的位移，可把数个膜盒串联成膜盒组。

膜片的轴向截面如图3-9（b）所示，为了便于和其他零件相连接，在膜片中央留有一个光滑部分，有时还在中心焊上一块金属片，称为膜片的硬心。

波纹膜片的形状可以做成多种形式，通常采用的波纹形状有正弦形、梯形、锯齿形波形，如图3-9（a）所示。波纹形状对膜片的 $P-y$ 特性有一定影响。图3-10给出

了锯齿形波纹、梯形波纹以及正弦形波纹膜片与压力的关系。在一定的压力作用下，正弦形波纹膜片给出最大的挠度，锯齿形波纹膜片给出最小的挠度，但它的特性比较接近于直线，梯形波纹膜片的特性介于上述二者之间。

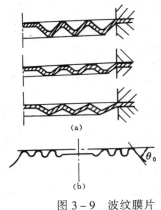

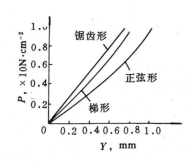

图 3 - 9　波纹膜片

（a）波纹膜片的形状　　　（b）带边缘波纹的膜片　　　图 3 - 10　波纹形状对膜片特性的影响

　　波纹的高度对膜片特性的影响也很大，加大波纹高度，一方面增大了初始变形的刚度，同时可使特性接近线性。通常，波纹高度在 0.7～1mm 范围内变化。

　　膜片的厚度对特性影响很大，随着厚度的增加，膜片的刚度增加，同时也增加了特性的非线性，厚度通常在 0.05～0.3mm 的范围内变化。

3.4.5　弹簧管

　　弹簧管又称波登管，它是弯曲成各种形状的空心管子，大多数是 C 型弹簧管。它是弹簧管压力表中的主要元件，在压力传感器中也得到应用。为了减小应力，可制成螺旋形弹簧管（图 3 - 11）的，弹簧管一端是固定的，另一端是自由的，在压力作用下，自由端将产生位移。近来又出现了变态的弹簧管（图 3 - 12），它把三个 C 型弹簧管巧妙地连接起来，两端固定，在中央得到完全线性的位移。

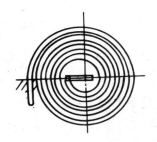

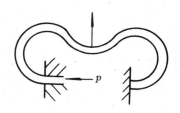

图 3 - 11　螺旋形弹簧管　　　　　　　　　　图 3 - 12　C 型组合弹簧管

　　弹簧管的截面形状为椭圆形，卵形或更复杂的形状，（如图 3 - 13（b））。它主要在流体压力测量中作为压力敏感元件，将压力变换为弹簧管端部的位移如图 3 - 13（a）所示。弹簧管的一端连在管接头上，压力 P 通过管接头导入弹簧管的内腔，管的另一

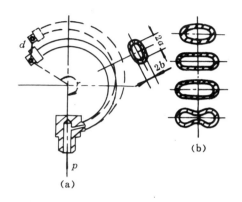

图 3 - 13   C 型弹簧管

（a）弹簧管外形   （b）弹簧管截面形状

端（自由端）封闭，并与传感器的其他部分相连。在压力作用下，管子的截面改变了形状，截面的短轴伸长，长轴缩短，截面形状的变化导致弹簧管趋向伸直，一直伸到与压力的作用相平衡为止（如图 3 - 13（a）中的虚线所示）。

对于椭圆形截面薄壁弹簧管（管壁厚 h 和短半轴 b 之比不超过 0.7~0.8 时），其自由端的位移 d 和所受压力 P 之间的关系可用下式表示：

$$d = P \frac{1 - \mu^2}{E} \cdot \frac{R^3}{bh} \cdot \left(1 - \frac{b^2}{a^2}\right) \frac{a}{\beta + x^2} \cdot \sqrt{(\gamma - \sin\gamma)^2 + (1 - \cos\gamma)^2} \quad (3 - 27)$$

式中：R——弹簧管的曲率半径；a，b——弹簧管截面的长半轴和短半轴；

h——弹簧管的壁厚；x——弹簧管的基本参数，$x = Rh/a^2$；

α，β——系数，其值可查表 3 - 2 和表 3 - 3。

表 3 - 2   计算椭圆形截面弹簧管用的系数 α 和 β

a/b	1	1.5	2	3	4	5
α	0.750	0.636	0.566	0.493	0.452	0.430
β	0.083	0.062	0.053	0.045	0.044	0.043
a/b	6	7	8	9	10	∞
α	0.416	0.406	0.400	0.395	0.390	0.368
β	0.042	0.042	0.042	0.042	0.042	0.042

表 3 - 3   计算偏圆形截面弹簧管用的系数 α 和 β

a/b	1	1.5	2	3	4	5
α	0.637	0.594	0.548	0.480	0.437	0.408
β	0.096	0.110	0.115	0.121	0.123	0.121
a/b	6	7	8	9	10	∞
α	0.388	0.372	0.360	0.350	0.343	0.267
β	0.121	0.120	0.199	0.199	0.118	0.114

由式（3 - 27）可见，弹簧管特性 $d = f(p)$ 是线性的，图 3 - 14 为其特性曲线，

其线性保持到一定的压力值 P_0，超过 P_0 值时，线性破坏，因此 P_0 称为弹簧管的极限压力。

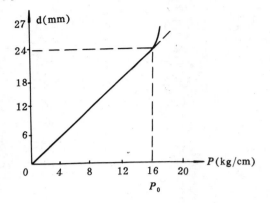

图 3-14　弹簧管特性曲线　　　　　　　　　图 3-15　波纹管

3.4.6　波纹管

波纹管是一种表面上有许多同心环状形波形皱纹的薄壁圆管（见图 3-15）。在流体压力（或轴向力）的作用下，将产生伸长或缩短；在横向力作用下，波纹管将在平面内弯曲。金属波纹管的轴向容易变形，也就是说灵敏度非常好，在变形量允许的情况下，压力（或轴向力）的变化与伸缩量是成比例的，所以利用它可把压力（或轴向力）变换为位移。

波纹管的轴向位移与轴向作用力之间的关系可用下式表示：

$$y = F \frac{1 - \mu^2}{Eh_0} \cdot \frac{n}{A_0 - \alpha A_1 + \alpha^2 A_2 + B_0 \frac{h_0^2}{R_H^2}} \qquad (3-28)$$

式中：F——轴向集中作用力；　　　　　n——工作的波纹数；

h_0——波纹管内半径处的壁厚，即毛坯的厚度。

波纹处的材料厚度随着它与波纹管轴线的距离增大而减薄。A_0，A_1，A_2，B_0 取决于参数 K 和 m 的系数。

$$K = \frac{R_H}{R_B}, \qquad m = \frac{R}{R_H}$$

式中：R_H——波纹管的外半径；　　　　R_B——波纹管的内半径；

R——波纹管的圆弧半径。

α 为波纹平面部分的斜角（又叫紧密角），α 角可按下式计算：

$$\alpha = \frac{2R - a}{2(R_H - R_B - 2R)} \qquad (3-29)$$

式中 a 为相邻波纹的间隙。

计算出 K 和 m 后，可由图表查得 A_0，A_1，A_2，B_0，这些图表可参阅"仪器零件"等有关书籍。

当作用于波纹管的为压力 P 时，波纹管的自由端位移 y 可由下式求得：

$$y = PS_a \frac{1 - \mu^2}{Eh_0} \cdot \frac{n}{A_0 - \alpha A_1 + \alpha^2 A_2 + B_0 \dfrac{h_0^2}{R_H^2}}$$

$$(3-30)$$

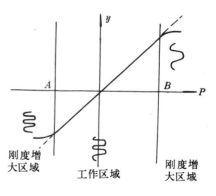

式中：P——作用压力；S_a——有效面积。

波纹管的有效面积可以用下式确定：

$$S_a = \pi r^2$$

式中 r 为波纹管的平均半径，$r = \dfrac{R_H + R_B}{2}$。

图 3 – 16　波纹管工作特性

由式（3 – 28）和（3 – 30）可以看出，波纹管自由端位移 y 与轴向力 F 或压力 P 成正比，即弹性特性是线性的。但是在很大压力或拉压作用下，波纹管的刚度会增大，从而破坏了线性特性（如图 3 – 16 所示）。前一种情况是由于压力过大，使波纹相互接触，后一种情况是由于拉力过大使波纹形状发生变化的结果。只是在以 A、B 二点为界线的工作范围内保持线性特性。在允许行程内波纹管受压缩时的基本特性的线性度较好，因此通常使其在压缩状态工作。

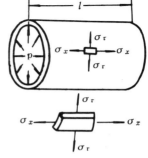

理论分析和试验表明波纹管的灵敏度，当其他条件不变时，与工作波纹数目成正比，与壁厚度的三次方成反比，与内、外径比（R_H/R_B）的平方成正比。为了提高波纹管的强度和耐久性，特别是波纹管在大的高变作用力下工作时，常将它做成多层的。

图 3 – 17　薄壁圆筒受力分析

在仪表制造业中所用的波纹管，直径为 12～160mm，被测压力范围为 $10^0 \sim 10^7$ Pa.

3.4.7　薄壁圆筒

这种弹性元件的壁厚一般都小于圆筒直径的 1/20，内腔与被测压力相通时，内壁均匀受压，薄壁无弯曲变形，只是均匀的向外扩张。所以，筒壁的每一单元将在轴线方向和圆周方向产生拉伸应力，如图 3 – 17 所示。其值为

$$\sigma_x = \frac{r_0}{2h}P \qquad\qquad \sigma_\tau = \frac{r_0}{h}P$$

式中：σ_x——轴向的拉伸应力；

　　　σ_τ——圆周方向的拉伸应力；

　　　r_0——圆筒的内半径；

　　　h——圆筒的壁厚。

轴向应力 σ_x 和周向应力 σ_y 相互垂直，应用广义虎克定律，可求得这种弹性敏感元件压力—应变关系式：

$$\varepsilon_x = \frac{r_0}{2Eh}(1 - 2\mu)P$$

$$(3-31)$$

$$\varepsilon_r = \frac{r_0}{2Eh}(2 - \mu)P \qquad\qquad (3 - 32)$$

从式（3 - 31）和式（3 - 32）可见，它的灵敏度与圆筒的长度无关，而仅决定于圆筒的半径、厚度和弹性模数，并且轴线方向应变和圆周方向应变不相等。显然，从上两式可知，这种薄壁圆筒的灵敏度结构系数为

$$\beta_x = \frac{1}{2}(1 - 2\mu) \qquad\qquad (3 - 33)$$

$$\beta_r = \frac{1}{2}(2 - \mu) \qquad\qquad (3 - 34)$$

当 $\mu = 0.3$ 时，$\beta_x = 0.2$；$\beta_r = 0.85$.

应该指出，在同时应用这两种应变时，即在传感器中，电阻应变片既不沿轴向粘贴、又不沿周向粘贴，而是在与轴向（或周向）成某一角度的方向上粘贴。灵敏度结构系数应该在 $0.2 \sim 0.87$ 范围内，应变将与轴向应力和周向应力合成后的应力有关，合成后的最大灵敏度结构系数为 0.87，此时最大的合成应力方向与圆周应力方向的夹角为 $13°18'$。

薄壁圆筒的固有振动频率为

$$f_0 = \frac{0.32}{\sqrt{2r_0 l + 2l^2}}\sqrt{\frac{E}{\rho}} \qquad\qquad (3 - 35)$$

第四章　电阻应变式传感器

电阻应变式传感器具有悠久的历史，是应用最广泛的传感器之一。将电阻应变片粘贴到各种弹性敏感元件上，可构成测量位移、加速度、力、力矩、压力等各种参数的电阻应变式传感器。

虽然新型传感器不断出现，为测试技术开拓了新的领域。但是，由于电阻应变测试技术具有以下独特优点，可以预见在今后它仍将是一种主要的测试手段。

（1）结构简单，使用方便，性能稳定、可靠；

（2）易于实现测试过程自动化和多点同步测量、远距测量和遥测；

（3）灵敏度高，测量速度快，适合静态、动态测量；

（4）可以测量多种物理量。

它已广泛应用于许多领域，诸如航空、机械、电力、化工、建筑、医学等。

4.1　电阻应变式传感器的工作原理

电阻应变式传感器由弹性敏感元件与电阻应变片构成。弹性敏感元件在感受被测量时将产生变形，其表面产生应变。而粘贴在弹性敏感元件表面的电阻应变片将随着弹性敏感元件产生应变，因此电阻应变片的电阻值也产生相应的变化。这样，通过测量电阻应变片的电阻值变化，就可以确定被测量的大小了。

弹性敏感元件的作用就是传感器组成中的敏感元件，要根据被测参数来设计或选择它的结构形式。关于传感器中的弹性敏感元件的性能与典型结构形式，在第三章中已经进行了详细讨论，可供设计与选择弹性敏感元件时参考。

电阻应变片的作用就是传感器中的转换元件，是电阻应变式传感器的核心元件，关于它的工作原理、基本性能以及应用方法等将在下面详细论述。

4.2　电阻应变片的工作原理

4.2.1　金属的应变效应

电阻应变片的工作原理是基于金属的应变效应。金属丝的电阻随着它所受的机械变形（拉伸或压缩）的大小而发生相应的变化的现象称为金属的电阻应变效应。

金属丝的电阻为什么会随着其发生的应变而变化呢？道理很简单，因为金属丝的电阻（$R = PL/F$）与材料的电阻率（ρ）及其几何尺寸（长度 l 和截面积 F）有关，而金属丝在承受机械变形的过程中，这三者都要发生变化，因而引起金属丝的电阻变化。

4.2.2　电阻应变片的结构和工作原理

一、应变片的结构

电阻应变片（简称应变片或应变计）种类繁多，形式各样，但其基本构造大体相同。现以丝绕式应变片为例说明。

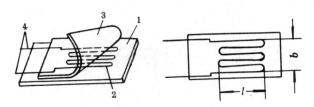

图4-1　电阻丝应变片的基本结构

1-基底　　2-电阻丝　　3-覆盖层　　4-引线

　　图4-1所示为丝绕式应变片的构造示意图。它以直径为0.025mm左右的、高电阻率的合金电阻丝2,绕成形如栅栏的敏感栅。敏感栅为应变片的敏感元件,它的作用是敏感应变变化和大小。敏感栅粘结在基底1上,基底除能固定敏感栅外,还有绝缘作用;敏感栅上面粘贴有覆盖层3。敏感栅电阻丝两端焊接引出线4,用以和外接导线相连。图中l称为应变片的标距或基长,它是敏感栅沿轴方向测量变形的有效长度,对具有圆弧端的敏感栅,系指圆弧外测之间的距离。对具有较宽横栅的敏感栅,指两横栅内侧之间的距离。其宽度b系指最外两敏感栅外侧之间的距离。敏感栅的基长l和宽度b,切勿同基底的长度尺寸相混淆,后者只表明应变片的外形尺寸。并不反应其工作特性。

　　二、电阻-应变特性

　　由物理学已知,一根金属丝的电阻为

$$R = \rho \frac{L}{F} \tag{4-1}$$

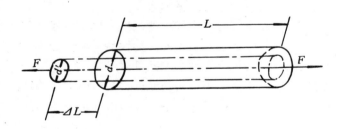

图4-2　金属导线受力变形情况

式中：R——金属丝的电阻（Ω）;

　　　　ρ——金属丝的电阻率（$\Omega \cdot mm^2/m$）;

　　　　L——金属丝的长度（m）;

　　　　F——金属丝的截面积（mm^2）。

　　取一段金属丝如图4-2所示。当金属丝受拉而伸长dL时,其横截面将相应减小dF,电阻率则因金属晶格发生变形等因素的影响也将改变$d\rho$。这些量的变化,必然引起金属丝电阻改变dR。

$$dR = \frac{\rho}{F}dL - \frac{pL}{F^2} + \frac{L}{F}d\rho \tag{4-2}$$

以 R 除左式，pl/F 除右式，得

$$\frac{dR}{R} = \frac{dL}{L} - \frac{dF}{F} + \frac{d\rho}{\rho} \qquad (4-3)$$

因为

$$\frac{dF}{F} = 2\frac{dr}{r} \qquad (r\ 为金属丝半径) \qquad (4-4)$$

令：$\varepsilon_x = dL/L$ （金属丝的轴向应变）

$\varepsilon_y = dr/r$ （金属丝的径向应变）

金属丝受拉时，沿轴向伸长，而沿径向缩短，二者之间的关系为

$$\varepsilon_y = -\mu\varepsilon_x \qquad (4-5)$$

式中 μ 为金属丝材料的泊松系数

将式（4-4）、（4-5）代入式（4-3）得

$$\frac{dR}{R} = (1+2\mu)\varepsilon_x + \frac{d\rho}{\rho}$$

或

$$\frac{dR/R}{\varepsilon_x} = (1+2\mu) + \frac{d\rho/\rho}{\varepsilon_x} \qquad (4-6)$$

令

$$K_s = \frac{dR/R}{\varepsilon_x} = (1+2\mu) + \frac{d\rho/\rho}{\varepsilon_x} \qquad (4-7)$$

K_s 称为金属丝的灵敏系数，表示金属丝产生单位变形时，电阻相对变化的大小。显然，K_s 越大，单位变形引起的电阻相对变化越大，故越灵敏。

从式（4-7）可以看出，金属丝的灵敏系数 K_s 受两个因素影响：第一项 $(1+2\mu)$ 它是由于金属丝受拉伸后，材料的几何尺寸发生变化而引起的；第二项 $\frac{d\rho/\rho}{\varepsilon_x}$ 是由于材料发生变形时，其自由电子的活动能力和数量均发生了变化的缘故，这项可能是正值，也可能为负值，但作为应变片材料都选为正值，否则会降低灵敏度。

由于 $\frac{d\rho/\rho}{\varepsilon_x}$ 项目前还不能用解析式来表达，所以 K_s 只能靠实验求得。实验证明，在金属丝变形的弹性范围内，电阻的相对变化 dR/R 与应变 ε_x 是成正比的，因而 K_s 为一常数。因此式（4-7）以增量表示为

$$\frac{\Delta R}{R} = K_s\varepsilon_x \qquad (4-8)$$

应该指出，当将直线金属丝做成敏感栅之后，电阻-应变特性与直线时不同了，因此必须重新实验测定。这种实验必须按规定的统一标准来进行。实验表明，应变片的 $\Delta R/R$ 与 ε_x 的关系在很大范围内仍然有很好的线性关系，即

$$\frac{\Delta R}{R} = K\varepsilon_x \quad 或 \quad K = \frac{\Delta R/R}{\varepsilon_x} \qquad (4-9)$$

式中 K 为电阻应变片的灵敏系数。

实验表明，应变片的灵敏系数 K 恒小于同一材料金属丝的灵敏系数 K_s，其原因是所谓横向效应的影响。应变片的灵敏系数 K 是通过抽样测定得到的，因为应变片粘贴

到试件上以后，不能取下再用。所以只能在每批产品中提取一定比例（一般为 5%）的应变片，测定灵敏系数 K 值，然后取其平均值作为这批产品的灵敏系数，这就是产品包装盒上注明的"标称灵敏系数"。

三、应变片测试原理

用应变片测量应变或应力时，是将应变片粘贴于被测对象上。在外力作用下，被测对象表面产生微小机械变形，粘贴在其表面上的应变片亦随其发生相同的变化，因此应变片的电阻也发生相应的变化。如果应用仪器测出应变片的电阻值变化 ΔR。则根据式（4－9），可以得到被测对象的应变值 ε_x，而根据应力－应变关系。

$$\sigma = E\varepsilon \qquad (4-10)$$

式中：σ——试件的应力；ε——试件的应变。

可以得到应力值 σ.

通过弹性敏感元件转换作用，将位移、力、力矩、加速度、压力等参数转换为应变，因此可以将应变片由测量应变扩展到测量上述参数，从而形成各种电阻应变式传感器。

4.2.3 电阻应变片的横向效应

直线金属丝受单向力位伸时，在任一微段上所感受的应变都是相同的，而且每段都是伸长的。因而每一段电阻都将增加，金属丝总电阻的增加为各微段电阻增加的总和。但是将同样长度的金属丝弯成敏感栅做成应变片之后，将其粘贴在单向拉伸试件上，这时各直线段上的金属丝只感受沿其轴向拉应变 ε_x，故其各微段电阻都将增加。但在圆弧段上，沿各微段轴向（即微段圆弧的切向）的应变却并非是 ε_x（见图 4－3）。因此与

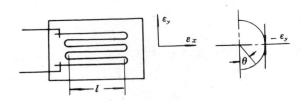

图 4－3 横向效应

直线段上同样长的微段所产生的电阻变化就不相同。最明显的在 $\theta = \pi/2$ 处微圆弧段处，由于单向位伸时，除了沿轴向（水平方向）产生拉应变外。按泊松关系同时在垂直方向上产生负的压应变 ε_y，因此该段上的电阻不仅不增加，反而是减少的。而在圆弧的其他各微段上，其轴向感受的应变是由 $+\varepsilon_x$ 变化到 $-\varepsilon_y$ 的，因此圆弧段部分的电阻变化，显然将小于其同样长度沿轴向安放的金属丝的电阻变化。由此可见，将直的金属丝绕成敏感栅之后，虽然长度相同，但应变状态不同，应变片敏感栅的电阻变化较直的金属丝小，因此灵敏系数有所降低，这种现象称为应变片的横向效应。

因此，应变片感受应变时，其电阻变化应由两部分组成，一部分与纵向应变有关，另一部分与横向应变有关，对于图 4－3 所示 U 型应变片，其电阻相对变化的理论计算式为

$$\frac{\Delta R}{R} = \left[\frac{2nl + (n-1)\pi r}{2L} K_s \right]\varepsilon_x + \left[\frac{(n-1)\pi r}{2L} K_s \right]\varepsilon_y \qquad (4-11)$$

式中：L——金属电阻丝总长度； r——圆弧部分半径；

　　　n——敏感栅直线段数目，如图 4 – 3 中 $n = 6$。

设
$$K_x = \frac{2nl + (n-1)\pi r}{2L}K_s$$

$$K_y = \frac{(n-1)\pi r}{2L}K_s$$

$$c = \frac{K_y}{K_x} \tag{4 – 12}$$

式（4 – 11）可写为对其他型式应变片也适用的一般形式：

$$\frac{\Delta R}{R} = K_s\varepsilon_x + K_y\varepsilon_y \tag{4 – 13}$$

$$\frac{\Delta R}{R} = K_s(\varepsilon_x + c\varepsilon_y) \tag{4 – 14}$$

$$K_x = \left.\frac{\Delta R/R}{\varepsilon_x}\right|_{\varepsilon_y = 0} \tag{4 – 15}$$

$$K_y = \left.\frac{\Delta R/R}{\varepsilon_y}\right|_{\varepsilon_x = 0} \tag{4 – 16}$$

式中：K_x——应变片对轴向应变的灵敏系数，它代表 $\varepsilon_y = 0$ 时，敏感栅电阻相对变化
　　　　与 ε_x 之比；

　　　K_y——应变片对横向应变的灵敏系数，它代表 $\varepsilon_x = 0$ 时，敏感栅电阻相对变化
　　　　与 ε_y 之比；

　　　c——应变片横向灵敏度，它表示横向应变对应变片电阻相对变化的影响程度。
通常可以用实验方法来测定 K_x 和 K_y，然后再求出 c。

4.3　电阻应变片的种类、材料和参数

4.3.1　电阻应变片的种类

电阻应变片的种类繁多,分类方法各异,现将几种常见的应变片及其特点介绍如下。

一、丝式应变片

1. 回线式应变片

回线式应变片是将电阻丝绕制成敏感栅粘结在各种绝缘基底上而制成的,它是一种常用的应变片。其敏感栅材料直径在 $0.012 \sim 0.05\text{mm}$ 之间,以 0.025mm 左右为最常用。其基底很薄(一般在 0.03mm 左右),粘贴性能好,能保证有效地传递变形。引线多用 $0.15 \sim 0.30\text{mm}$ 直径的镀锡铜线与敏感栅相接。图 4 – 4(a)为常见的回线式应变片构造图。

(a)　　　　　　　　　　　　　(b)

图 4 – 4　丝式应变片

2．短接式应变片

这种应变片是将敏感栅平行安放，两端用直径比栅丝直径大 5～10 倍的镀银丝短接起来而构成的。见图 4－4（b）。

这种应变片突出优点是克服了回线式应变片的横向效应。但由于焊点多，在冲击、振动试验条件下，易在焊接点处出现疲劳破坏。制造工艺要求高。

二、箔式应变片

这类应变片系利用照相制版或光刻腐蚀的方法，将电阻箔材在绝缘其底下制成各种图形而成的应变片。箔材厚度多在 0.001～0.01mm 之间。利用光刻技术，可以制成适用各种需要的、形状美观的、称为应变花的应变片。图 4－5 为常见的几种箔式应变片构造形式。它具有很多优点，在测试中得到了日益广泛的应用，在常温条件下，已逐步取代了线绕式应变片。它的主要优点是：

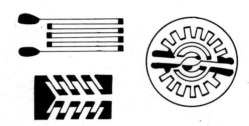

图 4－5　箔式应变片

（1）制造技术能保证敏感栅尺寸准确、线条均匀，可以制成任意形状以适应不同的测量要求；

（2）敏感栅截面为矩形，其表面积对截面积之比远较圆断面的为大，故粘合面积大；

（3）敏感栅薄而宽，粘结情况好，传递试件应变性能好；

（4）散热性能好，允许通过较大的工作电流，从而增大输出信号；

（5）敏感栅弯头横向效应可以忽略；

（6）蠕变、机械滞后较小，疲劳寿命高。

三、薄膜应变片

薄膜应变片是薄膜技术发展的产物，其厚度在 $0.1\mu m$ 以下。它是采用真空蒸发或真空沉积等方法，将电阻材料在基底上制成一层各种形式敏感栅而形成应变片。这种应变片灵敏系数高，易实现工业化生产，是一种很有前途的新型应变片。

目前实际使用中的主要问题，是尚难控制其电阻对温度和时间的变化关系。

四、半导体应变片

半导体应变片的工作原理是基于半导体材料的电阻率随作用应力而变化的所谓"压阻效应"。所有材料在某种程度都呈现压阻效应，但半导体的这种效应特别显著，能直接反映出很微小的应变。

常见的半导体应变片系用锗和硅等半导体材料作为敏感栅，一般为单根状，如图 4－6 所示。根据压阻效应，半导体和金属丝一样可以把应变转换成电阻的变化。

半导体应变片受纵向力作用时，其电阻相对变化可用下式表示

$$\frac{\Delta R}{R} = (1 + 2\mu)\varepsilon_x + \frac{\Delta\rho}{\rho} \qquad (4-17)$$

式中，$\Delta\rho/\rho$ 为半导体应变片的电阻率相对变化，其值与半导体小条的纵向轴所受的应

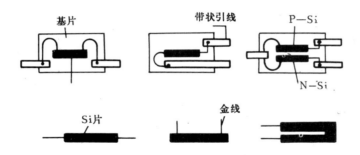

图 4-6 半导体应变片的结构形式

力之比为一常数，即

$$\frac{\Delta\rho}{\rho} = \pi\sigma$$

或

$$\frac{\Delta\rho}{\rho} = \mu E\varepsilon_x \qquad (4-18)$$

式中，π 为半导体材料的压阻系数，它与半导体材料种类及应力方向与晶轴方向之间的夹角有关。

将式（4-18）代入式（4-19）得

$$\frac{\Delta R}{R} = (1 + 2\mu + \pi E)\varepsilon_x \qquad (4-19)$$

式中 $1+2\mu$ 项随半导体几何形状而变化，πE 项为压阻效应，随电阻率而变。实验表明。πE 比 $(1+2\mu)$ 大近百倍，故 $(1+2\mu)$ 可以忽略，因而半导体应变片的灵敏系数为

$$K_B = \frac{\Delta R/R}{\varepsilon_x} = \pi E \qquad (4-20)$$

半导体应变片的优点是尺寸、横向效应、机械滞后都很小，灵敏系数极大，因而输出也大，可以不需放大器直接与记录仪器连接，使得测量系统简化。它们的缺点是电阻值和灵敏系数的温度稳定性差；测量较大应变时非线性严重；灵敏系数随受拉或压而变，且分散度大，一般在 $(3\sim5)\%$ 之间，因而使测量结果有 $(\pm3\sim5)\%$ 的误差。

4.3.2 电阻应变片的材料

一、敏感栅材料

制造应变片时，对敏感栅材料的要求：

（1）灵敏系数 K_s 和电阻率 ρ 要尽可能高而稳定，电阻变化率 $\Delta R/R$ 与机械应变 ε 之间应具有良好而宽广的线性关系，即要求 K_s 在很大范围内为常数；

（2）电阻温度系数小，电阻—温度间的线性关系和重复性好；

（3）机械强度高，辗压及焊接性能好，与其他金属之间接触热电势小；

（4）抗氧化、耐腐蚀性能强，无明显机械滞后。

制作应变片敏感栅常用的材料有康铜、镍铬合金、铁铬铝合金、铁镍铬合金、贵金属（铂、铂钨合金等）材料等，材料性能见表 4-1。

表 4-1　常见应变电阻合金材料性能表

名称	牌号及成分	ρ ($\Omega \cdot mm^2/m$)	α ($10^{-6}/℃$)	K_s	β_s ($\times 10^{-6} mm /℃$)	最高使用温度 (℃)
康　铜	Ni45Cu55	0.45～0.52	±20	1.9～2.1	15	300（静态） 400（动态）
镍铬合金	Cr20Ni80	1.0～1.1	110～130	2.1～2.3	14	450（静态） 800（动态）
卡　玛	6J22 Ni74Cr20Fe3AB	1.24～1.42	±20	2.4～2.6	13.3	450（静态） 800（动态）
伊　文	6J23 Ni75Cr20A13Cu2	1.24～1.42	±20	2.4～2.6	13.3	450（静态） 800（动态）
铁铬铝合金	Fe70Cr25A15	1.3～1.5	19～40	2.3～2.8	14	550（静态） 1000（动态）
贵金属	Pt Pt92W8	0.09～0.11 0.68	3900 227	4～6 3.5	8.9 8.3～9.2	800（静态） 1000（动态）

二、应变片基底材料

应变片基底材料有纸和聚合物两大类，纸基逐渐被胶基（有机聚合物）取代，因为胶基各方面性能都好于纸基。胶基是由环氧树脂、酚醛树脂和聚酰亚胺等制成胶膜，厚约 0.03～0.05mm。

对基底材料性能有如下要求：①机械强度好，挠性好；②粘贴性能好；③电绝缘性能好；④热稳定性好和抗湿性好；⑤无滞后和蠕变。

三、引线材料

康铜丝敏感栅应变片，引线系采用直径为 0.05～0.18mm 的银铜丝，采用点焊焊接。

其他类型敏感栅，多采用直径与上述相对的铬镍、卡马、铁铬铝金属丝或偏带作为引线。与敏感栅点焊相接。

4.3.3 应变片的主要参数

为了正确选用电阻应变片，应该对影响其工作特性的主要参数进行了解。

一、应变片电阻值（R_0）

它是指未安装的应变片，在不受外力的情况下，于室温条件测定的电阻值，也称原始阻值，单位以 Ω 计。应变片电阻值已趋于标准化，有 60Ω，120Ω，350Ω，600Ω 和 1000Ω 各种阻值，其中 120Ω 为最常使用。

二、绝缘电阻

即敏感栅与基底间的电阻值，一般应大于 $10^{10}\Omega$。

三、灵敏系数（K）

灵敏系数系指应变片安装于试件表面，在其轴线方向的单向应力作用下，应变片的阻值相对变化与试件表面上安装应变片区域的轴向应变之比。K 值的准确性将直接影响测量精度，其误差大小是衡量应变片质量优劣的主要标志。同时要求 K 值尽量大而稳定。

四、允许电流

允许电流系指不因电流产生热量影响测量精度，应变片允许通过的最大电流。它与应变片本身、试件、粘合剂和环境等有关。要根据应变片的阻值和结合电路具体情况计算。为保测量精度，在静态测量时，允许电流一般为 25mA。在动态测量时，允许电流可达 75~100mA. 箔式应变片允许电流较大。

表 4-2 应变片参数的等级及其偏差

参数（特性）	解　释	等　级			
		A	B	C	D
电阻值 R_0	对名义值的偏差%	0.5	2	5	10
	对平均名义值的偏差%	0.1	0.2	0.5	1.0
机械滞后	指示应变、微应变	25	50	100	200
疲劳寿命	要求循环数（室温）	10^7	10^6	10^5	10^4
灵敏系数 K	对平均名义值的偏差%	1	2	3	5
横向灵敏度	指示应变%，当横向应变为 $1000\mu\varepsilon$ 时	0.3	0.5	2.0	5.0
应变极限	应变%（室温）	2	1	0.5	0.25
零　漂	微应变/小时，在量大工作温度下	5	25	250	2000
蠕　变	指示应变值（室温）	0	5	10	25
绝缘电阻	千兆欧（室温）	50	10	2	0.5

五、应变极限

应变片的应变极限是指在温度一定时，指示应变值和真实应变的相对差值不超过一定数值时的最大真实应变数值，一般差值规定为 10%，当指示应变值大于真实应变的 10% 时，真实应变值称为应变片的极限应变。

六、机械滞后、零漂和蠕变

应变片的机械滞后是指对粘贴的应变片，在温度一定时，增加和减少机械应变过程中同一机械应变量下指示应变的最大差值。

零点漂移是指已粘贴好的应变片，在温度一定和无机械应变时，指示应变随时间的变化。

蠕变是指已粘贴好的应变片，在温度一定并承受一定的机械应变时，指示应变值随时间的变化。

4.4　电阻应变片的动态响应特性

当试件或弹性元件的应变大小和方向随时间改变时，应变片处于动态下工作。这就会出现：应变从试件或弹性元件传到敏感栅要用多长时间？在进行高频的动态应变测量时哪些因素影响应变片对动态应变的响应？下面对应变传播过程全面分析，从中可以得到答案。

4.4.1 应变波的传播过程

应变以应变波的形式经过试件或弹性元件材料、粘合层等，最后传播到应变片上将应变波全部反映出来。

一、应变波在试件材料中的传播

表4-3列出了应变波在各种材料中的传播速度。

表4-3 应变波在几种材料中的传播速度

材料名称	传播速度（m/s）
混凝土	2800 ~ 4100
水泥砂浆	3000 ~ 3500
石　膏	3200 ~ 5000
钢	4500 ~ 5100
铝合金	5100
镁合金	5100
铜合金	3400 ~ 3800
钛合金	4700 ~ 4900
有机玻璃	1500 ~ 1900
赛璐珞	850 ~ 1400
环氧树脂	700 ~ 1450
环氧树脂合成物	500 ~ 1500
橡　胶	30
电　木	1500 ~ 1700
型钢结构物	5000 ~ 5100

二、应变波在粘合层和应变片基底中的传播

应变波由试件材料表面，经粘合剂和基底传播到电阻丝线栅所需要的时间是非常短暂的，可以忽略不计。如取应变波在粘合层中的传播速度为1000m/s，粘合层和基其底的总厚度为0.05mm，则所需时间为

$$t = \frac{0.05}{1000 \times 1000} = 5 \times 10^{-8} s$$

三、应变波在应变片线栅长度（基长）内的传播

由应变片反映出来的应变波形，是应变片线栅长度内所感受应变量的平均值，即只有应变波通过应变片的全部长度后，应变片所反映的波形才能达到最大值。

4.4.2 应变计的可测频率的估算

从应变波的传播过程中可以看出，影响应变片频率响应特性的主要因素是应变片的基长和应变波在试件材料中的传播速度。应变片的可测频率或称截止频率可根据下面三

种情况估算。

一、应变波为正弦波

应变计对正弦应变波的响应特性见图4-7（a）。因为应变片反映出来的应变波形，是应变片线栅长度内所感受应变量的平均值，因此应变片反映的波幅将低于真实应变波，从而带来一定误差。显然这种误差将随应变片的基长增长而增大，图4-7（a）表示应变片正处于应变波达到最大幅值时的瞬时情况1. 应变波的波长为 λ，应变片的基长为 l。其两端的坐标为 $x_1 = \frac{\lambda}{4} - \frac{l_0}{2}$，$x_1 = \frac{\lambda}{4} + \frac{l_0}{2}$，此时应变片在其基长 l_0 内测得的

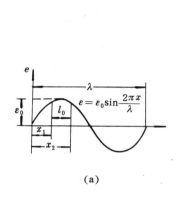

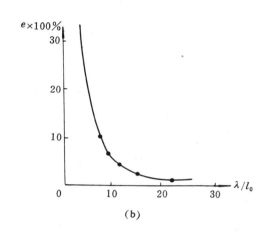

(a)   (b)

图4-7 应变计对正弦应变波的响应特性与误差曲线

平均应变 ε_p 达到最大值，其值为

$$\varepsilon_p = \frac{\int_{x_1}^{x_2} \varepsilon_0 \sin\frac{2\pi}{\lambda}x\, dx}{x_2 - x_1} = -\frac{\lambda\varepsilon_0}{2\pi l_0}\left(\cos\frac{2\pi}{\lambda}x_2 - \cos\frac{2\pi}{\lambda}x_1\right) = \frac{\lambda\varepsilon_0}{\pi l_0}\sin\frac{\pi l_0}{\lambda} \quad (4-22)$$

因而应变波幅测量误差 e 为

$$e = \left|\frac{\varepsilon_p - \varepsilon_0}{\varepsilon_0}\right| = \left|\frac{\lambda}{\pi l_0}\sin\frac{\pi l_0}{\lambda} - 1\right| \quad (4-23)$$

由上式可知，测量误差 e 与应变波长对基长的比值有关，其关系曲线见图5-7(b)，λ/l_0 愈大，误差愈小。一般可取 $\lambda/l_0 = 10 \sim 20$，其误差小于 $1.6\% \sim 0.4\%$。因为

$$\lambda = v/f$$

而又

$$\lambda = nl_0$$

所以

$$f = v/nl_0 \quad (4-24)$$

式中：f——应变片的可测频率； v——应变波的传播速度；

n——应变波波长与应变片基长比。

对于钢材，$v = 5000\text{m/s}$，如取 $n = 20$，则利用式（5-24）可算得不同基长的应变片的最高工作频率，如表4-4所示。

表4－4　不同基长应变片的最高工作频率

应变片基长 l_0 （mm）	1	2	3	5	10	15	20
最高工作频率 f （kHz）	250	125	83.3	50	25	16.6	12.5

二、应变波为阶跃波

应变波为阶跃波时（见图4－8（a），由于应变波通过敏感栅全部长度需要时间，所以应变片所反映的波形经过一定时间的延迟，才能达到最大值。应变片的理论和实际输出波形如图4－8（b）、（c）所示。如以输出从10%上升到90%的量大值这段时间作为上升时间 t_k，则 $t_k = 0.8 l_0/v$，可测频率 $f = 0.35/t_k$，则

$$f = \frac{0.35v}{0.8 l_0} = 0.44 \frac{v}{l_0} \qquad (4-25)$$

三、其他情况

求出被测对象的最高振动频率和应变波在被测对象中的传播速度，取应变波波长的 $1/10 \sim 1/20$ 来选应变片的基长。基长 l_0 应尽量选用短的，这样可更真实测出被测部位的应变，提高测试精度。

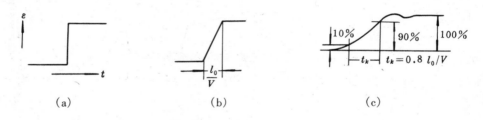

图4－8　应变片对阶跃应变响应特性
(a) 阶跃波形　　　(b) 上升时间的滞后　　　(c) 应变记录形

4.5　粘合剂和应变片的粘贴技术

4.5.1　粘合剂

电阻应变片工作时，总是被粘贴到试件上或传感器的弹性元件上。在测试被测量时，粘合剂所形成的胶层起着非常重要的作用，它应准确无误地将试件或弹性元件的应变传递到应变片的敏感栅上去。所以粘合剂与粘贴技术对于测量结果有直接影响，不能忽视它们的作用。

对粘合剂有如下要求：①有一定的粘结强度；②能准确传递应变；③蠕变小；④机械滞后小；⑤耐疲劳性能好，韧性好；⑥长期稳定性好；⑦具有足够的稳定性能；⑧对弹性元件和应变片不产生化学腐蚀作用；⑨有适当的贮存期；10有较大的使用温度范围。

应变片粘贴常用粘合剂及它们的性能列于表4－5。

表 4-5　有机粘合剂的性能

粘合剂类型	主要成分	牌号	适于粘合何种应变片基底	最低限度的固化条件	固化压力 kg/cm²	工作温度范围 ℃
硝化纤维素粘合剂	硝化纤维素溶剂	—	纸	室温 10 小时或 60℃2 小时	0.5~1	-50~+80
氰基丙烯酸脂粘合剂	氰基丙烯酸脂	KH501	纸、胶膜玻璃纤维布	室温 1 小时	粘合时指压 0.5~1	-50~+80
酚醛类粘合剂	酚醛-聚乙烯醇缩丁醛	JSF-2	酚醛胶膜玻璃纤维布	150℃1 小时	1~2	-60~+80
	酚醛-聚乙烯醇缩甲乙醛	1720	酚醛胶膜玻璃纤维布	190℃3 小时	—	-60~+100
	酚醛-有机硅	J-12	胶膜玻璃纤维布	200℃3 小时	—	-60~+350
	酚醛-环氧	J06-2	胶膜玻璃纤维布	150℃3 小时	2	-60~+250
环氧类粘合剂	环氧树脂、聚硫酚酮胺	914		室温 2.5 小时	粘贴时指压	-60~+80
	环氧树脂、固化剂等	509	胶膜玻璃纤维布	299℃2 小时		-100~+250
聚酯粘合剂	不饱和聚酯树脂过氧化环已酮		胶膜玻璃纤维布	室温 24 小时	0.3~0.5	-50~+50
有机硅粘合剂	有机硅树脂、云母粉、溶剂	4107	玻璃纤维布、金属薄片	300℃3 小时	1~2	+400
	有机硅树脂、无机填料、溶剂	B19				+450
聚酰亚胺粘合剂	聚酰亚胺	30-14	胶膜玻璃纤维布	280℃2 小时	1~3	-150~+250

选用粘合剂时要根据应变片的工作条件、工作温度、潮湿程度、有无化学腐蚀、稳定性要求、加温加压、固化的可能性、粘贴时间长短要求等因素考虑，并要注意粘合剂的种类是否与应变片基底材料相适应。

4.5.2　应变计粘贴工艺

质量优良的电阻应变片和粘合剂，只有在正确的粘贴工艺基础上才能得到良好的测试结果，因此正确的粘贴工艺对保证粘贴质量，提高测试精度关系很大。

一、应变片检查

根据测试要求而选用的应变片，要做外观和电阻值的检查，对精度要求较高的测试还应复测应变片的灵敏系数和横向灵敏度。

1. 外观检查

线栅或箔栅的排列是否整齐均匀，是否有造成短路、断路的部位或有锈蚀斑痕；引出线焊接是否牢固；上下基底是否有破损部位。

2. 电阻值检查

对经过外观检查合格的应变片，要逐个进行电阻值测量，其值要求准确到 0.05Ω，配对桥臂用的应变片电阻值应尽量相同。

二、修整应变片

(1) 对没有标出中心线标记的应变片，应在其上基底上标出中心线；

(2) 如有需要应对应变片的长度和宽度进行修整，但修整后的应变片不可小于规定的最小长度和宽度；

(3) 对基底较光滑的胶基应变片，可用细砂布将基底轻轻的稍许打磨，并用溶剂洗净。

三、试件表面处理

为了使应变片牢固地粘贴在试件表面上，必须将要贴应变片的试件表面部分使之平整光洁，无油漆、锈斑、氧化层、油污和灰尘等。

四、划粘贴应变片的定位线

为了保证应变片粘贴位置的准确，可用划笔在试件表面划出定位线。粘贴时应使应变片的中心线与定位线对准。

五、粘贴应变片

在处理好的粘贴位置上和应变片基底上，各涂抹一层薄薄的粘合剂，稍待一段时间（视粘合剂种类而定），然后将应变片粘贴到预定位置上。在应变片上面放一层玻璃纸或一层透明的塑料薄膜，然后用手滚压挤出多余的粘合剂，粘合剂层的厚度尽量减薄。

六、粘合剂的固化处理

对粘贴好的应变片，依粘合剂固化要求进行固化处理。

七、应变片粘贴质量的检查

1. 外观检查

最好用放大镜观察粘合层是否有气泡，整个应变片是否全部粘贴牢固，有无造成短路、断路等危险的部位，还要观察应变片的位置是否正确。

2. 电阻值检查

应变片的电阻值在粘贴前后不应有较大的变化。

3. 绝缘电阻检查

应变片电阻丝与试件之间的绝缘电阻一般应大于 $200M\Omega$. 用于检查绝缘电阻的兆欧表，其电压一般不应高于 250V，而且检查通电时间不宜过长，以防应变片击穿。

八、引出线的固定保护

粘贴好的应变片引出线与测量用导线焊接在一起，为了防止应变片电阻丝和引出线被拉断，用胶布将导线固定于试件表面，但固定时要考虑使引出线有呈弯曲形的余量和引线与试件之间的良好绝缘。

九、应变片的防潮处理

应变片粘贴好固化以后，要进行防潮处理，以免潮湿引起绝缘电阻和粘合强度降低，影响测试精度。

简单的方法是在应变片上涂一层中性凡士林，有效期为数日。最好是石蜡或蜂蜡熔化后涂在应变片表面上（厚约 2mm），这样可长时间防潮。

4.6 电阻应变式传感器的温度误差及其补偿

4.6.1 温度误差及其产生原因

应变片由于温度变化所引起的电阻变化与试件（弹性敏感元件）应变所造成的电阻变化几乎有相同的数量级，如果不采取必要的措施克服温度的影响，测量精度无法保证。下面分析一下温度误差产生的原因。

一、温度变化引起应变片敏感栅电阻变化而产生附加应变

电阻与温度关系可用下式表达：

$$R_t = R_0(1 + a\Delta t) = R_0 + R_0 \alpha \Delta t \qquad (4-26)$$

$$\Delta R_{ta} = R_t - R_0 = R_0 \alpha \Delta t \qquad (4-27)$$

式中：R_t——温度为 t 时的电阻值；　　　R_0——温度为 t_0 时的电阻值；

Δt——温度的变化值；　　　ΔR_{ta}——温度变化 Δt 时的电阻变化；

α——敏感栅材料的电阻温度系数。

将温度变化 Δt 时的电阻变化折合成应变 ε_{ta}，则

$$\varepsilon_{ta} = \frac{\Delta R_{ta}/R_0}{K} = \frac{a\Delta t}{K} \qquad (4-28)$$

式中 K 为应变片的灵敏系数。

二、试件材料与敏感栅材料的线膨胀系数不同，使应变片产生附加应变

如果粘贴在试件上一段长度为 l_0 的应变丝，当温度变化 Δt 时，应变丝受热膨胀至 l_{t1}，而应变丝 l_0 下的试件伸长为 l_{t2}。

$$l_{t1} = l_0(1 + \beta_{丝} \Delta t) = l_0 + l_0 \beta_{丝} \Delta t \qquad (4-29)$$

$$\Delta l_{t1} = l_{t1} - l_0 = l_0 \beta_{丝} \Delta t \qquad (4-30)$$

$$l_{t2} = l_0(1 + \beta_{试} \Delta t) = l_0 + l_0 \beta_{试} \Delta t \qquad (4-31)$$

$$\Delta l_{t2} = l_{t2} - l_0 = l_0 \beta_{试} \Delta t \qquad (4-32)$$

式中：l_0——温度为 t_0 时的应变丝长度；

l_{t1}——温度为 t 时的应变丝长度；

l_{t2}——温度为 t 时应变丝下试件的长度；

$\beta_{丝}$，$\beta_{试}$——应变丝和试件材料的线膨胀系数；

Δl_{t1}，Δl_{t2}——温度变化 Δt 时应变丝和试件膨胀量。

由式（4-30）和（4-32）可知，如果 $\beta_{丝}$ 和 $\beta_{试}$ 不相等，则 Δl_{t1} 和 Δl_{t2} 也就不等，但是应变丝和试件是粘结在一起的，若 $\beta_{丝} < \beta_{试}$，则应变丝被迫从 Δl_{t1} 拉长至 Δl_{t2}，这就使应变丝产生附加变形 $\Delta l_{t\beta}$、即

$$\Delta l_{t\beta} = \Delta l_{t2} - \Delta l_{t1} = l_0(\beta_{丝} - \beta_{试})\Delta t \qquad (4-33)$$

折算为应变
$$\varepsilon_{t\beta} = \frac{\Delta l_{t\beta}}{l_0} = (\beta_{\text{丝}} - \beta_{\text{试}})\Delta t \qquad (4-34)$$

引起的电阻变化为
$$\Delta l_{t\beta} = R_0 K_{\varepsilon t\beta} = R_0 K(\beta_{\text{丝}} - \beta_{\text{试}})\Delta t \qquad (4-35)$$

因此由于温度变化 Δt 而引起的总电阻变化为
$$\Delta R_t = \Delta R_{ta} + \Delta R_{t\beta} = R_0 \alpha \Delta t + R_0 K(\beta_{\text{试}} - \beta_{\text{丝}})\Delta t \qquad (4-36)$$

总附加虚假应变量为
$$\varepsilon_t = \frac{\Delta R_t / R_0}{K} = \frac{a\Delta t}{K} + (\beta_{\text{试}} - \beta_{\text{丝}})\Delta t \qquad (4-37)$$

由上式可知，由于温度变化而引起了附加电阻变化或造成了虚假应变，从而给测量带来误差。这个误差除与环境温度变化有关外，还与应变片本身的性能参数（K，α，$\beta_{\text{丝}}$）以及试件的线膨胀系数（$\beta_{\text{试}}$）有关。

然而，温度对应变片特性的影响，不只上述两个因素。例如将会影响粘合剂传递变形的能力等。但在一般常温下，上述两个因素是造成应变片温度误差的主要原因。

4.6.2　温度补偿方法

温度补偿方法，基本上分为桥路补偿和应变片自补偿两大类。

一、桥路补偿法

桥路补偿法也称补偿片法。应变片通常是作为平衡电桥的一个臂测量应变的，图 5-9 中 R_1 为工作片，R_2 为补偿片。工作片 R_1 粘贴在试件上需要测量应变的地方，补偿片 R_2 粘贴在一块不受力的与试件相同材料上，这块材料自由地放在试件上或附近（见图 4-9(b)）。当温度发生变化时，工作片 R_1 和补偿片 R_2 的电阻都发生变化，而它们的温度变化相同，R_1 与 R_2 为同类应变片，又贴在相同的材料上，因此 R_1 和 R_2 的变化也相同，即 $\Delta R_1 = \Delta R_2$。如图 4-9 所示，R_1 和 R_2 分别接入电桥的相邻两桥臂，则因温度变化引起的电阻变化 ΔR_1 和 ΔR_2 的作相互抵消，这样就起到温度补偿的作用。

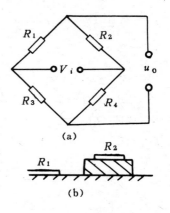

图 4-9　桥路补偿法

桥路补偿法的优点是方法简单、方便，在常温下补偿效果较好，其缺点是在温度变化梯度较大的条件下，很难做到工作片与补偿片处于温度完全一致的情况，因而影响补偿效果。

二、应变片自补偿法

粘贴在被测部位上的是一种特殊应变片，当温度变化时，产生的附加应变为零或相互抵消，这种特殊应变片称为温度自补偿应变片。利用温度自补偿应变片来实现温度补偿的方法称为应变片自补偿法。下面介绍两种自补偿应变片。

1. 选择式自补偿应变片

由式（4-37）可知，实现温度补偿的条件为
$$\varepsilon_t = \frac{\alpha\Delta t}{K} + (\beta_{\text{试}} - \beta_{\text{丝}})\Delta t = 0$$

则
$$\alpha = - K(\beta_{试} - \beta_{丝})\qquad(4-38)$$

被测试件材料确定后，就可以选择适合的应变片敏感栅材料满足式（4-38），达到温度自补偿。这种方法的缺点是一种 α 值的应变片只能用在一种材料上应用，因此局限性很大。

2. 双金属敏感栅自补偿应变片

这种应变片也称组合式自补偿应变片。它是利用两种电阻丝材料的电阻温度系数不同（一个为正，一个为负）的特性，将二者串联绕制成敏感栅，如图4-10所示。若两段敏感栅 R_1 和 R_2 由于温度变化而产生的电阻变化为 ΔR_{1t} 和 ΔR_{2t}，大小相等而符号相反，就可以实现温度补偿，电阻 R_1 与 R_2 的比值关系可由下式决定：

$$\frac{R_1}{R_2} = \frac{\Delta R_{2t}/R_2}{\Delta R_{1t}/R_1}$$

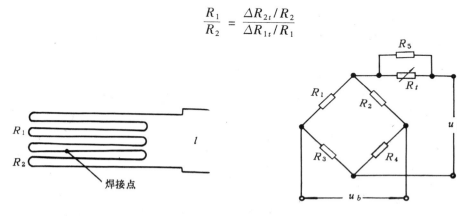

图 4-10 双金属丝栅法　　　　　图 4-11 热敏电阻补偿法

而其中
$$(\Delta R_{1t}) = - (\Delta R_{2t})$$
这种补偿效果较前者好，在工作温度范围内通常可达到 $\pm 0.14 \mu \varepsilon/℃$。

三、热敏电阻补偿法

如图5-11所示，图中的热敏电阻 R_t 处在与应变片相同的温度条件下，当应变片的灵敏度随温度升高而下降时，热敏电阻 R_t 的阻值也下降，使电桥的输入电压随温度升高而增加，从而提高电桥的输出，补偿因应变片引起的输出下降。选择分流电阻 R_5 的值，可以得到良好的补偿。

4.7　电阻应变式传感器的信号调节电路及电阻应变仪

应变片可以把应变的变化转换为电阻的变化，为显示与记录应变的大小，还要把电阻的变化再转换为电压或电流的变化，完成上述作用的电路称为电阻应变式传感器的信号调节电路，一般采用测量电桥。

4.7.1　测量电桥的工作原理

一、平衡电桥的工作原理

平衡电桥多用直流供电，四臂中任一电阻可用应变片代替，因为应变片工作过程中阻值变化很小，所以可认为电源供出的电流 l 在工作过程中是不变的，即加在3~4间

的电压是一个定值。假定电源为电势源，内阻为零，则在检流计中流过的电阻 I_g 和电桥各参数间的关系为

$$I_g = E \frac{R_1 R_4 - R_2 R_3}{R_g(R_1 + R_2)(R_3 + R_4) + R_1 R_2(R_3 R_4) + R_3 R_4(R_1 + R_2)} \qquad (4-39)$$

式中 R_g 为检流计的内阻，应变片的阻值变化量可以用 I_g 的大小来表示（偏转法），也可以用桥臂阻值的改变量来表示（零读法）。若采用零读法时，电桥的平衡条件为流过检流计的电流等于零。此时式（4-39）要满足下列条件

$$R_1 R_4 - R_2 R_3 = 0$$
$$R_1 R_4 = R_2 R_3 \qquad (4-40)$$

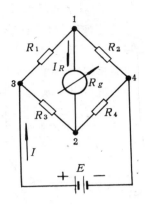

图 4-12 直流电桥

若第一臂用应变片代替，应变片由应变引起的电阻变化为 ΔR，使式（4-40）的关系被破坏，检流计有电流流过，此时可调节其余臂的电阻，使重新满足式（4-40）的关系。若调节 R_2 使它变为 $R_2 + \Delta R_2$，则有

$$(R_1 + R_1)R_4 = (R_2 + \Delta R_2)R_3 \qquad (4-41)$$
$$R_1 R_4 + \Delta R_1 R_4 = R_2 R_3 + \Delta R_2 R_3$$
$$\Delta R_1 = \frac{R_3}{R_4}\Delta R_2 \qquad (4-42)$$

若 R_3 和 R_4 为定值时，可用 ΔR_2 表示 ΔR_1 的大小，一般将 R_3 和 R_4 称为比例臂，改变它们的比值，可以改变 ΔR_1 的测量范围，而 R_2 称为调节臂，用它来刻度被测应变值。它和一般电桥的不同点是在测量前和测量时需要作两次平衡。静态应变仪的电桥多采用这种原理制成。若应变为动态量，则电阻变化较快，平衡电桥已经来不及了，此时只能采取偏转法，即不平衡电桥法。

二、不平衡电桥的工作原理

不平衡电桥是利用电桥输出电流或电压与电桥各参数间的关系进行工作的。此时在桥的输出端接入检流计或放大器。在输出电流时，为了使电桥有最大的电流灵敏度，希望电桥的输出电阻应尽量和指示器内阻相等。

实际上电桥后面连接的放大器的输入阻抗都很高，比电桥的输出电阻大得多，此时必须要求电桥具有较高的电压灵敏度，当有小的 $\Delta R/R$ 变化时，能产生较大的 ΔU 值。

图 4-13 是由交流电压 $\dot U$ 供电的交流电桥电路，第一臂是应变片，其他三臂为固定电阻。应变片未承受应变，此时阻值为 R_1。电桥处于平衡状态，电桥输出电压为 0。当承受应变时，产生 ΔR_1 的变化，电桥变化不平衡电压输出 $\dot U_0$。由图 4-13 可知：

$$\dot U_0 = \dot U_1 - \dot U_2 = \frac{R_1 + \Delta R_1}{R_1 + \Delta R_1 + R_2}\dot U - \frac{R_3}{R_3 + R_4}\dot U = \frac{\Delta R_1 \cdot R_4}{(R_1 + \Delta R_1 + R_2)(R_3 + R_4)}\dot U$$

$$= \frac{\dfrac{R_4}{R_3} \cdot \dfrac{\Delta R_1}{R_1}}{\left(1 + \dfrac{\Delta R_1}{R_1} + \dfrac{R_2}{R_1}\right)\left(1 + \dfrac{R_4}{R_3}\right)}\dot U \qquad (4-43)$$

假设 $n = R_2/R_1$，并考虑电桥初始平衡条件 $R_2/R_1 = R_4/R_3$，以及略去分母中的微小项 $\Delta R_1/R_1$，则有

$$\dot{U}_0 \approx \dot{U} \frac{n}{(1+n)^2} \cdot \frac{\Delta R_1}{R_1} \quad (4-44)$$

电桥的电压灵敏度为

$$S_u = \frac{\dot{U}_0}{\frac{\Delta R_1}{R_1}} = \dot{U} \frac{n}{(1+n)^2}$$

$$(4-45)$$

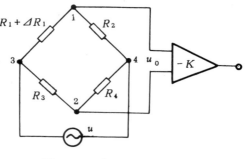

图 4-13　交流电桥

研究式（4-45）可以发现：

（1）电桥的电压灵敏度正比于电桥供电电压，电桥电压愈高，电压灵敏度愈高。但是电桥电压的提高受两方面的限制，一是应变片的允许温升，一是应变电桥电阻的温度误差，所以一般供桥电压为 $1 \sim 3V$.

（2）电桥电压灵敏度是桥臂电阻比值 n 的函数，即和电桥各臂的初始比值有关。当 u 一定时，由 $\partial S_u/\partial n = 0$，可求得 $n = 1$ 时电压灵敏度 S_u 最大，此时 $R_1 = R_2$，$R_3 = R_4$。这种对称情况正是我们进行温度补偿所需的电路，所以它在非电量电测量电路中得到广泛的应用。对于这类对称的式（4-43）、（4-44）和（4-45）可以简化为

$$\dot{U}_0 = \frac{1}{4} \dot{U} \frac{\Delta R_1}{R_1} \frac{1}{\left(1 + \frac{1}{2} \frac{\Delta R_1}{R_1}\right)} \quad (4-46)$$

$$\dot{U}_0 = \frac{1}{4} \dot{U} \frac{\Delta R_1}{R_1} \quad (4-47)$$

$$S_u = \frac{1}{4} \dot{U} \quad (4-48)$$

三、电桥电路的非线性误差及其补偿

在以上研究电桥工作状态时，都是假定应变片的参数变化很小，所以在分析电桥输出电流或电压与各参数关系时，都忽略了分母中的 ΔR，最后得到的刻度特性 $U = f(\varepsilon, R)$ 都是线性关系。但是若应变片所承受的应变太大，使它的阻值变化和本身的初始电阻可以比拟时，分母中的 ΔR 就不能忽略，此时得到的刻度特性 $U = f(\varepsilon, R)$ 是非线性的。实际的非线性特性曲线与理想的线性特性曲线的偏差称之为绝对非线性误差。下面我们以 $R_1 = R_2$、$R_3 = R_4$ 对称情况为例求非线性误差 γ 的大小。

设理想情况下　$U'_0 = \frac{1}{4} U \frac{\Delta R_1}{R_1}$

则

$$\gamma = \frac{U_0 - U'_0}{U'_0} = \frac{U_0}{U'_0} - 1$$

$$= \frac{1}{\left(1 + \frac{1}{2} \frac{\Delta R_1}{R_1}\right)} - 1$$

$$\approx 1 - \frac{1}{2}\frac{\Delta R_1}{R_1} - 1 = -\frac{1}{2}\frac{\Delta R_1}{R_1} \tag{4-49}$$

对于一般应变片，其灵敏系数 $K=2$，当承受的应变 $\varepsilon < 5000$ 微应变时，$\Delta R_1/R_1 = K\varepsilon = 0.01$，根据式（4-49）计算，非线性误差为 $\gamma = 0.5\%$，还不算太大。但是要求测量精度较高时，或电阻的相对变化 $\Delta R_1/R_1$ 较大时，非线性误差就不能忽略了。例如半导体应变片的应变灵敏系数 $K=100$，当应变片承受 1000 微应变时，它的电阻相对变化为 $\Delta R_1/R_1 = K\varepsilon = 0.1$，此时电桥的非线性误差将达到 5%，所以对半导体应变片的测量电路要做特殊处理，以减小非线性误差。一般消除非线性误差的方法有以下几种。

1. 采用差动电桥

正如前面所述，根据被测零件的受力情况，两应变片一个受拉，一个受压，应变符号相反，工作时将两个应变片接入电桥的相邻臂内，如图 4-14（a）所示，称为半桥

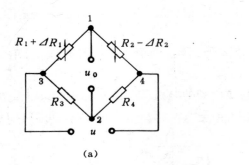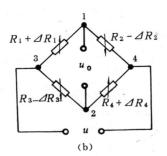

图 4-14　差动电桥电路

差动电路,在传感器中经常使用这种接法。有时工作应变片也可能是四个，两个受拉，两个受压，接入桥路时，将两个变形符号相同的应变片接在相对臂内，符号不同的接在相邻臂内，如图 4-14（b）所示，称为全桥差动电路。

半桥差动电路的输出电压为

$$U_0 = U_1 - U_2 = \left(\frac{R_1 + \Delta R_1}{R_1 + \Delta R_1 + R_2 - \Delta R_2} - \frac{R_3}{R_3 + R_4}\right)U$$

若电桥初始时是平衡的，$R_1/R_2 = R_3/R_4$ 成立，在对称情况下，$R_1 = R_2$，$R_3 = R_4$，$\Delta R_1 = \Delta R_2$，则上式可简化为

$$U_0 = \left(\frac{R_1 + \Delta R_1}{R_1} - 1\right)\frac{1}{2}U = \frac{1}{2}U\frac{\Delta R_1}{R_1} \tag{4-50}$$

比较（4-50）和（4-47）两式，可知半桥差动电路不仅没有非线性误差，而且电压灵敏度（$S_u = U/2$）也比单一工作应变片工作时提高一倍,同时还能起温度补偿作用。

同理，全桥差动电路的输出电压为

$$U_0 = U_1 - U_2 = U\frac{\Delta R_1}{R_1} \tag{4-51}$$

电桥的电压灵敏度比单一工作应变片的电压灵敏度提高了四倍，全桥差动电路也得到广泛的应用。

2．采用高内阻的恒流源电桥

产生非线性的原因之一是在工作过程中通过桥臂的电流不恒定。所以有时用恒流电源供电，如图 4-15 所示。一般半导体应变电桥都采用恒流供电，供电电流为 I，通过各臂的电流为 I_1 和 I_2，若测量电路的输入阻抗较高时。

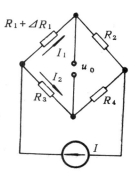

$$I_1 = \frac{R_3 + R_4}{R_1 + R_2 + R_3 + R_4} I$$

$$I_2 = \frac{R_1 + R_2}{R_1 + R_2 + R_3 + R_4} I$$

$$U_0 = I_1 R_1 - I_2 R_3 = \frac{R_1 R_4 - R_2 R_3}{R_1 + R_2 + R_3 + R_4} I$$

$(4-52)$

图 4-15　恒流源电桥

若电桥初始处于平衡状态 $R_1 R_4 = R_2 R_3$，而且 $R_1 = R_2 = R_3 = R_4 = R$ 当第一臂电阻 R_1 变为 $R_1 + \Delta R_1$ 时，电桥输出电压为

$$U_0 = \frac{R \cdot \Delta R}{4R + \Delta R} I = \frac{1}{4} I \Delta R \frac{1}{1 + \dfrac{\Delta R}{4R}}$$

$(4-53)$

由上式可知，分母中的 ΔR 被 $4R$ 除，与恒压源电路相比，它的非线性误差减少一倍。

4.7.2　电阻应变仪

电阻应变仪可直接用于测量应变，如果配用相应的电阻应变式传感器，也可以测力、压力、力矩、位移、振幅、速度、加速度等物理量。应变仪后面接上记录仪器，还可以将上述物理量的变化过程记录下来。

电阻应变仪主要由电桥、振荡器、放大器、相敏检波器、滤波器、指示或记录器、电源等部分组成。其结构如图 4-18 所示。

一、电桥

应变仪中多采用惠斯登电桥，通常采用较高频（400～2000Hz）的正弦波（称为载波）供桥，以便用一窄频带的交流放大器对已调幅波进行放大。其工作原理在前一节中已经讨论了。

二、放大器

其作用是将电桥输出的微弱信号（电压）进行放大，以便得到足够的功率去推动指示仪表或记录器。

三、振荡器

其作用在于产生一个频率、振幅稳定，且波形良好的正弦交流电压，可作为电桥的电源和相敏检波器的参考电压。振荡器的频率（即载波频率）一般要求不低于被测信号频率的 6～10 倍（如 YJD-1 型应变仪可测频率为 20～200Hz，振荡器频率为 2000Hz）。在多通道的应变仪器中，振荡器是通过缓冲放大器和功率放大器将振荡信号供给各通道的电桥和相敏检波器，以减少相互影响，提高振荡器的稳定性，满足仪器所需功率的要求。

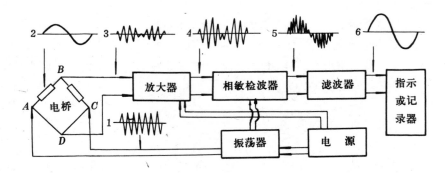

图 4-16　应变仪组成方框图

1-供桥电源波形（载波）　2-被测信号波形（调制波）　3-电桥输出波形（已调波）
4-放大后波形　5-相敏检波器解调后波形　6-经滤波器后波形

四、相敏检波器

经放大以后的波形仍为调幅波，必须用检波器将它还原（称为解调）为被检测应变信号的波形。而一般检波器只有单向的电压（或电流）输出，不能区别拉、压应变信号，所以应变仪中采用了克服上述缺点的相敏检波器，它可以有双向信号输出，反映应变的拉和压。

五、滤波器

由相敏检波器输出的被检测应变波形中仍残留有载波信号，必须滤掉，方能得到被检测应变信号的正确波形。一般用电感、电容组成 Γ 型和 Π 型低通滤波器。对滤波器的特性要求，既要考虑到和前级相敏检波器的匹配（它作为相敏检波器的负载一部分），又要考虑到和后级记录器（如光线示波器的振子内阻）的匹配。由于它要滤去高频波中频率最高分量，也就是载波频率 ω，而一般被检测应变信号频率 Ω 比 ω 小得多，所以滤波器的截止频率只要做到 $(0.3 \sim 0.4)\omega$，即可满足频率特性的要求。这时可以顺利地滤掉载波成分，而让应变信号成分畅通。

六、指示仪表或记录器

静态应变仪中的指示器系直流微安（或毫安）表，一般仅用作调零指示，也有的兼作读数（如 YJB-1 型）。动态应变仪是用以测量具有一定频率的交流信号，不宜采用指针式仪表，因此把信号输入记录器中进行显示和记录。

七、电源

电源是保证应变仪中放大器、振荡器等单元电路正常工作所需要的能量供给器，如电子管的屏极，以及灯丝的交、直流电源、晶体管的低压直流工作电源等均由它供给，要求输出的电压稳定、纹波小。一般由整流器、滤波器和电子稳压器等部分组成。

4.8　电阻应变式传感器

前几节讲述了应变片的工作原理、结构、特性，了解到应变片能将应变直接转换成电阻的变化。在测量构件应变时，直接将应变片粘贴在构件上即可。然后要测量其他物理量(力、压力、加速度等)，就需要先将这些物理量转换成应变，然后再用应变片进行测量。

比直接测量时多了一个转换过程,完成这种转换的元件通常称为弹性元件。由弹性元件和应变片,以及一些附件(补偿元件、保护罩等)组成的装置称为应变式传感器。

4.8.1 电阻应变式力传感器

载荷和力传感器是试验技术和工业测量中用得较多的一种传感器,其中采用应变片的应变式力传感器占有主导地位,传感器量程从几克到几百吨。测力传感器主要作为各种电子秤和材料试验机的测力元件,或用于发动机的推力测试,以及水坝坝体承载状况的监视等。力传感器的弹性元件有柱式、悬臂式、环式、框式等数种。

一、柱式力传感器

圆柱式力传感器的弹性元件分实心和空心两种,如图 4 – 17 所示。实心圆柱可以承受较大的负荷,在弹性范围内,则应力与应变成正比关系。

$$\varepsilon = \frac{\Delta l}{l} = \frac{\sigma}{E} = \frac{F}{SE}$$

式中：F——作用在弹性元件上的集中力；

S——圆柱的横截面积。

圆柱的直径要根据材料的允许应力 σ_b 来计算。

由于 $\qquad\qquad F/S \leqslant \sigma_b$

而 $\qquad\qquad S = \pi d^2/4$

式中 d 为实心圆柱直径。

则

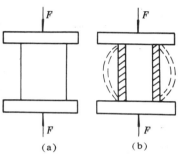

图 4 – 17 柱式力传感器
（a）实心圆柱   （b）空心圆柱

$$d \geqslant \sqrt{\frac{4}{\pi} \frac{F}{\sigma_b}} \qquad (4 – 54)$$

由上列各式知,若想提高变换灵敏度,必须减小横截面积 S. 但 S 减小其抗弯能力也减弱,对横向干扰力敏感。为了解决这个矛盾,在小集中力测量时多采用空心圆筒或采用承弯膜片,空心圆筒在同样横截面情况下,横向刚度大,横向稳定性好。同理,承弯膜片的横向刚度也大,横向力都由它承担,而其纵向刚度小。

空心圆柱弹性元件的直径也要根据允许应力计算。

由于 $\qquad\qquad \frac{\pi}{4}(D^2 - d^2) \geqslant \frac{F}{\sigma_b}$

所以 $\qquad\qquad D \geqslant \sqrt{\frac{\pi}{4} \frac{F}{\sigma_b} + d^2} \qquad (4 – 55)$

式中：D——空心圆柱外径；

d——空心圆柱内径。

弹性元件的高度对传感器的精度和动态特性都有影响。由材料力学可知,高度对沿其横截面的变形有影响。当高度与直径的比值 $H/D \geqslant 1$ 时,沿其中间断面上的应力状态和变形状态与其端面上作用的载荷性质和接触条件无关。试验研究的结果建议采用下式

$$H \geqslant 2D + l \qquad (4 – 56)$$

式中 l 为应变片的基长。对于空心的圆柱为

$$H \geqslant D - d + l \qquad (4 – 57)$$

我国 BLR - 1 型电阻应变式拉压力传感器、BHR 型荷重传感器都采用这种结构，其量程在 0.1～100 吨之间。在火箭发动机试验时，台架承受的载荷多用实心结构的传感器，其额定载荷可达数千吨。

弹性元件上应变片的粘贴和桥路的连接，应尽可能消除偏心和弯矩的影响，如图 4 - 18 所示。

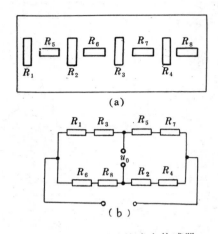

图 4 - 18　柱式力传感器

(a) 圆柱面展开图　　　　(b) 桥路连接图

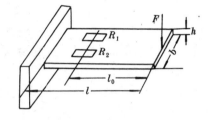

图 4 - 19　梁式力传感器原理图

二、梁式力传感器

1. 等截面梁应变式力传感器

等截面梁结构如图 4 - 19 所示，弹性元件为一端固定的悬臂梁，力作用在自由端，在距固定端较近，距载荷点为 l_0 的上下表面，顺着 l 的方向分别贴上 R_1，R_2，R_3，R_4 电阻应变片。此时 R_1，R_2 若受拉，则 R_3，R_4 受压，两者发生极性相反的等量应变，若把它们组成差动电桥，则电桥的灵敏度为单臂工作时的四倍，粘贴应变片处的应变为

$$\varepsilon_0 = \frac{\sigma}{E} = \frac{6Fl_0}{bh^2 E} \qquad (4-58)$$

由梁式弹性元件制作的力传感器适于测量 500kg 以下的载荷，最小的可测几十克重的力。这种传感器具有结构简单、加工容易、应变片容易粘贴、灵敏度高等特点。

2. 等强度梁应变式力传感器

另一种梁的结构为等强度梁，如图 3 - 6 所示。梁上各点的应力为

$$\sigma = \frac{M}{W} = \frac{6Fl}{b_0 h^2}$$

式中：M——梁所承受的弯矩；　　W——梁各横截面的抗弯模量；

　　　　F——作用在梁上的力。

式 (3 - 18) 给出了等强度的梁应变值。

这种梁的优点是对在 l 方向上粘贴应变片位置要求不严格。设计时应根据最大载荷 F 和材料允许应力 σ_b 选择梁的尺寸。

悬臂梁型传感器自由端的最大挠度不能太大，否则荷重方向与梁的表面不成直角，会产生误差。

3．双端固定梁应变式力传感器

如图 4 - 20 所示，梁的二端都固定，中间加载荷，应变片 R_1，R_2，R_3，R_4 粘贴在中间位置，梁的宽度为 b，厚度为 h，长度为 l，梁的应变力为

$$\varepsilon = \frac{3Fl}{4bh^2E} \qquad (4-59)$$

这种梁的结构在相同力 F 的作用下产生的挠度比悬臂梁小，并在梁受到过载应力后，容易产生非线性。由于两固定端在工作过程中可能滑动而产生误差，所以一般都是将梁和壳体做成一体。

4．特殊梁式力传感器

近几年来，为了改变梁的特性（在提高其特性的同时也增加灵敏度），将梁做成各种形状，以改变其应力分布并增强刚度，如图 4 - 21 所示各种结构，它们都是弯曲变形的梁。

（i）双孔梁。梁的结构如图 4 - 21（a）所示，在板状梁上有两个孔，在梁的端部有

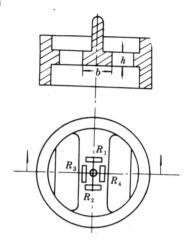

图 4 - 20 双端固定梁应变式力传感器原理图

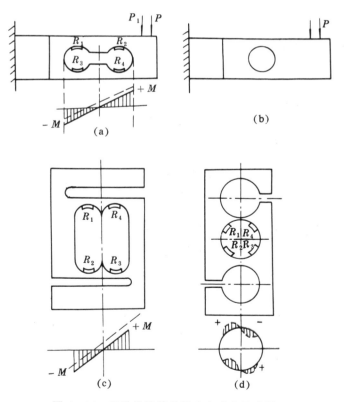

图 4 - 21 双孔梁及特殊梁应变式力传感器

集中力作用时，孔内承受弯曲变形。将应变片粘贴在孔的内壁，应变片处于相反的应力区内，当 R_1，R_4 的变形为拉伸时，R_2，R_3 为压缩变形，四个应变片组成差动电桥，输出特性的线性度好；另外，这种梁的刚度比单梁好，故动态特性好，滞后小。根据应力分布图可以看出，加力点位置变化时，一孔的弯矩增加，另一孔的弯矩减少，这可在桥路内自动补偿，从而提高了传感器精度。使用时对力点位置的要求也降低了，这种梁在小量程工业电子秤和商业用电子秤中得到广泛的应用。

(ii) 单孔梁。梁的结构如图 4 – 21 (b) 所示，梁只有一个孔。它也具有双孔梁的一些优点。传感器的高度也可做得较低。这种结构对力点位置移动敏感，对输出有影响，安装时要特别注意。有的在大孔的上、下再开四个分力孔，以改善应力分布状态，提高传感器的变换性能。

(iii) "S" 形弹性元件，"S" 形弹性元件如图 4 – 21 (c)、(d) 所示，它的形状很像 "S"，也是利用弹性体的弯曲变形。与双孔梁类似，在两个孔之间存在着零弯矩区，可以减小力点移动的影响，不同之处是在中心位置加力。图 (c) 适于测量较小量程（几十公斤～数百公斤）的载荷，而图 (d) 结构上、下有两个分力孔，适于测量量程较大（数百公斤～几吨）的载荷，这两种结构加工较难，多用于高精度工业电子秤，商业上用的较少。

三、薄壁圆环式力传感器

圆环式弹性元件结构也较简单，如图 4 – 22 所示。它的特点是在外力作用下，各点的应力差别较大。如图示的薄壁圆环的厚度为 h，外径为 R，宽度为 b，应变片 R_1，R_4 贴在外表面，R_2，R_3 贴在内表面，贴片处的应变量为

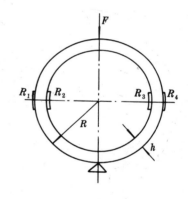

$$\varepsilon = \pm \frac{3F[R - (h/2)]}{bh^2 E}\left(1 - \frac{2}{\pi}\right)$$

$$(4 – 60)$$

其线性误差可达 0.2%，滞后误差可达 0.1%。但上下受力点必须是线接触。

图 4 – 22　薄壁圆环式力传感器原理图

四、剪切式力传感器

1. 梁式剪切力传感器

一般使用的等截面梁，当外力作用在梁上时，梁就产生弯曲，其应力正比于梁上作用的弯矩，同时梁上的切应力正比于切力，由于用应变片测量的是应力，因此测力时，力点变化会引起测量误差。然而，在切应力传感器中，梁的切力所引起的切应力与梁的弯矩无关，因而消除了力点变化的影响，最常用的梁结构型式有工字梁和圆截面工字梁，如图 4 – 23 所示的结构即为圆截面工字梁结构。图中并给出弯矩 M、应力 σ、剪切力 T 和切应力 τ 的分布图。由图可见，在梁的中心轴线上切应力最大，此时正应力为零，切应力本身测不出来，但是，切应力在与中心轴线成 45° 的互相垂直的方向上产生两个主应力，所以可以在与中心轴线成 45° 的方向上粘贴两片应变片，测出相应的拉伸与压缩变形，算出切应力的大小。

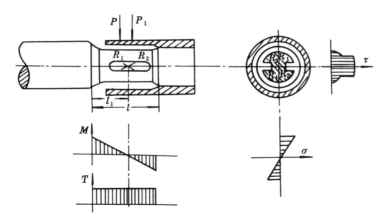

图 4 – 23　梁式剪切力传感器原理图

传感器的设计主要是圆截面工字梁（图 4 –24）的长度与高度比例的选择，保证尽可能小地产生弯曲应力以产生纯剪切应力，而且要注意固定端的连接刚度，使连接处不产生变形。为了提高矩形梁上、下两侧的抗拉、抗压、抗弯强度，多采用工字梁截面。其形状类似一根轴棒，一端固定，一端受力，当外力作用在受力端时，工字梁上产生正比于外力的切应力，其中心轴线上的最大切应力为

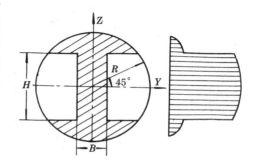

图 4 – 24　圆截面工字梁

$$\tau_{\max} = \frac{TS}{J_y B}$$

式中：T——剪切力；　　　　　S——工字梁的静矩；

J_y——工字梁的惯性矩；　B——工字梁中心宽度。

根据材料力学中菇拉夫斯公式计算最大切应力 $\tau_{\max}$，其中选择 $\alpha = 45°$。

$$\tau_{\max} = \frac{TS}{J_y B} = \frac{T\left(\dfrac{\sqrt{2}}{6} R^3 + \dfrac{R^2 B}{4}\right)}{R^3 B\left(\dfrac{3\pi R + 4\sqrt{2} B}{24}\right)}$$

$$= \frac{2T}{4\sqrt{2} B + 3\pi R}\left(\frac{2\sqrt{2}}{B} + \frac{3}{R}\right) \tag{4 – 61}$$

在计算圆截面工字梁过程中，如选定 R、H、α 和 $\tau_{\max}$ 后，便可以求出梁宽 B，然后确定长度 l 和 l_1，再验算梁的最大弯曲强度。

圆截面工字梁端部的最大弯矩为 $M_{\max}$，断面系统为 W：

$$M_{\max} = \frac{Pl}{2}$$

$$W = \frac{\pi R^3}{4}$$

故工字梁的最大抗弯强度

$$\sigma_{max} = \frac{M_{max}}{W} = \frac{2Pl}{\pi R^3} \leqslant \sigma_b \qquad (4-62)$$

这种传感器具有高度低，抗侧向能力强，拉压对称性好，加工简单，力点移动时剪应力变化不大等优点。

2. 轮辐式剪切力传感器——低外型剪切力传感器

轮辐式传感器如图 4-25 所示，它好像一个车轮，由轮毂、4 个轮辐和轮圈三部分组成。外加载荷作用在轮毂的顶部和轮圈的底部，在轮圈和轮毂间的轮辐上受到纯剪切力，故称为轮辐式剪切力传感器。

传感器的结构要保证轮毂和轮圈的刚度足够大，可以将其中每一对轮辐看成是一根两端固定的梁，中间承受载荷为 $P/2$，图中给出了一条对称轮辐上的变弯矩 M、剪力 T 的图形，在每条轮辐中的剪力是常数，和外力 P 成正比，当外力作用点发生偏移时，一面的剪力减小，一面增加，但它们的绝对值之和是个常数，若测量只反映绝对值总和，则与力点偏移无关。为了测量剪切力，也是在轮辐的两个侧面与中性面成 45° 方向上贴二片应变片，其中一片受拉，一片受压，八片应变片的连接方法如图所示，每对轮辐的受拉片与受拉片串联组成一臂，受压片与受压片串联组成另一臂，可消除载荷偏心对输出的影响。对于加在轮毂和轮圈上的侧向力，它使一根轮辐受拉伸，相对的另一根轮辐则受压缩，其上的应变片阻值变化幅值相等，方向相反，每个臂的总阻值无变化，对输出无影响。

轮辐的尺寸一方面要保证强度要求，使之不超过允许应力，另一方面要保证轮辐承受纯剪切作用，轮辐长度在方便应变片的粘贴情况下应尽量上，一般取 $l/H < 1$。

梁的强度计算可按两端固定梁的公式进行，但由于轮辐与轮毂和轮圈的连接不是刚性的，轮辐上的主应力方向要偏离 45°，最好通过光弹方法找出主应力方向，以便正确粘贴应变片。

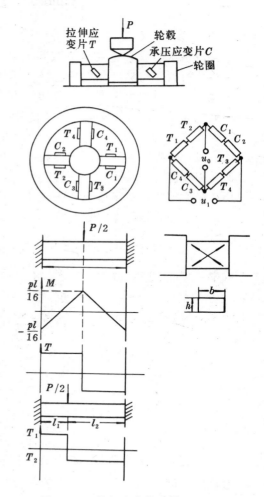

图 4-25 轮辐式力传感器

4.8.2 应变式压力传感器

应变式压力传感器主要用于液体、气体动态和静态压力的测量，如内燃机管道和动力设备管道的进气口、出气口的压力测量，以及发动机喷口的压力、枪、炮管内部压力的测量等。这类传感器主要采用膜片式、薄板式、筒式、组合式的弹性元件。

一、板式压力传感器

测量气体或液体压力的薄板式传感器如图4-26（a）所示，圆薄板和壳体制作在一起，引线从壳体的上端引出。这种传感器可以测量气体压力。圆薄板的结构如图4-26（b）、（c）所示。工作时将传感器的下端旋入管壁，均匀分布的压力作用在薄板的一面，薄板的另一面粘贴应变片，通过应变的测量求得压力的大小。

圆板周边的固定情况对传感器的线性、灵敏度、固有频率有很大影响。若是刚性连接，则当平板上有均匀分布压力 P 作用时，圆形平膜片上各点的径向应力 σ_r 与切向应力 σ_t 可用下列两式表示。

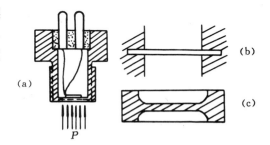

$$\sigma_r = \frac{3P}{8h^2}\left[(1+\mu)R^2 - (3+\mu)x^2\right]$$

$$(4-63)$$

$$\sigma_t = \frac{3P}{8h^2}\left[(1+\mu)R^2 - (1+3\mu)x^2\right]$$

$$(4-64)$$

图4-26 板式压力传感器原理图

圆板内任一点的应变值可按下式计算。

$$\varepsilon_r = \frac{3P}{8h^2E}(1-\mu^2)(R^2 - 3x^2) \qquad (4-65)$$

$$\varepsilon_i = \frac{3P}{8h^2E}(1-\mu^2)(R^2 - x^2) \qquad (4-66)$$

式中：σ_T，σ_t——分别为径向和切向应力；

ε_r，ε_t——分别为径向和切向应变；

R，h——圆板的半径和厚度；

x——离圆心的径向距离。

应力分布图如图4-27所示，由上列各式可得以下结论：

（1）由式（4-63）和（4-64）可知，圆板边缘处的应力为

$$\sigma_r = -\frac{3P}{4h^2}R^2$$

$$\sigma_t = -\frac{3P}{4h^2}R^2\mu$$

因此周边处的径向应力最大，设计薄板时，这里的应力不应超过允许应力 σ_b 来选择圆板厚度为

$$h = \sqrt{\frac{3PR^2}{4\sigma_b}} \qquad (4-67)$$

（2）由应力分布图可知，$x = 0$ 时，在膜片中心位置处的应变为

$$\varepsilon_r = \varepsilon_t = \frac{3P}{8h^2} \frac{1 - \mu^2}{E} R^2 \qquad (4 - 68)$$

$x = R$ 时，在边缘处的应变为

$$\varepsilon_t = 0$$

$$\varepsilon_r = -\frac{3P}{4h^2} \frac{1 - \mu^2}{E} R^2 \qquad (4 - 69)$$

此值比中心处高一倍，$x = R/\sqrt{3}$时，$\varepsilon_r = 0$，由应力分布规律可找出贴片的方法，由于切应变全是正的，中间最大；径向应变沿圆板分布有正有负，在中心处和切应变相等，而在边缘处最大，是中心处的二倍，在 $x = R/\sqrt{3}$ 处为零，故贴片时要避开 $\varepsilon_r = 0$ 处。一般在圆片中心处沿切向贴两片，在边缘处沿径向贴两片。应变片 R_1，R_4 和 R_2，R_3 接在桥路的相邻臂内，以提高灵敏度和进行温度补偿。

周边刚性固定的圆平板的固有振动频率可由下式计算

$$f = 1.57 \sqrt{\frac{Eh^3}{12R^4 m_0 (1 - \mu)^2}} \qquad (4 - 70)$$

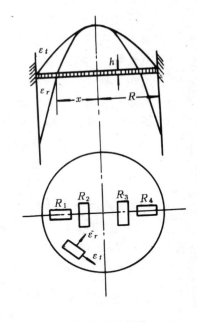

图 4 - 27　圆板应力分布图

式中 m_0 为平板单位厚度的质量。

由式（4 - 68）和（4 - 70）可知，平板的厚度和弹性模量 E 增加时，传感器的固有频率增加，而灵敏度下降；半径愈大，固有频率愈低，灵敏度愈高，所以设计传感器时要综合考虑。

二、筒式压力传感器

当被测压力较大时，多采用筒式压力传感器，如图 4 - 28 所示。圆柱体内有一盲孔，一端有法兰盘与被测系统连接。被测压力 P 进入应变筒的腔内，使筒发生变形。圆筒外表面上的环向应变（沿着圆周线）为

$$\varepsilon_D = \frac{P(2 - \mu)}{E(n^2 - 1)} \qquad (4 - 71)$$

式中 $n = D_0 / D$。

若壁比较薄时，可用下式计算环向应变

$$\varepsilon_D = \frac{PD}{2hE}(1 - 0.5\mu)$$

其中 $h = (D - D_0) / 2$。

图 4 - 28（b）中在盲孔的外端部有一个实心部

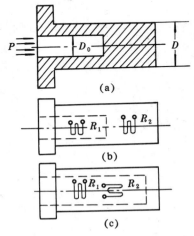

图 4 - 28　筒式压力传感器

分，制作传感器时，在筒壁和端部沿圆周方向各贴一片应变片，端部在筒内有压力时不产生变形，只作温度补偿用。图 4 - 28（c）中没有端部，则 R_1 和 R_2 垂直粘贴，一沿圆周，一沿筒长，沿筒长方向的 R_2 做温度补偿用。

这类传感器可用来测量机床液压系统的压力（$10^6 \sim 10^7$ Pa），也可用来测量枪炮的膛内压力（10^8 Pa），其动特性和灵敏度主要由材料的 E 值和尺寸决定。

4.8.3　应变式加速度传感器

上面两类都是力（集中力和均匀分布力）直接作用在弹性元件上，将力变为应变。然而加速度是运动参数，所以首先要经过质量弹簧的惯性系统将加速度转换为力 F，再作用在弹性元件上。

加速度传感器的结构图如图 4 - 29 所示，在等强度梁 2 的一端固定惯性质量块 1，梁的另一端用螺钉固定在壳体 6 上，在梁的上下两面粘贴应变片 5，梁和惯性块的周围充满阻尼液（硅油），用以产生必要的阻尼。测量加速度时，将传感器壳体和被测对象刚性连接，当有加速度作用在壳体上时，由于梁的刚度很大，惯性质量也以同样的加速度运动。其产生的惯性力正比于加速度 a 的大小，惯性力作用在梁的端部使梁产生变形，限位块 4 是保护传感器在过载时不被破坏。这种传感器在低频振动测量中得到广泛的应用。

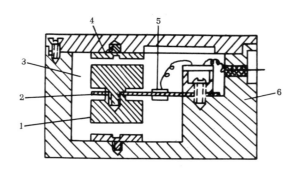

图 4 - 29　应变式加速度传感器

第五章 电容式传感器

电容式传感器不但广泛地用于位移、振动、角度、加速度等机械量的精密测量，而且还逐步地扩大应用于压力、差压、液面、料面、成分含量等方面的测量。

电容式传感器的特点是：

(1) 小功率、高阻抗。电容传感器电容量很小，一般为几十到几百微微法，因此具有高阻抗输出；

(2) 小的静电引力和良好的动态特性。电容传感器极板间的静电引力很小，工作时需要的作用能量极小和它有很小的可动质量，因而有较高的固有频率和良好的动态响应特性；

(3) 本身发热影响小；

(4) 可进行非接触测量。

5.1 电容式传感器的工作原理及结构形式

电容式传感器是以各种类型的电容器作为传感元件，通过电容传感元件，将被测物理量的变化转换为电容量的变化。因此电容式传感器的基本工作原理可以用图 5-1 所示的平板电容器来说明。当忽略边缘效应时，平板电容器的电容为

$$C = \frac{\varepsilon A}{d} = \frac{\varepsilon_r \varepsilon_0 A}{d} \qquad (5-1)$$

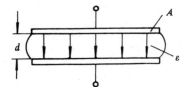

图 5-1 平板电容器

式中：A——极板面积；

d——极板间距离；

ε_r——相对介电常数；

ε_0——真空介电常数，$\varepsilon_0 = 8.85 \times 10^{-12} \mathrm{Fm}^{-1}$；

ε——电容极板间介质的介电常数。

由式 (5-1) 可知，当 d、A 和 ε_r 中的某一项或某几项有变化时，就改变了电容 C。C 的变化，遮交流工作时，就改变了容抗 X_c，从而使输出电压或电流变化。d 和 A 的变化可以反映线位移或角位移的变化，也可以间接反映弹力、压力等变化；ε_r 的变化，则可反映液面的高度、材料的温度等的变化。

实际应用，常使 d、A、ε 三个参数中的两个保持不变，而改变其中一个参数来使电容发生变化。所以电容式传感器可以分为三种类型：改变极板距离 d 的变间隙式；改变极板面积 A 的变面积式；改变介电常数 ε_r 的变介电常数式。

图 5-2 表示一些电容式传感器的原理结构形式。其中 (a) 和 (b) 为变间隙式；(c)、(d)、(e) 和 (f) 为变面积式；(g) 和 (h) 为变介电常数式。图中 (a) 和 (b)

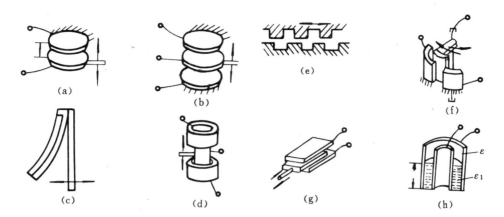

图 5-2 几种不同的电容式传感器的原理结构图

是线位移传感器；（f）为角位移传感器；（b），（d）和（f）是差动式电容传感器。

变间隙式一般用来测量微小的线位移（0.01 微米～零点几毫米）；变面积式一般用于测角位移（一角秒至几十度）或较大的线位移；变介电常数式常用于固体或液体的物位测量以及各种介质的湿度、密度的测定。

5.1.1 变间隙的电容式传感器

一、空气介质的变间隙电容式传感器

图 5-3 为这种类型的电容式传感器的原理图。图中 2 为静止极板（一般称为定极板），而极板 1 为与被测体相连的动极板。当极板 1 因被测参数改变而引起移动时，就改变了两极板间的距离 d，从而改变了两极板间的电容 C。从式（5-1）可知，C 与 d 的关系曲线为一双曲线，如图 5-4 所示。

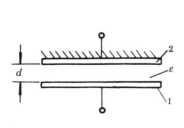

图 5-3 变间隙式电容传感器原理图

　1-动极板　　　　2-定极板

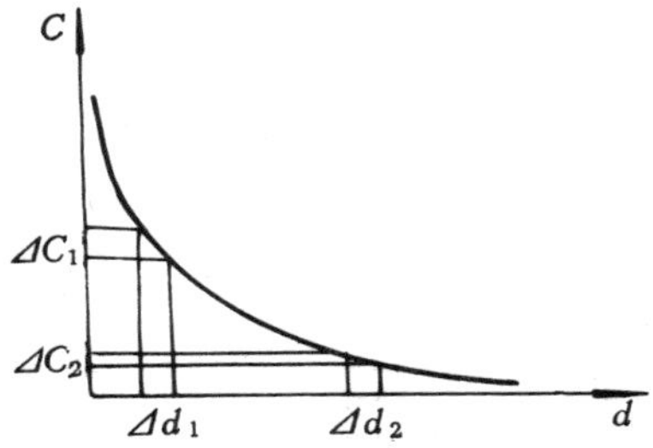

图 5-4 C-d 特性曲线

极板面积为 A，初始距离为 d_0，以空气为介质（$\epsilon_r = 1$）的电容器的电容值为

$$C_0 = \frac{\epsilon_0 A}{d_0} \qquad (5-2)$$

当间隙 d_0 减小 Δd 时（设 $\Delta d \ll d_0$），则电容增加 ΔC，即

$$C_0 + \Delta C = \frac{\varepsilon_0 A}{(d_0 - \Delta d)} = C_0 \frac{1}{1 - \dfrac{\Delta d}{d_0}} \qquad (5-3)$$

由上式，电容的相对变化量 $\Delta C / C_0$ 为

$$\frac{\Delta C}{C_0} = \frac{\Delta d}{d_0}\left(1 - \frac{\Delta d}{d_0}\right)^{-1} \qquad (5-4)$$

因为 $\Delta d / d_0 < 1$，按级数展开得

$$\frac{\Delta C}{C_0} = \frac{\Delta d}{d_0}\left[1 + \frac{\Delta d}{d_0} + \left(\frac{\Delta d}{d_0}\right)^2 + \left(\frac{\Delta d}{d_0}\right)^3 + \cdots\right] \qquad (5-5)$$

由式（5-5）可见，输出电容的相对变化 $\dfrac{\Delta C}{C_0}$ 与输入位移 Δd 之间的关系是非线性的。

当 $\dfrac{\Delta d}{d_0} \ll 1$ 时，可略去非线性项（高次项），则得近似的线性关系式：

$$\frac{\Delta C}{C_0} \approx \frac{\Delta d}{d_0} \qquad (5-6)$$

而电容传感器的灵敏度为

$$S_n = \frac{\Delta C}{\Delta d} = \frac{C_0}{d_0} \qquad (5-7)$$

它说明了单位输入位移能引起输出电容变化的大小。

如考虑式（5-5）中线性项与二次项，则得式

$$\frac{\Delta C}{C_0} = \frac{\Delta d}{d_0}\left(1 + \frac{\Delta d}{d_0}\right) \qquad (5-8)$$

按式(5-6)得到的特性为图 5-5 中所示的直线 1，而按式(5-8)得到的特性为图中所示的非线性曲线 2.

式（5-8）的相对非线性误差 δ 为

$$\delta = \frac{|(\Delta d / d_0)^2|}{|\Delta d / d_0|} \times 100\%$$

$$= |\Delta d / d_0| \times 100\% \qquad (5-9)$$

由式（5-7）可以看出，要提高灵敏度，应减小起始间隙 d_0。但 d_0 的减小受到电容器击穿电压的影响，同时对加工精度要求也提高了。而式（5-9）还表明，非线性随着相对位移的增加而增加，减小 d_0，相应地增大了非线性。

在实际应用中，为了提高灵敏度，减小非线性，大都采用差动式电桥结构。在差动式电容传感器中，其中一个电容器 C_1 的电容随位移 Δd 增加时，另一个电容器 C_2 的电容则减小，它们的特性方程分别为

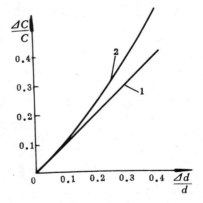

图 5-5　变隙式电容传感器
的非线性特性

$$C_1 = C_0\left[1 + \frac{\Delta d}{d_0} + \left(\frac{\Delta d}{d_0}\right)^2 + \left(\frac{\Delta d}{d_0}\right)^3 + \cdots\right]$$

$$C_2 = C_0\left[1 - \frac{\Delta d}{d_0} + \left(\frac{\Delta d}{d_0}\right)^2 - \left(\frac{\Delta d}{d_0}\right)^3 + \cdots\right]$$

电容总的变化为

$$\Delta C = C_1 - C_2 = C_0\left[2\frac{\Delta d}{d_0} + 2\left(\frac{\Delta d}{d_0}\right)^3 + \cdots\right]$$

电容的相对变化为

$$\frac{\Delta C}{C_0} = 2\frac{\Delta d}{d_0}\left[1 + \left(\frac{\Delta d}{d_0}\right)^2 + \left(\frac{\Delta d}{d_0}\right)^4 + \cdots\right] \qquad (5-10)$$

略去高次项，则 $\Delta C/C_0$ 与 $\Delta d/d_0$ 近似成线性关系

$$\frac{\Delta C}{C_0} \approx \frac{2\Delta d}{d_0} \qquad (5-11)$$

式（5-11）用曲线来表示时，如图 5-6 所示。图中 $d_1 = d_0 - \Delta d$，$d_2 = d_0 + \Delta d$。
差动电容式传感器的相对非线性误差 δ' 近似为

$$\delta' = \frac{|2(\Delta d/d_0)^3|}{|2(\Delta d/d_0)|} = \left(\frac{\Delta d}{d_0}\right)^2 \times 100\% \qquad (5-12)$$

比较式（5-7）与式（5-11）、式（5-12）与式（5-9）可见，电容式传感器做成差动式之后，非线性大大降低了，灵敏度则提高了一倍。与此同时，差动式电容传感器还能减小静电引力给测量带来的影响，并有效地改善由于温度等环境影响所造成的误差。

二、具有固体介质的变间隙电容式传感器

从上述可知，减小极间距离能提高灵敏度，但又容易引起击穿，为此，经常在两极片间再加一层云母或塑料膜来改善电容器的耐压性能，如图 5-7 所示，这就构成了平行极板间有固定介质和可变空气隙的电容式传感器。

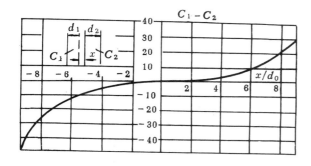

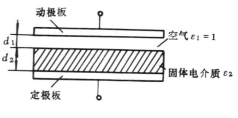

图 5-6　差动电容式传感器的 $\Delta C - \Delta d/d_0$ 曲线　图 5-7　具有固体介质的变间隙电容式传感器

设极板面积为 A，空气隙为 d_1，固体介质（设为云母）的厚度为 d_2，则电容 C 为

$$C = \frac{\varepsilon_0 A}{d_1/\varepsilon_1 + d_2/\varepsilon_2} \qquad (5-13)$$

式中 ε_1 和 ε_2 分别是厚度为 d_1 和 d_2 的介质的相对介电常数。因 d_1 为空气隙，所以 $\varepsilon_1 = 1$。式（5-13）可简化成

$$C = \frac{\varepsilon_0 A}{d_1 + d_2/\varepsilon_2}$$

如果气隙 d_1 减小了 Δd_1，电容将增大 ΔC，因此电容变为

$$C + \Delta C = \frac{\varepsilon_0 A}{d_1 - \Delta d_1 + d_2/\varepsilon_2}$$

电容相对变化为

$$\frac{\Delta C}{C} = \frac{\Delta d_1}{d_1 + d_2} \frac{1}{1/N_1 - \Delta d_1/(d_1 + d_2)} \qquad (5-14)$$

式中

$$N_1 = \frac{d_1 + d_2}{d_1 + d_2/\varepsilon_2} = \frac{1 + d_2/d_1}{1 + d_2/d_1\varepsilon_2} \qquad (5-15)$$

对式（5-14）加以整理，则有

$$\frac{\Delta C}{C} = \frac{\Delta d_1}{d_1 + d_2} N_1 \frac{1}{1 - N_1 \Delta d_1/(d_1 + d_2)}$$

当 $N_1 \Delta d_1/(d_1 + d_2) < 1$，把上式展开可写成

$$\frac{\Delta C}{C} = \frac{\Delta d_1}{d_1 + d_2} N_1 \left[1 + N_1 \frac{\Delta d_1}{d_1 + d_2} + \left(N_1 \frac{\Delta d_1}{d_1 + d_2} \right)^2 + \cdots \right] \qquad (5-16)$$

当 $N_1 \Delta d_1/(d_1 + d_2) \ll 1$ 时，略去高次项可近似得到

$$\frac{\Delta C}{C} \approx N_1 \frac{\Delta d_1}{d_1 + d_2} \qquad (5-17)$$

式（5-16）和式（5-17）表明，N_1 为灵敏度因子，又是非线性因子。N_1 的值取决于电介质层的厚度比 d_2/d_1 和固体介质的介电常数 ε_2。增大 N_1，提高了灵敏度，但是非线性度也随着相应提高了。

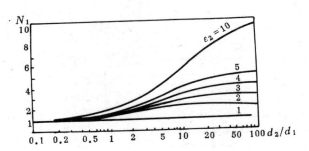

图 5-8 $N_1 - d_2/d_1$ 对于不同的 ε_2 的关系曲线

下面把厚度比 d_2/d_1 作为变量，ε_2 作为参变量。对影响灵敏度和线性度的因子 N_1 进行一些讨论。由式（5-15）所画出的曲线如图 5-8 所示。因为 ε_2 总是大于 1 的，所以 N_1 总是大于 1 的值。当 $\varepsilon_2 = 1$ 时，该电容式传感器极板间隙变成完全是空气隙的了，显然，$N_2 = 1$。因为 $\varepsilon_2 > 1$，所以灵敏度和非线性因子 N_1 随 d_2/d_1 的增加而增加，在 d_2/d_1 很大时(空气隙增加。很小)所得 N_1 的极限值为 ε_2。此外，在相同的 d_2/d_1 值下，N_1 随 ε_2 增加而

若采用如上节所述的差动结构时，式（5-16）中的偶次项被抵消，非线性等就得

到了改善。

以上的分析是在忽略电容元件的极板边缘效应下得到的。为了消除边缘效应的影响，可以采用设置保持环的方法，如图 5-9 所示。保护环与极板 1 具有同一电位，则可将电板极间的边缘效应移到保护环与极板 2 的边缘，于是在极板 1 与 2 之间得到均匀场强分布。

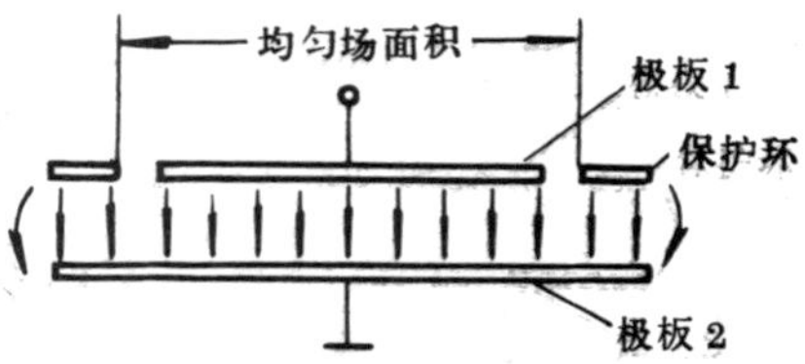

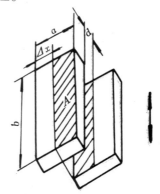

5.1.2 变面积的电容式传感器

图 5-10 是一直线位移电容式传感器的原理图。

图 5-9 带有保护环的平板电容器

当动极板移动 Δx 后，面积 A 就改变，则电容也随之而变。其值为（忽略边缘效应）

$$C_x = \frac{\varepsilon b(a - \Delta x)}{d} = C_0 - \frac{\varepsilon b}{d}\Delta x$$

$$\Delta C = C_x - C_0 = -\frac{\varepsilon b}{d}\Delta x = -C_0\frac{\Delta x}{a} \qquad (5-18)$$

灵敏度 S_n 为

$$S_n = -\frac{\Delta C}{\Delta x} = \frac{\varepsilon b}{d} \qquad (5-19)$$

由式（5-18）和式（5-19）可见，变面积电容式传感器的输出特性是线性的，灵敏度 S_n 为一常数。增大极板边长 b，减小间隙 d 可以提高灵敏度。但极板的另一边长 a 不宜过小，否则会因边缘电场影响的增加而影响线性特性。

图 5-2（e）是一齿形极板的电容式线位移传感器的原理图。它是图 5-10 的一种变形。采用齿形极板的目的是为了增加遮盖面积,提高灵敏度。当齿形极板的齿数为 n，移动 Δx 后，其电容为

$$C_x = \frac{n\varepsilon b(a - \Delta x)}{d} = n\left(C_0 - \frac{\varepsilon b}{d}\Delta x\right)$$

$$\Delta C_x = C_x - nC_0 = -\frac{n\varepsilon b}{d}\Delta x \qquad (5-20)$$

灵敏度为

$$S_n = -\frac{\Delta C_x}{\Delta x} = n\frac{\varepsilon b}{d} \qquad (5-21)$$

图 5-10　电容式线位移传感器原理图

5.1.3 变介电常数的电容式传感器

这种电容式传感器结构形式有很多种。在图 5-2（h）中所示的是在电容式液面计中经常使用的电容式传感器的形式。图 5-11 中绘出了另一种测量介质介电常数变化的电容式传感器。

设电容的极板面积为 A，间隙为 a。当

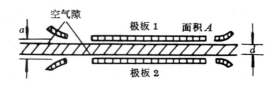

图 5-11　变介电常数的电容传感器

有一厚度为 d、相对介电常数为 ε_r 的固体电介质通过极板间的间隙时,电容器的电容为

$$C = \frac{\varepsilon_0 A}{a - d + d/\varepsilon_r} \qquad (5-22)$$

若固体介质的相对介电常数增加 $\Delta \varepsilon_r$(例如湿度增高)时,由式(5-22)可知,电容也相应增加 ΔC

$$C + \Delta C = \frac{\varepsilon_0 A}{a - d + [d/(\varepsilon_r + \Delta \varepsilon_r)]}$$

电容的相对变化为

$$\frac{\Delta C}{C} = \frac{\Delta \varepsilon_r}{\varepsilon_r} N_2 \frac{1}{1 + N_3(\Delta \varepsilon_r/\varepsilon_r)} \qquad (5-23)$$

式中

$$N_2 = \frac{1}{1 + [\varepsilon_r(a - d)/d]} \qquad (5-24)$$

$$N_3 = \frac{1}{1 + [d/\varepsilon_r(a - d)]} \qquad (5-25)$$

在 $N_3/(\Delta \varepsilon_r/\varepsilon_r) < 1$ 的情况下,展开式(5-23)得

$$\frac{\Delta C}{C} = \frac{\Delta \varepsilon_r}{\varepsilon_r} N_2 \left[1 - \left(N_3 \frac{\Delta \varepsilon_r}{\varepsilon_r} \right) + \left(N_3 \frac{\Delta \varepsilon_r}{\varepsilon_r} \right)^2 - \left(N_3 \frac{\Delta \varepsilon_r}{\varepsilon_r} \right)^3 + \cdots \right] \qquad (5-26)$$

由式(5-26)可见,N_2 为灵敏度因子,N_3 为非线性因子。式(5-24)和式(5-25)表明,N_2 和 N_3 的值与间隙比 $d/(a-d)$ 有关,$d/(a-d)$ 愈大,则灵敏度愈高,非线性度愈小。N_2 和 N_3 的值又与固体介质的相对介电常数 ε_r 有关,介电常数小的材料可以得到较高的灵敏度和较低的非线性。图5-12画出了 N_2 和 N_3 与间隙比 $d/(a-d)$ 的关系曲线,曲线以 ε_r 为参变量。

图5-11的装置也可以用来测量介电材料厚度的变化。在这种情况下,介电材料的相对介常数 ε_r 为常数,而 d 则为自变量。此时,电容的相对变化为

$$\frac{\Delta C}{C} = \frac{\Delta d}{d} N_4 \frac{1}{1 - N_4(\Delta d/d)} \qquad (5-27)$$

式中

$$N_4 = \frac{\varepsilon_r - 1}{1 + [\varepsilon_r(a - d)/d]} \qquad (5-28)$$

在 $N_4(\Delta d/d) < 1$ 的情况下,式(6-27)可写成

$$\frac{\Delta C}{C} = \frac{\Delta d}{d} N_4 \left[1 + N_4 \frac{\Delta d}{d} + \left(N_4 \frac{\Delta d}{d} \right)^2 + \left(N_4 \frac{\Delta d}{d} \right)^3 + \cdots \right] \qquad (5-29)$$

由上式知,N_4 既是反映灵敏度大小程度的灵敏度因子,也是反映非线性程度的非线性因子。仍以 $d/(a-d)$ 为自变量,作出式(5-28)的函数图像如图5-13所示,它与图5-8具有相似形式。

可仿照对图5-8讨论的方法得到类似结论。

5.2　电容式传感器的等效电路

上节中对各种类型的电容式传感器的灵敏度和线性度的分析,都是在将电容式传感

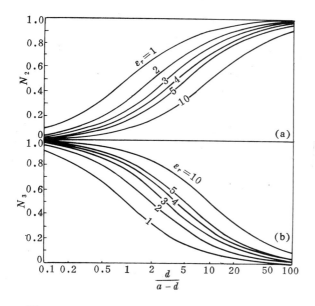

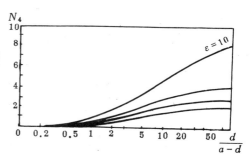

图 5-12 N_2 和 N_3 与间隙比 $d/(a-d)$ 的关系曲线　　图 5-13 N_4 与间隙比 $\dfrac{d}{a-d}$ 的关系曲线

器视为纯电容条件下作出的，这在大多数实用情况下是允许的。因为对于大多数电容器，除了在高温、高湿条件下工作，它的损耗通常可以忽略，在低频工作时，它的电感效应也是可以忽略的。

在电容器的损耗和电感效应不可忽略时，电容式传感器的等效电路如图 5-14 所示。图中 R_p 为并联损耗电阻，它代表极板间的泄漏电阻和极板间的介质损耗。这部分损耗的影响通常在低频时较大，随着频率增高，容抗减小，它的影响也就减弱了。串联电阻 R_s 代表引线电阻，电容器支

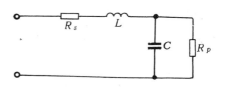

图 5-14 电容传感器的等效电路

架和极板的电阻，在几兆赫频率下工作时，这个值通常是很小的，它随着频率增高而增大。因此，只有在很高的工作频率时，才要加以考虑。

电感 L 是由电容器本身的电感和外部引线的电感所组成。电容器本身的电感与电容器的结构形式有关，引线电感则与引线长度有关。如果用电缆与电容式传感器相连接，则 L 中应包括电缆的电感。

由图 5-14 可见，等效电路有一谐振频率，通常为几十兆赫。在谐振或接近谐振时，它破坏了电容的正常作用。因此，只有在低于谐振的频率上（通常为谐振频率的 $1/3 \sim 1/2$），才能获得电容传感元件的正常运用。

同时，由于电路的感抗抵消了一部分容抗，传感元件的有效电容 C_e 将有所增加，C_e 可以近似由下式求得

$$1/j\omega C_e = j\omega L + 1/j\omega C$$

$$C_e = \frac{C}{1 - \omega^2 LC} \tag{5-30}$$

在这种情况下，电容的实际相对变量为

$$\frac{\Delta C_e}{C} = \frac{\Delta C / C}{1 - \omega^2 LC} \qquad (5-31)$$

式（5-31）表明电容传感元件的实际相对变量与传感元件的固有电感（包括引线电感）有关。因此，在实际应用时必须与标定时的条件相同。

5.3 电容式传感器的信号调节电路

电容式传感器的电容值十分微小，必须借助于信号调节电路将这微小电容的增量转换成与其成正比的电压、电流或频率，这样才可以显示、记录以及传输。

5.3.1 运算放大器式电路

这种电路的最大特点，是能够克服变间隙电容式传感器的非线性而使其输出电压与输入位移（间距变化）有线性关系。图 5-15 为这种线路的原理图。C_x 为传感器电容。

现在来求输出电压 U 与传感器电容 C_x 之间的关系。

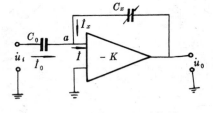

图 5-15 运算放大器式电路

由 $\dot{U}_a = 0$，$\dot{I} = 0$，则有

$$\left. \begin{array}{l} \dot{U}_i = -j \dfrac{1}{\omega C_0} \dot{I}_0 \\[2mm] \dot{U}_0 = -j \dfrac{1}{\omega C_x} \dot{I}_x \\[2mm] \dot{I}_0 = -\dot{I}_x \end{array} \right\} \qquad (5-32)$$

解式（5-32）得

$$\dot{U}_0 = -\dot{U}_i \frac{C_0}{C_x} \qquad (5-33)$$

而 $C_x = \varepsilon A / d$，将其代入式（5-33），得

$$\dot{U}_0 = -\dot{U}_i \frac{C_c}{\omega A} d \qquad (5-34)$$

由式（5-34）可知，输出电压 U_0 与极板间距 d 成线性关系，这就从原理上解决了变间隙的电容式传感器特性的非线性问题。这里是假设 $K = \infty$，输入阻抗 $z_i = \infty$，因此仍然存在一定非线性误差，但在 K 和 z_i 足够大时，这种误差相当小。

5.3.2 电桥电路

如图 5-16 所示为电容式传感器的电桥测量电路。一般传感器包括在电桥内。用稳频、稳幅和固定波形的低阻信号源去激励，最后经电流放大及相敏整流得到直流输出信号。从图 5-16（a）可以看出平衡条件为

$$\frac{z_1}{z_1 + z_2} = \frac{C_1}{C_1 + C_2} = \frac{d_2}{d_1 + d_2} \qquad (5-35)$$

此处 C_1 和 C_2 组成差动电容，d_1 和 d_2 为相应的间隙。若中心电极移动了 Δd，电

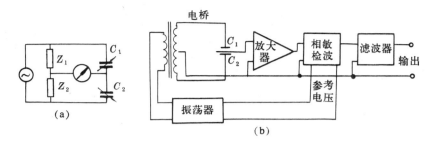

图 5-16　电桥测量电路

(a) 电路原理图　　　　　　　　(b) 变压器电桥线路

桥重新平衡时有

$$\frac{d_2 + \Delta d}{d_1 + d_2} = \frac{z'_1}{z_1 + z_2}$$

因此

$$\Delta d = (d_1 + d_2)\frac{z'_1 - z_1}{z_1 + z_2} \qquad (5-36)$$

$z_1 + z_2$ 通常设计成一线性分压器，分压系数在 $z_1 = 0$ 时为 0，而在 $z_2 = 0$ 时为 1，于是 $\Delta d = (b-a)(d_1 + d_2)$，其中 a、b 分别为位移前后的分压系数。

分压器原则上用电阻、电感或电容制作均可。由于电感技术的发展，用变压器电桥能够获得精度较高而且长期稳定的分压系数。用于测量小位移的变压器电桥线路如图 5-16 (b) 所示。

5.3.3　调频电路

电容式传感器作为振荡器谐振回路的一部分，当输入量使电容量发生变化后，就使振荡器的振荡频率发生变化，频率的变化在鉴频器中变换为振幅的变化，经过放大后就可以用仪表指示或用记录仪器记录下来。

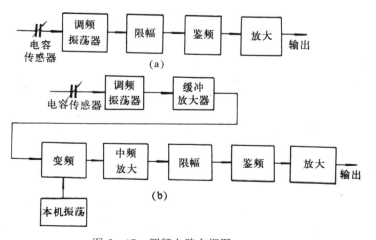

图 5-17　调频电路方框图

(a) 直放式调频　　　　　　　　(b) 外差式调频

调频接收系统可以分为直放式调频和外差式调频两种类型。外差式调频线路比较复杂，但选择性高，特性稳定，抗干扰性能优于直放式调频。图 5-17（a）和（b）分别表示这两种调频系统。

用调频系统作为电容传感器的测量电路主要具有以下特点：①抗外来干扰能力强；②特性稳定；③能取得高电平的直流信号（伏特数量级）。

5.3.4 谐振电路

图 5-18（a）为谐振式电路的原理方框图，电容传感器的电容 C_3 作为谐振回路（L_2，C_2，C_3）调谐电容的一部分。谐振回路通过电感耦合，从稳定的高频振荡器取得振荡电压。当传感器电容 C_3 发生变化时，使得谐振回路的阻抗发生相应的变化，而这个变化又表现为整流器电流的变化。该电流经过放大后即可指示出输入量的大小。

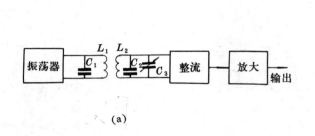 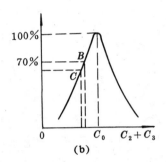

图 5-18　谐振电路

(a) 原理方框图　　　　　　　　　(b) 工作特性

为了获得较好的线性关系，一般谐振电路的工作点选在谐振曲线的一边，最大振幅 70% 附近的地方。如图 5-18（b）所示，且工作范围选在 BC 段内。

这种电路的特点是比较灵敏，但缺点是：①工作点不容易选好，变化范围也较窄；②传感器与谐振回路要离得比较近，否则电缆的杂散电容对电路的影响较大；③为了提高测量精度，振荡器的频率要求具有很高的稳定性。

5.3.5 二极管 T 型网络

二极管 T 型网络如图 5-19 所示，S 是高频电源，它提供幅值为 E_i 的对称方波。当电源为正半周时，二极管 D_1 导通，于是电容 C_1 充电。在紧接的负半周时，二极管 D_1 截止，而电容 C_1 经电阻 R_1、负载电阻 R_f（电表、记录仪等）、电阻 R_2 和二极管 D_2 放电，此时流过 R_f 的电流为 i_1。在负半周内 D_2 导通，于是电容 C_2 充电。在下一个半周中，C_2 通过电阻 R_2，R_f 和 R_1 和二极管 D_1 放电，此时流过 R_f 的电流为 i_2。如果二极管 D_1 和 D_2 具有相同的特性，且令 $C_1 = C_2$、$R_1 = R_2$，则电流 i_1 和 i_2 大小相等、方向相反，即流过 R_f 的平均电流为零。C_1 或 C_2 的任何变化都将引起 i_1 和 i_2 的不等，因此在 R_f 上必定有信号电流 I_0 输出。

当 $R_1 = R_2 = R$ 时，直流输出信号电流 I_0 可以用下式表示：

$$I_0 = E_i \frac{R + 2R_f}{(R + R_f)^2} R_f [C_1 - C_2 - C_1 e^{-K_1} + C_2 e^{-K_2}] \qquad (5-37)$$

$$K_1 = \frac{R + Rf}{2RfC_1(R + 2Rf)}$$

$$K_2 = \frac{R + Rf}{2RfC_2(R + 2R_f)}$$

式中 f 为充电电源的频率（Hz）。

而输出电压 E_0 为

$$E_0 = I_0 R_f$$

线路的最大灵敏度发生在 $1/K_1 = 1/K_2 = 0.57$ 的情况下。

该电路具有如下特点：

（1）电源 S、传感器电容 C_1、平衡电容 C_2 以及输出电路都接地；

（2）工作电平很高，二极管 D_1 和 D_2 都工作在特性曲线的线性区内；

（3）输出电压较高；

（4）输出阻抗为 R_1 或 R_2（$1 \sim 100k\Omega$），且实际上与电容 C_1 和 C_2 无关。适当选择电阻 R_1 和 R_2，则输出电流就可用毫安表或微安表直接测量；

（5）输出信号的上升时间取决于负载电阻。对应于 $1k\Omega$ 的负载电阻，上升时间为 20 微秒左右，因此它能用来测量高速机械运动。

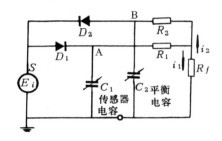

图 5 - 19　二极管 T 型网络

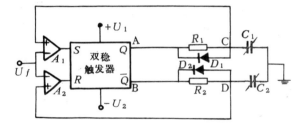

图 5 - 20　脉冲宽度调制电路

5.3.6　脉冲宽度调制电路

脉冲宽度调制电路如图 5 - 20 所示，设传感器差动电容为 C_1 和 C_2，当双稳态触发器的输出 A 点为高电位，则通过 R_1 对 C_1 充电，直到 F 点电位高于参比电位 U_f 时，比较器 A_1 将产生脉冲触发双稳态触发器翻转。在翻转前，B 点为低电位，电容 C_2 通过二极管 D_2 迅速放电。一旦双稳触发器翻转后，A 点成为低电位，B 点为高电位。这时，在反方向上又重复上述过程，即 C_2 充电，C_1 放电。当 $C_1 = C_2$ 时，电路中各点电压波形如图5 - 21（a）所示。由图可见 AB 两点平均电压值为零。但是，差动电容 C_1 和 C_2 值不相等时，如 $C_1 > C_2$，则 C_1 和 C_2 充放电时间常数就发生改变。这时电路中各点的电压波形如图5 - 21（b）所示。由图可见 AB 两点平均电压值不再是零。

当矩形电压波通过低通滤波器后，可得出直流分量

$$U_0 = U_{AB} = \frac{T_1 - T_2}{T_1 + T_2} U_1 \tag{5 - 38}$$

若上述中的 U_1 保持不变，则输出电压的直流分量 U_0 随 T_1，T_2 变化而改变，从

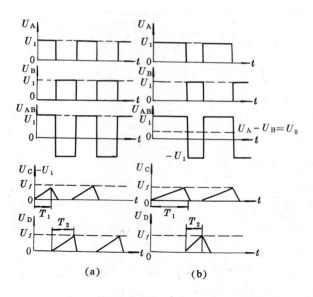

图 5 - 21　脉冲宽度调制电路电压波形图

而实现了输出脉冲电压的调宽。当然，必须使参比电位 U_f 小于 U_1。

由电路可得出：

$$T_1 = R_1 C_1 \ln \frac{U_1}{U_1 - U_f} \tag{5-39}$$

$$T_2 = R_2 C_2 \ln \frac{U_1}{U_1 - U_f} \tag{5-40}$$

设电阻 $R_1 = R_2 = R$，将 T_1、T_2 两式代入式（5-38）以后即可得出

$$U_0 = \frac{C_1 - C_2}{C_1 + C_2} U_1 \tag{5-41}$$

把平行板电容公式代入式（5-41）中，在变极板距离的情况下可得

$$U_0 = \frac{d_2 - d_1}{d_2 + d_1} U_1 \tag{5-42}$$

式中 d_1，d_2 分别为 C_1，C_2 电极板间距离。

当差动电容 $C_1 = C_2 = C_0$ 时，即 $d_1 = d_2 = d_0$ 时，$U_0 = 0$。若 $C_1 \neq C_2$，设 $C_1 > C_2$，即 $d_1 = d_0 - \Delta d$，$d_2 = d_0 + \Delta d$，则式（5-42）即为

$$U_0 = \frac{\Delta d}{d_0} U_1 \tag{5-43}$$

同样，在变电容器极板面积的情况下有

$$U_0 = \frac{A_1 - A_2}{A_1 + A_2} U_1 \tag{5-44}$$

式中 A_1 和 A_2 分别为 C_1 和 C_2 电极极板面积。

当差动电容 $C_1 \neq C_2$ 时

$$U_0 = \frac{\Delta A}{A} U_1 \qquad (5-45)$$

由此可见，对于差动脉冲调宽电路，不论是改变平板电容器的极板面积或是极板距离，其变化量与输出量都成线性关系。调宽线路还具有如下一些特点：

（1）对元件无线性要求；

（2）效率高，信号只要经过低通滤波器就有较大的直流输出；

（3）调宽频率的变化对输出无影响；

（4）由于低通滤波器作用，对输出矩形波纯度要求不高。

5.4　影响电容传感器精度的因素及提高精度的措施

电容传感器具有高灵敏度和高精度等优点，但这许多优点都与传感器的正确设计，正确选材及精细加工工艺有关。同时，也应注意影响其精度的各种因素。

5.4.1　温度对结构尺寸的影响

环境温度的改变将引起电容式传感器各零件几何尺寸和相互间几何位置的变化，从而导致电容传感器产生温度附加误差，这个误差尤其在改变间隙的电容传感器中更为严重，因为它的初始间隙都很小，为减小这种误差一般尽量选取温度系数小和温度系数稳定的材料。如电极的支架选用陶瓷材料，电极材料选用铁镍合金，近年来又采用在陶瓷或石英上进行喷镀金或银的工艺。

5.4.2　温度对介质介电常数的影响

传感器的电容值与介质的介电常数成正比，因此若介质的介电常数有不为零的温度系数，就必然要引起传感器电容值的改变，从而造成温度附加误差。

空气及云母介电常数的温度系数可认为等于零。而某些液体介质，如硅油、蓖麻油、甲基硅油、煤油等就必须注意由此而引起的误差。

这样的温度误差可用后接的测量线路进行一定的补偿，欲完全消除是困难的。

5.4.3　漏电阻的影响

电容传感器的容抗都很高，特别是当激励频率较低时。当两极板间总的漏电阻若与此容抗相近，就必须考虑分路作用对系统总灵敏度的影响，它将使灵敏度下降。因此，应选取绝缘性能好的材料作两极板间支架。如陶瓷、石英、聚四氟乙烯等。当然，适当地提高激励电源的频率也可以降低对材料绝缘性能的要求。

还应指出，由于电容传感器的灵敏度与极板间距离成反比，因此初始距离都尽量取得小些，这不仅增大加工工艺的难度、减小了变换器使用的动态范围，也增加了对支架等绝缘材料的要求，这时甚至要注意极间可能出现的电压击穿现象。

5.4.4　边缘效应与寄生参量的影响

边缘效应使设计计算复杂化、产生非线性以及降低传感器的灵敏度。消除和减小的方法是在结构上增设防护电极，防护电极必须与被防护电极取相同的电位，尽量使它们同为地电位。

电容传感器测量系统寄生参数的影响，主要是指与传感器电容极板并联的寄生电容的影响。由于传感器电容值很小，往往寄生电容要大得多，使电容传感器不能使用。

消除和减小寄生影响的方法可归纳为以下几种。

一、缩短传感器至测量线路前置级的距离

将集成电路的发展、超小型电容器应用于测量电路，可使得部分部件与传感器做成一体，这既可减小了寄生电容值，又可使寄生电容值也固定不变了。

二、驱动电缆法

这实际是一种等电位屏蔽法。原理电路如图 5－22 所示。这种接线法使传输电缆的芯线与内层屏蔽等电位，消除了芯线对内层屏蔽的容性漏电，从而消除了寄生电容的影响。此时内、外层屏蔽之间的电容变成了电缆驱动放大器的负载。因此驱动放大器是一个输入阻抗很高、具有容性负载、放大倍数为 1 的同相放大器。

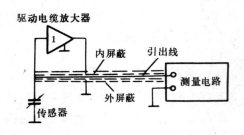

图 5－22　驱动电缆法　　　　　　　　　　　图 5－23　整体屏蔽法

三、整体屏蔽法

所谓整体屏蔽法是将整个桥体（包括供电电源及传输电缆在内）用一个统一屏蔽保护起来，如图 5－23 所示那样，公用极板与屏蔽之间（也就是公用极板对地）的寄生电容 C_1 只影响灵敏度，另外两个寄生电容 C_3 及 C_4 在一定程度上影响电桥的初始平衡及总体灵敏度，但并不妨碍电桥的正确工作。因此寄生参数对传感器电容的影响基本上得到了排除。

5.4.5　增加原始电容值，减小寄生电容和漏电的影响

电容式传感器一般原始电容值很小，只有几个到几十个微法，容易被干扰所淹没。在条件允许情况下尽量减小原始间隙 d_0 和增大覆盖面积，以增加原始电容值 C_0。但气隙减小受加工、装配工艺和空气击穿电压的限制，同时 d_0 小也会影响测量范围。为了防止击穿，极板间可插入介质。一般变间隙的电容式传感器取 $d_0 = 0.2 \sim 1 \text{mm}$。

5.5　电容传感器的应用

前面已经介绍电容传感器可以直接测量的非电量为：直线位移、角位移及介质的几何尺寸（或称物位），直线位移及角位移可以是静态的，也可以是动态的，例如是直线振动及角振动。用于上述三类非电参数变换测量的变换器一般说来原理比较简单，无需再作任何预变换。

用来测量金属表面状况、距离尺寸、振幅等量的传感器，往往采用单极式变间隙电容传感器，使用时常将被测物作为传感器的一个极板，而另一个电极板在传感器内。近年来已采用这种方法测量油膜等物质的厚度。这类传感器的动态范围均比较小，约为十

分之几毫米左右，而灵敏度则在很大程度上取决于选材、结构的合理性及寄生参数影响的消除。精度达到 $0.1\mu m$，分辨力为 $0.025\mu m$。可以实现非接触测量，它加给被测对象的力极小，可忽略不计。

测物位的传感器多数是采用电容式传感器作转换元件。电容式传感器还可用于测量原油中含水量、粮食中的含水量等。

当电容传感器用于测量其他物理量时，必须进行预变换，将被测参数转换成 d，S 或 ε 的变化。例如在测量压力时，要用弹性元件先将压力转换成 d 的变化。

5.5.1 膜片电极式压力传感器

结构原理如图 5-24 所示，由一个固定电极和一个膜片电极形成距离为 d_0、极板有效面积为 πa^2 的、改变极间平均间隙的平板电容变换器，在忽略边缘效应时，初始电容值为

$$C_0 = \frac{\varepsilon_0 \pi a^2}{d_0} \tag{5-46}$$

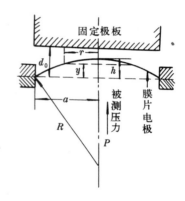

这种传感器中的膜片均取得很薄，使其厚度与直径 $2a$ 相比可以略去不计，因而膜片的弯曲刚度也小得可以略去不计。在被测压力 P 的作用下，膜片向间隙方向呈球状凸起，下面计算这种传感器的灵敏度。

当被测压力为均匀压力时，在距离膜片圆心为 r 的周长上，各点凸起的挠度相等并设为 y，此值可近似写为（在 $h \ll d_0$ 的条件下）

$$y = \frac{P}{4S}(a^2 - r^2) \tag{5-47}$$

式中 S 为膜片的拉伸引力。

球面上宽度为 dr，长度为 $2\pi r$ 的环形带与固定电极间的电容值为

图 5-24 电容式压力传感器

$$dC = \frac{\varepsilon_0 2\pi r dr}{d_0 - y} \tag{5-48}$$

由此可求得被测压力 P 时，传感器的电容值为

$$C_x = \int_0^a dC = \int_0^a \frac{\varepsilon_0 2\pi r dr}{d_0 - y} = \frac{2\pi \varepsilon_0}{d_0} \int_0^a \frac{r}{1 - \frac{y}{d_0}} dr \tag{5-49}$$

当满足条件 $y \ll d_0$ 时，上式改写为

$$C_x = \frac{2\pi \varepsilon_0}{d_0} \int_0^a \left(1 + \frac{y}{d_0}\right) r dr$$

将（5-47）式代入上式中有

$$C_x = \frac{2\pi \varepsilon_0}{d_0} \left\{ \frac{a^2}{2} + \frac{P}{4d_0 S} \int_0^a r(a^2 - r^2) dr \right\}$$

$$= \frac{\varepsilon_0 \pi a^2}{d_0} + \frac{\varepsilon_0 \pi a^4}{8 d_0^2 S} P \tag{5-50}$$

由（5-50）式可见，右边第二项即为 P 引起的电容增量，因此可得压力 P 引起传感器电容的相对变化值为

$$\frac{\Delta C}{C_0} = \frac{a^2}{8 d_0 S} P \qquad (5-51)$$

式中：P——被测压强（N/m²）；

S——为膜片的拉伸张力（N/m），$S = \frac{t^3 E}{0.85 \pi a^2}$；

t——膜片厚度（m）。

最后可得

$$\frac{\Delta C}{C} \approx \frac{a^4}{3 d_0 t^3 E} P \qquad (5-52)$$

膜片的基本谐振频率为

$$f_0 = \frac{1.2}{\pi a} \sqrt{\frac{S}{\mu t}} \qquad (5-53)$$

应注意以上推导只适用于静态压力情况下，因为推导过程中未计及空气间隙中空气层的缓冲效应。如果考虑这个缓冲效应，将使动刚度增加，其结果使动态压力灵敏度比式（5-52）低得多。

若膜片具有一定的厚度 t（比前述略厚），则弯曲刚度不可忽略，在被测压力作用下，膜片的变形将如图 5-52 所示形状，这时在半径为 r 的圆周上产生的挠度 y 按下式表示。

$$y = \frac{3}{16} \cdot \frac{1-\mu^2}{E \cdot t^3} (a^2 - r^2)^2 P \qquad (5-54)$$

式中：a——电极半径 [m]；

P——被测均布压强 [N/m²]。

可得传感器电容值为

$$C_x = \frac{2\pi\varepsilon_0}{d_0} \int_0^a \frac{r \cdot \mathrm{d}r}{1 - \frac{y}{d_0}} = \frac{2\pi\varepsilon_0}{d_0} \int_0^a \left(1 + \frac{y}{d_0}\right) r \cdot \mathrm{d}r$$

$$= \frac{2\pi\varepsilon_0}{d_0} \int_0^a \left[1 + \frac{3}{16} \cdot \frac{1-\mu^2}{E \cdot t^3 d_0} (a^2 - r^2) P\right] r \, \mathrm{d}r \qquad (5-55)$$

灵敏度为

$$\frac{\Delta C / C}{P} = \frac{3(1-\mu^2) a^4}{32 \cdot E \cdot d_0 t^3} \qquad (5-56)$$

以上推导也未考虑边缘效应及空气隙中空气的缓冲作用。

5.5.2　电容式加速度传感器

测量振动使用加速度及角加速度传感器，一般采用惯性式传感器测量绝对加速度。在这种传感器中可应用电容式传感器。一种差接式电容传感器的原理结构示于图 5-26 中。这里有两个固定极板，极板中间有一用弹簧支撑的质量块，此质量块的两个端面经过磨平抛光后作为可动极板。当传感器测量垂直方向上的直线加速度时，质量块在绝对

空间中相对静止，而两个固定电极将相对质量块产生位移，此位移大小正比于被测加速度，使 C_1，C_2 中一个增大，一个减小。

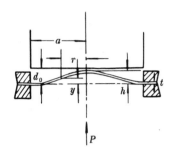

图 5-25　膜片变形

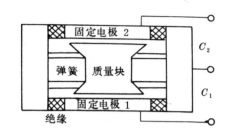

图 5-26　电容式加速度传感器

5.5.3　电容式应变计

原理结构示于图 5-27 中，在被测量的两个固定点上，装两个薄而低的拱弧，方形电极固定在弧的中央，两个拱弧的曲率略有差别。安装时注意两个极板应保持平行并平行于安装应变计的平面，这种拱弧具有一定的放大作用，当两固定点受压缩时变换电容值将减小（极间距增大）。很明显电容极板相互距离的改变量与应变之间并非是线性关系，这可抵消一部分变换电容本身的非线性。

5.5.4　荷重传感器

原理结构如图 5-29 所示。用一块特种钢（其浇铸性好，弹性极限高），在同一高度上并排平行打圆孔，在孔的内壁以特殊的粘接剂固定两个截面为 T 型的绝缘体，保持其平行并留有一定间隙，在相对面上粘贴铜箔，从而形成一排平板电容。当圆孔受荷重变形时，电容值将改变，在电路上各电容并联，因此总电容增量将正比于被测平均荷重 F。

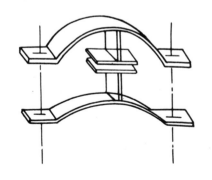

图 5-27　电容式应变计

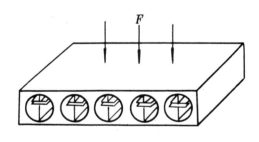

图 5-28　电容式荷重传感器

这种传感器误差较小，接触面影响小，测量电路可装置在孔中。

5.5.5　振动、位移测量仪

DWY-3 振动、位移测量仪是一种电容、调频原理的非接触式测量仪器，它即是测振仪，又是电子测微仪。主要用来测量旋转轴的回转精度和振摆、往复机构的运动特性和定位精度、机械构件的相对振动和相对变形、工件尺寸和平直度，以及用于某些特殊测量等。作为一种通用性的精密测试仪器得到广泛应用。

它的传感器是一片金属板，作为固定极板，而以被测构件为动极板组成电容器，测量原理如图 5 – 29 所示。

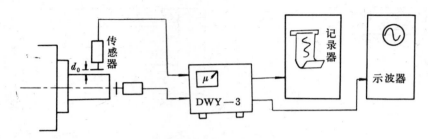

图 5 – 29　测量旋转轴的回转精度和振摆示意图

在测量时，首先调整好传感器与被测工件间的原始间隙 d_0，当轴旋转时因轴承间隙等原因使转轴产生径向位移和振动 $\pm \Delta d$，相应的产生一个电容变化 ΔC，DWY – 3 振动、位移测量仪可以直接指示出 Δd 的大小，配有记录和图形显示仪器时，可将 Δd 的大小记录下来并在图像上显示出其变化的情况。

5.5.6　电容测厚仪

电容测厚仪是用来测量金属带材在轧制过程中的厚度的。它的变换器就是电容式厚度传感器，其工作原理如图 5 – 30 所示。在被测带材的上下两边各置一块面积相等，与带材距离相同的极板，这样极板与带材就形成两个电容器（带材也作为一个极板）。把两块极板用导线连接起来，就成为一个极板，而带材则是电容器的另一极板，其总电容 $C = C_1 + C_2$。

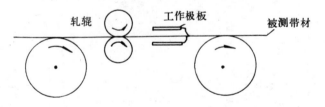

图 5 – 30　电容式测厚仪工作原理

金属带材在轧制过程中不断向前送进，如果带材厚度发生变化。将引起它与上下两个极板间距变化，即引起电容量的变化，如果总电容量 C 作为交流电桥的一个臂，电容的变化 ΔC 引起电桥不平衡输出，经过放大、检波、滤波，最后在仪表上显示出带材的厚度。这种测厚仪的优点是带材的振动不影响测量精度。

第六章 电感式传感器

电感式传感器是建立在电磁感应基础上，利用线圈电感或互感的改变来实现非电量电测的。根据工作原理的不同，可分为变阻磁式，变压器式和涡流式等种类。它可以把输入的物理量如位移、振动、压力、流量、比重等参数，转换为线圈的自感系数 L 和互感系数 M 的变化，而 L 和 M 的变化在电路中又转换为电压或电流的变化，即将非电量转换成电信号输出。因此它能实现信息的远距离转输、记录、显示和控制等方面的要求。电感式传感器有以下特点：

（1）工作可靠，寿命长；

（2）灵敏度高，分辨力高（位移变化，$0.01\mu m$，角度变化 $0.1''$）；

（3）精度高，线性好（非线性误差可达 $0.05\% \sim 0.1\%$）；

（4）性能稳定，重复性好。

电感式传感器的缺点是存在交流零位信号，不适于高频动态信号测量。

6.1 变磁阻式传感器

6.1.1 工作原理

变磁阻式传感器的结构原理如图 6-1（a）所示。它由线圈、铁芯和衔铁三部分组成。在铁芯与衔铁之间有厚度为 δ 气隙。传感器的运动部分与衔铁相连。当传感器测量物理量时，衔铁运动部分产生位移，导致气隙厚度 δ 变化，从而使线圈的电感值变化。

线圈的电感值 L 可按下式计算

$$L = \frac{W^2}{R_M} \tag{6-1}$$

式中：W——线圈的匝数；

$\quad\quad R_M$——磁路的总磁阻。

如果空气隙厚度 δ 较小，而且不考虑磁路的铁损时，总磁阻为磁路中铁芯、气隙和衔铁的磁阻之和。

$$R_M = \sum_{i=1}^{n} \frac{l_i}{\mu_i s_i} + 2\frac{\delta}{\mu_0 s} \tag{6-2}$$

式中：l_i——各段铁芯的长度（包括衔铁）；

$\quad\quad \mu_i$——各段铁芯的相对磁导率（包括衔铁）；

$\quad\quad s_i$——各段铁芯的面积（包括衔铁）；

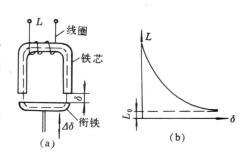

图 6-1 变磁阻式传感器原理
（a）工作原理　　（b）电感与气隙的关系

δ——空气隙的厚度；

μ_0——空气隙的磁导率（$\mu_0 \cong 4\pi \times 10^{-7}\,\text{H/m}$）；

s——空气隙的截面积。

将式（6-2）代入式（6-1）得

$$L = \frac{W^2}{\sum\limits_{i=1}^{n} \frac{l_i}{\mu_i s_i} + \frac{2\delta}{\mu_0 \varepsilon}} \qquad (6-3)$$

因为铁芯与衔铁为铁磁材料，其磁阻与空气隙磁阻相比较很小，计算时可以忽略不计，这时式（6-3）改写为

$$L = \frac{\mu_0 s W^2}{2\delta} \qquad (6-4)$$

由式（6-4）和（6-3）看出，变磁阻式传感器的 L 量与 δ、s 和 μ_i 之参数有关，如果固定其中任意两个，而改变另一个，则可以制造一种传感器。根据这个道理，可以制造三种不同形式的可变磁阻式电感传感器。

1. 变气隙厚度 δ 的电感式传感器

如 6-1（a）所示。这种传感器灵敏度很高，是最常用的电感式传感器，它的缺点是输出特性（$L \sim \delta$ 关系曲线）为非线性如图 6-1（b）所示。

2. 变气隙面积 s 的电感式传感器

见图 6-2（a），这种传感器为线性特性，但灵敏度低。它常用于角位移测量。

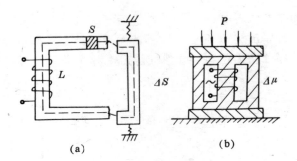

图 6-2　变磁阻式电磁传感器的各种形式

(a) 变气隙面积式　　　　　　　　　(b) 变磁导率式

3. 变铁芯磁导率 μ 的电感式传感器

见图 6-2（b），它是利用某些铁磁材料的压磁效应，所以也称压磁式传感器。压磁效应是当铁磁材料受到力作用时，在物体内部就产生应力，从而引起磁导率 μ 发生变化。这种传感器主要用于各种力的测量。

6.1.2　等效电路

由于电感式传感器通常采用铁磁体作为磁芯，所以传感器线圈的等效电路如图 6-3 所示。电感 L 与电阻 R_c 串联（R_c 为线圈的损耗电阻），并与电阻 R_e 并联（R_e 为铁芯的涡流损耗电阻），电容 C 与 L 及 R_e 并联（C 为线圈的固有电容）。

一、电感 L

对带磁芯的均匀绕制的环形线圈，若其线圈匝数为 W，磁芯长度为 l（m），通过的电流强度为 I（A），则线圈内的磁场强度 H（A/m）为

$$H = \frac{WI}{l} \qquad (6-4)$$

磁感应强度 B 为

$$B = \mu H = \frac{\mu WI}{l} \qquad (6-5)$$

设 S 为线圈的截面，则通过线圈中每一匝的磁通量为 $\Phi_1 = BS$，通过线圈 W 匝的总磁通量 Φ 为

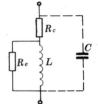

图 6-3　电感线圈的等效电路

$$\Phi = \Phi_1 W = \mu I \frac{W^2}{l} S \qquad (6-6)$$

则线圈的自感系数 L 为

$$L = \frac{\Phi}{I} = \frac{\mu W^2 S}{l} \qquad (6-7)$$

二、电阻 R_c

设线圈由直径为 d、电阻率为 ρ_c 的导线绕成，共 W 匝，则其电阻为

$$R_c = \frac{4\rho_c W l_c}{\pi d^2} \qquad (6-8)$$

式中 l_c 为平均匝长。

R_c 只与线圈绕组的材料及尺寸有关，而与频率无关。当频率 $f = \frac{\omega}{2\pi}$，电感为 L，电阻为 R_c 的线圈的耗散因数 D_c 为

$$D_c = \frac{R_c}{\omega L} = \frac{l \rho_c l_c}{2\pi^3 f W d^2 \mu S} = \frac{C}{f} \qquad (6-9)$$

式中 $C = \dfrac{l \rho_c l_c}{2\pi^3 W d^2 \mu S}$

由式（6-9）可知，由线圈损耗电阻 R_c 引起的电感耗散因数 D_c 与频率 f 成反比。

三、涡流损耗电阻 R_e

现考虑一有小气隙的铁磁磁芯，它由厚度为 t 的铁芯片叠成。若 p 为涡流的透入深度，当 $t/p < 2$ 时，R_e 可用下式表示

$$R_e = \frac{6}{(t/p)^2} \omega L = \frac{12\rho_1 S W^2}{l t^2} \qquad (6-10)$$

式中 p 为涡流的透入深度，其值为

$$p = \frac{10^{4.5}}{2\pi} \sqrt{\left(\frac{\rho_1}{\mu f}\right)} \qquad (6-11)$$

其中 ρ_1 为铁芯材料的电阻率。

为了增加铁芯材料的电阻率，以减小涡流损耗。磁芯可以采用薄片叠成，或者采用

铁氧体材料。

由涡流损耗电阻 R_e 引起的线圈的耗散因数 D_e 为

$$D_e = \frac{\omega L}{R_e} = \frac{2\pi^2 t^2 \mu f}{3\rho_1} = ef \tag{6-12}$$

式中 e 为比例系数。

上式表明，D_e 与 f 成正比。

另外，还有磁滞损耗电阻 R_h 引起的线圈的耗散因数 D_h，由于 D_h 的计算比较复杂，故这里从略了。D_h 与气隙有关。气隙越大，D_h 越小，并且 D_h 不随频率变化。

四、耗散因数 D 和品质因数 Q

具有叠片铁芯的电感线圈的总耗散因数 D 为三个耗散因数之和，即

$$D = D_c + D_e + D_h = \frac{C}{f} + ef + D_h \tag{6-13}$$

耗散因数的最小值发生在频率为 f_m 处，f_m 的值为

$$f_m = \sqrt{\frac{C}{e}} \tag{6-14}$$

此时
$$D_{\min} = D_h + 2\sqrt{C \cdot e}$$

线圈的品质因数 Q 为耗散因数 D 的倒数。Q 的最大值 $Q_{\max}$ 为

$$Q_{\max} = \frac{1}{D_h + 2\sqrt{C \cdot e}} \tag{6-15}$$

当气隙很小时，D_h 与 C 和 e 相比可以忽略，故

$$Q_{\max} = \frac{1}{2\sqrt{C \cdot e}} \tag{6-16}$$

五、有并联寄生电容的电感线圈

如图 6-3 所示，电感传感器存在一与传感器线圈并联的寄生电容 C，这一电容主要是线圈绕组的固有电容及连接传感器与电子测量设备电缆电容所引起的。对于无并联电容线圈的阻抗为

$$Z = R + j\omega L$$

式中 R 表示所有的线圈及铁芯损耗电阻，对于有并联电容的线圈阻抗为

$$Z_s = \frac{(R + j\omega L)\left(-j\dfrac{1}{\omega C}\right)}{R + j\omega L - j\dfrac{1}{\omega C}} \tag{6-17}$$

$$= \frac{R}{(1 + \omega^2 LC)^2 + \left(\dfrac{\omega^2 LC}{Q}\right)^2} + \frac{j\omega L\left[(1 - \omega^2 LC) - \left(\dfrac{\omega^2 LC}{Q^2}\right)\right]}{(1 - \omega^2 LC)^2 + \left(\dfrac{\omega^2 LC}{Q}\right)^2}$$

当线圈品质因数 $Q = \dfrac{\omega L}{R}$ 较高时，$\dfrac{1}{Q^2} \ll 1$，则上式可以改写为

$$Z_s = \frac{R}{(1 - \omega^2 LC)^2} + \frac{j\omega L}{1 - \omega^2 LC} = R_s + j\omega L_s \tag{6-18}$$

由上式可以看出，当线圈有电容并联时，有效串联损耗电阻及有效电感都增加了，而有效 Q 值减小。

具有并联电容的传感器的有效灵敏度为

$$\frac{dL_s}{L_s} = \frac{1}{1 - \omega^2 LC} \cdot \frac{dL}{L} \tag{6-19}$$

这个结果表明，并联电容后使电感传感器的灵敏度增加，因此必须根据测量设备所用的电缆实际长度对传感器进行校正或者相应地调整总并联电容。

6.1.3 输出特性分析

一、具有铁芯及小气隙的电感式传感器

一个具有铁芯、磁路长度为 l、线圈匝数为 W，线圈横面积为 S、气隙厚度为 δ 的电感线圈的电感 L 已由式（6-7）给出，即

$$L = \frac{\mu W^2 S}{l}$$

其中 μ 是有气隙的铁芯的有效磁导率，其值为

$$\mu = \frac{\mu_s}{1 + (\delta/l)\mu_s}$$

式中 μ_s 为相对磁导率。

对已知线圈

$$L = K \frac{1}{\delta + l/\mu_s} \tag{6-20}$$

式中 $K = SW^2$ 为一常数。

若气隙减小 $\Delta\delta$，则电感增加 ΔL，即

$$L + \Delta L = K \frac{1}{\delta - \Delta\delta + l/\mu_s} \tag{6-21}$$

把 K 值代入上式得

$$1 + \frac{\Delta L}{L} = \frac{\delta + l/\mu_s}{\delta - \Delta\delta + l/\mu_s}$$

电感的相对变化为

$$\frac{\Delta L}{L} = \frac{\Delta\delta}{\delta - \Delta\delta + l/\mu_s} = \frac{\Delta\delta}{\delta} \cdot \frac{1}{1 + (l/\delta\mu_s) - (\Delta\delta/\delta)}$$

$$= \frac{\Delta\delta}{\delta} \cdot \frac{1}{1 + l/\delta\mu_s} \cdot \frac{1}{1 - (\Delta\delta/\delta)[1/(1 + l/\delta\mu_s)]} \tag{6-22}$$

若 $\left| \dfrac{\Delta\delta}{\delta} \cdot \dfrac{1}{1 + l/\delta\mu_s} \right| \ll 1$

则式（6-22）可以展开成

$$\frac{\Delta L}{L} = \frac{\Delta\delta}{\delta} \frac{1}{1 + l/\delta\mu_s} \left[1 + \frac{\Delta\delta}{\delta} \frac{1}{1 + l/\delta\mu_s} + \left(\frac{\Delta\delta}{\delta} \frac{1}{1 + l/\delta\mu_s} \right)^2 + \cdots \right] \tag{6-23}$$

上式中包含一线性项 $\dfrac{\Delta\delta}{\delta} \dfrac{1}{1 + l/\delta\mu_s}$，另外也包含 $\dfrac{\Delta\delta}{\delta} \cdot \dfrac{1}{1 + l/\delta\mu_s}$ 的较高次幂项，它们是非线性项。

同样，若气隙增加，则电感减少，于是有

$$\frac{\Delta L}{L} = \frac{\Delta\delta}{\delta} \frac{1}{1+l/\delta\mu_s}\left[1 - \frac{\Delta\delta}{\delta}\frac{1}{1+l/\delta\mu_s} + \left(\frac{\Delta\delta}{\delta}\frac{1}{1+l/\delta\mu_s}\right)^2 + \cdots\right] \quad (6-24)$$

由式（6-23）和式（6-24）可以看出：若传感器由两个可变电感线圈组成差动的形式（即当一线圈电感增加时另一线圈电感减小），则输出为两者之差，因而灵敏度表示式中的偶次幂项消除，使非线性程度减小。图6-4表示了单个线圈与差动连接时的传感器输出特性。若气隙的变化为极小，则对式（6-20）进行微分得

$$\frac{\mathrm{d}L}{L} = -\frac{\mathrm{d}\delta}{\delta} \cdot \frac{1}{1+l/\delta\mu_s} \quad (6-25)$$

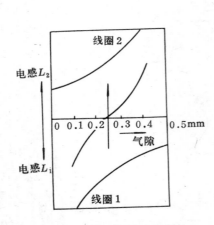

图6-4　差动传感器的输出特性

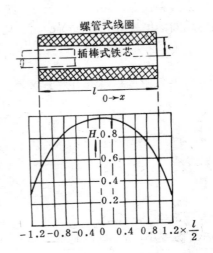

图6-5　螺管式线圈沿轴向的
磁场强度分布曲线

此时得到的是线性的输出特性。

一般可减小 $l/\delta\mu_s$ 来提高这种类型传感器的灵敏度。显然使铁芯长度 l 变短，铁芯材料的相对磁导率 μ_s 尽可能高，就可实现这一目的。

二、螺管式电感传感器

这一类型的电感传感器的工作原理建立在线圈泄漏路径中的磁阻变化的原理上，线圈的电感与铁芯插入线圈的深度有关。这种传感器的精确理论分析比上述闭合磁路中具有小气隙的电感线圈的理论分析要复杂得多。这是由沿着有限长线圈的轴向磁场强度的分布不均匀所引起的。

对于一个有限长线圈，如图6-5所示，其 l（m）为线圈长度，r（m）为线圈的平均半径，W 为线圈匝数，I（A）为线圈的平均电流。则沿着轴向的磁场强度 H（A/m）为

$$H = \frac{IW}{2l}\left[\frac{l+2x}{\sqrt{4r^2+(l+2x)^2}} + \frac{l-2x}{\sqrt{4r^2+(l-2x)^2}}\right] \quad (6-26)$$

图 6-5 还给出了磁场强度的分布曲线。从图中可以看出。在铁芯刚插入或几乎离开线圈时的灵敏度要比铁芯插入线圈一半左右时的灵敏度小得多。另外也可以看出，只有在线圈中段才有希望获得较好的线性关系。此时 H 的变化比较小。

对于差动螺管线圈（见图 6-6）沿轴向的磁场强度由下式给出

$$H = \frac{IW}{2}\left[\frac{l-2x}{\sqrt{4r^2+(l-2x)^2}} - \frac{l+2x}{\sqrt{4r^2+(l+2x)^2}} + \frac{2x}{\sqrt{r^2+x^2}}\right] \quad (6-27)$$

为了获得较好的线性关系，铁芯长度在 $0.6l$ 左右时，铁芯可工作在 H 转折处（零点）。

6.1.4 传感器的信号调节电路

电感传感器的测量电路有效流分压器式、交流电桥式和把传感器作为振荡桥路一个组成元件的谐振式等几种，对于差动式电感传感器通常都采用电桥电路。

图 6-7 为差动电感传感器的电桥电路。电桥由交流电源 $E \sim$ 供电，电源频率约为位移变化频率的十倍。这样能满足对传感器动态响应频率的要求。供桥电源频率高一些，还可以减少传感器受温度变化的影响，并可以提高传感器输出灵敏度，但也增加了由于铁芯损耗和寄生电容带来的影响。

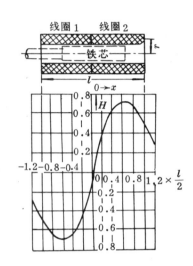

图 6-6　差动螺管线圈沿轴向
磁场分布曲线

电桥的两臂 Z_1 和 Z_2 为传感器线圈的阻抗（为电感 L 和损耗电阻 R_S 的串联）。另两臂各为电源变压器次级线圈的一半（每半边的电势为 $E/2$。电桥对角线上 A、B 两点的电位差为输出电压 U_0。由于 A 点的电位为

$$U_A = \frac{Z_1}{Z_1+Z_2}E$$

B 点的电位为

$$U_B = \frac{E}{2}$$

则 A、B 两点的电位差，即输出电压为

$$U_0 = U_A - U_B = \left(\frac{Z_1}{Z_1+Z_2} - \frac{1}{2}\right)E \quad (6-28)$$

当传感器的铁芯处于中间位置时，即 $Z_1 = Z_2 = Z$（Z 表示铁芯处于中间位置时一个线圈的阻抗），这时 $U_0 = 0$，电桥平衡。

当铁芯向下移动时，上面线圈的阻抗增加，即 $Z_1 = Z + \Delta Z$，而下面线圈的阻抗减小，即 $Z_2 = Z - \Delta Z$。于是由式（6-28）得

$$U_0 = \left(\frac{Z+\Delta Z}{2Z} - \frac{1}{2}\right)E = \frac{\Delta Z}{2Z}E \quad (6-29)$$

上式也可以写成

$$U_0 = \frac{\omega\Delta L}{2\sqrt{R_S^2+(\omega L)^2}}E \quad (6-30)$$

式中 ω 为电源角频率。

反之，当铁芯向上移动同样大小的距离时，$Z_1 = Z - \Delta Z$，$Z_2 = Z + \Delta Z$，把它们代入式（6-28）得

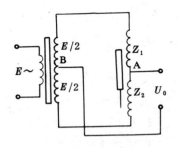

$$U_0 = \left(\frac{Z - \Delta Z}{2Z} - \frac{1}{2} \right) E = -\frac{\Delta Z}{2Z} E \quad (6-31)$$

上式也可以写成

$$U_0 = \frac{-\omega \Delta L}{2\sqrt{R_S^2 + (\omega L)^2}} E \quad (6-32)$$

比较式（6-30）和式（6-32）可以看出两者输出电压大小相等，方向相反，由于 E 是交流电压，所以输出电压 U 在输入到指示器前必须先进行整流、滤波。当使用无相位鉴别的整流器（半波或全波），输出电压特性

图 6-7 差动电感传感器
的电桥电路

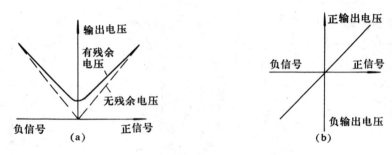

图 6-8 整流器输出特性
（a）无相位鉴别 　　　　（b）有相位鉴别

曲线如图 6-8（a）所示（图中残余电压是由两线圈损耗电阻 R_S 的不平衡所引起的。由于 R_S 与频率有关，因此输入电压中包含有谐波时，往往在输出端出现残余电压）。从图可以看出，对正负信号所得到的电压极性是相同的，因此这种电路不能辨别位移的方向。采用相敏整流器的输出特性如图 6-8（b）所示。图中表示输出电压的极性随位移方向而发生变化。

另一种电感电桥是把传感器的两个线圈作为电桥的两个臂，用两个电阻（或电感、电容）作电桥的另外两个臂。

6.1.5　影响传感器精度的因素分析

影响传感器精度的因素很多，主要分两个方面，一方面是外界工作环境条件的影响，如温度变化、电源电压和频率的波动等；另一方面是传感器本身特性所固有的影响，如线圈电感与衔铁位移之间的非线性、交流零位信号的存在等。这些都会造成测量误差，从而影响传感器的测量精度。

一、电源电压和频率的波动影响

电源电压的波动一般允许为 5% ~ 10%。从式（6-32）可以看出，电源电压波动直接影响传感器的输出电压，同时还会引起传感器铁芯磁感应强度 B 和导磁率 μ 的改变，从而使铁芯磁阻发生变化。因此，铁芯磁感应强度的工作点一定要选在磁化曲线的

线性段，以免在电源电压波动时，B 值进入饱和区而使导磁率发生很大变动。

电源频率的波动一般较小，频率变化会使线圈感抗变化，而严格对称的交流电桥是能够补偿频率波动影响的。

二、温度变化的影响

温度变化会引起零部件尺寸改变，小气隙电感式传感器对于其几何尺寸微小的变化也很敏感。随着气隙的改变，传感器的灵敏度和线性度将发生改变。同时温度变动还会引起线圈电阻和铁芯导磁率的变化。

为了补偿温度变化的影响，在结构设计时要合理选择零件的材料（注意各种材料的膨胀系数之间的配合），在制造和装配工艺上应使差动式传感器的两只线圈的电气参数（电阻、电感、匝数）和几何尺寸尽可能取得一致。这样可以在对称电桥电路中能有效地补偿温度的影响。

三、非线性特性的影响

传感器的线圈电感 L 与气隙厚度 δ 之间为非线性特性，是造成输出特性非线性的主要原因，为了改善特性的非线性，除了采用差动式结构之外，还必须限制衔铁的最大位移量，对于 E 形变气隙厚度 δ 的电感传感器，一般取 $\Delta\delta = (0.1 \sim 0.2)\delta_0$。

四、输出电压与电源电压之间的相位差

输出电压与电源电压之间存在着一定的相移，也就是存在有与电源电压相差 90° 的正交分量，使波形失真。消除或抑制正交分量的方法是采用相敏整流电路，以及传感器应有高 Q 值，一般 Q 值不应低于 $3 \sim 4$。

五、电桥的残余不平衡电压——零位误差

零位信号产生的原因是：

（1）差动式两个电感线圈的电气参数及导磁体的几何尺寸不可能完全对称；

（2）传感器具有铁损即磁芯化曲线的非线性；

（3）电源电压中含有高次谐波；

（4）线圈具有寄生电容，线圈与外壳、铁芯间有分布电容。

零位信号的危害很大，会降低测量精度，削弱分辨力，易使放大器饱和。

减小零位误差的措施是减少电源中的谐波成分，减小电感传感器的激磁电流，使之工作在磁化曲线的线性段。

为了消除电桥的零位不平衡电压，在差动电感电桥的电路中通常再接入两只可调电位器，当电桥有起始不平衡电压时，可以反复调节两只电位器，使电桥达到平衡条件，消除不平衡电压。

6.1.6 电感式传感器的应用

电感式传感器一般用于接触测量，可用于静态和动态测量。它主要用于位移测量，也可以用于振动、压力、荷重、流量、液位等参数测量。图 6-9 为电感测微仪典型框图，除电感式传感器外，还包括测量电桥、交流放大器、相敏检波器、振荡器、稳压电源及显示器等。它主要用于精密微小位移测量。图 6-10 为差动压力传感器。

6.2 差动变压器

差动变压器是电感式传感器的一种，本身是一个变压器。它把被测位移量转换为传

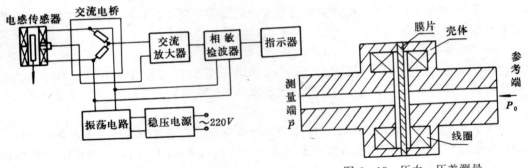

图6-9 电感测微仪典型方框图　　　　　图6-10 压力、压差测量

感器的互感的变化，使次级线圈感应电压也产生相应的变化。由于传感器常常作成差动的形式，所以称为差动变压器。

差动变压器的结构形式较多，应用最广的是螺管形差动变压器。

6.2.1 螺管形差动变压器

一、工作原理

差动变压器如图6-11所示。线圈由初级线圈（一次线圈）P和次级线圈（二次线圈）S_1、S_2组成。线圈中心插入圆柱形铁芯b，其中图（a）为三段形差动变压器，图（b）为两段式差动变压器。

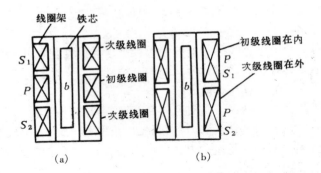

图6-11　差动变压器的结构

(a) 三段形　　　　　　　　　　　　　(b) 三段形

差动变压器的电气联接如图6-12所示。次级线圈S_1和S_2反极性串联。当初级线圈P加上一定的交流电压E_P时，在次级线圈产生感应电压，其大小与铁芯的轴向位移成比例，如图6-13（a）所示。把感应电压E_{S1}和E_{S2}反极性连接便得到输出电压E_S。当铁芯处在中心位置时，$E_{S1} = E_{S2}$，输出电压$E_S = 0$；当铁芯向上运动时，$E_{S1} > E_{S2}$；当铁芯向下运动时，$E_{S1} < E_{S2}$；随着铁芯偏离中心位置，E_S逐渐加大。

铁芯位置从中心向上或向下移动时，输出电压E_S的相位变化为180°，如图6-13（b）所示。实际的差动变压器当铁芯位于中心位置时，输出电压不是零而是E_0，E_0称为零点残余电压。因此实际的差动变压器输出特性如图6-13（a）中的虚线所示，E_0 产生的原因很多，除了差动变压器本身制作上的问题外，导磁体靠近的安装位移、铁芯长度、激磁频率的高低等都会影响 E_0 的大小。零点残余电压的基波相位与 E_S 差 $90°$。另外零点残余电压还有以二次、三次为主的谐波成分。

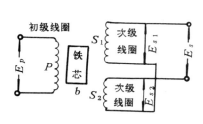

图 6-12 差动变压器的电气连接线路图

二、基本特性

1. 等效电路

为了便于研究差动变压器的灵敏度、温度特性、频率特性等，忽略差动变压器中的涡流损耗、铁损和耦合电容等，得其等效电路如图 6-14 所示。由等效电路图可以看出

$$
\left.
\begin{aligned}
\dot{I} &= \dot{E}_P / (R_P + j\omega L_P) \\
\dot{E}_{S1} &= -j\omega M_1 \dot{I}_P \\
\dot{E}_{S2} &= -j\omega M_2 \dot{I}_P \\
\dot{E}_S &= \frac{-j\omega (M_1 - M_2) \dot{E}_P}{R_P + j\omega L_P}
\end{aligned}
\right\} \quad (6-33)
$$

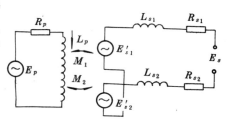

图 6-14 差动变压器的等效电路

式中：L_P，R_P——初级线圈电感与有效电阻； M_1，M_2——互感；

$\dot{E}_P$——激励电压相量； $\dot{E}_S$——输出电压相量；

ω——激励电压的频率。

下面分为三种情况进行讨论。

（1）磁芯处于中间平衡位置时，互感 $M_1 = M_2 = M$，则 $E_S = 0$；

（2）磁芯上升时，$M_1 = M + \Delta M$，$M_2 = M - \Delta M$，

$E_S = 2\omega\Delta M E_P / \sqrt{R_P^2 + (\omega L_P)^2}$，与 E_{S1} 同相；

（3）磁芯下降时，$M_1 = M - \Delta M$，$M_2 = M + \Delta M$，

$E_S = -2\omega\Delta M E_P / \sqrt{R_P^2 + (\omega L_P)^2}$，与 E_{S2} 同相。

输出电压还可写成

$$
E_S = \frac{2\omega M E_P}{\sqrt{R_P^2 + (\omega L_P)^2}} \cdot \frac{\Delta M}{M} = 2 E_{S0} \frac{\Delta M}{M}
$$

— 119 —

式中 E_{S0} 为磁芯处于中间平衡位置时单个次级线圈的感应电压。

2. 灵敏度

差动变压器的灵敏度是指差动变压器在单位电压激磁下，铁芯移动一单位距离时的输出电压，其单位为 V/mm/V。一般差动变压器的灵敏度大于 50mV/mm/V 要提高差动变压器的灵敏度可以通过以下几个途径。

（1）提高线圈的 Q 值，为此可增大差动变压器的尺寸。一般线圈长度为直径的 1.5~2.0 倍为恰当；

（2）选择较高的激磁频率；

（3）增大铁芯直径，使其接近于线圈架内径，但不触及线圈架。两段形差动变压器的铁芯长度为全长的 60%~80%。铁芯采用导磁率高、铁损小、涡流损耗小的材料；

（4）在不使一次线圈过热的条件下尽量提高激磁电压。

3. 频率特性

差动变压器的激磁频率一般从 50Hz 到 10kHz 较为适当。频率太低时差动变压器的灵敏度显著降低，温度误差和频率误差增加。但频率太高，前述的理想差动变压器的假定条件就不能成立。因为随着频率的增加，铁损和耦合电容等的影响也增加了。因此具体应用时，在 400Hz 到 5kHz 的范围内选择。

激磁频率与输出电压有很大的关系。频率的增加引起与副绕组相联系的磁通量的增加，使差动变压器的输出电压增加。另外，频率的增加使初级线圈的电抗也增加，从而使输出信号又有减小的趋势。

由等效电路可求得差动变压器的次级感应电压 E_S 为

$$E_S = j\omega(M_2 - M_1)\frac{E_P}{R_P + j\omega L_P} \qquad (6-34)$$

当负载电阻 R_L 与次级线圈连接，感应电势 E_S 在 R_L 上产生的输出电压 U_0 为

$$U_0 = \frac{R_L}{R_L + R_S + j\omega L_S} \cdot E_S \qquad (6-35)$$

把式（6-35）代入式（6-34）得

$$U_0 = \frac{R_L}{R_L + R_S + j\omega L_S} \cdot \frac{j\omega(M_2 - M_1)}{R_P + j\omega L_P}E_P \qquad (6-36)$$

$$|U_0| = \frac{R_L}{\sqrt{(R_L + R_S)^2 + (\omega L_S)^2}}$$

$$\cdot \frac{\omega(M_2 - M_1)}{\sqrt{R_P^2 + (\omega L_P)^2}} \cdot E_P \qquad (6-37)$$

$$\varphi = \arctan\frac{R_P}{\omega L_P} - \arctan\frac{\omega L_S}{R_L + R_S} \qquad (6-38)$$

输出电压的频率特性如图 6-15（a）所示，如激磁频率为 f_0，那么选择 $f_i < f_0 < f_h$，可使灵敏度最大。同时由于频率变动的影响也小。输出电压相位与输入电压相位基本上一致。

当负载阻抗与差动变压器内阻相比很大时：

$$f_e = \frac{(1 + n^2) R_P}{2\pi L_P} \qquad (6-39)$$

式中 n 为一次线圈与二次线圈的圈数比。

一般 f_0 选择为 $(1 \sim 1.4) f_e$ 较好。

差动变压器的频率特性也随负载阻抗而变化，如图 6-15（b）所示。其中初级电压保持一定。

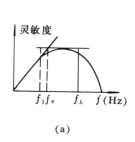

(a)

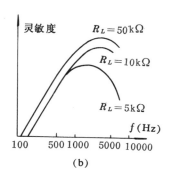

(b)

图 6-15　差动变压器的频率特性曲线

(a) 频率特性　　　　　　　　　　　(b) 负载对频率特性的影响

随着频率的变化，实际上不只是灵敏度而且线性度也要受到影响。如果从希望有良好的线性度出发，对某一激磁频率，必须相应选择适当的铁芯长度。

4. 相位

差动变压器的次级电压对初级电压通常导前几度到几十度的相角。其程度随差动变压器结构和激磁频率的不同而不同。小型、低频的差动变压器导前角大，大型、高频的差动变压器导前角小。

差动变压器电压和电流的相位如图 6-16 所示。初级线圈由于是感抗性的，所以初级电流 $\dot{I}_P$ 对初级电压 $\dot{E}_P$ 滞后 α 角。如果忽略铁损并考虑磁通 Φ 与初级电流 $\dot{I}$ 同相，则次级感应电势 $\dot{E}_S$ 导前 Φ 的相角为 90°，因此 E_S 比 E_P 超前几十度相角。

在负载处取出电压 $\dot{U}_0$，它又滞后 $\dot{E}_S$ 几度。$\dot{U}_0$ 的相角可用式（6-38）求得。相角的大小与频率和负载电阻有关。

实际的差动变压器不能忽略铁损。特别是由于涡流损耗的存在，次级电压要比用式（6-38）计算的结果小一些。

初级电压与次级电压相位一致时的激磁频率应满足

$$f_0 = \frac{1}{2\pi} \sqrt{\frac{R_P (R_L + R_S)}{L_P L_S}} \qquad (6-40)$$

或者

$$R_{L0} = \frac{4\pi^2 f_0^2 L_P L_S}{R_P} - R_S \qquad (6-41)$$

式中：f_0——为使初级电压与次级电压相位一致所使用的激磁频率；

R_{L0}——同上目的所使用的负载电阻。

铁芯通过零点时，在零点两侧次级电压相位角发生 180° 变化，实际相位特性如图 6 – 17 中虚线所示。铁芯位移的变化也会引起次级电压相位的变化。在应用交流自动平衡电路对差动变压器输出电压进行测量时，必须选择伴随铁芯位移相位变化较小的差动变压器。从这一点来说，用两段形差动变压器比用三段形差动变压器更为有利。

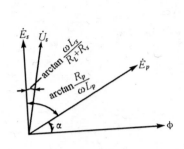

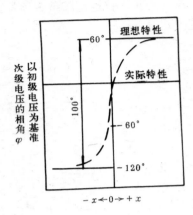

图 6 – 16　相位图　　　　　　　图 6 – 17　零点附近的一次电压相位角变化

5．线性范围

理想的差动变压器次级输出电压应与铁芯位移成线性关系。实际上，由于铁芯的直径、长度、材质的不同和线圈骨架的形状、大小的不同等，均对线性关系有直接的影响，所以一般差动变压器的线性范围约为线圈骨架长度的 1/10 ~ 1/4 。

通常所说的差动变压器的线性度不仅是指铁芯位移与次级电压的关系，还要求次级电压的相位角为一定值。后一点往往比较难满足，考虑到此因素，差动变压器的线性范围约为线圈骨架全长的 1/10 左右。另外，线性度好坏与激磁频率、负载电阻等都有关系。得到最佳线性度的激磁频率随铁芯长度而异。

如果把差动变压器的交流输出电压，用差动整流电路进行整流，能使输出电压线性度得到改善。也可以依靠测量电路来改善差动变压器的线性度和扩展线性范围。

6．温度特性

由于机械结构的膨胀、收缩、测量电路的温度特性等的影响，会造成差动变压器测量精度的下降。

机械部分的热胀冷缩，对差动变压器测量精度的影响可达数微米到十微米左右。如果要把这种影响限制在 $1\mu m$ 以内，则需要把差动变压器在使用环境中放 24 小时以后，才可使用。

在造成温度误差的各项原因中，影响最大的为初级线圈的电阻温度系数。当温度变化时，初级线圈的电阻变化引起初级电流增减，从而造成次级电压随温度而变化。一般铜导线的电阻温度系数约为 ±0.4% /℃。对于小型的差动变压器且在低频场合下使用，其初级线圈阻抗中，线圈电阻所占的比例较大，此时差动变压器的温度系数约为 − 0.3% /℃。对于大型差动变压器且使用频率较高时，其温度系数较小，一般约为（1 − 0.1% ~ 0.05%）/℃。

如果初级线圈的 $Q = \omega L_P / R_P$ 高，则由于温度变化引起次级感应电势 E_S 的变化 ΔE_S 就小。另外由于温度变化，次级线圈的电阻变化，也引起 U_S 变化，但这种影响较小，可以忽略不计。通常铁芯的磁特性、导磁率、铁损、涡流损耗等也随温度一起变化，但与初级线圈电阻所受温度的影响相比可忽略不计。

差动变压器的使用温度通常为 80℃，特别制造的高温型可为 150℃。

6.2.2　差动变压的信号调节电路

差动变压器的测量电路基本上可分成不平衡测量电路和平衡测量电路两大类。

一、不平衡测量电路

1．交流电压测量

这类测量方法包括电压表等仪器来直接测量差动变压器的输出电压。

2．相敏整流电路

相敏整流电路如图 6-18 所示。比较电压 E_k 与差动变压器的输出电压 E_S 具有相同频率。相敏整流电路直流输出特性如图 6-19 所示。铁芯位置从零点向左、右移动，对应输出电压信号为负极性或正极性，即输出电压的极性能反映铁芯位移的方向。

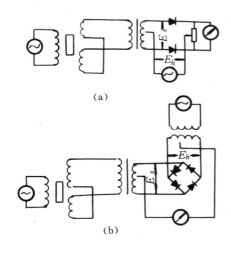

(a)

(b)

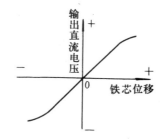

图 6-18　相敏整流电路　　　　图 6-19　相敏整流电路输出特性

这种电路的缺点是 E_k 和 E_S 的相位必须一致；在差动变压器用低频激磁电流的场合，次级电压对初级电压的导前角大，同时 E_k 还必须设置移相电路，使 E_k 和 E_S 的相位一致；在高频激磁的场合，差动变压器的初次级电压相位变化小。但振荡器同时供差动变压器与整流器使用，负载较大。另外比较电压 E_k 必须比 E_S 最大值还大。如果两者大小在同等程度上，则输出线性度变差。

3．差动整流电路

这是一种最常用的电路形式。把差动变压器两个次级电压分别整流后，以它们的差作为输出，这样次级电压的相位和零点残余电压都不必考虑。图 6-20(a)，(b)用在连接低阻抗负载(例如动卷形电流表)的场合，是电流输出形的差动整流电路。图 6-20(c)， (d)用在连接高阻抗负载(例如数字电压表)的场合,是电压输出形的差动整流电路。

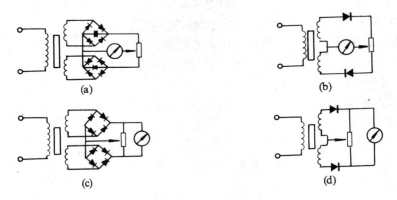

图 6-20 差动整流电路

(a) 半波电流输出   (b) 半波电流输出   (c) 全波电压输出   (d) 半波电压输出

差动整流后输出电压的线性度与不经整流的次级输出电压的线性度相比有些变化。当次级线圈阻抗高、负载电阻小、接入电容器进行滤波时,其输出线性度的变化倾向是铁芯位移大,线性度增加。利用这一特性能够使差动变压器的线性范围得到扩展。

二、平衡测量电路

1. 自动平衡电路

差动变压器与自动平衡电路的组合比较困难。这是因为由相位变化引起的残余电压的补偿较为困难。自动平衡电路由电源、振荡器、放大器组成,其构成原理如图 6-21 所示。由于铁芯移动,使差动变压器 D 输出感应电压。此电压经放大器放大后,使可逆电机 M 带动电位器 R 旋转。M 的旋转方向是使放大器输出端电压趋于零,从而使电路达到新的平衡。

这种电路一般用在需要大型指示器的场合。

2. 力平衡电路

力平衡电路的结构原理如图 6-22 所示。杠杆经常处在某一平衡位置上。差动变压器的线圈固定,铁芯处在零位。当杠杆受外力或位移作用时就绕支点偏转,使差动变压器铁芯产生位移,于是差动变压器输出一信号电压。此电压经放大器放大后,再经整流

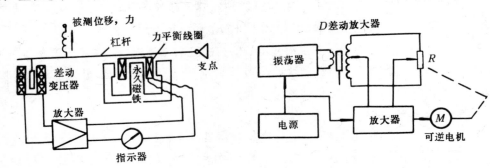

图 6-21 自动平衡电路组合   图 6-22 力平衡电路

便产生一相应的电流。该电流流过力平衡线圈。使力平衡线圈在永久磁铁产生的磁场中受到一作用力。此作用力矩与被测力矩相等时。杠杆稳定在新的位置上。这时流过力平衡线圈的电流与被测力成正比。

三、零位电压的补偿

要减小零位信号,最重要的是使传感器的上下几何尺寸和电气参数严格地相互对称。同时,衔铁或铁芯必须经过热处理,以改善导磁性能,提高磁性能的均匀性和稳定性。

为了使导磁体避开饱和区,铁芯的最大工作磁感应强度应该低于材料磁化曲线 μ_{max} 处对应的 B_m 值,即在磁化曲线的线性段工作。

零位补偿电路有许多种,如图 6−23。最简单的补偿方法是在输出端接一可调电位器 R_0,如图中 (a) 所示。改变电位器电制的位置,可使两只次级线圈的输出电压的大小和相位发生改变,从而使零位电压为最小值。这种方法对零位电压中基波正交分量有显著的补偿效果,但无法补偿谐波分量。如果在输出端再并联一只电容器 C,就可以有效地补偿零位电压的高次谐波分量,如图中 (b) 所示。图中 (c) 与 (d) 两种电路,也有明显补偿效果。但输出端并联上电阻和电容对输出电压的灵敏度和相移有影响。

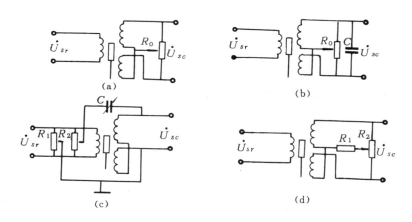

图 6−23　各种补偿零位电压的电路

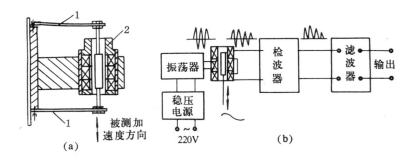

图 6−24　加速度传感器及其测量电路的方框图

(a) 加速度传感器的结构示意图　　(b) 测量电路方框图及测量振动时的波形

(1) 弹性支承　　(2) 差动变压器

6.2.3 差动变压器的应用

差动变压器可以测量位移、加速度、压力、压差、液位等参数。图 6-24 为测量加速度的方框图，图 6-25 为测量液位的原理图。

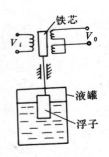

图 6-25 液位测量

6.3 涡流式传感器

成块的金属置于变化着的磁场中，或者在固定磁场中运动时，金属体内就要产生感应电流，这种电流的流线在金属体内是闭合的，所以叫做涡流。

涡流的大小与金属体的电阻率 ρ、导磁率 μ、厚度 t 以及线圈与金属的距离 x，线圈的激磁电流角频率 ω 等参数有关。固定其中的若干参数，就能按涡流的大小测量出另外某一参数。

涡流式传感器的最大特点是可以对一些参数进行非接触的连续测量。其主要应用如表 6-1 所示。

涡流式传感器在金属体内产生的涡流由于存在趋肤效应，因此涡流渗透的深度是与传感器线圈激磁电流的频率有关的。涡流式传感器主要可分为高频反射式涡流传感器和低频透射式涡流传感器两类。高频反射式涡流传感器的应用较为广泛。

表 6-1 涡流式传感器在工业测量中的应用

被 测 参 数	变 换 量	特 征
位移、厚度、振动	x	(1) 非接触，连续测量；(2) 受剩磁的影响。
表面温度、电解质浓度、材质判别、速度（温度）	ρ	(1) 非接触，连续测量；(2) 对温度变化进行补偿。
应力、硬度	μ	(1) 非接触，连续测量；(2) 受剩磁和材质影响。
探伤	x，ρ，μ	可以定量测定。

6.3.1 高频反射式涡流传感器

一、基本原理

如图 6-26 所示，高频信号 i_s 施加于邻近金属一侧的电感线圈 L 上，L 产生的高频电磁场作用于金属板的表面。由于趋肤效应，高频电磁场不能透过具有一定厚度的金属板，而仅作用于表面的薄层内，而金属板表面感应的涡流 i 产生的电磁场又反作用于

线圈 L 上，改变了电感的大小，其变化程度取于线圈 L 的外型尺寸，线圈 L 至金属板之间的距离，金属板材料的电阻率 ρ 和导磁率 μ（ρ 及 μ 均与材料质及温度有关），以及 i_s 的频率等。对非导磁金属（$\mu \approx 1$）而言，若 i_s 及 L 等参数已定，金属板的厚度远大于涡流渗透深时，则表面感应的涡流 i 几乎只取决于线圈 L 至金属板的距离，而与板厚及电阻率的变化无关。

下面用等效电路的方法说明上述结论的实质。

邻近高频电感线圈 L 一侧的金属板表面感应的涡流对 L 的反射作用，可以用图 6

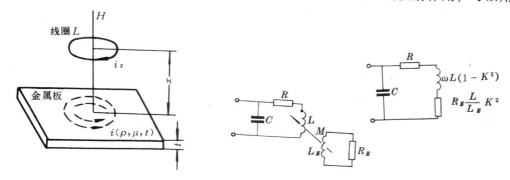

图 6 – 26　涡流的发生　　　　图 6 – 27　邻近金属板的高频电感线圈的等效电路

– 27 所示的等效电路来说明。电感 L_E 与电阻 R_E 分别表示金属板对涡流呈现的电感效应和在金属板上的涡流损耗，用互感系数 M 表示 L_E 与原线圈 L 之间的相互作用，R 为原线圈 L 的损耗电阻，C 为线圈与装置的分布电容。

考虑到涡流的反射作用，L 两端的阻抗 Z_L 可用下式表示

$$Z_L = R + j\omega L + \frac{\omega^2 M^2}{R_E + j\omega L_E}$$

$$= R + j\omega L(1 + K^2) \frac{1}{\dfrac{1}{j\omega L K^2} + \dfrac{L_E}{R_E L K^2}} \tag{6 – 42}$$

式中：ω——信号源的角频率；

$\quad\quad K$——耦合系数，$K^2 = M^2 / (L \cdot L_E)$。

在高频的情况下，可以认为 $R_E \ll \omega L_B$。

计算邻近高频线圈的金属板呈现的电感效应与涡流损耗之间的数量关系，如用理论推导方法是比较困难的，但可以进行估计。

假设一个线径为 $\varphi 1$ 的一匝圆形线圈（线圈直径为 10mm）的电感量 L_E 是 1.6×10^{-6} H。当施于不同频率的高频信号时，其感抗分量 ωL_E 与电阻分量 R_e 的大小如表 6 – 2 所示。从表中可以看出，对铜或铝能够满足 $R_E \ll \omega L_E$ 的条件（$\rho_{铜} = 1.7$ $\mu\Omega\cdot$cm，$\rho_{铝} = 2.9$ $\mu\Omega\cdot$cm）。金属板对涡流呈现的电感效应可以用许多大小不同的电感线圈按一定方式结合起来的总效应来等效，而这一系列电感线圈的感抗与电阻的大小又各自满足表中所示的数量关系。再者，考虑到这一系列线圈彼此之间还存在着互感效应，这就进一步提高了感抗分量的比例。

表 6-2 不同频率时的感抗分量与电阻分量

频率 （MHz）	感抗 ωL_E （Ω）	电阻 R_E （Ω）	
		$\rho = 1\mu\Omega\cdot cm$	$\rho = 100\mu\Omega\cdot cm$
1	0.1	0.002	0.02
10	1.0	0.0063	0.063
100	10.0	0.02	0.2

由于 $R_E \ll \omega L_E$，则式（6-42）可以简化为

$$Z_L = R + R_E \frac{L}{L_E} K^2 + j\omega L (1 - K^2) \qquad (6-43)$$

从上式可知，Z_L 的虚部 $j\omega L$ $(1 - K^2)$ 与金属板的电阻率无关，而仅与耦合系数 K 有关，即仅与线圈至金属板之间的距离有关。也就是说，电阻率的变化不会带来原线圈两端感抗分量的变化。但由于在实际条件下，线圈 L 与金属板之间的耦合程度很弱，即 $K < 1$，并有 $R_E \ll \omega L_E$，因而可以认为式（6-43）在特定条件下（测量信号频率 f 较高，金属板电阻率较小且变化范围不大）存在着以下的关系

$$R_E \frac{L}{L_E} K^2 \ll \omega L (1 - K^2)$$

即与电阻率有关的这一项分量，在 Z_L 中占的比例很小，而式中的 R 是与金属板电阻率无关的一项，因而金属板电阻率的变化对 Z_L 的影响可以忽略，即不会给测量带来误差。

二、传感器的结构

涡流传感器的结构如图 6-28 所示。电感线圈绕一个扁平圆形线圈，粘贴于框架上；也可以在框架上开一条槽，导线绕制在槽内而形成一个线圈。

三、测量电路

高频反射或涡流传感器的测量电路基本上可分为定频测距电路和调频测距电路两类。

图 6-29 即为定频测距的原理线路。图中电感线圈 L，电容 C 是构成传感器的基本电路元件。稳频稳幅正弦波振荡器的输出信号经由电阻 R 加到传感器上。电感线圈 L 感应的高频电磁场作用于金属板表面。由于表面的涡流反射作用，使 L 的电感量降低，并使回路失谐，从而改变了检波电压 U 的大小。这样，按照图示的原理线路，我

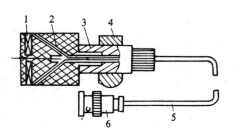

图 6-28 传感器结构
1-线圈 2-框架 3-框架衬套
4-支座 5-电缆 6-插头

们将就 $L \sim x$ 的关系转换成 $U \sim x$ 的关系。通过检波电压 U 的测量，就可以确定距离 x 的大小。这里 $U - x$ 曲线与金属板电阻率的变化无关。

若去掉金属板，则 $L = L_\infty$（即 x 趋于 ∞ 时的 L 值）。如果在保持幅值不变的情况下，改变正弦振荡器的频率，则可以得到 $U \sim f$ 曲线，即传感器回路的并联谐振曲线，如图 6-30 所示。谐振频率为

$$f_0 = \frac{1}{2\pi\sqrt{L_\infty C_{\text{并}}}} \qquad\qquad (6-44)$$

有金属板时,设振荡器的频率为 f_0。若改变金属板与传感器之间的距离 x,则 $U \sim x$ 曲线如图 6-31 所示。当 x 足够大时(此时 $L = L_\infty$, $U = U_\infty$),回路处于并联谐振状态。

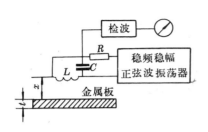

图 6-29 定频测距原理电路

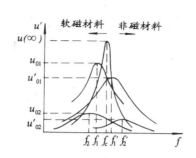

图 6-30 谐振曲线图

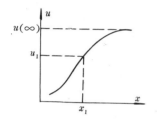

图 6-31 传感器的输出特性曲线

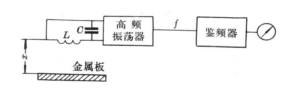

图 6-32 调频测距原理线路

调频电路是把传感器接在一个 LC 振荡器中,如图 6-32 所示。传感器作为其中的电感,当传感器线圈与被测物体间的距离 x 变化时,引起传感器线圈的电感量 L 发生变化,从而使振荡器的频率改变,然后通过鉴频器将频率变化再变成电压输出。

图 6-33 为一调频电路的电路图,从图可以看出,这是一个电容三点式振荡器,把传感器线圈 L_0 接在振荡回路中,其输出为频率变化的电压值。

6.3.2 低频透射式涡流传感器

图 6-34 所示为低频透射式涡流传感器工作原理。发射线圈 L_1 和接收线圈 L_2,分别位于被测材料

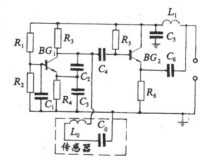

图 6-33 调频电路线路图

M 的上、下方。由振荡器产生的音频电压 u 加到 L_1 的两端后,线圈中即流过一个同频的交变电流,并在其周围产生一交变磁场。如果两线圈间不存在被测材料 M,L_1 的磁场就能直接贯穿 L_2,于是 L_2 的两端会生成出一交变电势 E。

在 L_1 与 L_2 之间放置一金属板 M 后,L_1 产生的磁力线必然切割 M(M 可以看做是一匝短路线圈),并在 M 中产生涡流 i。这个涡流损耗了部分磁场能量,使到达 L_2

的磁力线减少，从而引起 E 的下降。M 的厚度 t 越大，涡流损耗也越大，E 就越小。由此可知，E 的大小间接反映了 M 的厚度 t，这就是测厚的依据。

M 中的涡流 i 的大小不仅取决于 t，且与 M 的电阻率 ρ 有关。而 ρ 又与金属材料的化学成分和物理状态特别是与温度有关，于是引起相应的测试误差，并限制了这种传感器的应用范围。补救的办法是对不同化学成分的材料分别进行校正，并要求被测材料温度恒定。

进一步的理论分析和实验结果证明，E 与 $e^{-t/Q_渗}$ 成正比，其中 t 为被测材料的厚度，$Q_渗$ 为涡流渗透深度。而 $Q_渗$ 又与 $\sqrt{\rho/f}$ 成正比，其中 ρ 为被测材料的电阻率，f 为交变电磁场的频率，所以接受线圈的电势 E 随被测材料厚度 t 的增大而按负指数幂的规律减少，如图 6-35 所示。

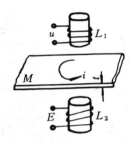
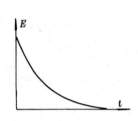

图 6-34　透射式涡流传感器原理图　　　　图 6-35　线圈感应电势与厚度关系曲线

对于确定的被测材料，其电阻率为定值，但当选用不同的测试频率 f 时，渗透深度 $Q_渗$ 的值是不同的，从而使 $E \sim t$ 曲线的形状发生变化。

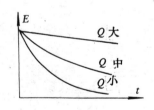

从图 6-36 中可看到，在 t 较小的情况下，$Q_小$ 曲线的斜率大于 $Q_大$ 曲线的斜率；而在 t 较大的情况下，$Q_大$ 曲线的斜率大于 $Q_小$ 曲线的斜率。所以，测量薄板时应选较高的频率，而测量厚材时，应选较低的频率。

对于一定的测试频率 f，当被测材料的电阻率 ρ 不同时，渗透深度 $Q_渗$ 的值也不相同，于是又引起 $E = f(t)$ 曲线形状的变化，为使测量不同 ρ 的材料时所得到的曲线形状相近，就需在 ρ 变动时保持 Q 不变，这时应该相应地改变 f，即测 ρ 较小的材料（如紫铜）时，选

图 6-36　渗透深度对 $E = f(t)$ 曲线的影响

用较低的 f（500Hz）而测 ρ 较大的材料（如黄铜、铝）时，则选用较高的 f（2KHz），从而保证传感器在测量不同材料时的线性度和灵敏度。

6.3.3　涡流式传感器的应用

涡流式传感器主要用于位移、振动、转速、距离、厚度等参数的测量。它可以实现非接触测量。

一、涡流位移计

涡流传感器测量位移的范围为 $0 \sim 5mm$ 左右，分辨力可达测量范围的 0.1%，例如

可测汽轮机立轴的轴向位移，金属试样的热膨胀系数等。

二、振幅计

涡流传感器可以无接触地测量机械振动。监视涡轮叶片的振幅，测量范围从几十微米到几毫米，频率特性从零到几十赫以内比较平坦。

在研究轴的振动时常需要了解轴的振动形状，这时可用多只涡流传感器并排布置在轴附近，如图 6 - 37（a）所示。

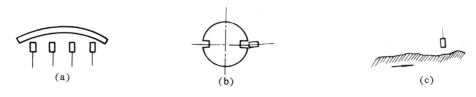

(a)   (b)   (c)

图 6 - 37   涡流传感器的应用

(a) 测量轴的振形   (b) 转速计   (c) 测量尺寸

三、涡流转速计

在测量轴的转速时，在轴的一端装上齿轮盘或在轴上开一条或数条槽，如图 6 - 37（b)所示，传感器置于齿轮盘的齿顶。当轴转动时，涡流传感器将产生脉冲信号输出。

四、涡流探伤仪

涡流探伤仪是一种无损检验装置，用于探测金属材料的表面裂纹、热处理裂纹以及焊缝裂纹。测试时，传感器与被测物体距离保持不变，遇有裂纹时，金属的电导率、磁导率发生变化，裂缝处也有位移量的改变，结果使传感器的输出信号也发生变化。

第七章 压电式传感器

7.1 压电式传感器的工作原理

7.1.1 压电效应

压电式传感器的工作原理是以某些物质的压电效应为基础的。这些物质在沿一定方向受到压力或拉力作用而发生变形时，其表面上会产生电荷；若将外力去掉时，它们又重新回到不带电的状态，这种现象就称为压电效应。而具有这种压电效应的物体称为压电材料或压电元件。常见的压电材料有石英、钛酸钡、锆钛酸铅等。

图 7－1 所示为天然结构的石英晶体，它是个六角形晶柱。在直角坐标系中，z 轴表示其纵向轴，称为光轴；x 轴平行于正六面体的棱线，称为电轴；y 轴垂直于正六面体棱面，称为机械轴。通常把沿电轴（x 轴）方向的力作用下产生电荷的压电效应称为"纵向压电效应"；而把沿机械轴（y 轴）方向的力作用下产生电荷的压电效应称为"横向压电效应"在光轴（z 轴）方向受力时则不产生压电效应。

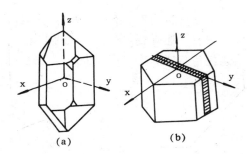

图 7－1 石英晶体

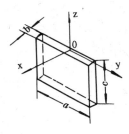

图 7－2 石英晶体切片

从晶体上沿轴线切下的薄片称为晶体切片，图 7－2 即为石英晶体切片的示意图。在每一切片中，当沿电轴方向加作用力 F_x 时，则在与电轴垂直的平面上产生电荷 Q_x，它的大小为

$$Q_x = d_{11} \cdot F_x \qquad (7-1)$$

式中 d_{11} 为压电系数（C/g 或 C/N）。

电荷 Q_x 的符号视 F_x 是受压还是受拉而决定。从式（7－1）中可以看出。切片上产生的电荷多少与切片的几何尺寸无关。

如果在同一切片上作用的力是沿着机械轴（y 轴）方向的。其电荷仍在与 x 轴垂直的平面上出现。而极性方向相反，此时电荷的大小为

$$Q_y = d_{12} \frac{a}{b} F_y = -d_{11} \frac{a}{b} F_y \qquad (7-2)$$

式中：a，b——晶体切片的长度和厚度；

　　　　d_{12}——y 轴方向受力时的压电系数，石英轴对称，$d_{12} = -d_{11}$。

从式（7－2）中可见，沿机械轴方向的力作用在晶体上时产生的电荷与晶体切片的尺寸有关。式中的负号说明沿 y 轴的压力所引起的电荷极性与沿 x 轴的压力所引起的电荷极性是相反的。

根据上面所讲，晶体切片上电荷的符号与受力方向的关系可用图 7－3 表示，图（a）是在 x 轴方向受压力，（b）是在 x 轴方向受拉力，（c）是在 y 轴方向受压力，（d）是在 y 轴方向受拉力。

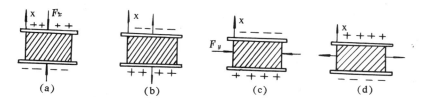

图 7－3　晶体切片上电荷符号与受力方向的关系

在片状压电材料的两个电极面上，如果加以交流电压，那么压电片能产生机械振动，即压电片在电极方向上有伸缩的现象。压电材料的这种现象称为"电致伸缩效应"，也叫做"逆压电效应"。

下面以石英晶体为例来说明压电晶体是怎样产生压电效应的。石英晶体的分子式为 SiO_2，如图 7－4（a）所示。硅原子带有 4 个正电荷，而氧原子带有 2 个负电荷，正负电荷是互相平衡的，所以外部没有带电现象。

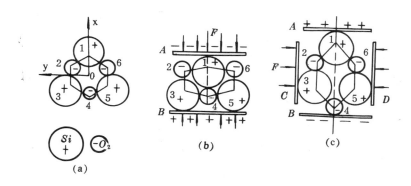

图 7－4　石英晶体的压电效应

如果在 x 轴方向压缩，如图 7－4（b）所示，则硅离子 1 就挤入氧离子 2 和 6 之间，而氧离子 4 就挤入硅离子 3 和 5 之间。结果在表面 A 上呈现负电荷、而在 B 表面呈现正电荷。如果所受的力为拉伸，则硅离子 1 和氧离子 4 向外移，在表面 A 和 B 上的电荷符号就与前者正好相反。如果沿 y 轴方向上压缩，如图 7－4（c）所示，硅离子 3 和氧离子 2 以及硅离子 5 和氧离子 6 都向内移动同一数值，故在电极 C 和 D 上仍不呈现电荷，而由于相对把硅离子 1 和氧离子 4 向外挤，则在 A 和 B 表面上分别呈现正电荷与负电荷。若受拉力，则在表面 A 和 B 上电荷符号与前者相反。在 z 轴方向受力时，由于硅离和氧离子是对称平移，故在表面上没有电荷呈现，因而没有压电效应。

7.1.2 压电常数和表面电荷的计算

压电元件在受到力作用时，就在相应的表面上产生表面电荷。其计算公式如下

$$q = d_{ij}\sigma \tag{7-3}$$

式中：q——电荷的表面密度，单位为（C/cm^2）；

　　　σ——单位面积上的作用力，单位为（N/cm^2）；

　　　d_{ij}——压电常数，单位为〔C/N〕。

压电常数有两个下角注，其中第一个角注 i 表示晶体的极化方向。当产生电荷的表面垂直于 x 轴（y 轴或 z 轴）时，记作 $i=1$（或 2 或 3）。第二个下角注 $j=1$ 或 2，3，4，5，6，分别表示在沿 x 轴、y 轴、z 轴方向作用的单向应力和在垂直于 x 轴、y 轴、z 轴的平面内（即 yz 平面、zx 平面、xy 平面）作用的剪切力。单向应力的符号规定拉应力为正而压应力为负；剪切力的正号规定为自旋转轴的正向看去使其Ⅰ、Ⅱ象限的对角线伸长。

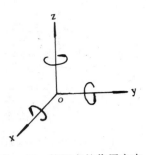

图7-5　剪切力的作用方向

当晶体在任意受力状态下所产生的表面电荷密度可由下列方程组决定

$$\begin{cases} q_{xx} = d_{11}\sigma_{xx} + d_{12}\sigma_{yy} + d_{13}\sigma_{zz} + d_{14}\tau_{yz} + d_{15}\tau_{zx} + d_{16}\tau_{xy} \\ q_{yy} = d_{21}\sigma_{xx} + d_{22}\sigma_{yy} + d_{23}\sigma_{zz} + d_{24}\tau_{yz} + d_{25}\tau_{zx} + d_{26}\tau_{xy} \\ q_{zz} = d_{31}\sigma_{xx} + d_{32}\sigma_{yy} + d_{33}\sigma_{zz} + d_{34}\tau_{yz} + d_{35}\tau_{zx} + d_{36}\tau_{xy} \end{cases} \tag{7-5}$$

式中 q_{xx}、q_{yy}、q_{zz} 分别表示在垂直于 x 轴、y 轴和 z 轴的表面上产生的电荷密度；σ_{xx}、σ_{yy}、σ_{zz} 分别表示沿 x 轴、y 轴和 z 轴方向作用的拉或压应力；τ_{yz}、τ_{zx}、τ_{xy} 分别表示在 yz 平面、zx 平面和 xy 平面内作用的剪应力。

这样，压电材料的压电特性可以用它在压电常数矩阵表示如下：

$$\begin{bmatrix} d_{11} & d_{12} & d_{13} & d_{14} & d_{15} & d_{16} \\ d_{21} & d_{22} & d_{23} & d_{24} & d_{25} & d_{26} \\ d_{31} & d_{32} & d_{33} & d_{34} & d_{35} & d_{36} \end{bmatrix} \tag{7-6}$$

对石英晶体，其压电常数矩阵为

$$\begin{bmatrix} d_{11} & d_{12} & 0 & d_{14} & 0 & 0 \\ 0 & 0 & 0 & 0 & d_{25} & d_{26} \\ 0 & 0 & 0 & 0 & 0 & 0 \end{bmatrix} \tag{7-7}$$

矩阵中第三行全部元素为零，且 $d_{13} = d_{23} = d_{33} = 0$，说明石英晶体在沿 z 轴方向受力作用时，并不存在压电效应。同时，由于晶格的对称性，有

$$\begin{cases} d_{12} = -d_{11} \\ d_{25} = -d_{14} \\ d_{26} = -2d_{11} \end{cases} \tag{7-8}$$

所以实际上只有 d_{11} 和 d_{14} 两个常数才是有意义的。

对沿 z 轴方向极化的钛酸钡陶瓷的压电常数矩阵，有

$$\begin{bmatrix} 0 & 0 & 0 & 0 & d_{15} & 0 \\ 0 & 0 & 0 & d_{24} & 0 & 0 \\ d_{31} & d_{32} & d_{33} & 0 & 0 & 0 \end{bmatrix} \qquad (7-9)$$

由压电常数矩阵还可以看出，对能量转换有意义的石英晶体变形方式有以下五种：

（1）厚度变形（简称为 TE 方式），如图 7-6（a）所示。这种变形方式利用石英晶体的纵向压电效应，产生的表面电荷密度或表面电荷以下式计算：

$$q_{xx} = d_{11} \sigma_{xx} \text{ 或 } Q_{xx} = d_{11} F_{xx} \qquad (7-10)$$

（2）长度变形（简称 LE 方式）。如图 7-6（b）所示，利用石英晶体的横向压电效应，计算公式为

$$q_{xx} = d_{12} \sigma_{yy} \text{ 或 } Q_{xx} = d_{12} F_{yy} \frac{S_{xx}}{S_{yy}} \qquad (7-11)$$

式中：S_{xx}——压电元件垂直于 x 轴的表面积；

$\quad\quad S_{yy}$——压电元件垂直于 y 轴的表面积。

（3）面剪切变形（简称 FS 方式）。如图 7-6（d）所示。计算公式为

$$q_{xx} = d_{14} \tau_{yz} \text{（对于 } x \text{ 切晶片）} \qquad (7-12)$$

$$q_{yy} = d_{25} \tau_{zx} \quad \text{（对于 } y \text{ 切晶片）} \qquad (7-13)$$

（4）厚度剪切变形（简称 TS 方式）。如图 7-6（c）所示。计算公式为

$$q_{yy} = d_{26} \tau_{xy} \text{（对于 } y \text{ 切晶片）} \qquad (7-14)$$

（5）弯曲变形（简称 BS 方式）。弯曲变形不是基本的变形方式，而是拉、压应力和剪切应力共同作用的结果。应根据具体的晶体切割及弯曲情况选择合适的压电常数进行计算。

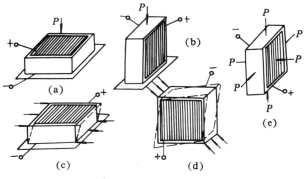

图 7-6　压电元件的受力状态和变形方式

（a）厚度变形　　（b）长度变形　　（c）厚度剪切变形　　（d）面剪切变形　　（e）体积变形

对钛酸钡陶瓷，除长度变形方式（利用压电常数 d_{31}）和厚度变形方式（利用压电常数 d_{33}）以及面剪切变形方式（利用压电常数 d_{15}）外，还有体积变形方式（简称 VE 方式）可资利用，如图 7-6（e）所示。此时产生的表面电荷按下式计算：

$$q_{zz} = d_{31}\sigma_{xx} + d_{32}\sigma_{yy} + d_{33}\sigma_{xz} \qquad (7-15)$$

由于此时 $\sigma_{xx} = \sigma_{yy} = \sigma_{zz} = \sigma$，同时对钛酸钡压电陶瓷有 $d_{31} = d_{32}$，所以

$$q_{zz} = (2d_{31} + d_{33})\sigma = d_h\sigma \qquad (7-16)$$

式中 $d_h = 2d_{31} + d_{33}$ 为体积压缩的压电常数。这种变形方式可用来进行液体或气体压力的测量。

7.2 压电材料

选用压电材料应考虑以下几方面：

（1）转换性能：具有较大的压电常数；

（2）机械性能：压电元件作为受力元件，希望它的强度高、刚度大，以期获得宽的线性范围和高的固有振动频率；

（3）电性能：希望具有高的电阻率和大的介电常数，以期减弱外部分布电容的影响并获得良好的低频特性；

（4）温度和湿度稳定性要好，具有较高的居里点，以期得到较宽的工作温度范围；

（5）时间稳定性：压电特性不随时间蜕变。

压电材料可以分为两大类，即压电晶体与压电陶瓷，前者是单晶体，后者为多晶体。

7.2.1 压电晶体

（1）石英。它是一种天然晶体，现在已有高化学纯度和结构完善的人工合成的石英晶体，压电系数 $d_{11} = 2.31 \times 10^{-12}\,C/N$。在几百度的温度范围内，压电系数不随温度而变。

（2）水溶性压电晶体。属于单斜晶系的有酒石酸钾钠（$NaKC_4H_4O_6 - 4H_2O$），酒石酸乙烯二铵（$C_6H_4N_2O_6$，简称 EDT），酒石酸二钾（$K_2C_2H_4O_6 \cdot \frac{1}{2}H_2O$，简称 DKT），硫酸锂（$Li_2SO_4 \cdot H_2O$）。

属于正方晶系的有磷酸二氢钾（KH_2PO_4，简称 KDP），磷酸二氢氨（$NH_4H_2PO_4$，简称 ADP），砷酸二氢钾（KH_2ASO_4，简称 KDA），砷酸二氢氨（$NH_2H_2ASO_4$，简称 ADA）。

7.2.2 压电陶瓷

常见压电陶瓷有以下几种：

（1）钛酸钡（$BaTiO_3$）压电陶瓷。具有比较高的压电系数（$d_{33} = 107 \times 10^{-12}\,C/N$）和介电常数，机械强度不及石英。

（2）锆钛酸铅 $Pb(Zr \cdot Tr)O_3$ 系压电陶瓷（PZT）。压电系数较高（$d_{33} = (200 \sim 500) \times 10^{-12}\,C/N$），各项机电参数随温度、时间等外界条件的变化小，在锆钛酸铅的基方中添加一二种微量元素，如 La，Nb，Sb，Sn，Mn，W 等，可以获得不同性能的 PZT 材料。

（3）铌酸盐系压电陶瓷。这一系中是以铁电体铌酸钾（$KNbO_3$）和铌酸铅（$PbNb_2O_3$）为基础的。铌酸铅的介电常数低。在铌酸铅中用钡或锶替代一部分铅，可引起性能的根本变化，从而得到具有较高机械品质因素 Q_m 的铌酸盐压电陶瓷。铌酸钾是通过热压过程制成的，特点是适用于作 10～40MHz 的高频换能器。

（4）铌镁酸铅 $Pb\left(Mg_{\frac{1}{3}}Nb_{\frac{2}{3}}\right)O_3 - PbTiO_3 - PbZrO_3$ 压电陶瓷（PMN）。具有较高的压电系数（$d_{33} = 800 \sim 900 \times 10^{-12}$ C/N），在压力大至 $700kg/cm^2$ 时仍能继续工作，可作为高温下的力传感器。

压电陶瓷是人工制造的多晶体，它的压电机理与压电晶体不同。如钛酸钡，它的晶

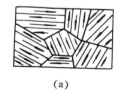 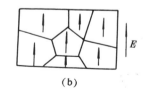 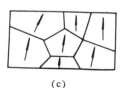

图 7-7 压电陶瓷的极化

（a）未极化的陶瓷　　　（b）正在极化的陶瓷　　　（c）极化后的陶瓷

粒内有许多自发极化的电畴。在极化处理以前，各晶粒内的电畴按任意方向排列，自发极化作用相互抵消，陶瓷内极化强度为零，如图 7-7（a）所示。当陶瓷上施加外电场 E 时，电畴自发极化方向转到与外加电场方向一致，如图 7-7（b）所示（为了简单起见，图中将极化后的晶粒画成单畴，实际上极化后的晶粒往往不是单畴），既然进行了极化，此时压电陶瓷具有一定极化强度。当电场撤消以后，各电畴的自发极化在一定程度上按原外加电场方向取向，陶瓷内极化强度不再为零，如图 7-7（c）所示。这种极化强度，称为剩余极化强度。这样在陶瓷片极化的两端就出现束缚电荷，一端为正电荷，另一端为负是荷，如图 7-8 所示。由于束缚电荷的作用，在陶瓷片的电极表面上很快吸附了一层来自外界的自由电荷。这些自由电荷与陶瓷片内的束缚电荷符号相反而数值相等，它起着屏蔽和抵消陶瓷片内极化强度对外的作用，因此陶瓷片对外不表现极性。如果在压电陶瓷片上加一个与极化方向平行的外力，陶瓷片将产生压缩变形，片内的正、负束缚电荷之间距离变小，电畴发生偏转，极化强度也变小，因此，原来吸附在极板上的自由电荷，有一部分被释放而出现放电现象。当压力撤消后，陶瓷片恢复原状，片内的正、负电荷之间的距离变大，极化强度也

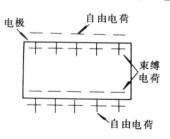

图 7-8 压电陶瓷片内的束缚电荷与电极上吸附的自由电荷示意图

变大、因此电极上又吸附一部分自由电荷而出现充电现象。这种由于机械效应转变为电效应，或者说由机械能转变为电能的现象，就是压电陶瓷的正压电效应。放电电荷的多少与外力的大小成比例关系，即

$$Q = d_{33} \cdot F \qquad (7-17)$$

式中：Q——电荷量；　　d_{33}——压电陶瓷的压电系数；　　F——作用力。

应该注意，刚刚极化后的压电陶瓷的特性是不稳定的，经过两三个月以后，压电常数才近似保持为一定常数。经过二年以后，压电常数又会下降，所以做成的传感器要经常校准。另外，压电陶瓷也存在逆压电效应。

表 7-1 和 7-2 给出石英和压电陶瓷的部分特性参数，以供参考。

表 7 - 1　石英的部分特性参数

压 电 常 数

符　号	d_{11}	d_{14}	g_{11}	g_{14}	h_{11}	h_{14}	参考温度
单　位	10^{-12} C/N		m^2/C		10^9 N/C		
数　值	2.31	0.727	0.0578	0.0182	4.36	1.04	20℃
	2.3	0.67					室温

压 电 温 度 系 数

符　号	Td_{11}	Td_{14}	AT
数　值	-2.15×10^{-6}/℃	12.9×10^{-6}/℃	$15 \sim 45$℃

弹 性 系 数　[10^9 N/m^2]

符　号	C_{11}	C_{33}	C_{12}	C_{13}	C_{55}	C_{66}	C_{15}	参考温度
数　值	86.05	107.1	4.85	10.45	58.65	40.6	18.25	25℃

弹性温度系数　[10^{-6}/℃]

符　号	$T_{c_{11}}^{(1)}$	$T_{c_{33}}^{(1)}$	$T_{c_{12}}^{(1)}$	$T_{c_{13}}^{(1)}$	$T_{c_{55}}^{(1)}$	$T_{c_{66}}^{(1)}$	$T_{c_{14}}^{(1)}$
数　值	-46.5	-205	-3300	-700	-166	164	90

相对介电常数和温度系数

符　号	ε_{11}^T	ε_{33}^T	$T_{\varepsilon_{11}}$	$T_{\varepsilon_{33}}$
数　值	4.520	4.640	0.28×10^{-6}/℃	0.39×10^{-6}/℃

线 膨 胀 系 数

符　号	$\alpha_1^{(1)} = \alpha_2^{(1)}$	$\alpha_3^{(1)}$	参考温度
数　值	13.71	7.48	25℃

表 7 - 2　PZT 系和 PMN 压电陶瓷的特性参数

		PZT - 4	PZT - 5	PZT - 8	PMN
压电常数（pC/N）	d_{31}	-100	-180	-100	-230
	d_{33}	230	600	210	(~700)
	d_{15}	~500	~750	~330	-
相对介电系数 ε_{33}^T		1000	2100	1000	2500
密度（10^3 kgm^3）		7.6	7.5	7.6	7.6
居里温度（℃）		330	270	310	260
机械品质因数		600 ~ 800	80	1000	80 ~ 90

	PZT – 4	PZT – 5	PZT – 8	PMN
弹性系数 C_{33}^E	11.5×10^{10}	11.7×10^{10}	12.3×10^{10}	
静抗拉强（$\times 10^8\,\mathrm{N/m^2}$）	0.76	0.76	0.83	
额定动抗拉强度（$\times 10^8\,\mathrm{N/m^2}$）	0.41	0.28	0.48	
热释电系数（pC/m·g·℃）	3.7	4.0		
体积电阻率（Ω·m）	$> 10^{10}$	$> 10^{11}$		
每十倍时间的老化率 $K_p\%$	– 2.3	– 0.35	– 2.0	

7.3 压电式传感器的等效电路

当压电片受力时在电极一个极板上聚集正电荷，另一个极板上聚集负电荷。这两种电荷量相等，如图 7 – 9（a）所示。两极板间聚集电荷，中间为绝缘体，使它成为一个电容器，如图 7 – 9（b）所示。其电容量为

$$Ca = \frac{\varepsilon s}{h} = \frac{\varepsilon_r \varepsilon_0 s}{h} \tag{7 – 18}$$

式中：s——极板面积； h——压电片厚度； ε——介质介电常数；

ε_0——空气介电常数。其值为 $8.86 \times 10^{-4}\,\mathrm{F/cm}$;

ε_r——压电材料的相对介电常数，随材料不同而变。

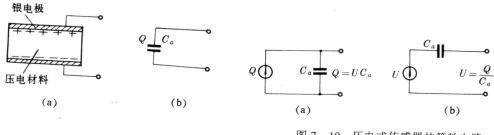

图 7 – 9 等效电路

图 7 – 10 压电式传感器的等效电路

（a）电荷等效电路   （b）电压等效电路

两极板间电压为

$$U = \frac{Q}{C_a} \tag{7 – 19}$$

所以可以把压电式传感器等效成为一个电源 $U = Q/C_a$ 和一个电容 C_a 的串联电路，如图 7 – 10（b）所示。由图可见，只有在外电路负载无穷大，内部也无漏电时，受力所产生的电压 U 才能长期保存下来，如果负载不是无穷大，则电路就要以时间常数 $R_L G_a$ 按指数规律放电。压电式传感器也可以等效为一个电荷源与一个电容并联的电路，如图 7 – 10（a）所示。

为此在测量一个变化频率很低的参数时，就必须保证负载 R_L 具有很大的数值，从

而保证有很大的时间常数 $R_L G_a$，使漏电造成的电压降很小，不致造成显著误差，这时 R_L 常要达到数百兆欧以上。

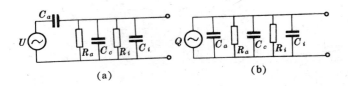

图 7-11　放大器输入端等效电路

如果把压电式传感器与测量仪表连在一起时，还应考虑到连接电缆的等效电容 C_c。如果放大器的输入电阻为 R_i，输入电容为 C_i，那么完整的等效电路如图 7-11 所示。图 (a) 为压电式传感器以电压灵敏度表示时的等效电路。即把传感器等效电路再并以 C_c，R_i 和 C_{ij}，而图 (b) 是传感器以电荷灵敏度表示的等效电路，两者的意义是一样的，只是表示的方式不同。图中 C_a 是传感器的电容，R_a 是传感器的漏电阻。

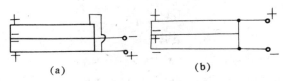

图 7-12　两个压电片的联接方式

在压电式传感器中，压电材料一般不用一片，而常常采用两片 (或是两片以上) 粘结在一起。由于压电材料的电荷是有极性的，因此接法也有两种，如图 7-12 所示。图 (a) 所示接法叫做"并联"，其输出电容 C' 为单片电容的两倍，但输出电压 U' 等于单片电压 U，极板上的电荷量 Q' 为单片电荷量 Q 的两倍，即

$$Q' = 2Q, U' = U, C' = 2C$$

图 7-12(b) 所示接法称为两压电片的"串联"。从图中可知，输出的总电荷 Q' 等于单片电荷 Q，而输出电压 U' 为单片电压 U 的两倍，总电容 C' 为单片电容 C 的一半，即

$$Q' = Q, U' = 2U, C' = \frac{C}{2}$$

在这两种接法中，并联接法输出电荷大、本身电容大、时间常数大，适宜用在测量慢变信号并且以电荷作为输出量的地方，而串联接法输出电压大，本身电容小，适宜用于以电压作输出信号，并且测量电路输入阻抗很高的地方。

7.4　压电式传感器的信号调节电路

压电式传感器要求负载电阻 R_L 必须有很大的数值，才能使测量误差小到一定数值以内。因此常在压电式传感器输出端后面，先接入一个高输入阻抗的前置放大器，然后再接一般的放大电路及其他电路。压电式传感器的测量电路关键在于高阻抗的前置放大器。

前置放大器有两个作用，第一是把压电式传感器的微弱信号放大；第二是把传感器

的高阻抗输出变换为低阻抗输出。

压电式传感器的输出可以是电压，也可以是电荷。因此，它的前置放大器也有电压和电荷型两种形式。

7.4.1 电压放大器（阻抗变换器）

一般来说，压电式传感器的绝缘电阻 $R_a \geq 10^{10}\Omega$，因此传感器可近似看为开路。当传感器与测量仪器连接后，在测量回路中就应当考虑电缆电容和前置放大器的输入电容、输入电阻对传感器的影响。为了尽可能保持压电式传感器的输出值不变，要求前置放大器的输入电阻要尽量高，一般最低在 $10^{11}\Omega$ 以上。这样才能减小由于漏电造成的电压（或电荷）的损失，不致引起过大的测量误差。

下面用传感器、电缆和前置放大器的等效电路(见图 7－13)来讨论它们之间的关系。

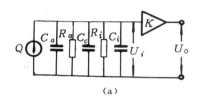
(a)

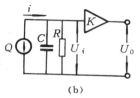
(b)

图 7－13　等效电路

(a) 传感器与电压前置放大器连接的等效电路　　(b) 图（a）的简化电路

图 7－13 中，等效电阻 R 为

$$R = \frac{R_a R_i}{R_a + R_i} \tag{7-20}$$

等效电容 C 为

$$C = C_a + C_c + C_i \tag{7-21}$$

式中：R_a——传感器绝缘电阻；

$\quad\quad R_i$——前置放大器输入电阻；

$\quad\quad C_a$——传感器内部电容；

$\quad\quad C_c$——电缆电容；

$\quad\quad C_i$——前置放大器输入电容。

由等效电路可知，前置放大器的输入电压 $\dot{U}_i$ 为

$$\dot{U}_i = \dot{I}\frac{R}{1 + j\omega RC} \tag{7-22}$$

假设作用在压电元件上的力为 F，其幅值为 F_m，角频率为 ω。即

$$F = F_m \sin\omega t$$

若压电元件的压电系数为 d，则在力 F 的作用下，产生的电荷 Q 为

$$Q = dF \tag{7-23}$$

因此

$$i = \frac{dQ}{dt} = \omega dF_m \cos\omega t \qquad (7-24)$$

将上式写成复数形式为

$$\dot{I} = j\omega d \cdot \dot{F} \qquad (7-25)$$

将式（7-25）代入式（7-22）得

$$\dot{U}_i = d\dot{F}\frac{j\omega R}{1 + j\omega RC} \qquad (7-26)$$

因此，前置放大器的输入电压的幅值 U_{im} 为

$$U_{im} = \frac{dF_m \omega R}{\sqrt{1 + (\omega R)^2(C_a + C_c + C_i)^2}} \qquad (7-27)$$

输入电压与作用力之间的相位差 φ 为

$$\varphi = \frac{\pi}{2} - \tan^{-1}\omega(C_a + C_c + C_i)R \qquad (7-28)$$

在理想情况下，传感器的绝缘电阻 R_a 和前置放大器的输入电阻 R_i 都为无限大，也就是电荷没有泄漏。那末，由式（7-27）可知，前置放大器的输入电压（即传感器的开路电压）的幅值 U_{am} 为

$$U_{am} = \frac{dF}{C_a + C_c + C_i} \qquad (7-29)$$

它与实际输入电压 U_{im} 之幅值比为

$$\frac{U_{im}}{U_{am}} = \frac{\omega R(C_a + C_c + C_i)}{\sqrt{1 + (\omega R)^2(C_a + C_c + C_i)^2}} \qquad (7-30)$$

令

$$\omega_1 = \frac{1}{R(C_a + C_c + C_i)} = \frac{1}{\tau}$$

式中 τ 为测量回路的时间常数，其值为

$$\tau = R(C_a + C_c + C_i) \qquad (7-31)$$

则式（7-30）和式（7-28）可分别写成如下形式：

$$\frac{U_{im}}{U_{am}} = \frac{\dfrac{\omega}{\omega_1}}{\sqrt{1 + \left(\dfrac{\omega}{\omega_1}\right)^2}} \qquad (7-32)$$

$$\varphi = \frac{\pi}{2} - \tan^{-1}\left(\frac{\omega}{\omega_1}\right) \qquad (7-33)$$

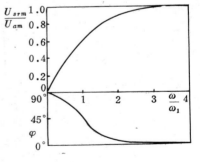

图 7-14　电压幅值比和相角与频率比的关系曲线

由此得到电压幅值比和相角与频率比的关系曲线，见图 7-14。当作用在压电元件上的力是静态力（$\omega = 0$）时，则前置放大器的输入电压等于零。因为电荷就会通过放大器的输入电阻和传感器本身的泄漏电阻漏掉。这也就从原理上决定了压电式传感器不能测量静态物理量。

当 $\omega/\omega_1 \gg 1$，即 $\omega\tau \gg 1$ 时，也就是作用力的变化频率与测量回路的时间常数的乘

积远大于1时，前置放大器的输入电压 U_{im} 随频率的变化不大。当 $\omega/\omega_1 \geq 3$ 时，可近似看做输入电压与作用力的频率无关。这说明，压电式传感器的高频响应是相当好的。它是压电式传感器的一个突出优点。

但是，如果被测物理量是缓慢变化的动态量，而测量回路的时间常数又不大，则造成传感器灵敏度下降。因此，为了扩大传感器的低频响应范围，就必须尽量提高回路的时间常数。但这不能靠增加测量回路的电容量来提高时间常数，因为传感器的电压灵敏度 S_V 是与电容成反比的。可以从式（7-27）得到以下关系式：

$$S_V = \frac{U_{im}}{F_m} = \frac{d_{33}}{\sqrt{\frac{1}{(\omega R)^2} + (C_a + C_c + C_i)^2}}$$

因为 $\omega R \gg 1$，所以，传感器的电压灵敏度 S_V 为

$$S_V = \frac{d_{33}}{C_a + C_c + C_i} \tag{7-34}$$

为此，切实可行的办法是提高测量回路的电阻。由于传感器本身的绝缘电阻一般都很大，所以测量回路的电阻主要取决于前置放大器的输入电阻。放大器的输入电阻越大，测量回路的时间常数就越大，传感器的低频响应也就越好。

为了满足阻抗匹配要求，压电式传感器一般都采用专门的前置放大器。电压前置放大器（阻抗变换器）因其电路不同而分有几种型式，但都具有很高的输入阻抗（1000MΩ 以上）和很低的输出阻抗（小于 100Ω）。图 7-15 所示的一种阻抗变换器，它采用 MOS 型场效应管构成源极输出器，输入阻抗很高。第二级对输入端的负反馈，进一步提高输入阻抗，以射极输出的形式获得较低的输出阻抗。

但是，压电式传感器在与阻抗变换器配合使用时，连接电缆不能太长。电缆长，电缆电容 C_c 就大，电缆电容增大必然使传感器的电压灵敏度降低。

电压放大器与电荷放大器相比，电路简单、元件少、价格便宜，工作可靠，但是，电缆长度对传感器测量精度的影响较大，在一定程度上限制了压电式传感器在某些场合的应用。

解决电缆问题的办法是将放大器装入传感器之中，组成一体化传感器，如图 7-16 所示。压

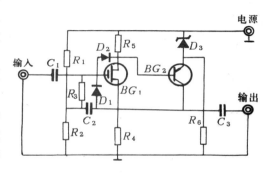

图 7-15　阻抗变换器电路图

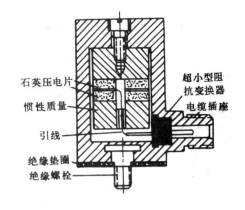

图 7-16　内部装有超小型阻抗变换器的压电式加速度传感器

— 143 —

电式加速度传感器的压电元件是二片并联连接的石英晶片，放大器是一个超小型静电放大器（阻抗变换器）。这样，引线非常短，引线电容几乎等于零，就避免了长电缆对传感器灵敏度的影响。放大器的输入端可以得到较大的电压信号，这就弥补了石英晶体灵敏度低的缺陷。

图 7—16 所示的传感器，与带专用阻抗变换器与电荷放大器的压电传感器相比，具有许多优点。最为突出的是这种传感器能直接输出一个高电平、低阻抗的信号（输出电压可达几伏），它可以用普通的同轴电缆输出信号，一般不需要再附加放大器，只有在测量低电平振动时，才需要再放大，并可很容易直接输至示波器、带式记录器、检流计和其他普通的指示仪表。

另一个显著的优点是，由于采用石英晶片作压电元件，因此在很宽的温度范围内灵敏度十分稳定，而且经长期使用，性能也几乎不变。

7.4.2 电荷放大器

电荷放大器是压电式传感器另一种专用的前置放大器。它能将高内阻的电荷源转换为低内阻的电压源，而且输出电压正比于输入电荷，因此，电荷放大器同样也起着阻抗变换的作用，其输入阻抗高达 $10^{10} \sim 10^{12}\Omega$，输出阻抗小于 100Ω。

使用电荷放大器突出的一个优点是，在一定条件下，传感器的灵敏度与电缆长度无关。

电荷放大器实际上是一个具有深度电容负反馈的高增益放大器，其等效电路见图 7—17。图中 k 是放大器的开环增益，（$-k$）表示放大器的输出与输入反相，若放大器的开环增益足够高，则运算放大器的输入端 a 点的电位接近"地"电位。由于放大器的输入级采用了场效应晶体管，因此放大器的输入阻抗极高，放大器输入端几乎没有分流，电荷 Q 只对反馈电容 C_f 充电，充电电压接近等于放大器的输出电压，即

$$U_0 \approx u_{cf} = -\frac{Q}{C_f} \tag{7-35}$$

式中：U_0——放大器输出电压；

u_{cf}——反馈电容两端的电压。

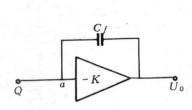

图 7—17　电荷放大器的等效电路

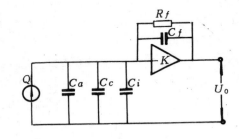

图 7—18　压电传感器与电荷放大器
连接的等效电路

由式（7—35）可知，电荷放大器的输出电压只与输入电荷量和反馈电容有关，而与放大器的放大系数的变化或电缆电容等均无关系，因此，只要保持反馈电容的数值不变，就可以得到与电荷量 Q 变化成线性关系的输出电压。还可以看出，反馈电容 C_f

小，输出就大，因此要达到一定的输出灵敏度要求，必须选择适当容量的反馈电容。

要使输出电压与电缆电容无关是有一定条件的，这可以从下面的讨论中加以说明。图 7 - 18 是压电式传感器与电荷放大器连接的等效电路，由"虚地"原理可知，反馈电容 C_f 折合到放大器输入端的有效电容 C'_f 为

$$C'_f = (1 + k)C_f \qquad (7 - 36)$$

设放大器输入电容为 C_i、传感器的内部电容为 C_a 和电缆电容为 C_c，则放大器的输出电压

$$U_0 = \frac{-kQ}{C_a + C_c + C_i(1 + k)C_f} \qquad (7 - 37)$$

当 $(1 + k)C_f \gg (C_a + C_c + C_i)$，放大器的输出电压为

$$U_0 \approx -\frac{Q}{C_f} \qquad (7 - 38)$$

当 $(1 + k)C_f > 10(C_a + C_c + C_i)$ 时，传感器的输出灵敏度就可以认为与电缆电容无关了。这是使用电荷放大器的很突出的一个优点，当然，在实际使用中，传感器与测量仪器总有一定的距离，它们之间由长电缆连接。由于电缆噪声增加，这样就降低了信噪比，使低电平振动的测量受到了一定程度的限制。

在电荷放大器的实际电路中，考虑到被测物理量的不同量程，以及后级放大器不致因输入信号太大而引起饱和，反馈电容 C_f 的容量是做成可调的，范围一般在 $100 \sim 10000$pF 之间。为了减小零漂，使电荷放大器工作稳定，一般在反馈电容的两端并联一个大电阻 R_f（约 $10^8 \sim 10^{10}\Omega$），见图 7 - 18，其功用是提供直流反馈。

7.5 压电式加速度传感器

7.5.1 工作原理

图 7 - 19 为压缩式压电加速度传感器的结构原理图，压电元件一般由两片压电片组成。在压电片的两个表面上镀银层，并在银层上焊接输出引线，或在两个压电片之间夹一片金属，引线就焊接在金属片上，输出端的另一根引线直接与传感器基座相连。在压电片上放置一个比重较大的质量块，然后用一硬弹簧或螺栓、螺帽对质量块预加载荷。整个组件装在一个厚基座的金属壳体中，为了隔离试件的任何应变传递到压电元件上去，避免产生假信号输出，所以一般要加厚基座或选用刚度较大的材料来制造。

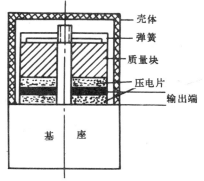

图 7 - 19 压缩式压电加速度
传感器的结构原理图

测量时，将传感器基座与试件刚性固定在一起。当传感器感受振动时，由于弹簧的刚度相当大，而质量块的质量相对较小，可以认为质量块的惯性很小。因此质量块感受与传感器基座相同的振动，并受到与加速度方向相反的惯性力的作用。这样，质量块就有一正比于加速度的交变力作用在压电片上。由于压电片具有压电效应，因此在它的两个表面上就产生交变电荷（电压），当振动频率远低于传感器的固有频率时，传感器的输

— 145 —

出电荷（电压）与作用力成正比，亦即与试件的加速度成正比。输出电量由传感器输出端引出，输入到前置放大器后就可以用普通的测量仪器测出试件的加速度，如在放大器中加进适当的积分电路，就可以测出试件的振动速度或位移。

7.5.2 灵敏度

传感器的灵敏度有两种表示法：当它与电荷放大器配合使用时，用电荷灵敏度 S_q 表示；与电压放大器配合使用时，用电压灵敏度 S_V 表示，其一般表达式如下：

$$S_q = \frac{Q}{a}(\mathrm{Cs^2\,m^{-1}}) \tag{7-39}$$

和

$$S_V = \frac{U_a}{a}(\mathrm{Vs^2\,m^{-1}}) \tag{7-40}$$

式中：Q——压电传感器输出电荷量（C）；

U_a——传感器的开路电压（V）；

a——被测加速度（$\mathrm{ms^{-2}}$）。

因为 $U_a = Q/C_a$，所以有

$$S_q = S_V S_a \tag{7-41}$$

下面以常用的压电陶瓷加速度传感器为例讨论一下影响灵敏度的因素。

压电陶瓷元件受外力后表面上产生的电荷为 $Q = d_{33}F$，因为传感器质量块 m 的加速度 a 与作用在质量块上的力 F 有如下关系：

$$F = ma(\mathrm{N}) \tag{7-42}$$

这样，压电式加速度传感器的电荷灵敏度与电压灵敏度就可用下式表示：

$$S_q = d \cdot m(\mathrm{Cs^2\,m^{-1}}) \tag{7-43}$$

和

$$S_V = \frac{d \cdot m}{C_a}(\mathrm{Vs^2\,m^{-1}}) \tag{7-44}$$

由式（7-43）和式（7-44）可知。压电式加速度传感器的灵敏度与压电材料的压电系数成正比，也和质量块的质量成正比。为了提高传感器的灵敏度，应当选用压电系数大的压电材料做压电元件，在一般精度要求的测量中，大多采用以压电陶瓷为敏感元件的传感器。

增加质量块的质量(在一定程度上也就是增加传感器的重量)，虽然可以增加传感器的灵敏度，但不是一个好方法。因为，在测量振动加速度时，传感器是安装在试件上的，它是试件的一个附加载荷，相当于增加了试件的质量，势必影响试件的振动，尤其当试件本身是轻型构件时影响更大。因此，为提高测量的精确性，传感器的重量要轻，不能为了提高灵敏度而增加质量块的质量。另外，增加质量对传感器的高频响应也是不利的。

还可以用增加压电片的数目和采用合理的连接方法来提高传感器的灵敏度。

7.5.3 频率特性

压电式加速度传感器（见图7-19），可以简化成由集中质量 m、集中弹簧 K 和阻尼器 c 组成的二阶单自由度系统（见图7-20），因此，当传感器感受振动体的加速度

时，可以列出下列运动方程式

$$m \frac{\mathrm{d}^2 x_m}{\mathrm{d}t^2} = - c \frac{\mathrm{d}(x_m - x)}{\mathrm{d}t} - K(x_m - x) \quad (7-45)$$

式中：x——运动体的绝对位移；

$\qquad x_m$——质量块的绝对位移。

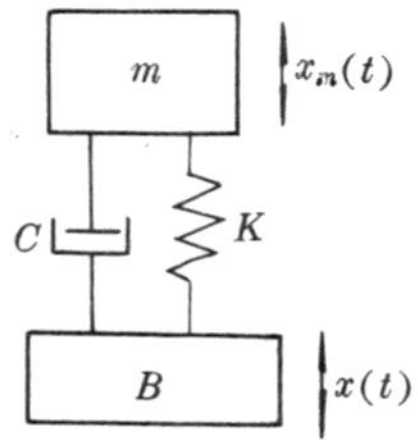

式（7-45）改写为

$$m \frac{\mathrm{d}^2 x_m}{\mathrm{d}t^2} + c \frac{\mathrm{d} x_m}{\mathrm{d}t} + K x_m = c \frac{\mathrm{d}x}{\mathrm{d}t} + Kx \quad (7-46)$$

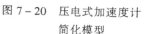

图 7-20　压电式加速度计
简化模型

应用第二章中求二阶传感器频响特性的方法，获得压电加速度计的幅频特性与相频特性分别为：

$$\left| \frac{x_m - x}{x} \right| = \frac{\left(\dfrac{1}{\omega_n} \right)^2}{\sqrt{\left[1 - \left(\dfrac{\omega}{\omega_n} \right)^2 \right]^2 + \left[2\zeta \left(\dfrac{\omega}{\omega_n} \right) \right]^2}} \quad (7-47)$$

$$\varphi = - \tan^{-1} \frac{2\zeta \left(\dfrac{\omega}{\omega_n} \right)}{1 - \left(\dfrac{\omega}{\omega_n} \right)^2} \quad (7-48)$$

式中：ω——振动角频率；

$\qquad \omega_n$——传感器固有角频率；

$\qquad \zeta$——阻尼比。

因为质量块与振动体之间的相对位移 $x_m - x$ 就等于压电元件受到作用力后产生的变形量，因此，在压电元件的线性弹性范围内。有

$$F = k_y (x_m - x) \quad (7-49)$$

式中：F——作用在压电元件上的力；

$\qquad k_y$——压电元件的弹性系数。

由于压电片表面产生的电荷量与作用力成正比，即 $Q = d \cdot F$，因此

$$Q = d k_y (x_m - x) \quad (7-50)$$

将式（7-50）代入式（7-47）后，则得到压电式加速度传感器灵敏度与频率的关系式，即

$$\frac{Q}{x} = \frac{\dfrac{k_y d}{\omega_n^2}}{\sqrt{\left[1 - \left(\dfrac{\omega}{\omega_n} \right)^2 \right]^2 + \left[2\zeta \left(\dfrac{\omega}{\omega_n} \right) \right]^2}} \quad (7-51)$$

式（7-51）所表示的频响特性曲线为二阶特性（见图 2-11）。由图可见，在 ω/ω_n 相当小的范围内，有

$$\frac{Q}{x} \approx \frac{k_y d}{\omega_n^2} \quad (7-52)$$

由式（7-52）可知，当传感器的固有频率远大于振动体的振动频率时，传感器的

灵敏度 $S_q = Q/x$ 近似为一常数。从频响特性也可以清楚地看到，在这一频率范围内，灵敏度基本上不随频率而变化。这一频率范围就是传感器的理想工作范围。

对于与电荷放大器配合使用的情况，传感器的低频响应受电荷放大器的下限截止频率限制。电荷放大器的下限截止频率是指放大器的相对输入电压减小三分贝时的频率，它主要由放大器的反馈电容和反馈电阻决定。如果忽略放大器的输入电阻以及电缆的漏电阻，电荷放大器的下限截止频率为

$$f = \frac{1}{2\pi R_f C_f} \tag{7-53}$$

式中：R_f——反馈电阻；

C_f——反馈电容。

一般电荷放大器的下限截止频率可低至 0.3Hz，甚至更低。因此，当压电式传感器与电荷放大器配合使用时，低频响应是很好的，可以测量接近静态的变化非常缓慢的物理量。

压电式传感器的高频响应特别好。只要放大器的高频截止频率远高于传感器自身的固有频率。那末，传感器的高频响应完全由自身的机械问题决定，放大器的通频带要做到 100kHz 以上是并不困难的。因此，压电式传感器的高频响应只需要考虑传感器的固有频率。

这里要指出的是，测量频率的上限不能取得和传感器的固有频率一样高，这是因为在共振区附近灵敏度将随频率而急剧增加（见图 2-11），传感器的输出电量就不再与输入机械量（如加速度）保持正比关系，传感器的输出就会随频率而变化。其次，由于在共振区附近工作，传感器的灵敏度要比出厂时的校正灵敏度高得多，因此，如果不进行灵敏度修正，将会造成很大的测量误差。

为此，实际测量的振动频率上限一般只取传感器固有频率的 1/5～1/3 左右，也就是说工作在频响特性的平直段。在这一范围内，传感器的灵敏度基本上不随频率而变化。即使限制了它的测量频率范围，但由于传感器的固有频率相当高（一般可达 30kHz 甚至更高），因此，它的测量频率的上限仍可高达几千赫，甚至十几千赫。

7.5.4 压电式加速度传感器的结构

压电元件的受力和变形常见的有厚度变形、长度变形、体积变形和厚度剪切变形四种。按以上四种变形方式也应当有相应的四种结构的传感器，但目前最常见的是基于厚度变形的压缩式和基于剪切变形的剪切式两种，前者使用更为普遍。图 7-21 所示为四种压电式加速度传感器的典型结构。图 7-21（a）为外圆配合压缩式。它通过硬弹簧对压电元件施加预压力。这种型式的传感器结构简单，而且灵敏度高，但对环境的影响（如声学噪声、基座应变、瞬时温度冲击等）比较敏感，这是由于其外壳本身就是弹簧－质量系统中的一个弹簧，它与起弹簧作用的压电元件并联，由于壳体和压电元件之间这种机械上的并联连接，因此，壳体内的任何变化都将影响到传感器的弹簧－质量系统，使传感器的灵敏度发生变化。

图 7-21（b）所示为中心配合压缩式。它具有外圆配合压缩式的优点，并克服了对环境敏感的缺点。这是因为弹簧、质量块和压电元件用一根中心柱牢固地固定在厚基

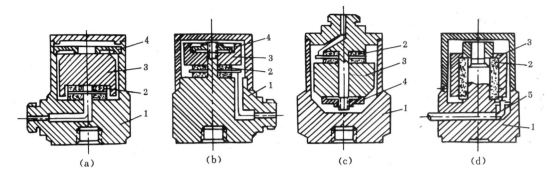

图 7－21　压电式加速度传感器结构

(a) 外圆配合压缩式　　(b) 中心配合压缩式　　(c) 倒装中心配合压缩式　　(d) 剪切式

1－基座　　2－压电晶片　　3－质量块　　4－弹簧片　　5－电缆

座上，而不与外壳直接接触，外壳仅起保护作用。但这种结构仍然要受到安装表面应变的影响。

图 7－21（c）是倒装中心配合压缩式，由于中心柱离开基座，所以避免了基座应变引起的误差。但由于壳体是质量－弹簧系统的一个组成部分，所以壳体的谐振会使传感器的谐振频率有所降低，以致减小传感器的频响范围。另外，这种形式的传感器的加工和装配也比较困难，这是它的主要缺点。

图 7－21（d）是剪切式加速度传感器。它的底座向上延伸，如同一根圆柱，管式压电元件（极化方向平行于轴线）套在这根圆柱上，压电元件上再套上惯性质量环。剪切式加速度传感器的工作原理是：如传感器感受向上的振动，由于惯性力的作用使质量环保持滞后。这样，在压电元件中就出现剪切应力，使其产生剪切变形，从而在压电元件的内外表面上就产生电荷，其电场方向垂直于极化方向。如果，某瞬时传感器感受向下的运动，则压电元件的内外表面上的电荷极性相反，这种结构型式的传感器灵敏度大，横向灵敏度小，而且能减小基座应变的影响。由于质量－弹簧系统与外壳隔开，因此，声学噪声和温度冲击等环境的影响也比较小。剪切式传感器具有很高的固有频率，频响范围很宽，特别适用于测量高频振动，它的体积和重量都可以做得很小，有助于实现传感器微型化。但是，由于压电元件与中心柱之间，以及惯性质量环与压电元件之间要用导电胶粘结，要求一次装配成功，因此，成品率较低。更主要的是，因为用导电胶粘结，所以在高温环境中使用就有困难了。

剪切式加速度传感器是一种很有发展前途的传感器。目前，优质的剪切式加速度传感器同压缩式加速度传感器相比，横向灵敏度小一半，灵敏度受瞬时温度冲击和基座弯曲应变效应的影响都小得多，因此，剪切式加速度传感器有替代压缩式的趋势。

7.6　压电式测力传感器

压电元件直接成为力－电转换元件是很自然的。关键是选取合适的压电材料，变形方式，机械上串联或并联的晶片数，晶片的几何尺寸和合理的传力结构。显然，压电元件的变形方式以利用纵向压电效应的 TE 方式为最简便。而压电材料的选择则决定于所测力的量值大小，对测量误差提出的要求、工作环境温度等各种因素。晶片数目通常是使用机械串联而电气并联的两片。因为机械上串联的晶片数目增加会导致传感器抗侧向干扰能力的降低，而机械上并联的片数增加会导致对传感器加工精度的过高要求，同时，传感器的电压输出灵敏度并不增大。下面介绍几个测力传感器的实例。

图 7-22 给出单向压电式测力传感器的结构图。传感器用于机床动态切削力的测量。晶体片为 $O^0 X$ 切石英晶片，尺寸为 $\varphi 8 \times 1mm$。上盖为传力元件，其变形壁的厚度为 $0.1 \sim 0.5mm$，由测力范围（$F_{max} = 500kg$）决定。绝缘套用来绝缘和定位。基座内外底面对其中心线的垂直度、上盖以及晶片、电极的上下底面的平行度与表面光洁度都有极严格的要求。否则会使横向灵敏度增加或使片子因应力集中而过早破碎。为提

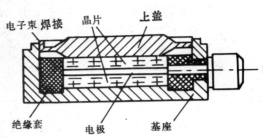

图 7-22　压电式单向测力传感器

高绝缘阻抗，传感器装配前要经过多次净化（包括超声波清洗），然后在超净工作环境下进行装配，加盖之后用电子束封焊。传感器的性能指标如表 7-3。

表 7-3　YDS-78 传感器性能指标

测力范围	$0 \sim 500g$	最小分辨率	$0.1g$
绝缘阻抗	$2 \times 10^{14} \Omega$	固有频率	约 $50 \sim 60kHz$
非线性误差	$< \pm 1\%$	重复性误差	$< 1\%$
电荷灵敏度	$38 \sim 44pC/kg$	重　量	$10g$

图 7-23 给出一种测量均布压力的传感器结构。拉紧的薄壁管对晶片提供预载力，而感受外部压力的是由挠性材料做成的很薄的膜片。预载筒外的空腔可以连接冷却系统，以保证传感器工作在一定的环境温度条件下，避免因温度变化造成预载力变化引起的测量误差。

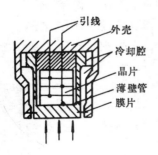

图 7-23　压电式压力传感器

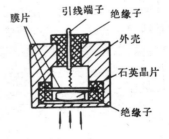

图 7-24　消除振动加速度影响的结构

图 7-24 画出另一种压力传感器的结构。它采用两个相同的膜片对晶片施加预载力从而可以消除由振动加速度引起的附加输出。

第八章　磁电式传感器

8.1　磁电式传感器的工作原理

基于电磁感应原理的传感器称为磁电式传感器，也称电磁感应传感器。由电磁感应定律可知：

$$E = -K \frac{\mathrm{d}\Phi}{\mathrm{d}t}$$

式中 K 为比例系数，当 E 的单位为伏特（V），Φ 的单位为韦伯（Wb），t 的单位为秒（s）时，$K = 1$，这时

$$E = -\frac{\mathrm{d}\Phi}{\mathrm{d}t} \tag{8-1}$$

如果线圈是 N 匝，则整个线圈中所产生的电动势为

$$E = -N \frac{\mathrm{d}\Phi}{\mathrm{d}t} \tag{8-2}$$

磁通量 Φ 的变化可以通过很多办法来实现，如磁铁与线圈之间作相对运动；磁路中磁阻的变化；恒定磁场中线圈面积的变化等。因此可以制造不同类型的磁电式传感器。

由式（8-1）可知，从磁电式传感器的直接应用来说，它只是用来测定速度的传感器，但是由于速度与位移或加速度间有积分或微分的关系，因此如果在传感器的信号调节电路中接一个积分电路，或微分电路，磁电式传感器就可用来测量位移或加速度。

8.2　动圈式磁电传感器

8.2.1　动圈式磁电传感器工作原理

图8-1所示为动圈式传感器工作原理图。在永久磁铁1（或电磁铁）产生的磁场中放置匝数为 N 的可动线圈。线圈的平均周长为 l，如果在线圈运动部分的磁场强度 B 是均匀的，则当线圈与磁场的相对速度为 $\mathrm{d}x/\mathrm{d}t$ 时，线圈的感应电动势为

$$E = NBl_a \frac{\mathrm{d}x}{\mathrm{d}t} \sin\alpha (\mathrm{V}) \tag{8-3}$$

式中：N——匝数；

　　　　B——磁场强度（T）；

　　　　l_a——线圈平均周长（m）；

　　　　$\mathrm{d}x/\mathrm{d}t$——线圈与磁场的相对运动速度（m/s）；

　　　　a——运动方向与磁场方向间夹角。

当 $a = 90°$ 时，式（8-3）改为

$$E = NBl_a \frac{\mathrm{d}x}{\mathrm{d}t}(\mathrm{V}) \qquad (8-4)$$

当 N、B 和 l_a 恒定不变时，E 与 $\mathrm{d}x/\mathrm{d}t$ 成正比，根据感应电动势 E 的大小就可以知道被测速度的大小。

8.2.2 动圈式磁电传感器结构

从磁电式传感器的基本原理来看，它的基本元件是两个。一个是磁路系统，由它产生恒定的直流磁场，为了减小传感器的体积，一般都采用永久磁铁；另一个是线圈，由它运动切割磁力线产生感应电动势。作为运动部分，可以是线圈，也可以是永久磁铁，只要二者之间有相对运动就可以了。作为一个完整的传感器，除了磁路系统和线圈外，尚有一些其他元件，如壳体、支承、阻尼器、接线装置等。

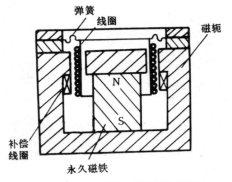

图 8-1　动圈式传感器工作原理

图 8-2 为磁电式振动传感器的结构原理图。图 8-2（a）为 CD-1 型绝对式传感器。使用时，把它与被测物体紧固在一起，当物体振动时，传感器外壳随之振动，此时线圈、阻尼环和芯杆的整体由于惯性而不随之振动，因此它们与壳体产生相对运动，位于磁路气隙间的线圈就切割磁力线，于是线圈就产生正比于振动速度的感应电动势。该电势由测振仪直接放大，可测量速度，经过积分或微积分网络便可测量位移或加速度。

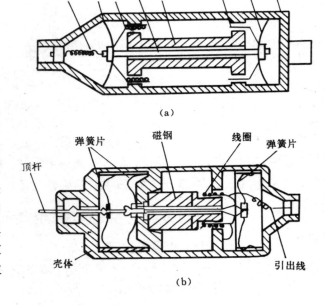

图 8-2　磁电式振动传感器的结构原理图
　(a) 振动速度传感器　　　　　(b) 相对速度拾振器
1-弹簧片　　2-永久磁铁　　3-阻尼器　　4-引线
5-芯杆　　6-外壳　　7-线圈　　8-弹簧片

CD-2 型相对式传感器结构如图 8-2（b）所示。它可以把两个相对运动着的物体（如车床刀架与工件）的振动转换为电量。工作时，把其外壳紧固于振动着的物体，而其顶杆顶着另一振动物体，这样两物之间的相对运动，必导致磁路系统空气隙和线圈之间的相对运动，于是线圈切割磁力线，产生正比于振动速度的感应电动势。CD-2 型也可作为绝对式传感器使用。

8.2.3 信号调节电路和记录仪器

动圈式磁电传感器一般用于测量振动速度，对信号调节电路没有特殊要求，因为它工作频率不高，输出信号也不算小，所以一般交流放大器就能满足要求。CD 系列传感器可配 GZ_1 测振仪和 BZ_2 六线测振仪，它们对测量结果用表头指示，为了观察和记录波形可再接电子示波器或 SC 型光线示波器。图 8-3 为测试系统方框图。

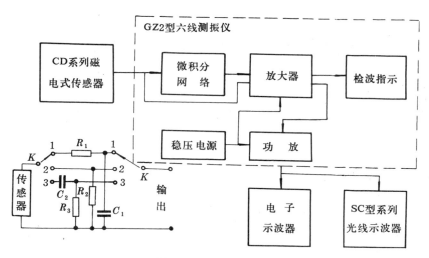

图 8-3　测试系统方框图

8.3　磁阻式磁电传感器

这类传感器线圈和磁铁部分都是静止的，与被测物连结而运动的部分是用导磁材料制成的，在运动中，它们改变磁路的磁阻，因而改变贯穿线圈的磁能量，在线圈中产生感应电动势。

磁阻式传感器一般都做成转速传感器，产生感应电动势的频率作为输出，而电势的频率取决于磁通变化的频率。

磁阻式转速传感器的结构有开磁路和闭磁路两种。

图 8-4 所示是一种开磁路磁阻式转速传感器。传感器由永久磁铁 1、感应线圈 3、软铁 2 组成，齿轮 4 安装在被测转轴上与其一起旋转。安装时把永久磁铁产生的磁力线通过的软铁端部对准齿轮的齿顶、当齿轮旋转时，齿的凹凸引起的磁阻的变化，而使磁通量发生变化，因而在线圈 2 中感应出交变的电势，其频率等于齿轮的齿数 Z 和转速 n 的乘积，即

$$f = Zn/60 \qquad\qquad (8-5)$$

式中：Z——齿轮的齿数；

　　　n——被测轴转速（转/分）；

　　　f——感应电势频率（周/秒）。

这样当已知 Z，测得 f 就可知道 n 了。

开磁路转速传感器结构比较简单，但输出信号较小，另外当被测轴振动较大时，传感器输出波形失真较大。在振动强的场合往往采用闭磁路速度传感器。

闭磁路磁阻式转速传感的结构如图 8-5 所示，它是由装在转轴上的内齿轮和永久

— 153 —

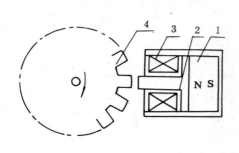

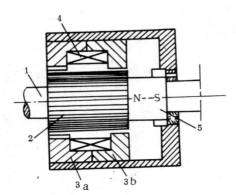

图 8 – 4 开磁路磁阻式转速传感器

1 – 永久磁铁 2 – 软铁

3 – 感应线圈 4 – 齿轮

图 8 – 5 闭磁路磁阻式转速传感器

1 – 转轴 2 – 内齿轮 3a、3b – 外齿轮

4 – 线圈 5 – 永久磁铁

磁铁、外齿轮、线圈构成，内、外齿轮的齿数相同，当转轴联接到被测轴上与被测轴一起转动时，内外齿轮的相对运动使磁路气隙发生变化，因而磁阻发生变化并使贯穿于线圈的磁通量变化，在线圈中感应出电势。与开磁路情况相同，也可通过感应电势频率测量转速。

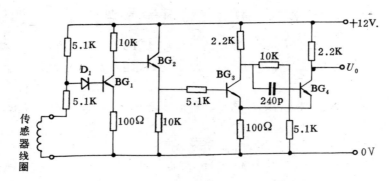

图 8 – 6 磁阻式转速 – 脉冲转换电路

传感器的输出电势取决线圈中磁场变速度，因而它是与被测速度成一定比例的。当转速太低时，输出电势很小，以致无法测量。所以这种传感器有一个下限工作频率，一般为 50Hz 左右，闭磁路转速传感器的下限频率可降低到 30Hz 左右。其上限工作频率可达 100kHz。

磁阻式转速传感器采用的转速 – 脉冲变换电路如图 8 – 6 所示。传感器的感应电压由 D_1 管削去负半周，送到 BG_1 进行放大，再经过 BG_2 组成的射极跟随器，然后送入由 BG_3 和 BG_4 组成的射极耦合触发器进行整形，这样就得到方波输出信号。

8.4 磁电式传感器的频率响应特性

磁电式传感器是惯性式拾振器，其等效的机械系统如图 8 – 7 所示，它是一个二阶系统。图中 V_0 为传感器外壳的运动速度，即被测物体运动速度；V_m 为传感器惯性质量块的运动速度。若 $V(t)$ 为惯性质量块相对外壳的运动速度，则其运动方程为

$$m\frac{\mathrm{d}V(t)}{\mathrm{d}t} + cV(t) + K\int V(t)\mathrm{d}t = -m\frac{\mathrm{d}V_0(t)}{\mathrm{d}t} \qquad (8-6)$$

其幅频特性与相频特性分别为

$$A_V(\omega) = \frac{(\omega/\omega_n)^2}{\sqrt{[1-(\omega/\omega_n)^2]^2 + [2\zeta(\omega/\omega_n)]^2}} \qquad (8-7)$$

$$\varphi_V(\omega) = -\arctan\frac{2\zeta(\omega/\omega_n)}{1-(\omega/\omega_n)^2} \qquad (8-8)$$

式中：ω——被测振动的角频率；

ω_n——传感器运动系统的固

有角频率，$\omega_n = \sqrt{K/m}$；

ζ——传感器运动系统的阻

尼比，$\zeta = c/(2\sqrt{mK})$。

图 8-8 为磁电式速度传感器的幅频响应特性曲线。

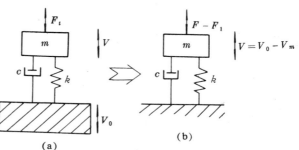

图 8-7 地震仪型传感器的等效机械系统

从磁电式速度传感器的幅频特性可以看到，只有在 $\omega \gg \omega_n$ 的情况下，$A_V(\omega) \approx 1$，相对速度 $V(t)$ 的大小才可以作为被测振动速度 $V_0(t)$ 的量度。因此磁电式速度传感器的固有频率较低，一般为 $10\sim15\mathrm{Hz}$。为了抑制共振峰值，从减小幅值误差来扩大工作频率范围，使阻尼比 $\zeta = 0.5\sim0.7$。在 $\omega > 1.7\omega_n$ 时，其幅值误差 $|A(\omega)-1|\times100\%$ 不超过 5%，但这时相位差为 120° 左右。这样大的相位差，根本无法精确测定振动相位。当 $\omega > (7\sim8)\omega_n$ 时，不但可以幅值测量精度，而且相位差接 180°，传感器成为一个反相器。

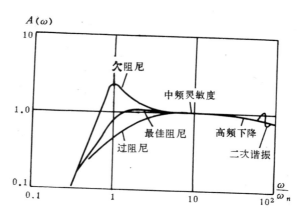

图 8-8 磁电式速度传感器的频率特性

最后应该指出，相对运动速度 $V(t)$ 就是前面讨论的线圈相对磁场的运动速度 $\mathrm{d}x/\mathrm{d}t$。因此式（8-4）改为

$$E = NBl_a V(t) \quad (\mathrm{V}) \qquad (8-18)$$

这时磁电式速度传感器的输出电势 E 与相对速度 $V(t)$ 成正比，而 $V(t)$ 可以度量被测振动速度 $V_0(t)$，所以电势 E 也可以度量 $V_0(t)$。这就是磁电式速度传感器可以测量振动速度的道理。

第九章 热电式传感器

热电式传感器是一种将温度变化转换为电量变化的装置。在各种热电式传感器中,以将温度量转换为电势和电阻的方法最为普遍。其中最常用于测量温度的是热电偶和热电阻,热电偶是将温度变化转换为电势变化,而热电阻是将温度变化转换为电阻值的变化。这两种热电式传感器目前在工业产生中已得到广泛应用,并且有与其相配套的显示仪表与记录仪表。

9.1 热电偶

热电偶是将温度量转换为电势大小的热电式传感器。自 19 世纪发现热电效应以来,热电偶被越来越广泛地用来测量 $100 \sim 1300℃$ 范围内的温度,根据需要还可以用来测量更高或更低的温度。它具有结构简单,使用方便,精度高,热惯性小,可测局部温度和便于远距离传送与集中检测、自动记录等优点。

9.1.1 热电偶的基本原理

一、热电效应

1823 年塞贝克(Seebeck)发现,在两种不同的金属所组成的闭合回路中,当两接触处的温度不同时,回路中就要产生热电势,称为塞贝克电势。这个物理现象称为热电效应。

如图 9 - 1 所示,两种不同材料的导体 A 和 B,两端联接在一起,一端温度为 T_0,另一端为 T(设 $T > T_0$),这时在这个回路中将产生一个与温度 T、T_0 以及导体材料性质有关的电势 $E_{AB}(T, T_0)$,显然可以利用这个热电效应来测量温度。在测量技术中,把由两种不同材料构成的上述热电变换元件称为热电偶,称 A、B 导体为热电极。两个接点,一

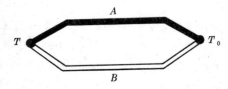

图 9 - 1 热电效应

个为热端(T),又称工作端;另一个为冷端(T_0),又称为自由端或参考端。

实验证明,回路的总热电势为

$$E_{AB}(T, T_0) = \int_{T_0}^{T} \alpha_{AB} \mathrm{d}T = E_{AB}(T) - E_{AB}(T_0) \qquad (9-1)$$

式中 α_{AB} 为热电势率或塞贝克系数,其值随热电极材料和两接点的温度而定。

后来研究指出,热电效应产生的电势 $E_{AB}(T, T_0)$ 是由珀尔帖(Peltier)效应和汤姆逊(Thomson)效应引起的。

1. 珀尔帖效应

将同温度的两种不同的金属互相接触,如图 9 - 2 所示。由于不同金属内自由电子

的密度不同,在两金属 A 和 B 的接触处会发生自由电子的扩散现象,自由电子将从密度大的金属 A 扩散到密度小的金属 B,使 A 失去电子带正电,B 得到电子带负电,直至在接点处建立了强度充分的电场,能够阻止电子扩散达到平衡为止。两种不同金属的接点处产生的电动势称珀尔帖电势,又称接触电势。此电势 $E_{AB}(T)$ 由两个金属的特性和接点处的温度所决定。根据电子理论

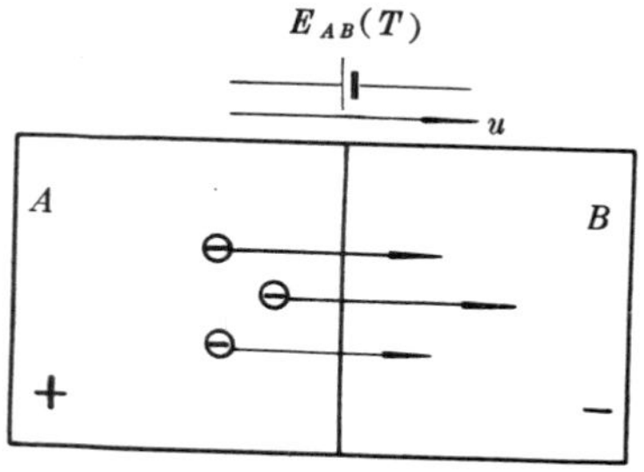

$E_{AB}(T)$

图 9-2　接触电势

$$E'_{AB}(T) = \frac{kT}{e}\ln\frac{n_A}{n_B} \text{ 或 } E'_{AB}(T_0) = \frac{kT_0}{e}\ln\frac{n_A}{n_B}$$

式中:k——波尔兹曼常数,其值为 1.38×10^{-23} J/K;

　　T,T_0——接触处的绝对温度(K);

　　e——电子电荷量,等于 1.60×10^{-19} C;

　　n_A,n_B——分别为电极 A,B 的自由电子密度。

由于 $E'_{AB}(T)$ 与 $E'_{AB}(T_0)$ 的方向相反,故回路的接触电势为

$$E'_{AB}(T) - E'_{AB}(T_0) = \frac{kT}{e}\ln\frac{n_A}{n_B} - \frac{kT_0}{e}\ln\frac{n_A}{n_B}$$

$$= \frac{k}{e}(T - T_0)\ln\frac{n_A}{n_B} \tag{9-2}$$

2. 汤姆逊效应

假设在一匀质棒状导体的一端加热,如图 9-3 所示,则沿此棒状导体有温度梯度。导体内自由电子将从温度高的一端向温度低的一端扩散,并在温度较低一端积聚起来,使棒内建立起一电场。当这电场对电子的作用力与扩散力相平衡时,扩散作用即停止。电场产生的电势称为汤姆逊电势或温差电势。

当匀质导体两端的温度分别是 T、T 时,温差电势为

$$E_A(T, T_0) = \int_{T_0}^{T} - \sigma_A dT \text{ 或 } E_B(T, T_0) = \int_{T_0}^{T} \sigma_B dT$$

式中 σ 称为汤姆逊系数,它表示温差为一度时所产生的电势值。σ 的大小与材料性质和导体两端的平均温度有关。通常规定:当电流方向与导体温度降低的方向一致时,则 δ 取正值,当电流方向与导体温度升高方向一致时,则 σ 取负值。对于导体 A、B 组成的热电偶回路,当接点温度 $T > T_0$ 时,回路的温差电势等于导体温差电势的代数和,即

$$E_A(T, T_0) - E_B(T, T_0) = \int_{T_0}^{T} \sigma_A dT - \int_{T_0}^{T} \sigma_B dT = \int_{T_0}^{T} (\sigma_A - \sigma_B) dT \tag{9-3}$$

式(9-3)表明,热电偶回路的温差电势只与热电极材料 A、B 和两接点的温度 T、T_0 有关,而与热电极的几何尺寸和沿热电极的温度分布无关。如果两接点温度相同,则温差电势为零。

综上所述,热电极 A、B 组成的热电偶(见图 9-4)回路,当接点温度 $T > T_0$ 时,其总热电势为:

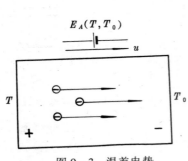

图 9-3 温差电势

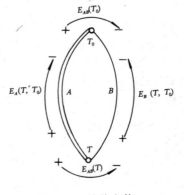

图 9-4 总热电势

$$E_{AB}(T, T_0) = E'_{AB}(T) - E'_{AB}(T_0) + \int_{T_0}^{T} (\sigma_A - \sigma_B) \mathrm{d}T$$

$$= \left[E'_{AB}(T) + \int_0^T (\sigma_A - \sigma_B) \mathrm{d}T \right] - \left[E'_{AB}(T_0) + \int_0^{T_0} (\sigma_A - \sigma_B) \mathrm{d}T \right]$$

$$= E_{AB}(T) - E_{AB}(T_0) \tag{9-4}$$

式中：$E_{AB}(T)$——热端的分热电势；

$E_{AB}(T_0)$——冷端的分热电势。

从上面的讨论可知：当两接点的温度相同时，则无汤姆逊电势，$E(T_0, T_0) = E_B(T_0, T_0) = 0$，而珀尔帖电势大小相等方向相反，所以 $E_{AB}(T_0, T_0) = 0$。当两种相同金属组成热电偶时，两接点温度虽不同，但两个汤姆逊电势大小相等、方向相反，而两接点处的珀尔帖电势皆为零，所以回路总电势仍为零。因此：

（1）如果热电偶两个电极的材料相同，两个接点温度虽不同，不会产生电势；

（2）如果两个电极的材料不同，但两接点温度相同，也不会产生电势；

（3）当热电偶两个电极的材料不同，且 A、B 固定后，热电势 $E_{AB}(T, T_0)$ 便为两接点温度 T 和 T_0 的函数，即

$$E_{AB}(T, T_0) = E(T) - F(T_0)$$

当 T_0 保持不变，即 $E(T_0)$ 为常数时，则热电势 $E_{AB}(T, T_0)$ 便为热电偶热端温度 T 的函数。

$$E_{AB}(T, T_0) = E(T) - c = \varphi(T) \tag{9-5}$$

由引此可知，$E_{AB}(T, T_0)$ 和 T 有单值对应关系，这是热电偶测温的基本公式。

热电极的极性：测量端失去电子的热电极为正极，得到电子的热电极为负极。在热电势符号 $E_{AB}(T, T_0)$，规定写在前面的 A、T 分别为正极和高温，写在后面的 B、T_0 分别为负极和低温。如果它们的前后位置互换，则热电势极性相反，如 $E_{AB}(T, T_0) = -E_{AB}(T_0, T)$，$E_{BA}(T, T_0) = -E_{BA}(T, T_0)$ 等。判断热电势极性最可靠的方法是将热端稍加热，在冷端用直流电表辨别。

二、热电偶的基本定律

对热电偶回路的大量研究工作，对电流、电阻和电动势做了准确的测量，已导致了

几个基本定律的建立，这些定律都是通过试验验证的。

1. 均质导体定律

两种均质金属组成的热电偶，其电势大小与热电极直径、长度及沿热电极长度上的温度分布无关，只与热电极材料和两端温度有关。

如果材质不均匀，则当热电极上各处温度不同时，将产生附加热电势，造成无法估计的测量误差，因此，热电极材料的均匀性是衡量热电偶质量的重要指标之一。

2. 中间导体定律

在热电偶回路中插入第三、四…种导体，只要插入导体的两端温度相等，且插入导体是匀质的，则无论插入导体的温度分布如何，都不会影响原来热电偶的热电势的大小。

因此，我们可以将毫伏表（一般为铜线）接入热电偶回路，并保证两个结点温度一致，就可对热电势进行测量，而不影响热电偶的输出。如图 9 - 5 所示。

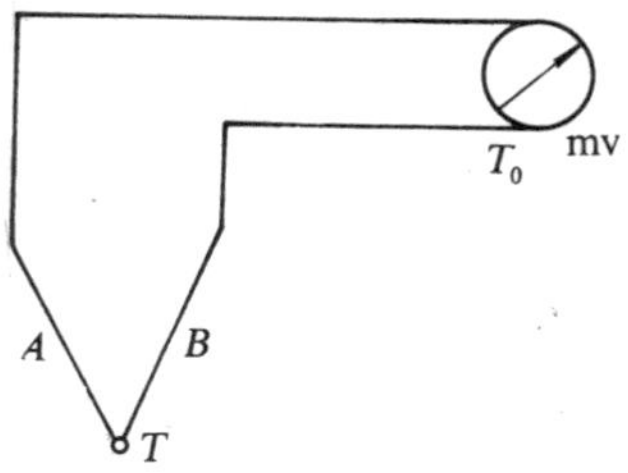

3. 中间温度定律

热电偶在接点温度为 T, T_0 时的热电势等于该热电偶在接点温度为 T, T_n 和 T_n, T_0 时相应的热电势的代数和，即

$$E_{AB}(T, T_0) = E_{AB}(T, T_n) + E_{AB}(T_n, T_0) \qquad (9 - 6)$$

图 9 - 5 中间导体定律

若 $T_0 = 0$，则有

$$E_{AB}(T, 0) = E_{AB}(T, T_n) + E_{AB}(T_n, 0)$$

三、热电偶冷端温度及其补偿

热电偶热电势的大小与热电极材料及两接点的温度有关。只有在热电极材料一定，其冷端温度 T_0 保持不变的情况下，其热电势 $E_{AB}(T, T_0)$ 才是其工作端温度 T 的单值函数。热电偶的分度表是在热电偶冷端温度等于 0℃ 的条件下测得的，所以使用时，只有满足 $T_0 = 0℃$ 的条件，才能直接应用分度表或分度曲线。

在工程测温中，冷端温度常随环境温度的变化而变化，将引入测量误差，因此必须采取以下的修正或补偿措施。

1. 冷端温度修正法

对于冷端温度不等于 0℃，但能保持恒定不变的情况，可采用修正法。

1）热电势修正法

在工作中由于冷端不是 0℃ 而是某一恒定温度 T_n，当热电偶工作在温差（T, T_n）时，其输出电势为 $E(T, T_n)$，如果不加修正，根据这个电势查标准分度表，显然对应较低的温度。根据中间温度定律，将电势换算到冷端为 0℃ 时应为

$$E(T, 0) = E(T, T_n) + E(T_n, 0) \qquad (9 - 7)$$

也就是说，在冷端温度为不变的 T_n 时，要修正到冷端为 0℃ 的电势，应再加上一个修正电势，即这个热电偶工作在 0℃ 和 T_n 之间的电势值 $E(T_n, 0)$。

例 用镍铬 - 镍硅热电偶测炉温。当冷端温度 $T_0 = 30℃$ 时，测得热电势为 $E(T, T_0) = 39.17 \mathrm{mV}$，则实际炉温是多少度？

由 $T_0 = 30℃$ 查分度表得 $E(30, 0) = 1.2$ mV

则
$$E(T,0) = E(T,30) + E(30,0)$$
$$= 39.17 + 1.2 = 40.37 (mV)$$

再用 40.37mV 查分度表得 977℃，即实际炉温为 977℃.

若直接用测得的热电势 39.17mV 查分度表则其值为 946℃，比实际炉温低了 31℃，产生 -31℃ 的测量误差。

2) 温度修正法

令 T' 为仪表的指示温度，T_0 为冷端温度，则被测的真实温度 T 为

$$T = T' + kT_0 \qquad\qquad (9-8)$$

式中 k 为热电偶的修正系数，决定于热电偶种类和被测温度范围。如表 9-1 所示。

例 上例中测得炉温为 946℃（39.17mV），冷端温度为 30℃，查表 $k = 1.00$

则
$$T = 946 + 1 × 30 = 976 (℃)$$

与用热电势修正法所得结果相比，只差 1℃. 因而这种方法在工程上应用较为广泛。

2. 冷端温度自动补偿法

热电偶在实际测温中，冷端一般暴露在空气中，受到周围介质温度波动的影响，它的温度不可能恒定或保持 0℃ 不变，不宜采用修正法，可用电势补偿法。产生补偿电势的方法很多，主要介绍电桥补偿和 pn 结补偿法。

表 9-1 几种常用热电偶 k 值表

测量端温度〔℃〕	热 电 偶 类 别				
	铜－康铜	镍铬－考铜	铁－康铜	镍铬－镍硅	铂铑$_{10}$－铂
0	1.00	1.00	1.00	1.00	1.00
20	1.00	1.00	1.00	1.00	1.00
100	0.86	0.90	1.00	1.00	0.82
200	0.77	0.83	0.99	1.00	0.72
300	0.70	0.81	0.99	0.98	0.69
400	0.68	0.83	0.98	0.98	0.66
500	0.65	0.79	1.02	1.00	0.63
600	0.65	0.78	1.00	0.96	0.62
700	－	0.80	0.91	1.00	0.60
800	－	0.80	0.82	1.00	0.59
900	－	－	0.84	1.00	0.56
1000			－	1.07	0.55
1100			－	1.11	0.53
1200				－	0.53
1300					0.52
1400					0.52
1500					0.53
1600					0.53,

1）电桥补偿法

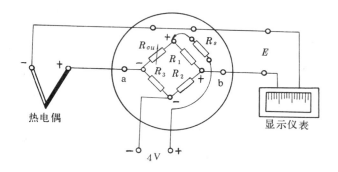

图9-6　冷端温度补偿线路图

电桥补偿法是用电桥的不平衡电压（补偿电势）去消除冷端温度变化的影响，这种装置称为冷端温度补偿器。

如图9-6所示，冷端补偿器内有一个不平衡电桥，其输出端串联在热电偶回路中。桥臂电阻 R_1，R_2，R_3 和限流电阻 R_S 的电阻值几乎不随温度变化。R_{cu} 为铜电阻，其阻值随温度升高而增大。电桥由直流稳压电源供电。

在某一温度下，设计电桥处于平衡状态，则电桥输出为0，该温度称为电桥平衡点温度或补偿温度。此时补偿电桥对热电偶回路的热电势没有影响。

当环境温度变化时，冷端温度随之变化，热电偶的电势值随之变化 ΔE_1；与此同时，R_{cu} 的电阻值也随环境温度变化，使电桥失去平衡，有不平衡电压 ΔE_2 输出。如果设计的 ΔE_1 与 ΔE_2 数值相等极性相反，则迭加后互相抵消，因而起到冷端温度变化自动补偿的作用。这就相当于将冷端恒定在电桥平衡点温度。

冷端补偿器的规格与技术数据如表9-2所示。在使用冷端补偿器应注意以下两点：①不同分度号的热电偶要配用与热电偶同型号的补偿电桥；②我国冷端补偿器的电桥平衡点温度为20℃，在使用前要把显示仪表的机械零位调到相应的补偿温度20℃上。

表9-2　常用冷端温度补偿器

型　号	配　用热电偶	电桥平衡时温度（℃）	补偿范围（℃）	电源（V）	内阻（Ω）	消耗	外形尺寸（mm）	补偿误差（mV）
WBC-01	铂铑-铂	20	0～50	～220	1	<8VA	220×113×72	±0.045
WBC-02	镍铬-镍铬镍铬-考铜							±0.16
WBC-03	镍铬-考铜							±0.18
WBC-57-LB	镍铑-铂	20	0～40	4	1	<0.25VA	150×115×50	±($0.015 \times 0.0015 \cdot T$)
WBC-57-EU	镍铬-镍硅							±($0.04 \times 0.004 \cdot T$)
WBC-57-EA	镍铬-考铜							±($0.065 \times 0.0065 \cdot T$)

2) pn 结冷端温度补偿法

pn 结在 −100 ~ +100℃范围内，其端电压与温度有较理想的线性关系，温度系数约为 −2.2mV/℃，因此是理想的温度补偿器件。采用二极管作冷端补偿，精度可达 0.3 ~ 0.8℃。采用三极管补偿精度可达 0.05 ~ 0.2℃。

图 9 − 7 为采用二极管作冷端补偿的电路及其等效电路，其补偿电压 Δu 是由 pn 结端电压 V_D 通过电位器分压得到的，pn 结置于与热电偶冷端相同的温度 t_0 中，Δu 反向接入热电偶测量回路。

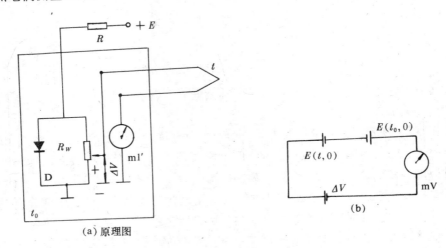

(a) 原理图

图 9 − 7   pn 结冷端温度补偿器

设 $E(t_0, 0) = k_1 t_0$，式中 k_1 为热电偶在 0℃附近的灵敏度。

则热电偶测量回路的电势为

$$E(t,0) - E(t_0,0) - \Delta u = E(t,0) - k_1 t_0 - \frac{u_D}{n}$$

而

$$u_D = u_0 - 2.2 t_0$$

式中：u_D——二极管 D 的 pn 结端电压；

　　　u_0——pn 结在 0℃时的端电压（对硅材料约为 700mV）；

　　　n——电位器 R_W 的分压比。

令

$$k_1 = \frac{2.2}{n}$$

整理上式可得回路电势为

$$E(t,0) - \frac{u_0}{n} = E(t,0) - \frac{700}{n}$$

可见，回路电势与冷端温度变化无关，只要用 u_0/n 作相应的修正，就可得到真实的热电偶热电势 $E(t, 0)$。也可在测量温度时，从分度表中的热电势值减去 u_0/n，得到适用的分度表；在控制系统中，用单动作电压减去 V_0/n，得到接有上述补偿电路的动作电压。对于不同的热电偶，由于它们在 0℃附近的灵敏度 k_1 不同，则应有不同的 n 值，

可用 R_W 调整。二极管可选用动态特性好的 2CP 型铁壳封装的二极管，或选用反向电流小，允许结温高，非线性和离散性小的 3DG6 发射结。

图 9-8 利用集成温度传感器 AD590 作为冷端补偿元件的原理图。AD590 是一个两端器件，其输出电流与绝对温度成正比（1μA/K），当 25℃（298.2K）时，能输出 298.2μA 的电流。它相当于一个温度系数为 1μA/K 的高阻恒流源。其输出电流通过 $1k\Omega$ 电阻转换为 $1mV/K$ 的电压信号，跟随器 A_2 提高了 AD590 的负载能力，并使之与电子开关阻抗匹配，然后通过电子采样开关送入 A/D 转换器转换成数字量，存放在内存单元中。这样，电路就完成了对补偿电势的采样。接着电路对测温热电偶的热电势进行采样，并转换成数字量，单片机将该信号线性化后与内存中的补偿电势相加，即得到真实的热电势值。

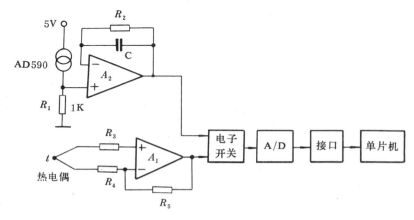

图 9-8　AD590 在冷端补偿中的应用

3. 延引热电极法

一般恒温装置或补偿器距被测对象较远，需要很长的热电极把冷端引到这些装置中，这对于贵金属热电偶是很不经济的。可以用比较便宜的，在 0～100℃ 温度范围内，热电性质与工作热电偶相近的导线代替贵金属热电极。这种导线常称为延引电极、冷端延长线或冷端补偿导线。

如图 9-9 所示,只要在冷端温度可能的变化范围内(0～100℃),由 C、D 组成的热电偶与由 A、B 组成的工作热电偶具有相同的热电特性,即 $E_{CD}(T,0)=E_{AB}(T,0)$,则由中间温度定律可知,C、D 的接入不会引起附加误差。延伸导线色别及热电特性见表 9-3。应用延伸导线时必须注意:①不同的热

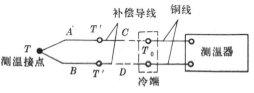

图 9-9　延引热电极法

电偶必须选用相应的补偿导线;②延伸导线和热电极联接处两接点的温度必须相同,而且不可超过规定的温度范围(一般为 0～100℃);③采用延伸导线只是移动了冷接点的位置,当该处温度不为 0℃时,仍须进行冷端温度补偿。

表 9 - 3 延伸导线色别及热电特性

补偿导线种类		EU	EA	LB	
配用热电偶		镍铬—镍铝 镍铬—镍硅	镍铬—考铜	铂铑$_{10}$—铂	钨铼$_5$—钨铼$_{20}$
导线线芯用材料	正极	铜	镍铬	铜	铜
	负极	康铜	考铜	铜镍	铜 1.7% ~ 1.8% 镍
导线线芯颜色规定 （绝缘层着色）	正极	红	红	红	红
	负极	蓝	黄	绿	蓝
测量端为 100℃参考端为 0℃时的热电势（mV）		4.10 ± 0.15	6.95 ± 0.30	0.643 ± 0.023	1.337 ± 0.045
测量端为 150℃℃，参考端为 0℃时的热电势（mV）		6.13 ± 0.20	10.59 ± 0.3	1.025 $^{+0.024}_{-0.055}$	
20℃时的电阻率（Ω·mm^2/m）不大于		0.634	1.25	0.0484	

除采用上述各项补偿方法外，也可以用各种恒温的方法使冷端恒温，或采用不需冷端温度补偿的热电偶。如镍钴—镍铝在 300℃ 以下，镍铁—镍铜在 50℃ 以下，铂铑$_{30}$—铂铑$_6$ 在 50℃ 以下的热电势均非常小。只要实际的冷端温度在此范围内，使用这些热电偶可以不考虑冷端误差。

9.1.2 热电偶的类型及结构

一、热电极材料和势电偶类型

1. 对热电极材料的基本要求

任意两种导体（或半导体）都可配成热电偶，当两个接点温度不同时就能产生热电势。但作为实用的测温元件，不是所有材料都适于制作热电偶。对热电极材料的基本要求是：

(1) 热电特性稳定，即热电势与温度的对应关系不会变动；

(2) 热电势要足够大，这样易于测量热电势，且可得到较高的准确度；

(3) 热电势与温度为单值关系，最好成线性关系，或简单的函数关系；

(4) 电阻温度系数和电阻率要小，否则热电偶的电阻将随工作端温度而有较大的变化，影响测量结果的准确性；

(5) 物理性能稳定，化学成分均匀，不易氧化和腐蚀；

(6) 材料的复制性好；

(7) 材料的机械强度要高。

实际生产中很难找到一种完全满足上述要求的材料。一般讲，纯金属的热电极容易复制，但其热电势较小，平均为 20 $\mu V/℃$，非金属热电极的热电势较大，可达 100 $\mu V/℃$，且熔点高，但复制性和稳定性都较差；合金热电极的热电性能和工艺性能都介于两者之间。因而要根据具体的测温情况，采用不同的材料来做成热电偶。

各种热电极材料特性见表 9 - 4。

表 9 - 4　各种测量材料的物理性质

材料名称	符号或化学成分	与铂镍相配后的热电势 (100,0)(mV)	用作电阻温度计	用作热电偶 长期使用	用作热电偶 短期使用	电阻的温度系数 0~100℃(℃⁻¹)
铅	Al	+0.40	-	-	-	4.3×10^{-3}
镍铝	95%Ni+5%(Al,Si,Mn)	-1.02~1.38	-	1000	1250	1.0×10^{-3}
镍铝	97.5%Ni+2.5%Al	-1.02	-	1000	1200	2.4×10^{-3}
钨	W	+0.79	-	2000	2500	$(4.21 \sim 4.64) \times 10^{-3}$
化学纯铁	Fe	+1.8	150	600	800	$(6.25 \sim 6.57) \times 10^{-3}$
精制铁	Fe	+1.87		600	800	$(4 \sim 6) \times 10^{-3}$
金	Au	+0.75	-	-	-	3.97×10^{-3}
康铜	60%Cu+40%Ni	-0.35	-	600	800	-0.04×10^{-3}
康铜	55%Cu+45%Ni	-0.35	-	600	800	-0.01×10^{-3}
考铜	56%Cu+44%Ni	-4.0	-	600	800	-0.1×10^{-3}
考铜	56.5%Cu+43%Ni+0.5%Mn	-4.0	-	600	800	-0.12×10^{-3}
钴	Co	-1.68~1.76	-	-	-	$(3.66 \sim 6.56) \times 10^{-3}$
钼	Mo	+1.31	-	2000	2500	4.35×10^{-3}
化学纯铜	Cu	+0.76	150	350	500	4.33×10^{-3}
电线铜	Cu	+0.75	150	350	500	$(4.25 \sim 4.28) \times 10^{-3}$
锰铜	84%Cu+13%Mn+2%Ni+1%Fe	+0.80	-	-	-	0.006×10^{-3}
镍铬合金	80%Ni+20%Cr	+1.5~+2.5	-	1000	1100	0.14×10^{-3}
	90.5%Ni+9.5%Cr	+2.71~+3.13	-	1000	1250	0.41×10^{-3}
镍	Ni	-1.49~-1.54	300	1000	1100	$(6.21 \sim 6.34) \times 10^{-3}$
铂	Pt	0.00	630			$(3.92 \sim 3.98) \times 10^{-3}$
铂铑合金	90%Pt+10%Rh	+0.64	-	1300	1600	1.67×10^{-3}
铂铱合金	90%Pt+10%Ir	+0.13	-	1000	1200	-
汞	Hg	+0.04	-	-	-	0.96×10^{-3}
锑	Sb	+4.7	-	-	-	4.73×10^{-3}
铅	Pb	+0.44	-	-	-	4.11×10^{-3}
银	Ag	+0.72	-	600	700	4.1×10^{-3}
锌	Zn	+0.7	-	-	-	3.9×10^{-3}
金钯铂合金	60%Au+30%Pd+10%Pt	-2.3				
铋	Bi	-7.7				

2. 热电偶类型

热电偶的类型、规格、结构品种繁多,从不同的分类观点提出的方法也很多,比如可以按使用温度、热电极材料、热电偶的用途、热电偶的结构等方面进行分类。这里分标准化和非标准化简单地介绍几种常用热电偶。

1）标准化热电偶（技术参数见表 9 - 5）

表 9-5　我国的标准热电偶及其技术参数

热电偶名称	极别	极识别性	化学成份	密度 g/cm³	熔点 ℃	热膨胀系数 1~100℃ 1/℃	比热 J·kg⁻¹·K⁻¹	导热系数 W·mm⁻¹·K⁻¹	电阻温度系数 0~100℃ 1/℃	电阻率 ×10⁻⁶ Ω·m	与铂丝配偶100℃时的热电势 mV	测量范围 长期 ℃	短期 ℃	100℃时的热电势 mV	允许误差 温度 ℃	允差 ℃	温度 ℃	允差 %
铂铑-铂	正	较硬	Pt90%＋Rh10%	20.00	1853	9.0×10^{-6}	146.54	37.6	1.67×10^{-3}	0.190	＋0.064	1300	1600	0.643	≤600	±2.4	≥600	±0.4
	负	柔软	Pt100%	21.32	1772	8.99×10^{-6}	133.98	68.44~71.34	$(3.92\text{~}3.98)\times10^{-3}$	0.098~0.106	0.00							
铂铑-铂铑	正	较硬	Pt70%＋Rh30%									1600	1800	0.034	≤600	±3	＞600	±0.5
	负	稍软	Pt94%＋Rh6%															
镍铬-镍硅（镍铬-镍铝）	正	不亲磁 色较暗	Cr9%~10% Si0.4% Ni90%	8.2	1500	1.7×10^{-5}			1.4×10^{-4}	0.95~1.05	＋1.5~＋2.5	1000	1200	4.1	≤400	±4	＞400	±0.75
	负	稍亲磁 银白色	Si2.5%~3.0% Co0.6% Ni97%															
镍铬-考铜	正	色较暗	Cr9%~10% Si0.4% Ni90%	8.2	1500	1.7×10^{-5}			1.4×10^{-4}	0.95~1.05	＋1.5~＋2.5	-200~600	800	6.95	≤400	±4	＞400	±1
	负	银白色	Cu56%~57% Ni43%~44%	9.0	1250	1.56×10^{-5}			1.0×10^{-4}	0.49	-4.0							
铜-康铜	正	红色	Cu100%	8.95	1084	1.65×10^{-5}	391.84	394.4	4.33×10^{-6}	0.0156~0.0168	＋0.76	-200~200	300	4.26	-200~-40	±2%	-40~400	±0.75
	负	银白色	Cu55% Ni45%	8.9	1222	1.49×10^{-5}	393.56	20.9	1×10^{-5}	0.49	-0.35							

铂铑$_{10}$—铂热电偶（WRLB）（分度号：LB – 3）

优点：热电特性稳定，测温准确度高，容易获得纯净的铂和理想的铂铑合金，熔点高，便于复制，可作基准和标准热电偶。

缺点：热电势较低，价格昂贵，不能用于金属蒸汽和还原性气体中。

铂铑$_{30}$—铂铑$_6$热电偶（WRLL）（分度号：LL – 2）

优点：比铂铑$_{10}$—铂热电偶具有更高的测量上限（1800℃），更好的稳定性和更高的机械强度，室温下热电势比较少，因此许多情况下不需要参考端补偿和修正，可作标准热电偶。

缺点：热电势小，要配更高灵敏度和更高精度的仪表。镍铬—镍硅或镍铬—镍铝热电偶（WREU）（分度号 EU – 2）

优点：热电势较大，热电势与温度的关系很接近线性关系，有较强的抗氧化性和抗腐蚀性。化学稳定性好，复制性好，价格便宜，可选取其中较好的作标准热电偶。

缺点：测量精度比铂铑$_{10}$—铂热电偶低，热电势稳定性也较差。

镍铬—考铜热电偶（WREA）（分度号：EA – 2）

优点：热电势较大，电阻率小，适用于还原性和中性气氛下测温，价格便宜。

缺点：测量上限较低。

铜—康铜热电偶（分度号：CK）

优点：热电势大，容易复制，价格低，可作二等标准仪器。

缺点：在高温下铜极易氧化，故不宜在氧化性气氛中工作，较适用于低温和超低温测量。

2）非标准化热电偶

铁—康铜热电偶

测温上限为600℃（长期），温度与热电势的线性关系好，灵敏度高，但铁极易生锈。

钨—钼热电偶

测温上限2100℃，但容易氧化，在使用中要加石墨保护管，使热电偶的热惰性增大。

钨铼系热电偶

测温上限受绝缘材料的限制，一般可测到2400℃高温，采用钨铼合金代替纯钨和纯铼，热电偶的性能可得到改善。

另外还有铱铑系热电偶（范围可达2100℃左右）、镍铬—金铁热电偶、镍钴—镍铝热电偶、双铂钼热电偶，以及一些非金属热电偶，如热解石墨热电

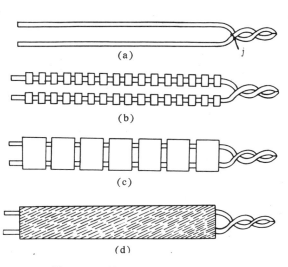

图 9 – 10　热电偶导线的绝缘方法
（a）裸线热电偶　　　　　（b）珠形绝缘子热电偶
（c）双孔绝缘子热电偶　　（d）石棉绝缘管热电偶

偶、二硅化钨—二硅化钼热电偶等。但非金属热电偶材料的复制性差，没有统一的分度表，而且机械强度差，所以使用中受到很大的限制。

二、热电偶结构形式

将两热电极的一个端点，紧密焊接在一起组成接点就构成了热电偶。在热电偶两热电极之间通常用耐高温材料绝缘。如图 9 - 10 所示。

根据被测对象不同，热电偶的结构形式是多种多样的。下面介绍几种比较典型的热电偶结构形式。

1．普通型热电偶

如图 9 - 11 所示，这种热电偶在测量时将测量端插入被测对象的内部，主要用于测量容器或管道内气体、液体等介质的温度。其结构主要包括：热电极、保护套管、绝缘子、接线盒及安装法兰等。

2．铠装热电偶

铠装热电偶是把保护套管（材料为不锈钢或镍基高温合金）、绝缘材料（高纯脱水氧化镁或氧化铝）与热电偶丝组合在一起拉制而成，也称套管热电偶或缆式热电偶。

图 9 - 12 为铠装热电偶工作端结构的几种型式，其中：（a）为单芯结构，其外套管亦为一电极，因此中心电极在顶端应与套管直接焊在一起；（b）为碰底型，测量端和套管焊在一起；（c）为不碰底型，热电极与套管间互相绝缘；（d）为露头型，测量端露在套管外面；（e）为帽型，把露头型的测量端套上一个套管材料作的保护帽，再用银焊密封起来。

铠装热电偶有独特的优点：小型化，则对被温度反应快，时间常数小。很细的整体组合结构使其柔性大，可以弯成各种形状，适用于结构复杂的对象。同时，机械性能好，结实牢靠、耐震动和耐冲击。

3．小惯性热电偶

其特点是时间常数小，响应速度快，可用以测量瞬态温度变化过程。它又可分为普通小惯性热电偶、快速微型热电偶和薄膜热电偶等。

图 9 - 13 为薄膜热电偶，是由两种金属薄膜连接在一起的特殊结构的热电偶。热电极是一层金属薄膜，其厚度约 $0.01 \sim 0.1 \mu m$，所以测量端的热惯性很小，反应快，可以用来测量瞬变的表面温度和微小面积上的温度。其结构有片状、针状和把热电极材料直接蒸度在被测表面上的三种。所用热电偶类型有铁—康铜、铁—镍、铜—康铜、镍铬—镍硅等，测温范围为 $- 200 \sim 300℃$，最小时间常数可达微秒级。

除以上所述，还有测量表面温度的热电偶、测量气流温度的热电偶，多点式热电偶等等就不一一介绍。

9.1.3　热电势的测量及热电偶的标定

一、热电势的测量

热电偶把被测温度变换为电势信号，因此可通过各种电测仪表来测量电势以显示被测温度。采用直流毫伏计测量的温度表也叫做"热电式温度表"；而用自平衡式电位差计原理测量的温度表，则称为"伺服式温度表"。这里主要介绍伺服式温度表和数字式温度表。

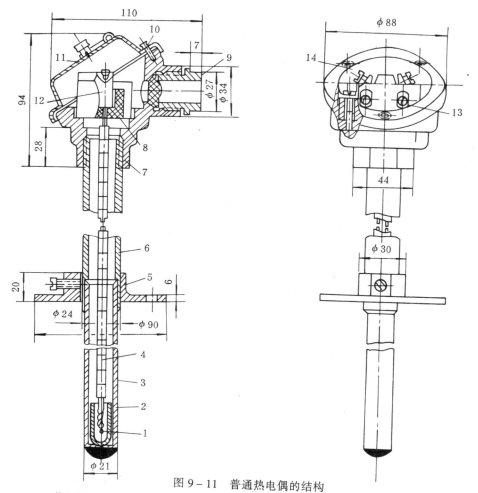

图 9 - 11   普通热电偶的结构

1 - 热电偶热端   2 - 绝缘套   3 - 下保护套管   4 - 绝缘珠管   5 - 固定法兰   6 - 上保护套管

7 - 接线盒底座   8 - 接线绝缘座   9 - 引出线套管   10 - 固定螺钉   11 - 外罩   12 - 接线柱

13 - 引出电极固定螺钉   14 - 引出线固定螺钉

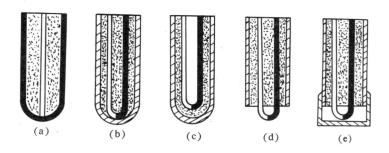

|(a)|(b)|(c)|(d)|(e)|

图 9 - 12   铠装热电偶工作端的结构

1. 伺服式温度表

图 9-14 是电位计的作用原理线路图。当开关合向 C 时，形成测量回路，其回路电压方程为

$$E_x - IR_{ab} = i\sum R$$

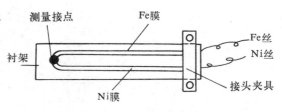

图 9-13　铁-镍薄膜热电偶

式中：E_x——被测电势；

　　I，i——分别为工作电流回路和测量回路的电流；

　　$\sum R$——a、b 间的可变电阻 R_{ab}，检流计内阻和电势源 E_x 的内阻之和。

这时，检流计 G 指示为 i，移动触点 b，使检流计指零（即 $i=0$）时，系统达到平衡，即有 $E_x = IR_{ab}$。当电流 I 和电阻 R_{ab} 已知时，则可以用可变电阻触点 b 的位置标明被测电势数值。由此也知，工作电流值 I 和电阻值 R_{ab} 的精确确定，以及被测电势与已知电压之差值的灵敏检出，是影响电位差计精确性的关键。为此，使用时要注意下列问题：①校正工作电流 I。在测量过程中，要保证工作电流精确已知并且稳定不变；②检流计 G 应有足够高的灵敏度；③测量回路的总电阻要适当。

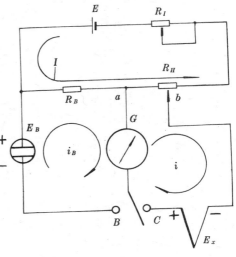

图 9-14　电位差计原理图

伺服式温度表在使用时为了自动地移动触点 b 以跟踪 E_x 的变化，可采用一套小功率伺服系统，当被测电势发生变化时，不平衡电压将引起伺服系统工作，直至达到新的平衡状态。伺服式温度表就是根据这种自平衡式电位差计的原理工作的。

2. 数字式温度表

为了实现温度的数字显示，或组成温度的巡检系统，或向计算过程控制系统提供温度信号，都要对热电偶的热电势进行数字化处理，所以在采用热电偶的温度数字测量系统中，最基本的环节是热电偶和 A/D 转换器。使用时必须注意两点：

(1) 热电偶输出的热电势一般都很小，在进行 A/D 转换前，必须经过高增益的直流放大，常用数据放大器。

(2) 热电偶的热电特性，一般来讲都是非线性的。欲使显示数或输出脉冲数与被测温度直接相对应，必须采取线性化措施。在带有计算机或微处理机的测量系统中，非线性校正（和冷端补偿）工作，都直接由计算机完成，即所谓"软件校正法"。但目前用得更多的是所谓"硬件校正法"，即采用非线性校正装置，也称"线性化器"。

二、热电偶的标定

热电偶使用一段时间后，测量端要受氧化腐蚀，并在高温下发生再结晶，以及受拉

伸、弯曲等机械应力的影响都可能使热电特性发生变化，产生误差，因而要定期校准。

标定的目的是核对标准热电偶热电势－温度关系是否符合标准，或确定非标准热电偶的热电势—温度标定曲线，也可以通过标定消除测量系统的系统误差。标定方法有定点法和比较法。

定点法是以纯元素的沸点或凝固点作为温度标准。如基准铂铑$_{10}$－铂热电偶在630.755～1064.43℃的温度间隔内，以金的凝固点1064.43℃、银的凝固点961.93℃、锑凝固点630.775℃作为标准温度进行标定。

比较法是将标准热电偶与被标定热电偶之间直接进行比较，比较法又可分为双极法，同名极法（单极法）和微差法，这里主要介绍双极法。

1. 手工标定

图9－15为双极法标定系统原理图。

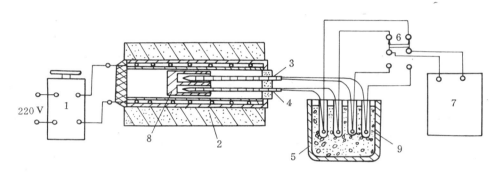

图9－15 热电偶校验系统图

1－调压变压器　2－管式电炉　3－标准热电偶　4－被校热电偶
5－冰瓶　6－切换开关　7－直流电位差计　8－镍块　9－试管

标定铂铑—铂热电偶时，将标准热电偶与被标定热电偶的工作端，用铂丝捆扎在一起，插到管式炉内的均匀温度场中，冷端分别插在0℃的恒温器中。用自耦变压器1调节炉温，当炉温到达所需的标定温度点±10℃内，且炉温变化每分钟不超过0.2℃时，就可读数。每一个标定点温度的读数不得少于四次。

如果标定不同于标准热电偶材料的热电偶，为了避免被标热电偶对标准热电偶产生有害影响，要用石英管将两者隔离开，而且为保证标准热电偶与被标热电偶工作端处于同一温度，常把其热端放在金属镍块中，并把镍块置于电炉的中心位置，且炉口用石棉堵严。

2. 自动标定

图9－16为自动标定装置方框图。图（a）用于同型号热电偶的自动标定。它同时测量电炉温度 t，分别输出热电势 E_B 和 E_t，在减法器内被比较得电势差值 $\Delta E = E_t - E_B$，ΔE 输入记录仪进行记录。

图（b）用于不同型号的热电偶自动标定，如用标准铂铑热电偶标定贱金属热电偶，两者的热电势不能直接比较，因此，由函数发生器将标准热电偶输出的热电势 E'_B 转换为 E_B，然后输入减法器与 E_t 相比较。

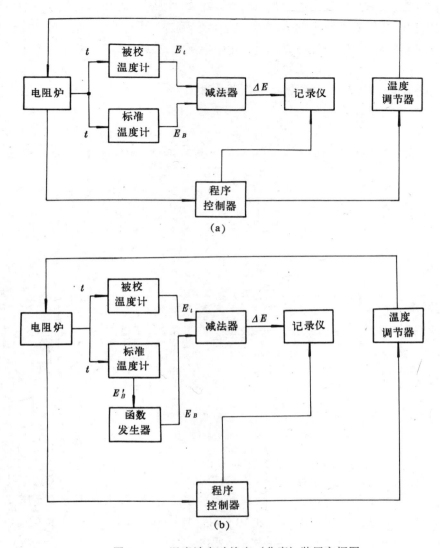

图 9-16　温度计自动检定（分度）装置方框图

程序控制器包括升温指示器、恒温时间控制器和记录控制器三部分。其作用是在标定过程中，诸如电炉的升温、恒温、标定结果的显示、记录及转换和工作结束后自动切断电源等一系列动作，能够按预先给定的程序自动进行。

3. 微机全自动检定系统

应用微机实现的热电偶全自动检定系统，能实现自动控温、自动检测和自动处理数据。

自动控制炉温：在升温段，控制量取一固定值，其大小与将要升到的检定点温度有关，以得到一个合适的升温率。当炉温将升到检定点温度时，通过一个预测炉温在预定惯性时间内能否达到检定点温度的判别式，决定控制量是否取零（即停止加温）；停止加温后，炉温借热惯性继续上升，但其变化率由其某个正值越来越小，在变化率小至将近零值时，采用 PC 控制律（或非线性控制律）恒温，使炉温维持不变。

自动检定的数据处理可通过微机系统程序自动完成。

9.1.4 热电偶的传热误差和动态误差

一、传热误差

采用热电偶测温与其他感温元件一样，是通过热电偶与被测介质之间的热量交换。热电偶吸收了被测介质传送来的热量，一方面用以加热，提高自身的温度；同时又向周围散失热量。当热交换达到平衡状态时，热电偶的测量端也就达到一个稳定的温度。但由于热量的散失，热电偶测量端的温度低于被测介质的温度。这时热电偶的显示误差称为传热误差，它是由导热、对流、辐射三种基本热交换形式造成的。

1．对流换热

对流换热是指流体和固定表面直接接触时互相间的换热过程。这是测量低速流体温度的主要热交换形式。实验表明，对流换热与气流速度、气流参数（粘度，比热等）、热接点的几何形状、尺寸以及热电偶的安装等许多因素有关。对于垂直于气流方向安装时，它正比于气流速度的平方根，而反比于电极直径的平方根。

2．辐射换热

辐射换热是指两个相互不接触的物体，通过热射线进行热量传递的形式。利用热电偶测量气体温度时，由于热接点与管壁的温度不同，因此接点与管壁间存在有辐射热交换。由史蒂芬－波尔兹曼全辐射定律知道辐射换热量与热接点面积、热电极材料及表面亮度、管壁面和接点温度有关。

3．传导换热

传导换热是指两个冷热程度不同的物体相互接触时，通过物体本身进行热量交换的形式。热电偶安装于管壁上，由于两者温度不同（通常热接点的温度均高于管壁的温度），则接点沿着电极、绝热层、保护套管向管壁传送热量。它与材料导热系数、电极截面积、热电偶插入深度以及接点和管壁面温度有关。

二、动态误差

用热电偶测量温度时,由于热接点具有一定的热容量,则热接点从介质中吸收热量后,加热自身提高温度到稳定值就需要一定的时间,即热接点的温度变化,在时间上总是滞后于被测介质的温度变化。这种由于热惯性引起的温度偏差值,称为动态响应误差。

1．热电偶的动态响应

如果采用裸丝热电偶，惟一的传热方式是对流换热，若热交换中没有热损失，则热接点的热平衡方程为

$$\alpha F_1 (T - T_j) = c\rho v \frac{\mathrm{d}T_j}{\mathrm{d}t} \qquad (9-9)$$

$$\frac{\mathrm{d}T_j}{\mathrm{d}t} = \frac{\alpha F_1}{c\rho v}(T - T_j)$$

此式为牛顿冷却定律：向感温元件传热的速度正比于周围介质与元件间的温度。以 $\tau = \frac{c\rho v}{\alpha F}$ 代入，得

$$\tau \frac{\mathrm{d}T_j}{\mathrm{d}t} + T_j = T \qquad (9-10)$$

式中：c——热接点比热；　　　　T——介质真实温度；

v——热接点体积；　　　　F——热接点表面积；

ρ——热接点材料的质量密度；

τ——热电偶的动态指标，称为时间常数。

这是个一阶系统的一般表达式，其传递函数、频率响应、幅频特性、相频特性已在 2.3 中给出，其对各种激励的响应曲线可查表 2 - 2。

(i) 测量恒定温度

将热电偶从室温 T_0 迅速插入温度为 T 的温度场中(其温度曲线可由表 2 - 2 查出)，有

$$T_j = T - (T - T_0)e^{-t/\tau}$$

式中：t——时间；　　　　T_0——即热接点初始温度；

T——介质温度；　　　　T_j——热接点温度；

τ——热电偶时间常数。

若当 $t = 0$ 时，$T_0 = 0$，则

$$T_j = T(1 - e^{-t/\tau})$$

上式中第一项等于输入量，即被测温度，第二项为动态误差，即输入量与响应曲线在垂直方向上之差。τ 值愈大，则达到实际值 T 的时间愈长，动态误差就愈大。

(ii) 测量沿直线上升的温度

被测温度与时间的关系为

$$T = T_0 + ct \tag{9 - 11}$$

式中：T_0——被测温度的初始值；

c——被测温度的升温率。

热电偶的温度表达式为

$$T_j = T_0 + ct - c\tau(1 - e^{-t/\tau}) \tag{9 - 12}$$

(iii) 测量按正弦变化的温度

被测温度与时间的关系为

$$T = T_0 + T_A \sin\omega t \tag{9 - 13}$$

式中：T_A——幅值；　　　　ω——角频率。

当 $t \geq 5\tau$ 时，热电偶的温度表达式可近似为

$$T_j = T_0 + \frac{T_A}{\sqrt{1 + (\omega\tau)^2}}\sin(\omega t - \varphi) \tag{9 - 14}$$

可见，热电偶经过 5τ 之后，其温度与被测温度都按正弦变化，但振幅小了，相位滞后了一个 φ 角，($\varphi = \arctan(\omega\tau)$)。$\tau$ 值愈大，振幅愈小，φ 角愈大。

从以上分析可知，时间常数 τ 是反映热电偶传热特性的一个重要参数。为了减小动态测量误差，必须减小时间常数 τ。

2. 减小动态误差的方法

主要以减小热电偶的时间常数，或减小测温系统的时间常数来减小动态误差。

(1) 采用尺寸较小和 v/F 较小的热接点。就可减小时间常数 τ。但在多数情况下，

过小直径的热电偶没有足够的机械强度和足够的使用寿命；

（2）选用比热 c 小，密度 ρ 小的热电极材料，而且通过增大热接点的气流速度增大对流换热，以减小 τ 值；

（3）采用 RC 微分网络进行校正。

为了提高测温系统的动态精度，可在系统中串联一个校正环节。裸丝热电偶的传递函数为

$$W_1(s) = \frac{1}{\tau_1 s + 1}$$

那么，要使测量系统无惯性，必须找一个与之相应的环节串联，使

$$W(s) = W_1(s) W_2(s) = 1$$

即

$$W_2(s) = \frac{1}{W_1(s)} = \tau_1 s + 1$$

式中：$W(s)$——测温系统的传递函数；

$W_2(s)$——串联环节的传递函数。

实际上，没有与 $W_2(s) = \tau_1 s + 1$ 相对应的网络，只有与之相近的网络，如图 9-17 示。其传递函数为

$$W_2(s) = \frac{\sigma(1 + \tau_2 s)}{\sigma \tau_2 s + 1}$$

式中：τ_2——校正网络的时间常数，$\tau_2 = R_2 c$；

σ——校正系数，即校正电路的分压比，$\sigma = \dfrac{R_1}{R_1 + R_2}$。

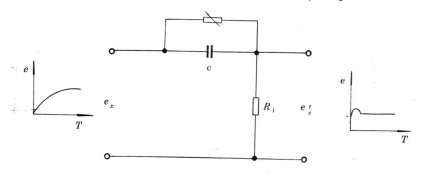

图 9-17　采用 RC 微分校正网络校正热电偶的动态特性

则总的传递函数为

$$W(s) = \frac{1}{\tau_1 s + 1} \cdot \frac{\sigma(1 + \tau_2 s)}{\sigma \tau_2 s + 1}$$

如果设计校正网络时，使 $\tau_2 = \tau_1 = \tau'$ 则

$$W(s) = \frac{\sigma}{\sigma \tau s + 1} \tag{9-15}$$

取其拉氏逆变换，可得

$$y(t) = \sigma(1 - e^{-\tau/\delta\tau'})$$
$$= \sigma(1 - e^{-t/\tau})$$

式中 $\tau = \sigma\tau' = \sigma\tau_1 = \sigma\tau_2$ 为测试系统的时间常数。

由式可看出，系统仍然是有惯性的，但设计校正网络时可使 $\sigma \ll 1$，这就使测温系统的时间常数 τ 大大减小，从而大大地减小动态误差。正确选择电阻和电容的数值，可使系统时间常数减小 100 倍左右。但信号幅度也会衰减 100 倍左右，即系统时间常数减小 σ 倍，是以信号幅度衰减 σ 倍为代价的。信号幅度的衰减可加放大环节解决。

显然，校正网络是根据热电偶时间常数来设计的。而时间常数是热电偶机械结构及动力学状态的函数，因 τ_1 值是随动力学状态的变化而异的。而校正是针对某一种动力学状态的，即针对某一固定的热电偶时间常数 τ_1。因而状态变化了，τ_1 也将改变，就要调节校正网络的参数以适合相应的状态。

对于带有保护套管的热电偶，气流与热接点之间没有直接的热交换，气流以对流的形式向保护套管传送热量，使保护套管的温度逐渐上升，同时套管又以传导的形式向热接点传送热量。

9.2 热电阻

利用感温电阻，把测量温度转化成测量电阻的电阻式测温系统，常用于测量 −200 ～500℃范围内的温度。它是利用热电阻和热敏电阻的电阻率温度系数而制成温度传感器的。大多数金属导体和半导体的电阻率都随温度发生变化，都称为热电阻，纯金属有正的温度系数，半导体有负的电阻温度系数。用金属导体或半导体制成的传感器，分别称为金属电阻温度计和半导体电阻温度计。

随着科学技术的发展，热电阻的应用范围已扩展到 1～5K 的超低温领域。同时在 1000～1200℃温度范围内也有足够好的特性。

9.2.1 金属热电阻

一、工作原理、结构和材料

大多数金属导体的电阻，都具有随温度变化的特性。其特性方程式如下：

$$R_i = R_0[1 + a(t - t_0)]$$

式中：R_i，R_0——分别为热电阻在 t℃和 0℃时的电阻值；

　　　a——热电阻的电阻温度系数（1/℃）。

对于绝大多数金属导体，α 并不是一个常数，而是温度的函数。但在一定的温度范围内，a 可近似地看作为一个常数。不同的金属导体，a 保持常数所对应的温度范围不同。选作感温元件的材料应满足如下要求：

（1）材料的电阻温度系数 a 要大。a 越大，热电阻的灵敏度越高；纯金属的 a 比合金的高，所以一般均采用纯金属作热电阻元件；

（2）在测温范围内，材料的物理、化学性质应稳定；

（3）在测温范围内，α 保持常数，便于实现温度表的线性刻度特性；

（4）具有比较大的电阻率，以利于减少热电阻的体积，减小热惯性；

（5）特性复现性好，容易复制。

比较适合以上要求的材料有：铂、铜、铁和镍。

1．铂热电阻

铂的物理、化学性能非常稳定，是目前制造热电阻的最好材料。铂电阻主要作为标准电阻温度计。广泛地应用于温度的基准、标准的传递。它的长时间稳定的复现性可达 10^{-4} K，是目前测温复现性最好的一种温度计。

铂的纯度通常用 $W(100)$ 表示，即

$$W(100) = \frac{R_{100}}{R_0}$$

式中：R_{100}——水沸点（100℃）时的电阻值；

R_0——水冰点（0℃）时的电阻值。

$W(100)$ 越高，表示铂丝纯度越高，国际实用温标规定，作为基准器的铂电阻，其比值 $W(100)$ 不得小于 1.3925。目前技术水平已达到 $W(100) = 1.3930$，与之相应的铂纯度为 99.9995%，工业用铂电阻的纯度 $W(100)$ 为 1.387～1.390。

铂丝的电阻值与温度之间的关系：在 0～630.755℃ 范围内为

$$R_t = R_0(1 + At + Bt^2) \tag{9-17}$$

在 -190～0℃ 范围内为

$$R_t = R_0[1 + At + Bt^2 + C(t - 100)t^3] \tag{9-18}$$

式中：R_t，R_0——温度分别为 t 和 0℃ 时铂的电阻值；

A，B，C——常数。

对 $W(100) = 1.391$ 有 $A = 3.96847 \times 10^{-3}/℃$，$B = -5.847 \times 10^{-7}/℃^2$，$C = -4.22 \times 10^{-12}/℃^4$。

对 $W(100) = 1.389$ 有 $A = 3.94851 \times 10^{-3}/℃$，$B = -5.851 \times 10^{-7}/℃^2$，$C = -4.04 \times 10^{-12}/℃^4$。

我国标准化铂热电阻特性见表9-6，其中 B_1，B_2 已渐趋淘汰。

表9-6　铂热电阻技术特性表

分度号	$R_0(\Omega)$	R_{100}/R_0	精度等级	R_0 允许的误差(%)	最大允许误差(℃)
B_1	46.00	1.389 ± 0.001	Ⅱ	±0.1	对于Ⅰ级精度
B_2	100.00	1.389 ± 0.001	Ⅱ	±0.1	$-200 \sim 0℃$
B_{A1}	46.00	1.391 ± 0.0007	Ⅰ	±0.05	$\pm(0.15 + 4.5 \times 10^{-3}t)$
(Pt50)	(50.00)	1.391 ± 0.001	Ⅱ	±0.1	$0 \sim 500℃$ 对于Ⅱ级精度 $-200 \sim 0℃$
B_{A2}	100.00	1.391 ± 0.0007	Ⅰ	±0.05	$\pm(0.15 + 3 \times 10^{-3}t)$
(Pt100)		1.391 ± 0.001	Ⅱ	±0.1	$\pm(0.3 + 6.0 \times 10^{-3}t)$
B_{A3} (Pt300)	300.00	1.391 ± 0.001	Ⅱ	±1	$0 \sim 500℃$ $\pm(0.3 + 4.5 \times 10^{-3}t)$

铂电阻一般由直径为 0.05～0.07mm 铂丝绕在片形云母骨架上，铂丝的引线采用银线，引线用双孔瓷绝缘套管绝缘。见图9-18。

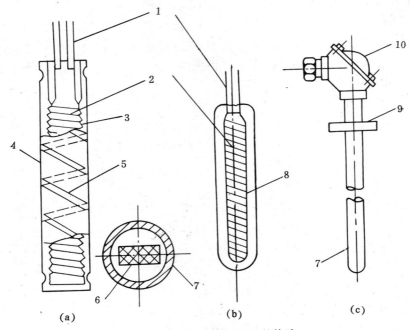

图 9 – 18 铂热电阻的构造

(a) 剖面图   (b) 结构图   (c) 装配图

1 – 银引出线 2 – 铂丝 3 – 锯齿形云母骨架 4 – 保护用云母片 5 – 银绑带

6 – 铂电阻横断面 7 – 保护套管 8 – 石英骨架 9 – 连接法兰 10 – 接线盒

2. 铜热电阻

铜丝可用来制造 – 50℃ ~ 150℃ 范围内的工业用电阻温度计。在此温度范围内线性关系好，灵敏度比铂电阻高（$\alpha = (4.25 \sim 4.28) \times 10^{-3}/℃$），容易得到高纯度材料，复制性能好。但铜易于氧化，一般只用于 150℃ 以下的低温测量和没有水分及无侵蚀性介中的温度测量。

通常利用二项式计算在 t℃ 时的铜电阻值为

$$R_t = R_0[1 + a_0(t - t_0)] \tag{9 – 19}$$

式中：R_0——在 t_0℃ 时电阻值；

a_0——在初始温度为 t_0℃ 时的温度系数。

由式可知，铜电阻与温度的关系是线性的，但需注意一点，式中 R_0 应是温度范围起始温度 t_0℃ 时的电阻值，而且要和 a_0 值的温度对应。

假设已知从 t_0℃ 到 t_k℃ 温度区间的 a_0 值为常数则在图 9 – 19 中 1 ~ 2 之间的电阻与温度的关系可用直线 AB 表示。

在某一温度区间内任一点 t 的电阻值可以写成

$$R_t = R_0 + (t - t_0)\tan\beta \tag{9 – 20}$$

比较（9 – 24）和（9 – 20）式可发现

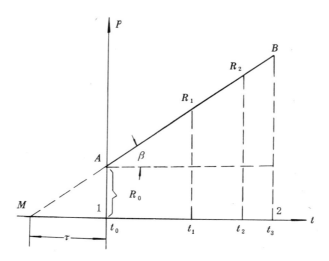

图9-19 电阻与温度关系

$$\tan\beta = R_0 a_0$$

$$a_0 = \frac{\tan\beta}{R_0}$$

可见 a_0 值不仅决定于热敏电阻材料曲线起始角度 β，而且还和初始电阻值 R_0 有关。所以在利用给出的 a_0 值时，要注意和它相应的温度。

目前工业上使用的标准化铜热电阻有分度号为 G、Cu50 和 Cu100 的三种。它们的技术特性见表9-7，分度关系见附录7、8。

铁和镍这两种金属的电阻温度系数较高，电阻率较大，故可作成体积小、灵敏度高的的电阻温度计。其特点是容易氧化、化学稳定性差、不易提纯，复制性差，而且电阻值与温度的线性关系差。目前应用不多。

表9-7 铜热电阻的技术特性

分度号	G	Cu50	Cu100
$R_0(\Omega)$	53	50	100
R_{100}/R_0	1.425 ± 0.001	1.425 ± 0.002	
精度等极	II	III	
R_0 允许误差(%)	± 0.1	± 0.1	
最大允许误差(%)	$\pm(0.3 \times 3.5 \times 10^{-3} t)$	$\pm(0.3 \times 6.0 \times 10^{-3} t)$	

热电阻的结构比较简单，一般将电阻丝绕在云母、石英、陶瓷、塑料等绝缘骨架上，经过固定，外面再加上保护套管。但骨架性能的好坏，影响其测量精度、体积大小和使用寿命。对骨架的要求是：①电绝缘性能好；②在高、低温下有足够的机械强度，在高温下有足够的刚度；③体膨胀系数要小，在温度变化后不给热电阻丝造成压力；④不对电阻丝产生化学作用。

二、测量电路

电阻温度计的测量电路最常用的是电桥电路，精度较高的是自动电桥。为消除由于连接导线电阻随环境温度变化而造成的测量误差，常采用三线和四线连接法。

图 9-20 是三线连接法的原理图。G 为检流计，R_1，R_2，R_3 为固定电阻，R_a 为零位调节电阻。热电阻 R_t 通过电阻为 r_1，r_2，r_g 的三根导线和电桥连接，r_1 和 r_2 分别接在相邻的两臂内，当温度变化时，只要它们的长度和电阻温度系数 α 相等，它们的电阻变化就不会影响电桥的状态。电桥在零位调整时，就使用 $R_4 = R_a + R_{t0}$。R_{t0} 为热电阻在参考温度（如 0℃）时的电阻值。三线接法中可调电阻 R 的触点，接触电阻和电桥臂的电阻相连，可能导致电桥的零点不稳。

图 9-21 为四线连接法。调零的 R_a 电

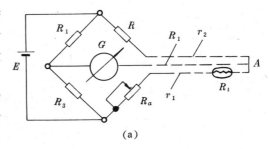

(a)

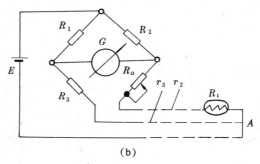

(b)

图 9-20 热电阻测温电桥的三线连接法

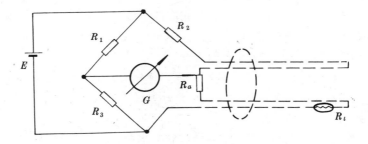

图 9-21 热电阻测温电桥的四线连接法

位器的接触电阻和检流计串联，这样，接触电阻的不稳定不会破坏电桥的平衡和正常工作状态。

热电阻式温度计性能最稳定，测量范围广、精度也高。特别是在低温测量中得到广泛的应用。其缺点是需要辅助电源。热容量大限制了它在动态测量中的应用。

为避免热电阻中流过电流的加热效应。在设计电桥时，要使流过热电阻的电流尽量小，一般小于 10mA。

9.2.2 半导体热敏电阻

一般说来，半导体比金属具有更大的电阻温度系数。半导体热敏电阻包括正温度系数（PTC）、负温度系数（NTC）、临界温度系数（CTR）热敏电阻等几类。

PTC 热敏电阻主要采用 $BaTO_3$ 系列的材料，当温度超过某一数值时，其电阻值朝正的方向快速变化。其用途主要是彩电消磁，各种电器设备的过热保护，发热源的定温

控制，也可以作为限流元件使用。

CTR 热敏电阻采用 VO_2 系列等材料，在某个温度值上电阻值急剧变化。其用途主要用作温度开关。

NTC 热敏电阻具有很高的负电阻温度系数，特别适用于 $-100 \sim 300℃$ 之间测温。在点温、表面温度、温差、温场等测量中得到日益广泛的应用，同时也广泛地应用在自动控制及电子线路的热补偿线路中。这里主要讨论这种热敏电阻。

一、热敏电阻的主要特性

1. 温度特性

热敏电阻的基本特性是电阻与温度之间的关系，其曲线是一条指数曲线，可用下式表示：

$$R_T = Ae^{B/T} \tag{9-21}$$

式中：R_T——温度为 T 时的电阻值；

A——与热敏电阻尺寸、形式、以及它的半导体物理性能有关的常数；

B——与半导体物理性能有关的常数；

T——热敏电阻的绝对温度。

若已知两个电阻值 R_1 和 R_2 以及相应的温度值 T_1 和 T_2，便可求出 A，B 两个常数。

$$B = \frac{T_1 T_2}{T_2 - T_1} \ln \frac{R_1}{R_2} \tag{9-22}$$

$$A = R_1 e(-B/T_1) \tag{9-23}$$

将 A 值代入式（9-21）中。可获得以电阻 R_1 作为一个参数的温度特性表达式

$$R_T = R_1 e^{(B/T - B/T_1)} \tag{9-24}$$

通常取 20℃时的热敏电阻的阻值为 R_1，称为额定电阻，记作 R_{20}；取相应于 100℃时的电阻 R_{100} 作为 R_2，此时将 $T_1 = 293K$，$T_2 = 373K$ 代入式（9-25）可得：

$$B = 1365 \ln \frac{R_{20}}{R_{100}}$$

一般生产厂都在此温度下测量电阻值。而可求得 B 值。将 B 值及 R_{20} 代入式（9-24）就确定了热敏电阻的温度特性，如图 9-22 所示。称 B 为热敏电阻常数。

热敏电阻在其本身温度变化 1℃时，电阻值的相对变化量，称为热敏电阻的温度系数。即

$$a = \frac{1}{R} \frac{dR}{dT} \tag{9-28}$$

微分式（9-24）可求得

$$a = -B/T^2 \tag{9-29}$$

a 值和 B 值都是表示热敏电阻灵敏度的参数，热敏电阻的电阻温度级系数比金属丝的高很多，所以它

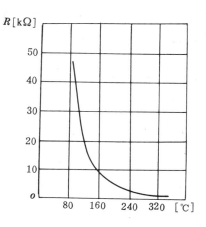

图 9-22 热敏电阻的温度特性

的灵敏度很高。

除了电阻－温度特性以外，热敏电阻的伏安特性和安－时特性在使用中也是十分重要的。

2．伏－安特性 $U = f(I)$

在稳态情况下，通过热电阻的电流 I 与其两端之间的电压 U 的关系。称为热敏电阻的伏安特性。

由图9－23可见，当流过热敏电阻的电流很小时，不足以使之加热。电阻值只决定于环境温度，伏安特性是直线，遵循欧姆定律。主要用来测温。

当电流增大到一定值时，流过热敏电阻的电流使之加热，本身温度升高，出现负阻特性。因电阻减小，即使电流增大，端电压反而下降。其所能升高的温度与环境条件（周围介质温度及散热条件）有关。当电流和周围介质温度一定时，热敏电阻的电阻值取决于介质的流速、流量、密度等散热条件。根据这个原理可用它来测量流体速度和介质密度等。

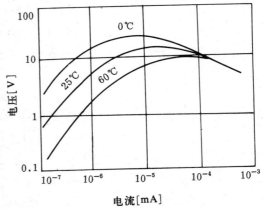

图9－23 伏－安特性

3．安－时特性

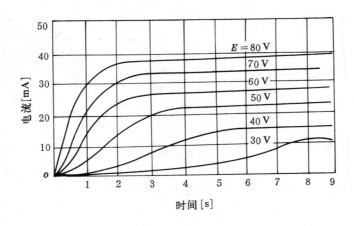

图9－24 安－时特性

如图9－24所示为热敏电阻的电流－时间曲线，表示热敏电阻在不同的外加电压下，电流达到稳定最大值所需的时间。热敏电阻受电流加热后，一方面使自身温度升高，另方面也向周围介质散热，只有在单位时间内从电流得到的能量与向四周介质散发的热量相等。达到热平衡时，才能有相应的平衡温度。即有固定的电阻值。完成这个热平衡过程需要时间。可选择热敏电阻的结构及采取相应的电路来调整这个时间。对于一般结构的热敏电阻。其值在 0.5～1s 之间。

二、热敏电阻的主要参数

（1）标称电阻值 R_H，即环境温度（25 ± 0.2℃）时测得的电阻值，又称冷电阻；

（2）电阻温度系数 a，即热敏电阻的温度变化 1℃时电阻值的变化率，通常指温度为 20℃时的温度系数，单位为 %℃$^{-1}$；

（3）耗散系数 H，指热敏电阻的温度与周围介质的温度相差 1℃时所耗散的功率单位为 W℃$^{-1}$；

（4）热容量 C，热敏电阻的温度变化 1℃所需吸收或释放的热量单位为 J℃$^{-1}$；

（5）能量灵敏度 G，使热敏电阻的阻值变化 1% 所需耗散的功率，单位为 W，能量灵敏度 G 与耗散系数 H、电阻温度系数 a 之间的关系为

$$G = (H/a)100$$

（6）时间常数 τ，亦即为热容量 C 与耗散系数 H 之比

$$\tau = C/H$$

热敏电阻的优点是电阻温度系数大，灵敏度高，热容量小，响应速度快，而且分辨率很高可达 10^{-4}℃；主要缺点是互换性差，热电特性非线性大。可用温度系数很小的电阻与热敏电阻串联或并联，使等效电阻与温度的关系在一定的温度范围内是线性。

9.3 晶体管和集成温度传感器

这种传感器是利用 pn 结的伏安特性与温度之间的关系研制成的一种固态传感器。

9.3.1 工作原理

pn 结伏安特性可用下式表示

$$I = I_s \left(\exp \frac{qU}{kT} - 1 \right)$$

式中：I——pn 结正向电流；

U——pn 结正向压降；

I_s——pn 结反向饱和电流；

q——电子电荷量；

T——绝对温度；

k——波尔兹曼常数。

当 $\exp(qU/kT) \gg 1$ 时，则上式为

$$I = I_s \exp \frac{qU}{kT}$$

则

$$U = \frac{kT}{q} \ln \frac{I}{I_s}$$

可见只要通过 pn 结上的正向电流 I 恒定，则 pn 结的正向压降 U 与温度的线性关系只受反向饱和电流 I_s 的影响。I_s 是温度的缓变函数，只要选择合适的掺杂浓度，就可认为在不太宽的温度范围内，I_s 近似常数，因此，正向压降 U 与温度 T 成线性关系。

$$\frac{\mathrm{d}U}{\mathrm{d}T} = \frac{k}{q}\ln\frac{I}{I_s} \approx 常数$$

这就是 pn 结温度传感器的基本原理。

二极管作为温度传感器虽然工艺简单，但线性差，因而选用把 npn 晶体管的 bc 结短接，利用 be 结作为感温器件，即通常的三极管，三极管形式更接近理想 pn 结，其线性更接近理论推导值。

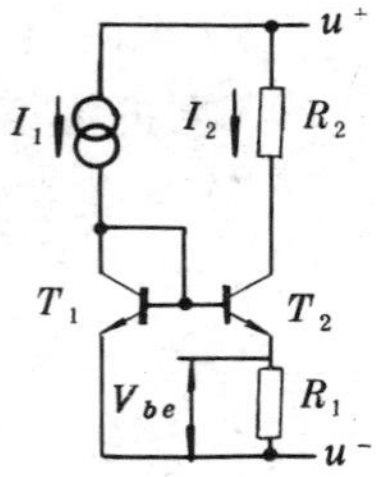

如图 9-25 所示。一只晶体管的发射极电流密度 J_e 可用下式表示

$$J_e = \frac{1}{a} \cdot J_s \left(\ln\frac{qU_{be}}{kT} - 1 \right)$$

图 9-25

式中：a——共基接法的短路电流增益；

$\quad\quad T$——绝对温度；$\quad\quad J_s$——发射极饱和电流密度；

$\quad\quad k$——波尔兹曼常数（1.38×10^{-23} J/K）；

$\quad\quad q$——电子电荷（1.59×10^{-19} C）；

$\quad\quad U_{be}$——基、射极电位差。

通常 $a = \approx 1$，$J_e \gg J_s$，将上式简化、取对数后得

$$U_{be} = \frac{kT}{q}\ln\frac{aJ_e}{J_s}$$

如果图中两晶体管满足下列条件：$a_1 = a_2$，$J_{s1} = J_{s2}$，$J_{e1}/J_{e2} = \gamma$ 为常数（γ 是 Q_1，Q_2 发射极面积比因子，由设计和制造决定，为一常数），则两晶体管基、射极电位差 U_{be} 之差 ΔU_{be}（R_1 两端之压降）为

$$\Delta U_{be} = U_{be1} - U_{be2} = \frac{kT}{q}\ln y$$

可见，ΔU_{be} 正比于绝对温度 T。这就是集成温度传感器的基本原理。

集成温度传感器按输出信号可分为电压型和电流型两种。电压型的温度系数约为 10mV/℃；电流型的温度系数约为 1μA/℃。这就很容易从它们输出信号的大小换算成绝对温度，而且其输出电压或电流与绝对温度成线性关系。

图 9-26 为单片双端集成温度传感器 AD590 的内部等效电路。Q_8，Q_{11} 是产生基-射电压正比于绝对温度的晶体管，R_5，R_6 将电压转换电流。Q_{10} 的集电极电流跟踪 Q_9 和 Q_{11} 集电极电流，它提供所有的偏置及电路其余部分基底漏电流，从而迫使总电流正比于绝对温度。R_5，R_6 在片子上用激光研修，在 +25℃ 校准器件。图 9-27（a）为其伏-安特性，U 为作用于 AD590 两端的电压，I 为其中电流，由图可见，在 4～30V 时，该器件为一个温控电

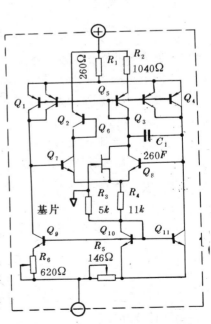

图 9-26　AD590 温度传感器电路

流源，且其电流值与 T_k 成正比，即

$$I = k_T \cdot T_k$$

其中，k_T 为标度因子，在器件制造时已作标定，是每度 $1\mu A$，其标定精度因器件的档次而异（常分为 I，J，K，L，M 五档）。因此，AD590 在电路中以理想恒流源的电路符号出现。图 9-27（b）为其温度特性，它在 $-55 \sim +150℃$ 温域中有较好线性度，其非线性误差因档次而异。若略去非线性项，则有

$$I = k_T \cdot T_c + 273.2(\mu A)$$

图 9-27（c）为非线性曲线。AD590 的 I 档 $\Delta T < \pm 3℃$，M 档 $\Delta T < \pm 0.3℃$，其余档次在二者之间。从图中可见，在 $-55 \sim +100℃$ 范围内，ΔT 递增，容易补偿；在 $+100 \sim +150℃$ 为递减，可进行分段补偿。AD590 的主要特征是：

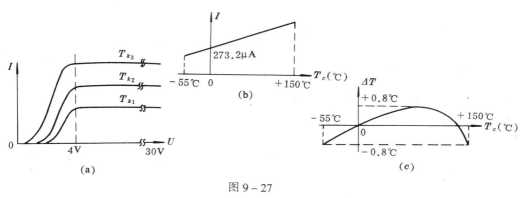

图 9-27

（1）线性电流输出：$1\mu A/K$，正比于绝对温度；
（2）宽温度范围：$-55 \sim +150℃$；
（3）精度高：激光校准精度到 $\pm 0.5℃$（AD590M）；
（4）线性好：满量程范围 $\pm 0.3℃$（AD590M）；
（5）电源范围宽：$+4 \sim +30V$。

9.3.2 集成温度传感器的典型应用

集成温度传感器具有体积小、热惰性小、反应快、测量精度高、稳定性好、校准方便、价格低等特点，因而获得广泛的应用。以 AD590 为例，扼要介绍它的典型应用。

一、测量温度

AD590 是一个两端器件，只需要一个直流电压源（$+4 \sim +30V$），功率的需求比较低（$1.5mW$，$5V$）。其输出是高阻抗（$710M\Omega$）电流，因而长线上的电阻对器件工作影响不大。

图 9-28 是用 AD590 组成的 XSW-1 型数字式温度计。AD590 上接入一个大于 $+4V$ 的电压后，其输出电流将正比于绝对温度。$0℃$ 温度时，输出电流为 $273.2\mu A$，温度每变化 $1℃$，输出电流变化 $1\mu A$，AD590 的输出电流通过 $10k\Omega$ 电阻变为电压信号，其单位为 $10mV/℃$，因 $0℃$ 时 $10k\Omega$ 电阻上已有 $2.732V$ 的电压输出，所以必须设置一

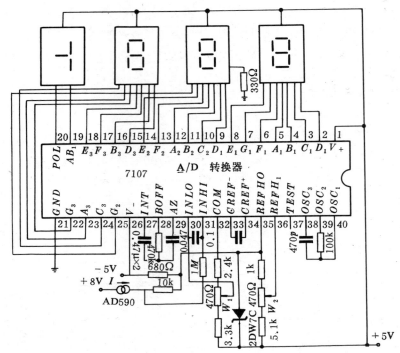

图 9 – 28　XSW – 1 型数字式温度计工作原理图

偏置电压（由 W_1 上取出）使 0℃时输出电压为零。这样当 AD590 的环境温度大于 0℃时，显示正的温度数值；环境温度小于 0℃时，显示负的温度数值。测量系统的精度取决于 AD590 的精度，采用 AD590Ⅰ，经零点和满量程点校准后，精度优于 0.5 级。调校方法是使显示对应满度值。整个仪表结构简单、可靠性高、体积小、重量轻、功耗低、测量精度高，维护使用方便。

二、测量温差

利用两块 AD590，按图 9 – 29 组成温差测量电路。两块 AD590 分别处于两个被检点，其温度为 T_{k1}，T_{k2}，由图得

$$I = I_{T_{k1}} - I_{T_{k2}} = k_T(T_{k2} - T_{k1})$$

这里假设两 AD590 有相同的标度因子 k_{T0} 运放的输出电压 U_0 为

$$U_0 = IR_3 = k_T R_3(T_{k2} - T_{k1})$$

可见，整个电路的标度因子 $F = k_T R_3$ 的值取决于 R_3

$$R_3 = F/k_T$$

尽管电路要求感温器件具有相同的 k，但总有差异，电路中引入电位器 R_w，通过隔离电阻 R_1 注入一个校正电流 ΔI，以获得平稳的零位误差，如图 9 – 30 的曲线所示。从曲线可见，只在某一个温 T_k 时，$U_0 = 0$，此点常常设在量程中间的某处。

将几块 AD590 串联使用，显示的总是几个被测温度中的最低温度；将几块 AD590

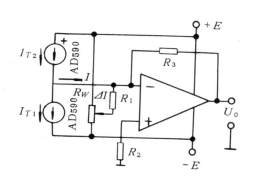

图 9-29　温差电路

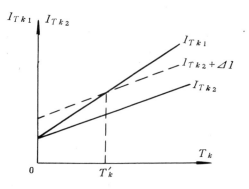

图 9-30　零位调节曲线

并联就可获得被测温度的平均值；如图 9-31 (a)、(b) 所示。AD590 对热电偶进行冷端补偿已在前面介绍了。

　　AD590 的用途是相当广泛的，除温度测量外，还可用于分立元件的补偿和校准；正比于绝对温度的偏置；流速测量；流体液位测量及风速测量。

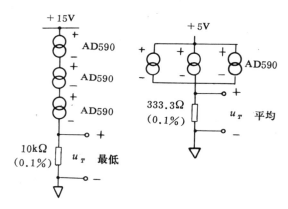

图 9-31　温度平均值、最低值的测量

附录 1 铂铑₁₀ – 铂热电偶分度表

测量端温度 ℃	0	1	2	3	4	5	6	7	8	9
	热　电　动　势（mV）									
0	0.000	0.005	0.011	0.016	0.022	0.028	0.033	0.039	0.044	0.050
10	0.056	0.061	0.067	0.073	0.078	0.084	0.090	0.096	0.102	0.107
20	0.113	0.119	0.125	0.131	0.137	0.143	0.149	0.155	0.161	0.167
30	0.173	0.179	0.185	0.191	0.198	0.204	0.210	0.216	0.222	0.229
40	0.235	0.241	0.247	0.254	0.260	0.266	0.273	0.279	0.286	0.292
50	0.299	0.305	0.312	0.318	0.325	0.331	0.338	0.344	0.351	0.357
60	0.364	0.371	0.347	0.384	0.391	0.397	0.404	0.411	0.418	0.425
70	0.431	0.438	0.455	0.452	0.459	0.466	0.473	0.479	0.486	0.493
80	0.500	0.507	0.514	0.521	0.528	0.535	0.543	0.550	0.557	0.564
90	0.571	0.578	0.585	0.593	0.600	0.607	0.614	0.621	0.629	0.636
100	0.643	0.651	0.658	0.665	0.673	0.680	0.687	0.694	0.702	0.709
110	0.717	0.724	0.732	0.789	0.747	0.754	0.762	0.769	0.777	0.784
120	0.792	0.800	0.807	0.815	0.823	0.830	0.838	0.845	0.853	0.861
130	0.869	0.876	0.884	0.892	0.900	0.907	0.915	0.923	0.931	0.939
140	0.946	0.954	0.962	0.970	0.978	0.986	0.994	1.002	0.009	1.017
150	1.025	1.033	1.041	1.049	1.057	1.065	1.073	1.081	1.089	1.097
160	1.106	1.114	1.122	1.130	1.138	1.146	1.154	1.162	1.170	1.179
170	1.187	1.195	1.203	1.211	1.220	1.228	1.236	1.244	1.253	1.261
180	1.269	1.277	1.286	1.294	1.302	1.311	1.319	1.327	1.336	1.344
190	1.352	1.361	1.369	1.377	1.386	1.394	1.403	1.411	1.419	1.428
200	1.436	1.445	1.453	1.462	1.470	1.479	1.487	1.496	1.504	1.513
210	1.521	1.530	1.538	1.547	1.555	1.564	1.573	1.581	1.590	1.598
220	1.607	1.615	1.624	1.633	1.641	1.650	1.659	1.667	1.676	1.685
230	1.693	1.702	1.710	1.710	1.728	1.736	1.745	1.754	1.763	1.771
240	1.780	1.788	1.797	1.805	1.814	1.823	1.832	1.840	1.849	1.858
250	1.867	1.876	1.884	1.893	1.902	1.911	1.920	1.929	1.937	1.946
260	1.955	1.964	1.973	1.982	1.991	2.000	2.008	2.017	2.026	2.035
270	2.044	2.053	2.062	2.071	2.080	2.089	2.089	2.107	2.116	2.125
280	2.134	2.143	2.152	2.161	2.170	2.179	2.188	2.197	2.206	2.215
290	2.224	2.233	2.242	2.251	2.260	2.270	2.279	2.288	2.297	2.306
300	2.315	2.324	2.333	2.342	2.352	2.361	2.370	2.379	2.388	2.397
310	2.407	2.416	2.425	2.434	2.443	2.452	2.462	2.471	2.480	2.489
320	2.498	2.508	2.517	2.526	2.535	2.545	2.554	2.563	2.572	2.582
330	2.591	2.600	2.609	2.619	2.628	2.637	2.647	2.656	2.565	2.675
340	2.684	2.693	2.703	2.712	2.721	2.730	2.740	2.749	2.759	2.768
350	2.777	2.787	2.796	2.805	2.815	2.824	2.833	2.843	2.852	2.862
360	2.871	2.880	2.890	2.899	2.909	2.918	2.937	2.928	2.946	2.956
370	2.965	2.975	2.984	2.994	3.003	3.013	3.022	3.031	3.041	3.050
380	3.060	3.069	3.079	3.088	3.098	3.107	3.117	3.126	3.136	3.145
390	3.155	3.164	3.174	3.183	3.193	3.202	3.212	3.221	3.231	3.240
400	3.250	3.260	3.269	3.279	3.288	3.298	3.307	3.317	3.326	3.336
410	3.346	3.355	3.365	3.374	3.384	3.393	3.403	3.413	3.422	3.432
420	3.441	3.451	3.461	3.470	3.480	3.489	3.499	3.509	3.518	3.528
430	3.538	3.547	3.557	3.566	3.576	3.586	3.595	3.605	3.615	3.624
440	3.634	3.644	3.653	3.663	3.673	3.682	3.692	3.702	3.711	3.721
450	3.731	3.740	3.750	3.760	3.770	3.779	3.789	3.799	3.808	3.818
460	3.828	3.833	3.847	3.857	3.867	3.877	3.886	3.896	3.906	3.916
470	3.925	3.935	3.945	3.955	3.964	3.974	3.984	3.994	4.003	4.013
480	4.023	4.033	4.043	4.052	4.062	4.072	4.082	4.092	4.102	4.111
490	4.121	4.131	4.141	4.151	4.161	4.170	4.180	4.190	4.200	4.210

注：根据"国际实用温标 – 1968"修正

测量端温度 ℃	0	1	2	3	4	5	6	7	8	9
	热 电 动 势（mV）									
500	4.220	4.229	4.239	4.249	4.259	4.269	4.279	4.289	4.299	4.309
510	4.318	4.328	4.338	4.348	4.358	4.368	4.378	4.388	4.398	4.408
520	4.418	4.427	4.437	4.447	4.457	4.467	4.477	4.487	4.497	4.507
530	4.517	4.527	4.537	4.547	4.557	4.567	4.577	4.587	4.597	4.607
540	4.617	4.627	4.637	4.647	4.657	4.667	4.677	4.687	4.697	4.707
550	4.717	4.727	4.737	4.747	4.757	4.767	4.777	4.787	4.797	4.807
560	4.817	4.827	4.838	4.848	4.858	4.868	4.878	4.888	4.898	4.908
570	4.918	4.928	4.938	4.949	4.959	4.969	3.979	4.989	4.999	5.009
580	5.019	5.030	5.040	5.050	5.060	5.070	5.080	5.090	5.101	5.111
590	5.121	5.131	5.141	5.151	5.162	5.172	5.182	5.192	5.202	5.212
600	5.222	5.232	5.242	5.252	5.263	5.273	5.283	5.293	5.304	5.314
610	5.324	5.334	5.344	5.355	5.365	5.375	5.386	5.396	5.406	5.416
620	5.427	5.437	5.447	5.457	5.468	5.478	5.488	5.499	5.509	5.519
630	5.530	5.540	5.550	5.561	5.571	5.581	5.591	5.602	5.612	5.622
640	5.633	5.643	5.653	5.664	5.674	5.684	5.695	5.705	5.715	5.725
650	5.735	5.745	5.756	5.766	5.776	5.787	5.797	5.808	5.818	5.828
660	5.839	5.849	5.859	5.870	5.880	5.891	5.901	5.911	5.922	5.932
670	5.943	5.953	5.964	5.974	5.984	5.995	6.005	6.016	6.026	6.036
680	6.046	5.056	6.067	6.077	6.088	6.098	6.109	6.119	6.130	6.140
690	6.151	6.161	6.172	6.182	6.193	6.203	6.214	6.224	6.235	6.245
700	6.256	6.266	6.277	6.287	6.298	6.308	6.319	6.329	6.340	6.351
710	6.361	6.372	6.382	6.392	6.402	6.413	6.424	6.434	6.445	6.455
720	6.466	6.476	6.487	6.498	6.508	6.519	6.529	6.540	6.551	6.561
730	6.572	6.583	6.593	6.604	6.614	6.624	6.635	6.645	6.656	6.667
740	6.677	6.688	6.699	6.709	6.720	6.731	6.741	6.752	6.763	6.773
750	6.784	6.795	6.805	6.816	6.827	6.838	6.848	6.859	6.870	6.880
760	6.891	6.902	6.913	6.923	6.934	6.945	6.956	6.966	6.977	6.988
770	6.999	7.009	7.020	7.031	7.041	7.051	7.062	7.073	7.084	7.095
780	7.105	7.116	7.127	7.138	7.149	7.159	7.170	7.181	7.192	7.203
790	7.213	7.224	7.235	7.246	7.257	7.268	7.279	7.289	7.300	7.311
800	7.322	7.333	7.344	7.355	7.365	7.376	7.387	7.397	7.408	7.419
810	7.430	7.441	7.452	7.462	7.473	7.484	7.495	7.506	7.517	7.528
820	7.539	7.550	7.561	7.572	7.583	7.594	7.605	7.615	7.626	7.637
830	7.648	7.659	7.670	7.681	7.692	7.703	7.714	7.724	7.735	7.746
840	7.757	7.768	7.779	7.790	7.801	7.812	7.823	7.834	7.845	7.856
850	7.867	7.878	7.889	7.901	7.912	7.923	7.934	7.945	7.956	7.967
860	7.978	7.989	8.000	8.011	8.022	8.033	8.043	8.054	8.066	8.077
870	8.088	8.099	8.110	8.121	8.132	8.143	8.154	8.166	8.177	8.188
880	8.199	8.210	8.221	8.232	8.244	8.255	8.266	8.277	8.288	8.299
890	8.310	8.322	8.333	8.344	8.355	8.366	8.377	8.388	8.399	8.410
900	8.421	8.433	8.444	8.455	8.466	8.477	8.489	8.500	8.511	8.522
910	8.534	8.545	8.556	8.567	8.579	8.590	8.601	8.612	8.624	8.635
920	8.646	8.657	8.668	8.679	8.690	8.702	8.713	8.724	8.735	8.747
930	8.758	8.769	8.781	8.792	8.803	8.815	8.826	8.837	8.849	8.860
940	8.871	8.883	8.894	8.905	8.917	8.928	8.939	8.951	8.962	8.974
950	8.985	9.996	9.007	9.018	9.029	9.041	9.052	9.064	9.075	9.086
960	9.098	9.109	9.121	9.123	9.144	9.155	9.160	9.178	9.189	9.201
970	9.212	9.223	9.235	9.247	9.258	9.269	9.281	9.292	9.303	9.314
980	9.326	9.337	9.349	9.360	9.372	9.383	9.395	9.406	9.418	9.429
990	9.441	9.452	9.464	9.475	9.487	9.498	9.510	9.521	9.533	9.545
1000	9.556	9.568	9.579	9.591	9.602	9.613	9.624	9.636	9.648	9.659
1010	9.671	9.682	9.694	9.705	9.717	9.729	9.740	9.752	9.764	9.775
1020	9.787	9.798	9.810	9.882	9.833	9.845	9.856	9.868	9.880	9.891
1030	9.902	9.914	9.925	9.937	9.949	9.960	9.972	9.984	9.995	10.007
1040	10.019	10.030	10.042	10.054	10.066	10.077	10.089	10.101	10.112	10.124

附录2 镍铬－镍硅(镍铝)热电偶分度表

(参考端温度为0℃)分度号 K

测量端温度 ℃	0	1	2	3	4	5	6	7	8	9
	热		电		动		势(mV)			
− 50	− 1.86									
− 40	− 1.50	− 1.54	− 1.57	− 1.60	− 1.64	− 1.68	− 1.72	− 1.75	− 1.79	− 1.82
− 30	− 1.14	− 1.18	− 1.21	− 1.25	− 1.28	− 1.32	− 1.36	− 1.40	− 1.43	− 1.46
− 20	− 0.77	− 0.81	− 0.84	− 0.88	− 0.92	− 0.96	− 0.99	− 1.03	− 1.07	− 1.10
− 10	− 0.39	− 0.43	− 0.47	− 0.51	− 0.55	− 0.59	− 0.62	− 0.66	− 0.70	− 0.74
− 0	− 0.00	− 0.04	− 0.08	− 0.12	− 0.16	− 0.20	− 0.23	− 0.27	− 0.31	− 0.35
+ 0	0.00	0.04	0.08	0.12	0.16	0.20	0.24	0.28	0.32	0.26
10	0.40	0.44	0.48	0.52	0.56	0.60	0.64	0.68	0.72	0.76
20	0.80	0.84	0.88	0.92	0.96	1.00	1.04	1.08	1.12	1.16
30	1.20	1.24	1.28	1.32	1.36	1.41	1.45	1.49	1.53	1.57
40	1.61	1.65	1.69	1.73	1.77	1.82	1.86	1.90	1.94	1.98
50	2.02	2.06	2.10	2.14	2.18	2.23	2.27	2.31	2.35	2.39
60	2.43	2.47	2.51	2.56	2.60	2.64	2.68	2.72	2.77	2.81
70	2.85	2.89	2.93	2.97	3.01	3.06	3.10	3.14	3.18	3.22
80	3.26	3.30	3.34	3.39	3.43	3.47	3.51	3.55	3.60	3.64
90	3.68	3.72	3.76	3.81	3.85	3.89	3.93	3.97	4.02	4.06
100	4.10	4.14	4.18	4.22	4.26	4.31	4.35	4.39	4.43	4.47
110	4.51	4.55	4.59	4.63	4.67	3.72	4.76	4.80	4.84	4.88
120	4.92	4.96	5.00	5.04	5.08	5.13	5.17	5.21	5.25	5.29
130	5.33	5.37	5.41	5.45	5.49	5.5.53	5.57	5.61	5.65	6.69
140	5.73	5.77	5.81	5.85	5.89	5.93	5.97	56.01	6.05	6.09
150	6.13	6.17	6.21	6.25	6.29	6.33	6.37	6.41	6.45	6.49
160	6.53	6.57	6.61	6.65	6.69	6.73	6.77	6.81	6.85	6.89
170	6.93	6.97	7.01	7.05	7.09	7.13	7.17	7.21	7.25	7.29
180	7.33	7.37	7.41	7.45	7.49	7.53	7.57	7.61	7.65	7.69
190	7.73	7.77	7.81	7.85	7.89	7.93	7.97	8.01	8.05	8.09
200	8.13	8.17	8.21	8.25	8.29	8.33	8.37	8.41	8.45	8.49
210	8.53	8.57	8.61	8.65	8.69	8.73	8.77	8.81	8.85	8.89
220	8.93	8.97	9.01	9.06	9.09	9.14	9.18	9.22	9.26	9.30
230	9.34	9.38	9.42	9.46	9.50	9.54	9.58	9.62	9.66	0.70
240	9.74	9.78	9.82	9.86	9.90	9.95	9.99	10.03	10.07	10.11
250	10.15	10.19	10.23	10.27	10.31	10.35	10.40	10.44	10.48	10.52
260	10.56	10.60	10.64	10.68	10.72	10.77	10.81	10.85	10.89	10.93
270	10.97	11.01	11.05	11.09	11.13	11.18	11.22	11.26	11.30	11.34
280	11.38	11.42	11.46	11.51	11.55	11.59	11.63	11.67	11.72	11.76
290	11.80	11.84	11.88	11.92	11.96	12.01	12.05	12.09	12.13	12.17
300	12.21	12.25	12.29	12.33	12.37	12.42	12.46	12.50	12.54	12.58
310	12.62	12.66	12.70	12.75	12.79	12.83	12.87	12.91	12.96	13.00
320	13.04	13.08	13.12	13.16	13.20	13.25	13.29	13.33	13.37	13.41
330	13.45	13.49	13.53	13.58	13.62	13.66	13.70	13.74	13.79	13.83
340	13.87	13.91	13.95	14.00	14.04	14.08	14.12	14.16	14.21	14.25
350	14.30	14.34	14.38	14.43	14.47	14.51	14.55	14.59	14.64	14.68
360	14.72	14.76	14.80	14.85	14.89	14.93	14.97	15.01	15.06	15.10
370	15.14	15.18	15.22	15.27	15.31	15.35	15.39	15.43	15.48	15.52
380	15.56	15.60	15.64	15.69	15.73	15.77	15.81	15.85	15.90	15.94
390	15.99	16.02	16.06	16.11	16.15	16.19	16.23	16.27	16.32	16.36

注:根据"国际实用温标－1968"修正。

测量端温度 ℃	0	1	2	3	4	5	6	7	8	9
	热 电 动 势（mV）									
400	16.40	16.44	16.49	16.53	16.57	16.63	16.66	16.70	16.74	16.79
410	16.83	16.87	16.91	16.96	17.00	17.04	17.08	17.12	17.17	17.21
420	17.25	17.29	17.33	17.38	17.42	17.46	17.50	17.54	17.59	17.63
430	16.67	16.71	16.75	16.79	17.84	17.88	17.92	17.96	18.01	18.05
440	18.09	18.13	18.17	18.22	18.26	18.30	18.34	18.38	18.43	18.47
450	18.51	18.55	18.60	18.64	18.68	18.73	18.77	18.81	18.85	18.90
460	18.94	18.98	19.03	10.07	19.11	19.16	19.20	19.24	19.28	19.33
470	19.37	19.41	19.45	19.50	19.54	19.58	19.62	1966	19.71	19.75
480	19.79	19.83	19.88	19.92	19.96	20.01	20.05	20.09	20.13	20.18
490	20.22	20.26	20.31	20.35	20.39	20.44	20.48	20.52	20.56	20.61
500	20.65	20.69	20.74	20.78	20.82	20.87	20.91	20.95	20.99	21.04
510	21.08	21.12	21.16	21.21	21.25	21.29	21.33	21.37	21.42	21.46
520	21.50	21.54	21.59	21.63	21.67	21.72	21.76	21.80	21.84	21.89
530	21.93	21.97	22.01	22.06	22.10	22.14	22.18	22.22	22.27	22.31
540	22.35	22.39	22.44	22.48	22.52	22.57	22.61	22.65	22.69	22.74
550	22.78	22.82	22.87	22.91	22.95	23.00	23.04	23.08	23.12	23.17
560	23.21	23.25	23.29	23.34	23.38	23.42	23.46	23.50	23.55	23.59
570	23.63	23.67	23.71	23.75	23.79	23.84	23.88	23.92	23.96	24.01
580	24.05	24.09	24.14	24.18	24.22	24.27	24.31	24.35	24.39	23.44
590	24.48	24.52	24.56	24.61	24.65	24.69	24.73	24.77	24.82	24.86
600	24.90	24.94	24.99	25.03	25.07	25.12	25.15	25.19	25.23	25.27
610	25.32	25.37	25.41	25.46	25.50	25.54	25.58	25.62	25.67	25.71
620	25.75	25.79	25.84	25.88	25.92	25.97	26.01	26.05	26.09	26.14
630	26.18	26.22	26.26	26.31	26.35	26.39	26.43	26.47	26.52	26.56
640	26.60	26.64	26.69	26.73	26.77	26.83	26.86	26.90	26.94	26.99
650	27.03	27.07	27.11	27.16	27.20	27.24	27.28	27.32	27.37	27.41
660	27.45	27.49	27.53	27.57	27.62	27.66	27.70	27.74	27.79	27.83
670	27.87	27.91	27.95	28.00	28.04	28.08	28.12	28.16	28.21	28.25
680	28.29	28.33	28.38	28.42	28.46	28.50	28.54	28.58	28.62	28.67
690	28.71	28.75	28.79	28.84	28.88	28.92	28.96	29.00	20.05	29.09
700	29.13	29.17	29.21	29.26	29.30	29.34	29.38	29.42	29.47	29.51
710	29.55	29.59	29.6	29.68	29.72	29.76	29.80	29.84	29.89	29.93
720	29.97	30.01	30.05	30.10	30.14	30.18	30.22	30.26	30.31	30.35
730	30.39	30.43	30.47	30.52	30.56	30.60	30.64	30.68	30.73	30.77
740	30.81	30.85	30.89	30.93	30.97	31.02	31.06	31.10	31.14	31.18
750	31.22	31.26	31.30	31.35	31.39	31.43	31.47	31.51	31.56	31.60
760	31.64	31.68	31.72	31.77	31.81	31.85	31.89	31.93	31.98	32.02
770	32.06	32.10	32.14	32.18	32.22	32.26	32.30	32.34	32.38	32.42
780	32.46	32.50	32.54	32.59	32.63	32.67	32.71	32.75	32.80	32.84
790	32.87	32.91	32.95	33.00	33.04	33.09	33.13	33.17	33.21	33.25
800	33.29	33.33	33.37	33.41	33.45	33.49	33.53	33.57	33.61	33.65
810	33.69	33.73	33.77	33.81	33.85	33.90	33.94	33.98	34.02	34.06
820	34.10	34.14	34.18	34.22	34.26	34.30	34.34	34.38	34.42	34.46
830	34.51	34.54	34.58	34.62	34.66	34.71	34.75	34.79	34.83	34.87
840	34.91	34.95	34.99	35.03	35.07	35.11	35.16	35.20	35.24	35.28
850	35.32	35.36	35.40	35.44	35.48	35.52	35.56	35.60	35.64	35.68
860	35.72	35.76	35.80	35.84	35.88	35.93	35.97	36.01	36.05	36.09
870	36.13	36.17	36.21	36.25	36.29	36.33	36.37	36.41	36.45	36.49
880	36.53	36.57	36.61	36.65	36.69	36.73	36.77	36.81	36.85	36.89
890	36.93	36.97	37.01	37.05	37.09	37.13	37.17	37.21	37.25	37.29
900	37.33	37.37	37.41	37.45	37.49	37.53	37.57	37.61	37.65	37.69
910	37.73	37.77	37.81	37.85	37.89	37.93	37.97	38.01	38.05	38.09
920	38.13	38.17	38.21	38.25	38.29	38.33	38.37	38.41	38.45	38.49
930	38.53	38.57	38.61	38.65	38.69	38.73	38.77	38.81	38.85	38.89
940	38.93	38.97	39.01	39.05	39.09	39.13	39.16	39.20	39.24	39.28

测量端温度 ℃	0	1	2	3	4	5	6	7	8	9
	热 电 动 势（mV）									
950	39.32	39.36	39.40	39.44	39.48	39.52	39.56	39.60	39.64	39.68
960	39.72	39.76	39.80	39.83	39.87	39.91	39.94	39.98	40.02	40.06
970	40.10	40.14	40.18	40.22	40.26	40.30	40.33	40.37	40.41	40.45
980	40.49	40.53	40.57	40.61	40.65	40.69	40.72	40.76	40.80	40.84
990	40.88	40.92	40.96	41.00	41.04	41.08	41.11	41.15	41.19	41.23
1000	41.27	41.31	41.35	41.39	41.43	41.47	41.50	41.54	41.58	41.62
1010	41.66	41.70	41.74	41.77	41.81	41.85	41.89	41.93	41.96	42.00
1020	42.04	42.08	42.12	42.16	42.20	42.24	42.27	42.31	42.35	42.39
1030	42.43	42.47	42.51	42.55	42.49	42.63	42.66	42.70	42.74	32.78
1040	42.83	42.87	42.90	42.93	42.97	43.01	43.05	43.09	43.13	43.17
1050	43.21	43.25	43.29	43.32	43.35	43.39	43.43	43.47	43.51	43.55
1060	43.59	43.63	43.67	43.69	43.73	43.77	43.81	43.85	43.89	43.93
1070	43.97	44.01	44.05	44.08	44.11	44.15	44.19	44.22	44.26	44.30
1080	44.34	44.38	44.42	44.45	44.49	44.53	44.57	44.61	44.64	44.68
1090	44.72	44.76	44,80	44.83	44.87	44.91	44.95	44.99	45.02	45.06
1100	45.10	45.14	45.18	45.21	45.25	45.29	45.33	45.37	45.40	45.44
1110	45.48	45.52	45.55	45.59	45.63	45.67	45.70	45.74	45.78	45.81
1120	45.85	45.89	45.93	45.96	46.00	46.04	46.08	46.12	46.15	46.19
1130	46.23	46.27	46.30	46.34	46.38	46.42	46.45	46.49	46.53	45.56
1140	46.60	46.64	46.67	46.71	46.75	46.79	46.82	46.86	46.90	46.93
1150	46.97	47.01	47.04	47.08	47.12	47.16	47.19	47.23	47.27	47.30
1160	47.34	47.38	47.41	47.45	47.49	47.53	47.56	47.60	47.64	47.67
1170	47.71	47.75	47.78	47.82	47.86	47.90	47.93	47.97	48.01	48.04
1180	48.08	48.12	48.15	48.19	48.22	48.26	48.30	48.33	48.37	48.40
1190	48.44	48.48	48.51	48.55	48.59	48.63	48.66	48.70	48.74	48.77
1200	48.81	48.85	48.88	48.92	48.95	48.99	49.03	49.06	49.10	49.13
1210	49.17	49.21	49.24	49.28	49.31	49.35	49.39	49.42	49.46	49.49
1220	49.53	49.57	40.60	49.64	49.67	49.71	49.75	49.78	48.82	49.85
1230	49.89	49.93	49.96	50.00	50.03	50.07	50.11	50.14	50.18	50.21
1240	50.25	50.29	50.32	50.36	50.39	50.43	50.47	50.50	50.54	50.59
1250	50.61	50.65	50.68	50.72	50.75	50.79	50.83	50.86	50.90	50.93
1260	50.96	51.00	51.03	51.07	51.10	51.14	51.18	51.21	51.25	51.28
1270	51.32	51.35	51.39	51.43	51.46	51.50	51.54	51.57	51.61	51.64
1280	51.67	51.71	51.74	51.78	51.81	51.85	51.88	51.92	51.95	51.99
1290	52.02	52.06	52.09	52.13	52.16	52.20	52.23	52.27	52.30	52.33
1300	52.37									

附录 3 镍铬－考铜热电偶分度表

(参考端温度为 0℃)分度号 EA－2

测量端温度 ℃	0	1	2	3	4	5	6	7	8	9
	热　　电　　动　　势（mV）									
－ 50	－ 3.11									
－ 40	－ 2.50	－ 2.56	－ 2.62	－ 2.68	－ 2.74	－ 2.81	－ 2.87	－ 2.93	－ 2.99	－ 3.05
－ 30	－ 1.89	－ 1.95	－ 2.01	－ 2.07	－ 2.13	－ 2.20	－ 2.26	－ 2.32	－ 2.38	－ 2.44
－ 20	－ 1.27	－ 1.33	－ 1.39	－ 1.46	－ 1.52	－ 1.58	－ 1.64	－ 1.70	－ 1.77	－ 1.83
－ 10	－ 0.64	－ 0.70	－ 0.77	－ 0.83	－ 0.89	－ 0.96	－ 1.02	－ 1.08	－ 1.14	－ 1.21
－ 0	－ 0.00	－ 0.06	－ 0.13	－ 0.19	－ 0.26	－ 0.32	－ 0.38	－ 0.45	－ 0.51	－ 0.58
0	0.00	0.07	0.13	0.20	0.26	0.33	0.39	0.46	0.52	0.59
10	0.65	0.72	0.78	0.85	0.91	0.98	1.05	1.11	1.18	1.24
20	1.31	1.38	1.44	1.51	1.577	1.64	1.70	1.77	1.84	1.91
30	1.98	2.05	2.12	2.18	2.25	2.32	2.38	2.45	2.52	2.59
40	2.66	2.73	2.80	2.87	2.94	3,00	3.07	3.14	3.21	3.28
50	3.35	3.42	3.49	3.56	3.62	3.70	3.77	3.84	3.91	3.98
60	4.05	4.12	4.19	4.26	4.33	4.41	4.48	4.55	4.62	4.69
70	4.76	4.83	4.90	4.98	5.05	5.12	5.20	5.27	5.34	5.41
80	5.48	5.56	5.63	5.70	5.78	5.85	5.92	5.99	6.07	6.14
90	6.21	6.29	6.36	6.43	6.51	6.58	6.65	6.73	6.80	6.87
100	6.96	7.03	7.10	7.17	7.25	7.32	7.40	7.47	7.54	7.62
110	7.69	7.77	7.84	7.91	7.99	8.06	8.13	8.21	8.28	8.35
120	8.43	8.50	8.58	8.65	8.73	8.80	8.88	8.95	9.03	9.10
130	9.18	9.25	9.33	9.40	9.48	9.55	9.63	9.70	9.78	9.85
140	9.83	10.00	10.08	10.16	10.23	10.31	10.38	10.46	10.54	10.61
150	10.69	10.77	10.85	10.92	11.00	11.08	11.15	11.23	11.31	11.38
160	11.46	11.54	11.62	11.69	11.77	11.85	11.93	12.00	12.08	12.16
170	12.24	12.32	12.40	12.48	12.55	12.63	12.71	12.79	12.87	12.95
180	13.03	13.11	13.19	13.27	13.36	13.44	13.52	13.60	13.68	13.76
190	13.84	13.92	14.00	14.08	14.16	14.25	14.34	14.42	14.50	14.58
200	14,66	14.74	14.82	14.90	14.98	15.06	15.14	15.22	15.30	15.38
210	15.48	15.56	15.64	15.72	15.80	15.89	15.97	16.05	16.13	16.21
220	16.30	16.38	16.46	16.54	16.62	16.71	16.79	16.86	16.95	17.03
230	17.12	17.20	17.28	17.37	17.45	17.53	17.62	17.70	17.78	17.87
240	17.95	18.03	18.11	18.19	18.28	18.36	18.44	18.52	18.60	18.68
250	18.76	18.84	18.92	19.01	19.09	19.17	19.26	19.34	19.42	19.51
260	19.59	19.67	19.75	19.84	19.92	20.00	20.09	20.17	20.25	20.34
270	20.42	20.50	20.58	20.66	20.74	20.83	20.91	20.99	21.07	21.15
280	21.24	21.32	21.40	21.49	21.57	21.65	21.73	21.82	21.90	21.98
290	22.07	22.15	22.23	22.32	22.40	22.48	22.57	22.65	22.73	22.81
300	22.90	22.98	23.07	23.15	23.23	23.32	23.40	23.49	23.57	23.66
310	23.74	23.83	23.91	24.00	24.08	24.17	24.25	24.34	24.42	24.51
320	24.59	24.68	24.76	24.85	24.93	25.02	25.10	25.19	25.27	25.36
330	25.44	25.53	25.61	25.70	25.78	25.86	25.95	26.03	26.12	26.21
340	26.30	26.38	26.47	26.55	26.64	26.73	26.81	26.90	26.98	27.07
350	27.15	27.24	27.32	27.41	27.49	27.58	27.66	27.75	27.83	27.92
360	28.01	28.10	28.19	28.27	28.36	28.45	28.54	28.62	28.71	28.80
370	28.88	28.97	29.06	29.14	29.23	29.32	29.40	29.49	29.58	29.66
380	29.75	29.83	29.92	30.00	30.09	30.17	30.26	30.34	30.43	30.52
390	30.61	30.70	30.79	30.87	30.96	31.05	31.13	31.22	31.30	31.39

注:根据"国际实用温标－1968"修正。

测量端温度 ℃	0	1	2	3	4	5	6	7	8	9
				热	电	动	势（mV）			
400	31.48	31.57	31.66	31.74	31.83	31.92	32.00	32.09	32.18	32.26
410	32.34	32.43	32.52	32.60	32.69	32.78	32.86	32.95	33.04	33.13
420	33.21	33.30	33.39	33.49	33.56	33.65	33.73	33.82	33.90	33.99
430	34.07	34.16	34.25	34.33	34.42	34.51	34.60	34.68	34.77	34.85
440	34.94	35.03	35.12	35.20	35.29	35.38	35.46	35.55	35.64	35.72
450	35.81	35.90	35.98	36.07	36.15	36.24	36.33	36.41	36.50	36.58
460	36.67	36.76	36.84	36.93	37.02	37.11	37.19	37.28	37.37	37.45
470	37.54	37.63	37.71	37.80	37.89	37.98	38.06	38.15	39.11	39.19
480	38.41	38.50	38.58	38.67	38.76	39.72	39.80	38.93	39.02	40.06
490	39.28	39.37	39.45	40.41	40.50	40.59	39.80	39.89	39.98	40.93
500	40.15	40.24	40.32	40.41	40.50	40.59	40.67	40.76	40.85	40.93
510	41.02	41.11	41.20	41.28	41.37	41.46	41.55	41.64	41.72	41.81
520	41.90	41.99	42.08	42.16	42.25	42.34	42.43	42.52	42.60	42.69
530	42.78	42.87	42.96	43.05	43.14	43.23	43.32	43.41	43.49	43.57
540	43.67	43.75	43.84	43.93	44.02	44.11	44.19	44.28	44.27	44.26
550	44.55	44.64	44.73	44.82	44.91	44.99	45.08	45.17	45.36	45.35
560	45.44	45.53	45.62	45.71	45.80	45.89	45.97	46.06	46.15	46.24
570	46.33	46.42	46.51	46.60	46.69	46.78	46.86	46.95	47.04	47.13
580	47.22	47.31	47.40	47.49	47.58	47.67	48.65	47.75	47.93	48.02
590	48.11	48.20	48.29	48.38	48.47	48.56	49.54	48.74	48.83	48.91
600	49.01	49.10	49.18	49.27	49.36	49.45	49.54	49.63	39.71	49.80
610	49.89	49.98	50.07	50.15	50.24	50.32	50.41	50.50	50.59	50.67
620	50.76	50.85	50.94	51.02	51.11	51.20	51.29	51.38	51.46	51.55
630	51.64	51.73	51.81	51.90	51.99	52.08	52.16	52.25	52.34	52.42
640	52.51	52.60	52.69	52.77	52.86	52.95	53.04	53.13	53.21	53.30
650	53.39	53.48	53.56	53.65	53.74	53.83	53.91	54.00	54.09	54.17
660	54.26	54.35	54.43	54.52	54.60	54.69	54.77	54.86	54.95	55.03
670	55.12	55.21	55.29	55.38	55.47	55.56	55.64	55.73	55.82	55.91
680	56.00	56.09	56.17	56.26	56.35	56.44	56.52	56.61	56.70	56.78
690	56.87	56.96	57.04	57.13	57.22	57.31	57.39	57.48	57.57	57.66
700	57.74	57.83	57.91	58.00	58.08	58.17	58.25	58.34	58.43	58.51
710	58.57	58.69	58.77	58.86	58.95	59.04	59.12	59.21	59.30	59.38
720	59.47	59.56	59.64	59.73	59.81	59.90	59.99	60.07	60.16	60.24
730	60.33	60.42	60.50	60.59	60.68	60.77	60.85	60.94	61.03	61.11
740	61.20	61.29	61.37	61.46	61.54	61.63	61.71	61.80	61.89	61.97
750	62.06	62.15	62.23	62.32	62.40	62.49	62.58	62.66	62.75	62.83
760	62.96	63.01	63.09	63.18	63.26	63.35	63.44	63.52	63.61	63.69
770	63.78	63.87	63.95	64.04	64.12	64.21	64.30	64.38	64.47	64.55
780	64.64	64.73	64.81	64.90	64.98	65.07	65.16	65.24	65.33	65.41
790	65.60	65.59	65.67	65.76	65.84	65.93	66.02	66.10	66.19	66.27
800	66.36									

附录4 铂铑$_{30}$－铂铑$_{6}$热电偶分度表

(参考端温度为 0℃)分度号 B

测量端温度 ℃	0	1	2	3	4	5	6	7	8	9
	热 电 动 势(mV)									
0	0.000	0.000	0.000	0.000	0.000	－0.001	－0.001	－0.001	－0.001	－0.001
10	－0.001	－0.002	－0.002	－0.002	－0.002	－0.002	－0.002	－0.002	－0.002	－0.002
20	－0.002	－0.002	－0.002	－0.002	－0.002	－0.002	－0.002	－0.002	－0.002	－0.002
30	－0.002	－0.002	－0.001	－0.001	－0.001	－0.001	－0.001	－0.001	－0.000	－0.000
40	－0.000	0.000	0.000	0.000	0.001	0.001	0.002	0.002	0.002	0.002
50	0.003	0.003	0.003	0.004	0.004	0.004	0.005	0.005	0.006	0.006
60	0.007	0.007	0.008	0.008	0.008	0.009	0.010	0.010	0.010	0.011
70	0.012	0.012	0.013	0.013	0.014	0.015	0.015	0.016	0.016	0.017
80	0.018	0.018	0.019	0.020	0.021	0.021	0.022	0.023	0.024	0.024
90	0.025	0.026	0.027	0.028	0.028	0.029	0.030	0.031	0.032	0.033
·100	0.034	0.034	0.035	0.036	0.037	0.038	0.039	0.040	0.041	0.042
110	0.043	0.044	0.045	0.046	0.047	0.048	0.049	0.050	0.051	0.052
120	0.054	0.055	0.056	0.057	0.058	0.059	0.060	0.062	0.063	0.064
130	0.065	0.067	0.069	0.069	0.070	0.072	0.073	0.074	0.076	0.077
140	0.078	0.080	0.081	0.082	0.084	0.085	0.086	0.088	0.089	0.091
150	0.092	0.094	0.095	0.097	0.098	0.100	0.101	0.103	0.104	0.106
160	0.107	0.109	0.110	0.112	0.114	0.115	0.117	0.118	0.120	0.122
170	0.123	0.125	0.127	0.128	0.130	0.132	0.134	0.135	0.137	0.139
180	0.141	0.142	0.144	0.146	0.148	0.150	0.152	0.153	0.155	0.157
190	0.159	0.161	0.163	0.165	0.167	0.168	0.170	0.172	0.174	0.176
200	0.178	0.180	0.182	0.184	0.186	0.188	0.190	0.193	0.195	0.197
210	0.199	0.201	0.203	0.205	0.207	0.210	0.212	0.214	0.216	0.218
220	0.220	0.223	0.225	0.227	0.229	0.232	0.234	0.236	0.238	0.241
230	0.243	0.245	0.248	0.250	0.252	0.255	0.257	0.260	0.262	0.264
240	0.267	0.269	0.273	0.274	0.276	0.279	0.281	0.284	0.286	0.289
250	0.291	0.294	0.296	0.299	0.302	0.304	0.307	0.309	0.312	0.315
260	0.317	0.320	0.322	0.325	0.328	0.331	0.333	0.336	0.339	0.341
270	0.344	0.347	0.350	0.352	0.355	0.358	0.361	0.364	0.366	0.369
280	0.372	0.375	0.378	0.381	0.384	0.386	0.389	0.394	0.395	0.398
290	0.401	0.404	0.407	0.410	0.413	0.416	0.419	0.422	0.425	0.428
300	0.431	0.434	0.437	0.440	0.443	0.446	0.449	0.453	0.456	0.459
310	0.462	0.465	0.468	0.472	0.475	0.478	0.481	0.484	0.488	0.491
320	0.494	0.497	0.501	0.504	0.507	0.510	0.514	0.517	0.520	0.524
330	0.527	0.530	0.534	0.537	0.541	0.544	0.548	0.551	0.554	0.558
340	0.561	0.565	0.568	0.572	0.575	0.579	0.582	0.586	0.589	0.593
350	0.596	0.600	0.604	0.607	0.611	0.614	0.618	0.622	0.625	0.629
360	0.632	0.636	0.640	0.644	0.647	0.651	0.655	0.658	0.662	0.666
370	0.670	0.673	0.677	0.681	0.685	0.689	0.692	0.696	0.700	0.704
380	0.708	0.712	0.716	0.719	0.723	0.727	0.731	0.735	0.739	0.743
390	0.747	0.751	0.755	0.759	0.763	0.767	0.771	0.775	0.779	0.783
400	0.787	0.791	0.795	0.799	0.803	0.808	0.812	0.816	0.820	0.824
410	0.828	0.832	0.836	0.841	0.845	0.849	0.853	0.858	0.862	0.866
420	0.870	0.874	0.879	0.883	0.887	0.892	0.896	0.900	0.905	0.909
430	0.913	0.918	0.922	0.926	0.931	0.935	0.940	0.944	0.949	0.953
440	0.957	0.962	0.966	0.971	0.975	0.980	0.984	0.989	0.993	0.998

注:根据"国际实用温标－1968"修正。

测量端温度 ℃	0	1	2	3	4	5	6	7	8	9
	热　电　动　势（mV）									
450	1.002	1.007	1.012	1.016	1.021	1.025	1.030	1.034	1.039	1.044
460	1.048	1.053	1.058	1.062	1.067	1.072	1.077	1.081	1.086	1.091
470	1.096	1.100	1.105	1.110	1.115	1.119	1.124	1.129	1.134	1.139
480	1.143	1.148	1.153	1.158	1.163	1.168	1.173	1.178	1.182	1.187
490	1.192	1.197	1.202	1.207	1.212	1.217	1.222	1.227	1.232	1.237
500	1.242	1.247	1.253	1.257	1.262	1.267	1.273	1.278	1.283	1.288
510	1.293	1.298	1.303	1.308	1.314	1.319	1.324	1.329	1.334	1.340
520	1.345	1.350	1.355	1.360	1.366	1.371	1.376	1.382	1.387	1.392
530	1.397	1.404	1.408	1.413	1.419	1.424	1.429	1.435	1.440	1.446
540	1.451	1.456	1.462	1.467	1.473	1.478	1.484	1.489	1.494	1.500
550	1.505	1.510	1.516	1.521	1.527	1.533	1.539	1.544	1.549	1.555
560	1.560	1.565	1.571	1.577	1.583	1.588	1.594	1.600	1.605	1.611
570	1.617	1.622	1.628	1.634	1.639	1.645	1.651	1.656	1.662	1.668
580	1.674	1.680	1.685	1.691	1.697	1.703	1.709	1.714	1.720	1.726
590	1.732	1.738	1.744	1.750	1.755	1.761	1.767	1.773	1.779	1.785
600	1.791	1.797	1.803	1.809	1.815	1.821	1.827	1.833	1.839	1.845
610	1.851	1.857	1.863	1.869	1.875	1.881	1.887	1.893	1.899	1.905
620	1.912	1.918	1.924	1.930	1.936	1.942	1.948	1.955	1.961	1.967
630	1.973	1.979	1.986	1.992	1.998	2.004	2.011	2.017	2.023	2.029
640	2.036	2.042	2.048	2.055	2.061	2.067	2.074	2.080	2.086	2.093
650	2.099	2.106	2.112	2.118	2.125	2.131	2.138	2.144	2.151	2.157
660	2.164	2.170	2.176	2.183	2.190	2.196	2.202	2.200	2.216	2.222
670	2.229	2.235	2.242	2.248	2.255	2.262	2.268	2.275	2.281	2.288
680	2.295	2.301	2.308	2.315	2.321	2.328	2.335	2.342	2.348	2.355
690	2.362	2.368	2.375	2.382	2.389	2.395	2.402	2.409	2.416	2.422
700	2.429	2.436	2.443	2.450	2.457	2.464	2.470	2.477	2.484	2.491
710	2.498	2.505	2.512	2.519	2.526	2.533	2.539	2.546	2.553	2.560
720	2.567	2.574	2.581	2.588	2.595	2.602	2.609	2.616	2.623	2.631
730	2.638	2.645	2.652	2.659	2.666	2.673	2.680	2.687	2.694	2.702
740	2.709	2.716	2.723	2.730	2.737	2.745	2.752	2.759	2.766	2.773
750	2.781	2.788	2.795	2.802	2.810	2.817	2.824	2.831	2.839	2.846
760	2.853	2.861	2.868	2.875	2.883	2.890	2.897	2.905	2.912	2.919
770	2.927	2.934	2.942	2.949	2.956	2.964	2.971	2.979	2.986	2.994
780	3.001	3.009	3.016	3.024	3.031	3.039	3.046	3.054	3.061	3.069
790	3.076	3.084	3.091	3.099	3.106	3.114	3.122	3.129	3.137	3.145
800	3.152	3.160	3.168	3.175	3.183	3.191	3.198	3.206	3.214	3.221
810	3.229	3.237	3.245	3.252	3.260	3.268	3.276	3.283	3.291	3.299
820	3.307	3.314	3.322	3.330	3.338	3.346	3.354	3.361	3.369	3.377
830	3.385	3.393	3.401	3.409	3.417	3.424	3.432	3.440	3.448	3.456
840	3.464	3.472	3.480	3.488	3.496	3.504	3.512	3.520	3.528	3.536
850	3.544	3.552	3.560	3.568	3.576	3.584	3.592	3.600	3.608	3.616
860	3.624	3.633	3.641	3.649	3.657	3.665	3.673	3.682	3.690	3.698
870	3.706	3.714	3.722	3.731	3.739	3.747	3.755	3.764	3.772	3.780
880	3.788	3.796	3.805	3.813	3.821	3.830	3.839	3.846	3.855	3.868
890	3.871	3.880	3.888	3.896	3.905	3.913	3.921	3.930	3.938	3.947
900	3.955	3.963	3.972	3.980	3.989	3.997	4.006	4.014	4.023	4.031
910	4.039	4.048	4.056	4.064	4.073	4.082	4.090	4.099	4.108	4.116
920	4.124	4.133	4.142	4.150	4.159	4.168	4.176	4.185	4.193	4.202
930	4.211	4.219	4.228	4.237	4.245	4.254	4.262	4.271	4.280	4.288
940	4.297	4.306	4.315	4.323	4.332	4.341	4.350	4.359	4.367	4.376
950	4.385	4.393	4.402	4.411	4.420	4.429	4.437	4.446	4.455	4.464
960	4.478	4.482	4.490	4.499	4.408	4.517	4.566	4.535	4.544	4.553
970	4.562	4.570	4.579	4.588	4.597	4.606	4.615	4.624	4.633	4.642
980	4.651	4.660	4.669	4.678	4.687	4.696	4.705	4.714	4.723	4.732
990	4.741	4.750	4.760	4.769	4.778	4.787	4.806	4.805	4.814	4.823

测量端温度 ℃	0	1	2	3	4	5	6	7	8	9
	热　电　动　势（mV）									
1000	4.832	4.842	.851	4.860	4.869	4.878	4.887	4.896	4.906	4.915
1010	4.924	4.933	4.942	4.952	4.961	4.970	4.979	4.988	4.998	5.007
1020	5.016	5.026	5.035	5.044	5.053	5.063	5.072	5.081	5.091	5.100
1030	5.109	5.119	5.128	5.137	5.147	5.156	5.166	5.175	5.184	5.194
1040	5.203	5.212	5.222	5.231	5.241	5.250	5.260	5.269	5.279	5.288
1050	5.297	5.307	5.316	5.326	5.335	5.345	5.354	5.364	5.373	5.383
1060	5.393	5.402	5.412	5.421	5.431	5.440	5.450	5.459	5.469	5.479
1070	5.488	5.498	5.507	5.517	5.527	5.536	5.516	5.556	5.565	5.575
1080	5.585	5.594	5.604	5.614	5.624	5.634	5.644	5.653	5.663	5.673
1090	5.683	5.692	5.702	5.712	5.722	5.731	5.741	5.751	5.761	5.771
1100	5.780	5.790	5.800	5.810	5.820	5.830	5.839	5.849	5.859	5.869
1110	5.879	5.889	5.890	5.910	5.919	5.928	5.938	5.948	5.958	5.968
1120	5.978	5.988	6.998	6.008	6.018	6.028	6.038	6.048	6.058	6.068
1130	6.078	6.088	6.098	6.108	6.118	6.128	6.138	6.148	6.158	6.168
1140	6.178	6.188	6.198	6.208	6.218	6.228	6.238	6.248	6.259	6.269
1150	6.279	6.239	6.299	6.309	6.319	6.329	6.340	6.350	6.360	6.370
1160	6.380	6.390	6.401	6.411	6.421	6.431	6.442	6.452	6.462	6.472
1170	6.482	6.493	6.503	6.513	6.523	6.534	6.544	6.554	6.564	6.575
1180	6.585	6.595	6.606	6.616	6.626	6.637	6.647	6.657	6.668	6.678
1190	6.688	6.699	6.709	6.719	6.730	6.740	6.750	6.760	6.771	6.782
1200	6.792	6.802	6.813	6.823	6.834	6.844	6.854	6.865	6.875	6.886
1210	6.896	6.907	6.917	6.928	6.938	6.949	6.959	6.970	6.980	6.991
1220	7.001	7.012	7.022	7.033	7.043	7.054	7.064	7.075	7.085	7.096
1230	7.106	7.117	7.128	7.133	7.149	7.159	7.170	7.180	7.191	7.202
1240	7.212	7.223	7.234	7.244	7.255	7.265	7.276	7.287	7.297	7.308
1250	7.319	7.329	7.340	7.351	7.361	7.372	7.383	7.393	7.404	7.415
1260	7.426	7.436	7.447	7.458	7.468	7.479	7.490	7.501	7.511	7.522
1270	7.533	7.544	7.554	7.565	7.576	7.587	7.598	7.608	7.619	7.630
1280	7.641	7.652	7.662	7.673	7.584	7.695	7.706	7.716	7.727	7.738
1290	7.749	7.760	7.771	7.782	7.792	7.803	7.814	7.825	7.836	7.847
1300	7.858	7.869	7.880	7.890	7.901	7.912	7.923	7.934	7.945	7.956
1320	7.967	7.978	7.989	8.000	8.011	8.022	8.033	8.044	8.054	8.065
1320	8.076	8.087	8.098	8.109	8.120	8.131	8.142	8.153	8.164	8.175
1330	8.186	8.197	8.208	8.220	8.231	8.242	8.253	8.264	8.275	8.286
1340	8.297	8.308	8.319	8.330	8.341	8.352	8.363	8.374	8.385	8.396
1350	8.408	8.419	8.430	8.441	8.452	8.463	8.474	8.485	8.497	8.508
1360	8.519	8.530	8.541	8.552	8.563	8.574	8.586	8.597	8.608	8.619
1370	8.630	8.642	8.653	8.664	8.675	8.686	8.697	8.709	8.720	8.731
1380	8.742	8.753	8.765	8.776	8.787	8.798	8.809	8.820	8.832	8.843
1390	8.854	8.866	8.877	8.888	8.899	8.911	8.922	8.933	8.945	8.956
1400	8.967	8.978	8.990	9.001	9.012	9.023	9.035	9.046	9.057	9.069
1410	9.080	9.091	9.103	9.114	9.125	9.137	9.148	9.159	9.170	9.182
1420	9.193	9.204	9.216	9.227	9.239	9.250	9.261	9.273	9.284	9.295
1430	9.307	9.318	9.329	9.341	9.352	9.363	9.375	9.386	9.398	9.409
1440	9.420	9.432	9.443	9.455	9.466	9.477	9.489	9.500	9.512	9.523
1450	9.534	9.546	9.557	9.569	9.580	9.592	9.603	9.614	9.626	9.637
1460	9.649	9.660	9.672	9.683	9.695	9.706	9.717	9.729	9.740	9.952
1470	9.763	9.775	9.786	9.798	9.809	9.821	9.832	9.844	9.855	9.866
1480	9.878	9.890	9.901	9.913	9.924	9.936	9.947	9.959	9.970	9.982
1490	9.993	10.005	10.016	10.028	10.039	10.051	10.062	10.074	10.085	10.097
1500	10.108	10.120	10.131	10.143	10.154	10.166	10.177	10.189	10.200	10.212
1510	10.224	10.235	10.247	10.258	10.270	10.281	10.293	10.304	10.316	10.323
1520	10.339	10.351	10.362	10.374	10.385	10.397	10.408	10.420	10.432	10.443
1530	10.455	10.466	10.478	10.490	10.501	10.513	10.524	10.536	10.547	10.559
1540	10.571	10.582	10.594	10.605	10.617	10.629	10.640	10.652	10.663	10.675

测量端温度 ℃	0	1	2	3	4	5	6	7	8	9
	热 电 动 势（mV）									
1550	10.687	10.698	10.710	10.726	10.733	10.754	10.756	10.768	10.779	10.791
1560	10.803	10.814	10.826	10.838	10.849	10.861	10.872	10.884	10.896	10.907
1570	10.919	10.930	10.942	10.954	10.965	10.977	10.989	11.000	11.012	11.024
1580	11.035	11.047	11.058	11.070	11.082	11.093	11.105	11.116	11.128	11.140
1590	11.151	11.163	11.175	11.186	11.198	11.210	11.221	11.233	11.245	11.256
1600	11.268	11.280	11.291	11.303	11.314	11.326	11.338	11.349	11.361	11.373
1610	11.384	11.396	11.408	11.419	11.431	11.442	11.454	11.466	11.477	11.489
1620	11.501	11.512	11.512	11.542	11.536	11.547	11.559	11.571	11.582	11.594	11.606
1630	11.617	11.629	11.641	11.652	11.664	11.675	11.687	11.699	11.710	11.722
1640	11.734	11.745	11.757	11.768	11.780	11.792	11.804	11.815	11.827	11.838
1650	11.850	11.862	11.873	11.885	11.897	11.908	11.920	11.931	11.943	11.955
1660	11.966	11.978	11.990	12.001	12.013	12.025	12.036	12.048	12.060	12.071
1670	12.083	12.094	12.106	12.118	12.129	12.141	12.152	12.164	12.176	12.187
1680	12.199	12.211	12.222	12.234	12.245	12.257	12.269	12.280	12.292	12.303
1690	12.315	12.327	12.339	12.350	12.362	12.373	12.385	12.396	12.408	12.420
1700	12.431	12.443	12.454	12.466	12.478	12.489	12.501	12.512	12.524	12.536
1710	12.547	12.559	12.570	12.582	12.593	12.605	12.617	12.628	12.640	12.651
1720	12.663	12.674	12.686	12.698	12.709	12.721	12.732	12.744	12.755	12.767
1730	12.778	12.790	12.802	12.813	12.825	12.836	12.848	12.859	12.871	12.882
1740	12.894	12.906	12.917	12.929	12.940	12.952	12.963	12.974	12.986	12.998
1750	13.009	13.021	13.032	13.044	13.055	13.067	13.078	13.089	13.101	13.113
1760	13.124	13.136	13.147	13.159	13.170	13.182	13.163	13.205	13.216	13.228
1770	13.239	13.250	13.262	13.274	13.285	13.296	13.308	13.319	13.331	13.342
1780	13.354	13.365	13.376	13.388	13.399	13.411	13.422	13.434	13.445	13.456
1790	13.468	13.479	13.491	13.502	13.514	13.525	13.536	13.548	13.559	13.571
1800	13.582									

参考数据:

温 度（℃）	-20	-40
电动热（mV）	0.006	0.022

附录5 铂热电阻分度表($R_0 = 46\Omega$)

$R_0 = 46 \cdot 00\Omega$ 分度号：BA_1

$A = 3.96847 \cdot 10^{-3} 1/℃$

$B = -5.847 \cdot 10^{-7} ℃^2$

$C = -4.22 \cdot 10^{-12}/℃^4$

$-200℃$ 至 $650℃$ 的电阻对照

℃	0	1	2	3	4	5	6	7	8	9
−200	7.95	—	—	—	—	—	—	—	—	—
−190	9.96	9.76	9.56	9.36	9.14	8.96	8.75	8.55	8.35	8.15
−180	11.95	11.75	11.55	11.36	11.16	10.96	10.75	10.56	10.36	10.16
−170	13.93	13.73	13.54	13.34	13.14	12.94	12.75	12.55	12.35	12.15
−160	15.90	15.70	15.50	15.31	15.11	14.92	14.72	14.52	14.33	14.13
−150	17.85	17.65	17.46	17.26	17.07	16.87	16.68	16.48	16.29	16.09
−140	19.79	19.59	19.40	19.21	19.01	18.82	18.63	18.43	18.24	18.04
−130	21.72	21.52	21.33	21.14	20.95	20.75	20.56	20.37	20.17	19.98
−120	23.63	23.44	23.25	23.06	22.87	22.68	22.48	22.29	22.10	21.91
−110	25.54	25.35	25.16	24.97	24.78	24.59	24.40	24.21	24.02	23.82
−100	27.44	27.25	27.06	26.87	26.68	26.49	26.30	26.11	25.92	25.73
−90	29.33	29.14	28.95	28.76	28.57	28.38	28.19	28.00	27.82	27.63
−80	32.21	31.02	30.83	30.64	30.45	30.27	30.08	29.89	29.70	29.51
−70	33.08	32.89	32.70	32.52	32.33	32.13	31.96	31.77	31.58	31.39
−60	34.94	34.76	34.57	34.38	34.20	34.01	33.83	33.64	33.45	33.27
−50	36.80	36.62	36.43	36.24	36.06	35.87	35.69	35.50	35.32	35.13
−40	38.65	38.47	38.28	38.10	37.91	37.73	37.54	37.36	37.17	36.99
−30	40.50	40.31	40.13	39.95	39.76	30.58	39.39	39.21	39.02	38.84
−20	42.34	42.15	41.97	41.79	41.60	41.42	41.24	41.05	40.87	40.68
−10	44.17	43.99	43.81	43.62	43.44	43.26	43.07	42.89	42.71	42.52
−0	46.00	45.82	45.63	45.45	45.27	45.09	44.90	44.72	44.54	44.35
0	46.00	46.18	46.37	46.55	46.73	46.91	47.09	47.28	47.46	47.64
10	47.82	48.01	48.19	48.37	48.55	43.73	48.91	49.09	49.28	49.46
20	49.64	49.82	50.00	50.18	50.37	50.55	50.73	50.91	51.09	51.27
30	51.45	51.63	51.81	51.99	52.18	52.36	52.54	52.72	52.90	53.08
40	53.26	53.40	53.62	53.80	53.98	54.16	54.34	54.52	54.70	54.88
50	55.06	55.24	55.42	55.60	55.78	55.96	56.14	56.32	56.50	56.68
60	56.86	57.04	57.22	57.39	57.57	57.75	57.93	58.11	58.29	58.47
70	58.65	58.83	59.00	59.18	59.36	59.54	59.72	59.90	60.07	60.25
80	60.43	60.61	60.79	60.97	61.14	51.32	61.50	61.68	61.86	62.04
90	62.21	62.39	62.57	62.74	62.92	63.10	63.28	63.45	63.63	63.81
100	63.99	64.16	64.34	64.52	64.70	64.87	65.05	65.22	65.40	65.58
110	65.76	65.93	66.11	66.28	66.46	66.64	66.81	66.99	67.16	67.34
120	67.52	67.69	67.87	68.05	68.22	68.40	68.57	68.75	68.93	69.10
130	69.28	69.45	69.63	69.80	69.98	70.15	70.33	70.50	70.68	70.85
140	71.03	71.20	71.38	71.55	71.73	71.90	72.08	72.25	72.43	72.60
150	72.78	72.95	73.12	73.30	73.47	73.65	73.82	74.00	74.17	74.34
160	74.52	74.69	74.87	75.04	75.21	75.39	75.56	75.73	75.91	76.80
170	76.26	76.43	76.60	76.77	76.95	77.12	77.29	77.47	77.64	77.81
180	77.99	78.16	78.33	78.50	78.68	78.85	79.02	79.19	79.27	79.54

℃	0	1	2	3	4	5	6	7	8	9
190	79.71	79.88	80.05	80.23	80.40	80.57	80.75	80.92	81.09	81.26
200	81.43	81.60	81.78	81.95	82.12	82.29	82.46	82.63	82.81	82.98
210	83.15	83.32	83.49	83.66	83.83	84.00	84.18	84.35	84.52	84.69
220	84.86	85.03	85.20	85.37	85.54	85.71	85.88	86.45	86.22	86.39
230	86.56	86.73	86.90	87.07	87.24	87.41	87.58	87.15	87.92	88.09
240	88.26	88.43	88.60	88.77	88.94	89.11	89.28	89.45	89.62	89.79
250	89.96	90.12	90.29	90.46	90.63	90.80	90.97	91.14	91.31	91.48
260	91.64	91.81	91.98	92.15	92.32	92.49	92.66	92.82	92.99	93.16
270	93.33	93.50	93.66	93.83	94.00	94.17	94.33	94.50	94.67	94.84
280	95.00	95.17	95.34	95.51	95.67	95.84	96.01	96.18	96.34	96.51
290	96.68	96.84	97.01	97.18	97.34	97.51	97.68	97.84	98.01	98.18
300	98.34	98.51	98.63	98.84	99.01	99.18	99.34	99.51	99.57	99.84
310	100.01	100.17	100.34	100.50	100.67	100.83	101.00	101.17	101.33	101.50
320	101.65	101.83	101.99	102.16	102.33	102.49	102.65	102.82	102.98	103.15
330	103.31	103.48	103.64	103.81	103.97	104.14	104.30	104.46	104.63	104.79
340	104.96	105.12	105.29	105.45	106.62	105.78	105.94	106.11	106.27	106.43
350	106.60	106.76	106.92	107.09	107.25	107.42	107.58	107.74	107.90	108.07
360	108.28	108.39	108.56	108.72	108.88	109.05	109.21	109.37	109.54	109.70
370	109.86	110.02	110.19	110.35	110.51	110.67	110.84	111.00	111.16	111.32
380	111.48	111.56	111.81	111.97	112.13	112.29	112.46	112.62	121.78	112.94
390	113.10	113.26	113.43	113.59	113.55	113.91	114.07	114.23	114.39	114.56
400	114.72	114.88	115.04	115.20	115.36	115.52	115.68	115.84	116.00	116.16
410	116.32	116.48	116.64	116.80	116.97	117.13	117.29	117.45	117.61	117.77
420	117.93	118.09	118.25	118.41	118.57	118.73	118.89	119.04	119.20	119.36
430	119.52	119.68	119.84	120.00	120.16	120.32	120.48	120.64	120.80	120.96
440	121.11	121.27	121.43	121.59	121.75	121.91	122.07	122.23	122.38	122.54
450	122.70	122.86	123.02	123.18	123.33	123.49	123.65	123.81	123.96	124.12
460	124.28	124.44	124.60	124.76	124.91	125.07	125.23	125.39	125.54	125.70
470	125.86	126.02	126.17	126.33	126.49	126.64	126.80	126.96	127.11	127.27
480	127.43	127.58	127.74	127.90	128.05	128.21	128.37	128.52	128.68	128.84
490	128.99	129.14	129.30	129.46	129.61	129.77	129.92	130.08	130.23	130.39
500	130.55	130.70	130.86	131.02	131.17	131.33	131.48	131.63	131.79	131.95
510	132.10	132.26	132.41	132.57	132.72	132.88	133.03	133.19	133.34	133.50
520	133.65	133.81	133.96	134.12	134.27	134.48	134.58	134.73	134.89	135.04
530	135.20	135.35	135.50	135.66	135.81	135.97	136.12	136.27	136.43	136.58
540	136.73	136.89	137.04	137.19	137.35	137.50	137.65	137.81	137.96	138.11
550	138.27	133.42	138.58	138.73	138.88	139.03	139.18	139.33	139.48	139.64
560	139.79	139.94	140.10	140.25	140.40	140.55	140.70	140.86	141.01	141.16
570	141.32	131.47	141.62	141.77	141.92	142.07	142.22	142.37	142.53	142.68
580	142.83	142.98	143.13	143.28	143.44	143.50	143.74	143.89	144.04	144.19
590	144.34	144.49	144.64	144.79	144.94	145.09	145.24	145.40	145.55	145.70
600	145.85	146.00	146.15	146.30	146.45	146.60	146.75	146.90	147.05	147.20
610	147.35	147.50	147.65	147.80	147.95	148.10	148.24	148.39	148.54	146.69
620	148.84	148.99	149.14	149.29	149.44	149.59	149.74	149.89	150.03	150.18
630	150.33	150.48	150.63	150.78	150.93	151.07	151.22	151.37	151.52	151.67
640	151.81	151.96	152.11	152.26	152.41	152.55	152.70	152.85	153.00	153.15
650	153.30	—	—	—	—	—	—	—	—	—

附录6 铂热电阻分度表($R_0 = 100\Omega$)

$R_0 = 100 \cdot 00\Omega$ 分度号:BA$_2$

$A = 3.96847 \cdot 10^{-3} 1/℃$

$B = -5.847 \cdot 10^{-7} ℃^2$

$C = -4.22 \cdot 10^{-12} /℃^4$

−200～650℃的电阻对照

℃	0	1	2	3	4	5	6	7	8	9
−200	17.28	—	—	—	—	—	—	—	—	—
−190	21.65	21.21	20.78	20.34	19.91	19.47	19.03	18.59	18.16	17.72
−180	25.98	25.55	25.12	24.69	24.25	23.82	23.39	22.95	22.52	22.08
−170	30.29	29.86	29.43	29.00	28.57	28.14	27.71	27.28	26.85	26.42
−160	34.56	34.13	33.71	33.28	32.85	32.43	32.00	31.57	31.14	30.71
−150	36.80	38.38	37.95	37.53	37.11	36.68	36.26	35.83	35.41	34.98
−140	43.02	42.60	42.18	41.76	41.33	40.91	40.49	40.07	39.65	39.22
−130	47.21	46.79	46.37	45.96	45.53	45.12	44.70	44.28	43.86	43.44
−120	51.38	50.96	50.54	50.13	49.71	49.29	48.88	48.46	48.04	47.63
−110	55.52	55.11	54.69	54.28	53.87	53.45	53.04	52.62	52.21	51.79
−100	59.65	59.23	58.82	58.41	58.00	57.59	57.17	56.76	56.35	55.93
−90	63.75	63.34	62.93	62.52	62.11	61.70	61.29	60.88	60.47	60.06
−80	67.84	67.43	67.02	66.61	66.31	65.80	65.39	64.98	64.57	64.16
−70	71.91	71.50	71.10	70.29	70.28	69.88	69.47	69.06	68.65	68.25
−60	75.96	75.56	75.15	74.75	74.34	73.94	73.53	73.13	72.72	72.32
−50	80.00	79.60	79.20	78.79	78.39	77.99	77.58	77.18	76.77	76.37
−40	84.03	83.63	83.22	82.82	82.42	82.02	81.62	81.21	80.81	80.41
−30	88.04	87.64	87.24	86.84	86.44	86.04	85.63	85.23	84.83	84.43
−20	92.04	91.64	91.24	90.84	90.44	90.04	89.64	89.24	88.84	88.44
−10	96.03	95.63	95.23	94.83	94.43	94.03	93.63	93.24	92.84	92.44
−0	100.00	99.60	99.21	98.81	98.41	98.01	97.62	97.22	96.83	96.42
0	100.00	100.40	100.79	101.19	101.59	101.98	102.38	102.78	103.17	103.57
10	103.96	104.36	104.75	105.15	105.54	105.94	106.33	106.73	107.12	107.52
20	107.91	108.31	108.70	109.10	109.49	109.88	110.28	110.67	111.07	111.46
30	111.85	112.25	112.64	113.03	113.43	113.82	114.21	114.60	115.00	115.39
40	115.78	116.17	116.67	116.96	117.35	117.74	118.13	118.52	118.91	119.31
50	119.70	120.09	120.58	120.87	121.26	121.65	122.04	122.43	122.82	123.21
60	119.70	123.99	124.38	124.77	125.16	125.55	125.94	126.33	126.72	127.10
70	127.49	127.88	128.27	128.66	129.05	129.44	129.82	130.21	130.60	130.99
80	131.37	131.76	132.15	132.54	132.92	133.31	133.70	134.08	134.47	134.86
90	135.24	135.63	136.02	136.40	136.79	137.17	137.56	137.94	138.33	138.72
100	139.10	139.49	139.87	140.26	140.64	141.02	141.41	141.79	142.18	142.56
110	142.95	143.33	143.71	144.10	144.48	144.86	145.25	145.63	146.01	146.40
120	146.78	147.16	147.55	147.93	148.31	148.69	149.07	149.46	149.84	150.22
130	150.60	150.98	151.37	151.75	152.13	152.51	152.89	153.27	153.65	154.03
140	154.41	154.79	155.17	155.55	155.93	156.31	156.69	157.07	157.45	157.83
150	158.21	158.59	158.97	159.35	159.73	160.11	160.49	160.86	161.24	161.62
160	162.00	162.38	162.76	163.13	163.51	163.89	164.27	164.64	165.02	165.40
170	165.78	166.15	166.53	166.91	167.28	167.66	168.03	168.41	168.79	169.16
180	169.54	169.91	170.29	170.67	171.04	171.42	171.79	172.17	172.54	172.92

℃	0	1	2	3	4	5	6	7	8	9
190	173.29	173.67	174.04	174.41	174.79	175.16	175.54	175.91	176.28	176.66
200	177.03	177.40	177.78	178.15	178.52	178.90	179.27	179.64	180.02	180.39
210	180.76	181.13	181.51	181.88	182.25	182.62	182.99	183.36	183.74	184.11
220	184.48	184.85	185.22	185.59	185.96	186.33	186.70	187.07	187.44	187.81
230	188.18	188.55	188.92	189.29	189.66	190.03	190.40	190.77	191.14	191.51
240	191.88	192.24	192.61	192.98	193.35	193.72	194.09	194.45	194.82	195.19
250	195.56	195.92	196.29	196.66	197.03	197.39	197.96	198.13	198.50	198.86
260	199.23	199.54	199.96	200.33	200.69	201.06	201.42	201.79	202.16	202.52
270	202.89	203.25	203.62	203.98	204.35	204.71	205.08	205.44	206.80	206.17
280	206.53	206.90	207.26	209.63	207.99	208.35	208.72	209.08	209.44	209.81
290	210.17	210.53	210.89	211.26	211.62	211.98	212.34	213.71	213.07	213.43
300	231.79	214.15	214.51	214.88	215.24	215.60	215.96	216.32	216.68	217.04
310	217.40	217.76	218.12	218.49	218.85	219.21	219.57	219.93	220.29	220.64
320	221.00	221.36	221.72	222.08	222.44	222.80	223.16	223.52	223.88	224.23
330	224.59	224.95	225.31	225.67	226.02	226.38	226.74	227.10	227.45	227.81
340	228.17	228.53	228.88	229.24	229.60	229.95	230.31	230.67	231.02	231.38
350	231.73	232.09	232.45	232.80	233.16	233.51	233.87	234.22	234.58	234.93
360	235.29	235.64	236.00	236.35	236.71	237.06	237.41	237.77	238.12	238.48
370	238.83	239.18	239.54	239.89	240.24	240.60	240.95	241.30	241.65	242.01
380	242.36	242.71	243.06	243.42	243.77	244.12	244.47	244.82	245.17	245.53
390	245.88	246.23	246.58	246.93	247.28	247.63	247.98	248.33	248.68	249.03
400	249.38	249.73	250.08	250.43	250.78	251.13	251.48	251.83	252.18	252.53
410	252.88	253.23	253.58	253.92	254.27	254.62	254.97	255.32	255.67	256.01
420	256.36	256.71	257.06	257.40	257.75	258.10	258.45	258.79	259.14	259.49
430	259.83	260.18	260.53	260.87	261.22	261.57	261.91	262.26	262.60	262.95
440	263.29	263.64	263.98	264.33	264.67	265.02	265.36	265.71	266.05	266.40
450	266.74	267.09	267.43	267.77	268.12	268.46	268.80	269.15	269.49	269.83
460	270.18	270.52	270.86	271.21	271.55	271.89	272.23	272.58	272.92	273.26
470	273.60	273.94	274.29	274.63	274.97	275.31	275.65	275.99	276.33	276.67
480	277.01	277.36	277.70	278.04	278.38	278.72	279.06	279.40	279.74	280.08
490	280.41	280.75	281.08	281.42	281.76	282.10	282.44	282.78	283.12	283.46
500	283.30	284.14	284.48	284.82	285.16	285.50	285.83	286.17	286.51	286.85
510	287.18	287.52	287.86	288.20	288.53	288.87	289.20	289.54	289.88	290.21
520	290.55	290.89	291.22	291.56	291.89	292.23	292.56	292.90	293.23	293.57
530	293.91	294.24	294.57	294.91	295.24	295.58	295.91	296.25	296.58	296.91
540	297.25	297.58	297.92	298.25	298.58	298.91	299.25	299.58	299.91	300.25
550	300.58	300.91	301.24	301.58	301.91	302.24	302.57	302.90	303.23	303.57
560	303.90	304.23	304.56	304.89	305.22	305.55	305.88	306.22	306.55	306.88
570	307.21	307.54	307.87	308.20	308.53	308.86	309.18	309.51	309.84	310.17
580	310.50	310.83	311.16	311.49	311.82	312.15	312.47	312.80	313.13	313.46
590	313.79	314.11	314.44	314.77	315.10	315.42	315.75	316.08	316.41	316.73
600	317.06	317.39	317.71	318.04	318.37	318.69	319.01	319.34	319.67	319.99
610	320.32	320.65	320.97	321.30	321.62	321.95	322.27	322.60	322.92	323.25
620	323.57	323.89	324.22	324.54	324.87	325.19	325.51	325.84	326.16	326.48
630	326.80	327.13	327.45	327.78	328.10	328.42	328.74	329.06	329.39	329.71
640	330.03	330.35	330.68	331.00	331.32	331.64	331.96	332.28	332.60	332.93
650	333.25	—	—	—	—	—	—	—	—	—

附录7 铜热电阻分度表($R_0 = 50\Omega$)

$R_0 = 500.00\Omega$ 分度表:Cu50

$-50 \sim 150℃$的电阻对照

℃	0	1	2	3	4	5	6	7	8	9
-50	39.24	—	—	—	—	—	—	—	—	—
-40	41.40	41.18	40.97	40.75	40.54	40.32	40.10	39.89	39.67	—
-30	43.55	43.34	43.12	42.91	42.69	42.48	42.27	42.05	41.88	41.61
-20	45.70	45.49	45.27	45.06	44.84	44.63	44.41	44.20	43.98	43.77
-10	47.85	47.64	47.42	47.21	46.99	46.78	46.56	46.35	46.13	45.97
-0	50.00	49.78	49.53	49.35	49.14	48.92	48.71	48.50	48.28	48.07
0	50.00	50.21	50.43	50.64	50.86	51.07	51.28	51.50	51.71	51.93
10	52.14	52.36	52.57	52.78	53.00	53.21	53.43	53.64	53.86	54.07
20	54.28	54.50	54.71	54.92	55.14	55.35	55.57	55.78	56.00	56.21
30	56.42	56.64	56.81	57.07	57.28	57.49	57.71	57.92	58.14	58.35
40	58.56	58.78	58.99	59.20	59.42	59.63	59.85	60.06	60.27	60.49
50	60.70	60.92	61.13	61.34	61.56	61.77	61.98	62.20	62.41	62.63
60	62.84	63.05	63.27	63.48	63.70	63.91	64.12	64.34	64.55	64.76
70	64.98	65.19	65.41	65.62	65.83	66.05	66.26	66.48	66.69	66.90
80	67.12	67.33	67.54	67.76	67.97	68.19	68.40	68.62	68.83	69.00
90	69.26	69.47	69.68	69.90	70.11	70.33	70.54	70.76	70.97	71.18
100	71.40	71.61	71.83	72.04	72.25	72.47	72.68	72.80	73.11	73.33
110	73.54	73.75	73.97	74.18	74.40	74.61	74.83	75.04	75.26	75.47
120	75.68	75.90	76.11	73.33	76.54	76.76	76.97	77.19	77.40	77.62
130	77.83	78.05	78.28	78.48	78.69	78.91	79.12	79.34	79.55	79.77
140	79.98	80.20	80.41	80.63	80.84	81.05	81.27	81.49	81.70	81.92
150	82.31	—	—	—	—	—	—	—	—	—

附录8 铜热电阻分度表($R_0 = 100\Omega$)

$R_0 = 100 \cdot 00\Omega$　分度表:Cu100

$-50 \sim 150℃$ 的电阻对照

℃	0	1	2	3	4	5	6	7	8	9
−50	78.49	—	—	—	—	—	—	—	—	—
−40	82.80	82.36	82.04	81.50	81.08	80.64	80.20	79.78	79.34	78.92
−30	87.10	86.68	86.24	85.84	85.38	84.96	84.54	84.10	83.66	83.32
−20	91.40	90.98	90.54	90.12	89.68	89.26	88.82	88.40	87.96	87.54
−10	95.70	95.28	94.84	94.42	93.98	93.56	93.12	92.70	92.36	91.84
−0	100.00	99.56	99.14	98.70	98.28	97.84	97.42	97.00	96.56	96.14
0	100.00	100.00	100.36	101.28	101.72	102.14	102.56	103.00	103.42	103.66
10	104.28	104.72	105.14	105.56	106.00	106.42	106.86	107.28	107.72	108.14
20	108.56	109.00	109.42	109.84	109.27	110.70	111.13	111.56	112.00	112.42
30	112.84	113.28	113.70	114.14	114.56	114.98	115.42	115.84	116.28	116.70
40	117.12	117.56	117.97	118.40	118.84	119.26	119.70	120.12	120.54	120.98
50	121.40	121.84	122.20	122.68	123.12	123.54	123.96	124.40	124.82	125.26
60	125.68	126.10	126.54	126.98	127.40	127.82	128.24	128.68	129.10	129.52
70	129.96	130.38	120.82	131.24	131.66	132.10	132.52	132.96	133.38	133.80
80	134.24	134.66	135.08	135.52	135.95	136.37	136.80	137.22	137.64	138.08
90	138.52	138.94	139.36	139.80	140.22	140.66	141.08	141.52	141.94	142.36
100	142.80	143.22	143.66	144.08	144.50	144.94	145.36	145.80	146.22	146.66
110	147.08	147.50	147.94	148.36	148.80	149.22	149.66	150.08	150.52	150.94
120	151.36	151.80	152.22	152.66	153.08	153.52	153.94	154.38	154.80	155.24
130	155.66	156.10	156.52	156.96	157.38	157.82	158.24	158.68	159.10	159.54
140	159.96	160.40	160.82	161.26	161.68	162.12	162.54	162.98	163.40	163.84
150	164.27	—	—	—	—	—	—	—	—	—

第十章 光电式传感器

光电式传感器是能将光能转换为电能的一种器件,简称光电器件。它的物理基础是光电效应。在现代测量与控制系统中,应用非常广泛。

用光电器件测量非电量时,首先要将非电量的变化转换为光量的变化,然后通过光电器件的作用,就可以将非电量的变化转换为电量的变化了。

在光线作用下使物体的电子逸出表面的现象称为外光电效应。如光电管、光电倍增管就属于这类光电器件。在光线作用下能使物体电阻率改变的现象称为内光电效应,如光敏电阻等属于这类光电器件。在光线作用下能使物体产生一定方向的电动势的现象,称为阻挡层光电效应。如光电池、光敏晶体管等属于这类光电器件。阻挡层光电效应即光生伏打效应。

由于光电元件响应快,结构简单,而且有较高的可靠性等优点,在自动测试中得到广泛的应用。

10.1 光 电 管

光电管的结构如图 10-1 所示。在一个真空的玻璃泡内装有两个电极:光电阴极和阳极。光电阴极有的是贴附在玻璃泡内壁,有的是涂在半圆筒形的金属片上,阴极对光敏感的一面是向内的,在阴极前装有单根金属丝或环状的阳极。当阴极受到适当波长的光线照射时便发射电子,电子被带正电位的阳极所吸引,这样在光电管内就有电子流,在外电路中便产生了电流。

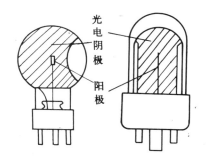

图 10-1 光电管的结构

当光通量一定时,阳极电压与阳极电流的关系,叫做光电管的伏安特性曲线(见图 10-2)光电管的工作点应选在光电流与阳极电压无关的区域内。

除真空光电管外,还有一种充气光电管,它的构造和真空光电管基本相同,所不同的仅仅是在玻璃泡内充以少量的惰性气体,如氩或氖,当光电极被光照射而发射电子时,光电子在趋向阳极的途中将撞击惰性气体的原子,使其电离,从而使阳极电流急速增加,提高了光电管的灵敏度。图 10-3 给出了充气光电管的伏安特性曲线。充气光电管的优点是灵敏度高,但其灵敏度随电压显著变化的稳定性、频率特性等都比真空光电管差。所以在测试中一般是选择真空光电管。

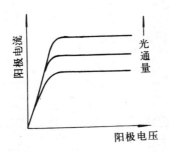

图 10-2 真空光电管的伏安特性

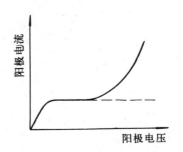

图 10-3 充气光电管的伏安特性

10.2 光电倍增管

在入射光极为微弱时,光电管能产生的光电流就很小,在这种情况下即使光电流能被放大,但信号与噪声同时被放大了,为了克服这个缺点,就要采用光电倍增管。

图 10-4 为光电倍增管示意图。它由光电阴极、若干倍增极和阳极三部分组成。光电阴极是由半导体光电材料锑—钩制造的,入射光就在它上面打出光电子。倍增极数目在 4~14 个不等。在各倍增极上加上一定的电压。阳极收集电子,外电路形成电流输出。

工作时,各个倍增电极上均加上电压,阴极 K 电位最低,从阴极开始,各个倍增极 E_1, E_2, E_3, E_4(或更多)电位依次升高,阳极 A 电位电高。

入射光在光电阴极上激发电子,由于各极间有电场存在,所以阴极激发电子被加速轰击第一倍增极,这些倍增极具有这样的特性,在受到一定数量的电子轰击后,能放出更多的电子,称为"二次电子"。光电倍增管之位增极的几何形状设计成每个极都能接受前一极的二次电子,而在各个

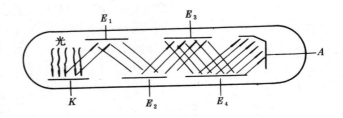

图 10-4 光电倍增管示意图

倍增极上顺序加上越来越高的正电压。这样如果在光电阴极上由于入射光的作用发射出一个电子,这个电子将被第一倍增极的正电压所加速而轰击第一倍增极,设这时第一倍增极有 σ 个二次电子发出,这 σ 个电子又轰击第二倍增极,而其产生的二次电子又增加 σ 倍,经过 n 个倍增极后,原先一个电子将变为 σ^n 个电子,这些电子最后被阳极所收集而在光电阴极与阳极之间形成电流。构成倍增极的材料的 $\sigma > 1$,设 $\sigma = 4$,在 $n = 10$ 时,则放大倍数为 $\sigma^n = 4^{10} \approx 10^6$,可见,光电倍增管的放大倍数是很高的。

光电倍增管的伏安特性曲线的形状与光电管很相似,其他特性也基本相同。

10.3 光敏电阻

10.3.1 光敏电阻的工作原理

光敏电阻是用光电导体制成的光电器件，又称光导管，它是基于半导体光电效应工作的。光敏电阻没有极性，纯粹是一个电阻器件，使用时可加直流偏压，也可以加交流电压。图10-5为光敏电阻的工作原理图。当无光照时，光敏电阻值(暗电阻)很大，电路中电流很小。当光敏电阻受到一定波长范围的光照时，它的阻值(亮电阻)急剧减少，因此电路中电流迅速增加。

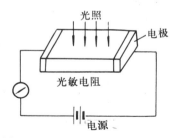

图10-5 光敏电阻的工作原理图

10.3.2 光敏电阻的结构

光敏电阻的结构如图10-6所示。管芯是一块安装在绝缘衬底上的带有两个欧姆接触电极的光电导体。半导体吸收光子而产生的光电效应，只限于光照的表面薄层。虽然产生的载流子也有少数扩散到内部去，但深入厚度有限，因此光电导体一般都做成薄层。为了获得很高灵敏度，光敏电阻的电极一般采用梳状(见图10-7)。这种梳状电极，由于在间距很近的电极之间有可能采用大的极板面积，所以提高了光敏电阻的灵敏度。

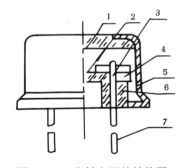

图10-6 光敏电阻的结构图

1-玻璃 2-光电导层 3-电极 4-绝缘衬底
5-金属壳 6-黑色绝缘玻璃 7-引线

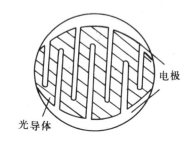

图10-7 光敏电阻的电极图案

光敏电阻的灵敏度易受潮湿的影响，因此要将光电导体严密封装在带有玻璃的壳体中。

光敏电阻具有很高的灵敏度，很好的光谱特性，光谱响应从紫外区一直到红外区。而且体积小、重量轻、性能稳定。因此在自动化技术中得到广泛的应用。

10.3.3 光敏电阻的主要参数

一、暗电阻

光敏电阻在室温条件下，在全暗后经过一定时间测量的电阻值，称为暗电阻。此时流过的电流，称为暗电流。

二、亮电阻

光敏电阻在某一光照下的阻值,称为该光照下的亮电阻,此时流过的电流称为亮电流。

三、光电流

亮电流与暗电流之差,称为光电流。

光敏电阻的暗电阻越大,而亮电阻越小,则性能越好,也就是说,暗电流要小,光电流要大,这样的光敏电阻的灵敏度就高。实际上,大多数光敏电阻的暗电阻往往超过一兆欧,甚至高达 $100M\Omega$,而亮电阻即使在正常白昼条件下也可降到 $1k\Omega$ 以下,可见光敏电阻的灵敏度是相当高的。

10.3.4 光敏电阻的基本特性

一、伏安特性

在一定照度下,光敏电阻两端所加的电压与光电流之间的关系,称为伏安特性(见图 10-8)。

由曲线可知,在给定的偏压情况下,光照度越大,光电流也就越大;在一定光照度下,所加的电压越大,光电流越大,而且没有饱和现象。但是不能无限制地提高电压,任何光敏电阻都有最大额定功率、最高工作电压和最大额定电流。光敏电阻的最高工作电压是由耗散功率决定的,而光敏电阻的耗散功率又和面积大小以及散热条件等因素有关。

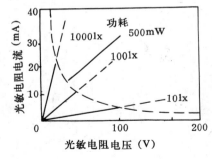

图 10-8 硫化镉光敏电阻的伏安特性曲线

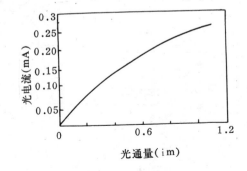

图 10-9 光敏电阻的光照特性曲线

二、光照特性

光敏电阻的光电流与光强之间的关系,称为光敏电阻的光照特性。不同类型的光敏电阻,光照特性不同。但多数光敏电阻的光照特性类似于图 10-9 所示曲线形状。

由于光敏电阻的光照特性呈非线性,因此它不宜作为测量元件,一般在自动控制系统中常用作开关式光电信号传感元件。

三、光谱特性

光敏电阻对不同波长的光,其灵敏度是不同的,图 10-10 为硫化镉、硫化铅、硫化铊光敏电阻的光谱特性曲线。从图中可以看出,硫化镉光敏电阻的光谱响应峰值在可见光区域,而硫化铅的峰值在红外区域。因此,在选用光敏电阻时,应该根据光源来考虑,这样才能得到较好的效果。

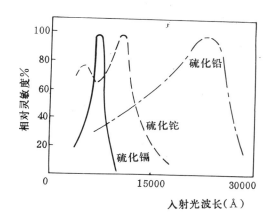

图 10-10　光敏电阻的光谱特性曲线

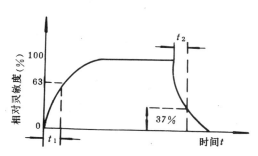

图 10-11　光敏电阻的时间响应曲线

四、响应时间和频率特性

实践证明,光敏电阻受到脉冲光照射时,光电流并不立刻上升到最大饱和值,而光照去掉后,光电流也并不立刻下降到零。这说明光电流的变化对于光的变化,在时间上有一个滞后,这就是光电导的弛豫现象。它通常用响应时间 t 表示。响应时间又分为上升时间 t_1 和下降时间 t_2(见图 10-11)。

上升和下降时间是表征光敏电阻性能的重要参数之一。上升和下降时间短,表示光敏电阻的惰性小,对光信号响应快。一般光敏电阻的响应时间都较大(约几十~几百毫秒)。光敏电阻的响应时间除

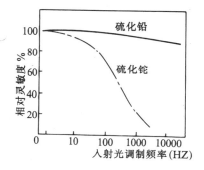

图 10-12　光敏电阻的频率特性曲线

了与元件的材料有关外,还与光照的强弱有关,光照越强,响应时间越短。

由于不同材料的光敏电阻具有不同的响应时间,所以它们的频率特性也就不尽相同了(见图 10-12)。

五、温度特性

光敏电阻也和其他半导体器件一样,受温度的影响较大。当温度升高时,它的暗电阻和灵敏度都下降。图 10-13 为硫化镉光敏电阻在光照一定时间的温度特性曲线。

光敏电阻的温度特性一般用温度系数 α 来表示。温度系数定义为:在一定光照下,温度每变化 1℃,光敏电阻阻值的平均变化率。它可用下式计算:

$$\alpha = \frac{R_2 - R_1}{(T_2 - T_1)R_2} \times 100\% \ \text{℃}^{-1} \qquad (10-1)$$

式中:R_1——在一定光照下,温度为 T_1 时的阻值;

R_2——在一定光照下,温度为 T_2 时的阻值。

显然,光敏电阻的温度系数越小越好,但不同材料的光敏电阻,温度系数是不同的。

温度不仅影响光敏电阻的灵敏度,同时对光谱特性也有很大影响。图 10-14 为硫化

— 209 —

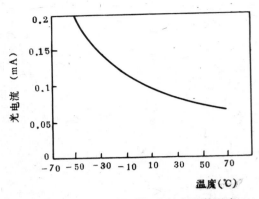

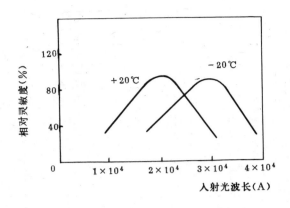

图 10 – 13 硫化镉光敏电阻的温度
特性曲线(光照一定)

图 10 – 14 硫化铅光敏电阻的
光谱温度特性

铅光敏电阻的光谱温度特性曲线。由图可见,随着温度升高,光谱响应峰值向短波方向移动。因此,采取降温措施,可以提高光敏电阻对长波光的响应。

六、稳定性

初制成的光敏电阻,由于其内部组织的不稳定性以及其他原因,光电特性是不稳定的。当受到光照和外接负载后,其灵敏度有明显下降。在人为地加温、光照和加负载情况下,经过一至二星期的老化,光电性能逐渐趋向稳定以后就基本上不变了。

10.4 光敏二极管和光敏晶体管

10.4.1 工作原理

光敏二极管的结构与一般二极管相似,装在透明玻璃外壳中(见图 10 – 15),它的 pn 结装在管顶,可直接受到光照射,光敏二极管在电路中一般是处于反向工作状态的,如图 10 – 16 所示。

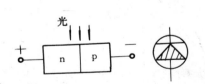

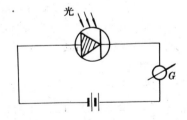

图 10 – 15 光敏二极管结构简化模型和符号

图 10 – 16 光敏二极管在电路中的接法

光敏二极管在电路处于反向偏置,在没有光照射,反向电阻很大,反向电流很小,这反向电流称为暗电流。当光照射在 pn 结上,光子打在 pn 结附近,使 pn 结附近产生光生电子和光生空穴对,使少数载流子的浓度大大增加,因此通过 pn 结的反向电流也随着增加。如果入射光照度变化,光生电子 – 空穴对的浓度也相应变动,通过外电路的光电流强度也随之变动,可见光敏二极管能将光信号转换为电信号输出。

光敏晶体管与一般晶体管很相似,具有两个 pn 结。它在把光信号转换为电信号同时,又将信号电流加以放大。图 10-17 所示为 npn 型光敏晶体管的结构简化模型和基本电路。当集电极加上相对于发射极为正的电压而不接基极时,基极-集电极结就是反向偏压。当光照射在基-集结上时,就会在结附近产生电子-空穴对,从而形成光电流,输入到晶体管的基极,由于基极电流增加,因此集电极电流是光生电流的 β 倍,所以光敏晶体管有放大作用。

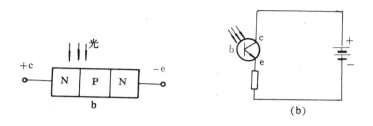

图 10-17　npn 型光敏晶体管简模型和基本电路

(a)结构简化模型　　　　　　　(b)基本电路

光敏晶体管的结构与普通晶体管十分相似,不同的是光敏晶体管的基极往往不接引线。实际上许多光敏晶体管仅有集电极和发射极两端有引线,尤其是硅平面光敏晶体管,因为其泄漏电流很小(小于 10^{-9} A),因此一般不备基极外接点。

10.4.2　基本特性

一、光谱特性

光敏二极管和晶体管的光谱特性曲线如图 10-18 所示。从曲线可以看出,当入射光的波长增加时,相对灵敏度要下降,这是容易理解的,因为光子能量太小,不足以激发电子空穴对。当入射光的波长缩小时,相对灵敏度也下降,这是由于光子在半导体表面附近就被吸收,透入深度小,在表面激发的电子空穴对不能达到 pn 结,因而灵敏度下降。由图可

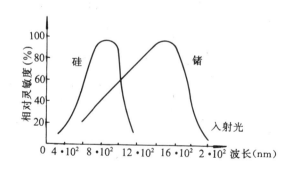

图 10-18　硅和锗光敏二极(晶体)管的光谱特性曲线

知,硅光敏管(含二极管,晶体管,以下同)的响应光谱的长波为 1100nm,锗为 1800nm,而短波分别在 400 和 500nm 附近。两者的峰值波长约为 900nm 和 1500nm,因为锗管的暗电流较大,因此性能较差,故在可见光或探测赤热状态物体时,一般都用硅管。但在红外光进行探测时,则锗管较为适宜。

二、伏安特性

图 10-19 为硅光敏晶体管在不同照度下的伏安特性曲线。由图可见,光敏晶体管的光电流比相同管型的二极管大上百倍。此外在零偏压时,二极管仍有光电流输出,而晶体

管则没有。

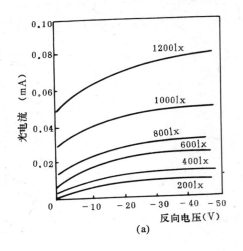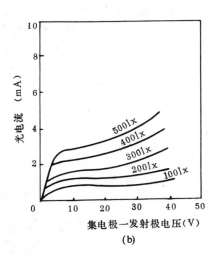

图 10-19　硅光敏管的伏安特性曲线

(a)硅光敏二极管　　　　　　　　(b)硅光敏晶体管

三、光照特性

图 10-20 为硅光敏晶体管的光照特性曲线。从图看出,光敏二极管的光照特性曲线的线性较好;而晶体管在照度较小时,光电流随照度增加较小,而在大电流(光照度为几千勒克斯)时有饱和现象(图中未画出),这时由于晶体管的电流放大倍数在小电流和大电流时都要下降的缘故。

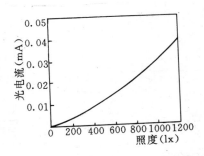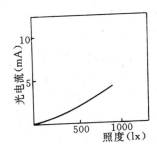

图 10-20　硅光敏管的光照特性曲线

(a)硅光敏二极管　　　　　　　　(b)硅光敏晶体管

四、温度特性

光敏晶体管的温度特性是指其暗电流及光电流与温度的关系,见图 10-21 所示。从特性曲线可以看出,温度变化对光电流影响很小,而对暗电流影响很大。

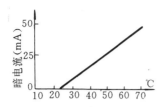 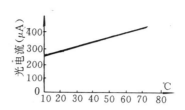

图 10 - 21　光敏晶体管的温度特性曲线

五、频率响应

光敏管的频率响应是指具有一定频率的调制光照射时,光敏管输出的光电流(或负载上的电压)随频率的变化关系。光敏管的频率响应与本身的物理结构、工作状态、负载以及入射光波长等因素有关。图 10 - 22 为硅光敏晶体管的频率响应曲线。对于锗管,入射光的调制频率要求在 5000Hz 以下,硅管的频率响应要比锗管好,实验证明,光敏晶体管的截止频率和它的基区厚度成反比关系。要截止频率高,基区就要薄,但这要使光电灵敏度下降。

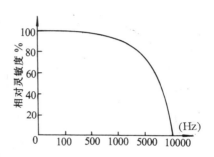

图 10 - 22　硅光敏晶体管频率响应曲线

10.5　光　电　池

光电池在有光线作用下实质上就是电源,电路中有了这种器件就不再需要外加电源。

光电池的种类很多,有硒光电池、氧化亚铜光电池、锗光电池、硅光电池、磷化镓光电池等。其中最受重视的是硅光电池,因为它有稳定性好、光谱范围宽、频率特性好、换能效率高、耐高温辐射等一系列优点。

10.5.1　工作原理

光电池是一种直接将光能转换为电能的光电器件,它是一个大面积的 pn 结。当光照射到 pn 结上时,便在 pn 结的两端产生电动势(p 区为正,n 区为负)。如果在 p 结两端装上电极。用一只内阻极高的电压表接在两个电极上,就可发现 p 区端和 n 区端之间存在着电势差。如果用导线把 pa 区端与 n 区端连接起来,导线中串接一只电流表(见图 10 - 23),电流表中就有电流流过。为什么 pn 结会产生

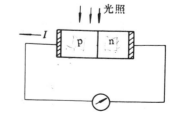

图 10 - 23　光电池工作原理示意图

光生伏打效应呢?我们知道,当 n 型半导体和 p 型半导体结合在一起构成一块晶体时,由于热运动,n 区中的电子就向 p 区扩散。而 p 区中的空穴则向 n 区扩散,结果在 p 区靠近

交界处聚集起较多的电子,而在 n 区靠近交界处聚集起较多的空穴,于是在过渡区形成一个电场。电场的方向是由 n 区指向 p 区,这个电场阻止电子进一步向由 n 区向 p 区扩散和空穴进一步由 p 区向 n 区扩散,但是却能推动 n 区中的空穴(少数载流子)和 p 区中的电子(也是少数载流子)分别向对方运动。

当光照到 pn 结上时,如果光子能量足够大,就将在 pn 结区附近激发电子 – 空穴对。在 pn 结电场作用下,n 区的光生空穴被拉向 p 区,p 区的光生电子被拉向 n 区。结果在 n 区就聚积了负电荷,带负电;p 区聚积了正电荷,带正电。这样 n 区和 p 区之间就出现了电位差。用导线将 pn 结两端用导线连接起来,电路中就有路流流过,电流的方向由 p 区流经外电路至 n 区。若将电路断开,就可以测出光生电动势。

10.5.2　基本特性

一、光谱特性

光电池对不同波长的光,灵敏度是不同的。图 10 – 24 为硅光电池和硒光电池的光谱特性曲线,从图中可知,不同材料的光电池,光谱响应峰值所对应的入射光波长是不同的,硅光电池的光谱响应峰值在 800nm 附近,而硒光电池的光谱响应峰值在 500nm 附近。硅光电池的光谱响应波长范围从 400 ~ 1200nm,而硒光电池只能在 380 ~ 750nm 范围。可见硅光电池可以在很宽的波长范围内得到应用。

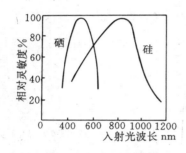
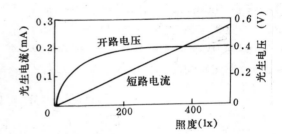

图 10 – 24　光电池的光谱特性曲线　　图 10 – 25　硅光电池的开路电压和短路电流的关系曲线

二、光照特性

光电池在不同光照度下,光电流和光生电动势是不同的。图 10 – 25 为硅光电池的开路电压和短路电流与光照的关系曲线。由图可见,短路电流在很大范围内与光照度成线性关系;开路电压(负载电阻 R_L 无限大时)与光照度的关系是非线性的,而且在光照 2000lx 时就趋向饱和了。因此光电池作为测量元件使用时,应把它当做电流源的形式来使用,利用短路电流与光照度成线性关系的优点。而不要把它当做电压源使用。

光电池的短路电流是指外接负载电阻相对于它的内阻来说是很小时的电流值。从实验可知,负载越小,光电流与照度之间的线性关系越好,而且线性范围越宽(见图 10 – 26)。实验证明,当负载电阻为 100Ω 时,照度从 0 ~ 1000lx 范围内变化时,光照特性还是比较好的,而负载电阻超过 200Ω 以上,其线性逐渐变坏。

三、频率响应

光电池作为测量、计算、接收器件时,常用调制光作为输入。光电池的频率响应就是指输出电流随调制光频率变化的关系,图10-27为光电池的频率响应曲线。由图可知,硅光电池具有较高的频率响应,而硒光电池则较差。因此,在高速计数的光电转换中一般采用硅光电池。

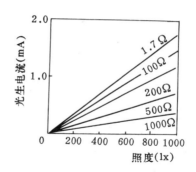

图10-26 硅光电池在不同负载情况下的光照特性

四、温度特性

光电池的温度特性是指开路电压和短路电电流随温度变化的关系。由于它关系到应用光电池的仪器设备的温度漂移,影响到测量精度或控制精度等重要指标,因此,温度特特是光电池的重要特性之一。

图10-28为硅光电池在1000lx照度下的温度特性曲线。由图可知,开路电压随温度上升而下降很快,当温度上升1℃时,开路电压约降低了3mV,这个变化是比较大的,但短路电流随温度的变化却是缓慢增加的,温度每升高1℃,短路电流只增加2×10^{-6}A.

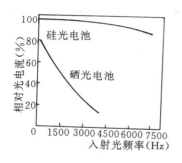

图10-27 硅光电池的频率特性曲线

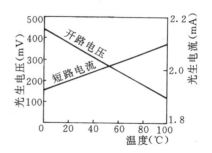

图10-28 硅光电池的温度特性曲线(照度1000lx)

由于温度对光电池的工作有很大影响,因此当它作为测量器件应用时,最好能保证温度恒定或采取温度补偿措施。

三、稳定性

当光电池密封良好、电极引线可靠、应用合理时,光电池的性能是相当稳定的。使用寿命很长,而硅光电池的性能比硒光电池更稳定。光电池的性能和寿命除了与光电池的材料及制造工艺有关外,在很大程度上还与使用环境条件有密切的关系。如在高温和强光照射下,会使光电池的性能变坏,而且降低使用寿命,这在使用中要特别注意。

10.6 光电式传感器的应用

光电式传感器在检测与控制中应用非常广泛,它基本上可分为模拟式传感器和脉冲式传感器两类。

模拟式光电传感器的作用原理是基于光电器件的光电流随光通量而发生变化,是光通量的函数,也就是说,对于光通量的任意一个选定值,对应的光电流就有一个确定的值,而光通量又随被测非电量的变化而变化,这样光电流就成为被测非电量的函数,这类传感器大都用于测量位移、表面光洁度、振动等参数。

脉冲式光电传感器的作用原理是光电器件的输出仅有两个稳定状态,也就是"通"与"断"的开关状态,即光电器件受光照时,有电信号输出,光电器件不受光照时,无电信号输出。属于这一类的大多是作继电器和脉冲发生器应用的光电传感器,如测量线位移、线速度、角位移、角速度(转速)的光电脉冲传感器等等。

下面分别以光电式带材跑偏仪和光电式脉冲传感器为例,介绍两种类型的光电传感器在非电量测量中的应用。

10.6.1 模拟式光电传感器的应用

光电式带材跑偏仪由光电式模拟传感器和晶体管放大器两部分组成。

光电式边缘位置传感器由白炽灯光源、光学系统和光电器件(硅光敏晶体管)组成,其结构原理如图 10-29 所示。

白炽灯 1 所发出的光线经过双凸透镜 2 会聚,然后由半透反镜射 3 反射使光路折转 90°,经平凸透镜 4 会聚后成平行光束。这光束由带材遮挡一部分,另一部分射到角矩阵反射镜 6 后被反射又经透镜 4、半透反镜 3 和双凸透镜 7 会聚于光敏晶体管 8 上。

光敏晶体管接在输入轿路的一臂上,电桥的参数如图 10-30 所示。图中 10kΩ 电位器为放大倍数调整电位器,2.2kΩ 和 220kΩ 电位器分别为零点平衡位置粗调和细调电位器。

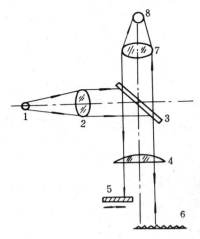

图 10-29 光电式边缘位置传感器原理
1-白炽灯 2,7-双凸透镜 3-半透反镜
4-平凸透镜 5-带环 6-角矩阵反射镜
8-光敏晶体管

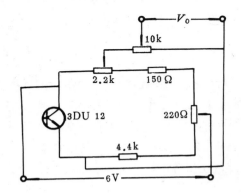

图 10-30 测量电桥

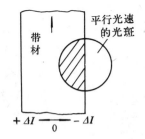

图 10-31 带材跑偏引起光通量的变化

当带材处于平行光束的中间位置时,电桥处于平衡状态,其输出信号为"0",如图 10-31 所示,当带材向左偏移时遮光面积减少,角矩阵反射回去的光通量增加,输出电流信

号为 $+\Delta I$，当带材向右偏移时，光通量减少，输出信号电流为 $-\Delta I$，这个电流变化信号由晶体放大器放大后，作为控制电流信号，通过执行机构纠正带材的偏移。

对于角矩阵反射镜说明如下：它是利用直角棱镜的全反射原理，将许多个小的直角棱镜拼成矩阵。采用这种反射器的一个很大特点是能满足在安装精度不太高，使用环境有振动的场合使用，这种场合如果采用平面反射镜是不能满足要求的，因为平面反射镜的入射光与反射光线对称，所以只有当入射角严格地成 90°时，反射才能沿入射光线方向返回，这样就要有很高的安装精度，调试比较困难。而角矩阵反射器就克服了平面反射镜的缺点，

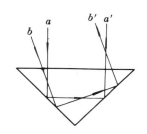

图 10-32　角矩阵反射器原理

由于它是采用直角棱镜的反射原理，入射光和反射光线能保持平行，如图 10-32 所示。以单个直角棱镜加以说明，光线 a 是与直角棱镜的平面垂直入射的，反射光线 a 仍然与 a 平行；光线 b 与其平面不成垂直入射，反射光线 b' 仍亦然与 b 平行，这样对一束平行投射光束来说，在其投射的原位置，仍然可以接收到反射光。所以即使在安装有一定的倾角，还是能接收到反射光线。这种反射镜广泛地用于测距仪中。

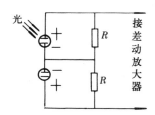 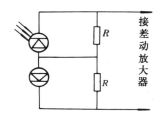

图 10-33　光电器件温度补偿线路

(a)光电池的温度补偿　　　(b)光敏二极管的温度补偿

在光电式传感器后面往往配接差动放大器，因为光电器件易受温度影响，采取温度补偿之后(见图 10-33)，要求配接差动放大器。采用这种差接方法消除了由于温度和其他因素引起的暗电流影响，提高了转换与测量精度。

10.6.2　脉冲式光电传感器的应用

脉冲式光电传感器是将光脉冲转换为电脉冲的装置，图 10-34 给出光电式数字转速表工作原理图。在被测转速的电机上固定一个调制盘，将光源发出的恒定光调制成随时间变化的调制光。光线每照射到光电器件上一次，光电器件就产生一个电信号脉冲，经放大器整形后记录。

如果调制盘上开 Z 个缺口，测量电路计数时间为 T 秒，被测转速为 N(转/分)，则此时得到的计数值 C 为

$$C = ZTN/60 \qquad\qquad (10-2)$$

为了使读数 C 能直接读转速 N 值,一般取 $ZT = 60 \times 10^{n}(n = 0,1,2,\cdots)$。

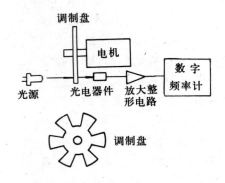

图 10-34 光电式数字转速表原理图

第十一章 智能式传感器

11.1 概　述

近年来微处理机得到迅猛发展和广泛应用,它在传感器技术中的应用,促使传感器技术产生一个飞跃。智能化传感器就是微型计算机与传感器相结合的成果。

智能式传感器一般是一种带有微处理机的、兼有检测、判断与信息处理功能的传感器。智能式传感器与传统的传感器相比有很多特点:

(1)它具有判断和信息处理功能,可对测量值进行各种修正和误差补偿,因此提高了测量准确度;

(2)可实现多传感器多参数综合测量,扩大了测量与使用范围;

(3)它具有自诊断、自校准功能,提高了可靠性;

(4)测量数据可以存取,使用方便;

(5)具有数字通信接口,能与计算机直接联机。

11.2　智能式传感器的构成

图 11-1 为 DTP 型智能式压力传感器的方框图。DTP 型传感器的基本构成如下:

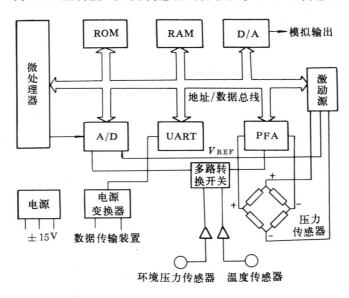

图 11-1　DTP 型智能式传感器框图

·主传感器(压力传感器)

·辅助传感器(温度传感器、环境压力传感器)

·异步发送/接收器(UART)

·微处理器及存储器

·地址/数据总线

·程控放大器(PFA)

·A/D 转换器、DA 转换器

·可调节激励源

·电源

压力传感器以惠斯顿电桥形式组成,可输出与压力成正比的低电平信号,然后由PFA 进行放大。

压力传感器内有一个固态温度传感器,它测量压力传感器的敏感元件的温度变化,以便修正与补偿由于温度变化对测量带来的误差之影响。DTP 内还有一个气压传感器,用来测量环境气压变化,以便修正气压变化对测量的影响。可见,智能式传感器具有很强的自适应功能,它用一个或数个辅助传感器来检测影响测量准确度的温度、湿度、压力等环境条件变化,并运用微处理器的判断、计算功能,对主传感器测量值作出相应修正,以得到精确的测量结果。

DTP 还有一个串行输出口,以 RS‑232 指令格式传输数据。

11.3　压阻式压力传感器智能化

压阻式压力传感器已经得到广泛应用,但是它的测量准确度受到非线性和温度的影响。经过对其进行智能化研究,利用单片微型计算机对其非线性和温度变化产生的误差进行修正。实验结果表明,温度变化和非线性引起的误差的 95% 得到修正,在 10～60℃ 范围内,智能式压阻压力传感器的准确度几乎保持不变。

11.3.1　智能式压阻压力传感器硬件结构

智能式压阻压力传感器硬件结构如图 11‑2 所示。其中压阻式压力传感器用于压力

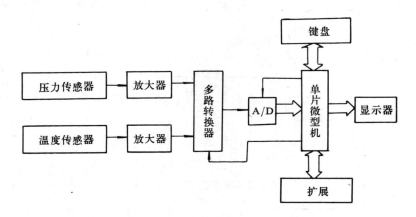

图 11‑2　智能式压阻压力传感器硬件框图

测量,温度传感器用来测量环境温度,以便进行温度误差修正,两个传感器的输出经前置放大器放大成 0~5V 的电压信号送至多路转换器,多路转换器将根据单片机发出的命令选择一路信号送到 A/D 转换器,A/D 将输入的模拟信号转换为数字信号送入单片机,单片机将根据已定程序进行工作。

11.3.2　智能式压阻压力传感器的软件设计

智能式压阻压力传感器系统是在软件支持下工作的,由软件来协调各种功能的实现。图 11-3 为智能式压阻压力传感器的源程序流程图。

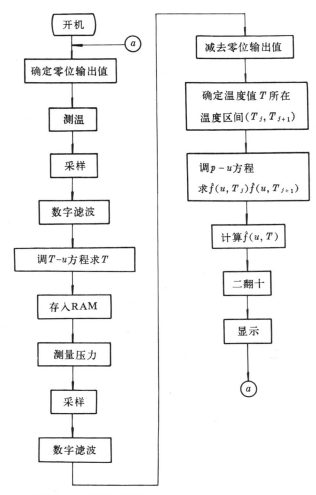

图 11-3　智能式压力传感器源程序流程图

11.3.3　非线性与温度误差的修正

非线性和温度误差的修正方法很多,要根据具体情况确定误差修正与补偿方案。这里采用二元线性—线性插值法,对传感器的非线性与温度误差进行综合修正与补偿。

一般可以将传感器的输出作为一个多变量函数来处理,即

$$Z = f(x, y_1, y_2, \cdots, y_n) \tag{11-1}$$

式中：Z——传感器的输出；

$\quad\quad x$——传感器的输入；

$\quad\quad y_1, y_2, \cdots, y_n$——环境参量，如温度、湿度等。

如果只考虑环境温度的影响，可以将传感器输出当作二元函数来处理，这时表达式为：

$$u = f(P, T)$$

或

$$p = f(u, T) \tag{11-2}$$

式中：P——被测压力；

$\quad\quad u$——传感器输出；

$\quad\quad T$——环境温度。

设 $P = f(u, T)$ 为已知二元函数，该函数在图形上呈曲面，但为了推导公式更容易理解，用图 11-4(a)所示的平面图形表示。若选定 n 个 u 的插值点，m 个 T 的插值点，则可把函数 P 划分为 $(n-1)(m-1)$ 个区域。其中 (ij) 区表示于图 11-4(b)，图中 a, b, c, d 点为选定的插值基点，各点上的变量值和函数值都是已知的，则该区内任何点上的函数值 P 都可用线性插值法逼近，其步骤如下：

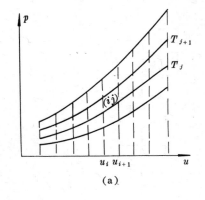 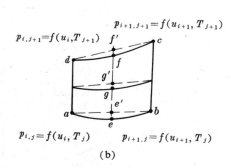

图 11-4 二元线性插值

(1)先保持 T 不变，而对 u 进行插值，即先沿 ab 线和 cd 线进行插值，分别求得 u 所对应的函数值 $f(u, T_j)$ 和 (u, T_{j+1}) 的逼近值 $\hat{f}(u, T_j)$ 和 $\hat{f}(u, T_{j+1})$。显然

$$\hat{f}(u, T_j) = f(u_i, T_j) + \frac{f(u_{i+1}, T_j) - f(u_i, T_j)}{u_{i+1} - u_i}(u - u_i) \tag{11-3}$$

$$\hat{f}(u, T_{j+1}) = f(u_i, T_{j+1}) + \frac{f(u_{i+1}, T_{j+1}) - f(u_i, T_{j+1})}{u_{i+1} - u_i}(u - u_i) \tag{11-4}$$

式(11-3)、(11-4)的等号右边除 u 外均为已知量，故对落于 (u_i, u_{i+1}) 区间内的任何值 u，都可求得相应函数 $f(u, T_j)$ 和 $f(u, T_{j+1})$ 的逼近值 $\hat{f}(u, T_j)$ 和 $\hat{f}(u, T_{j+1})$。由图11-4(b)可知，前者为 e、f 点上的值，而后者为 e' 和 f' 点上的值。

(2)基于上述结果，再固定 u 不变而对 T 进行插值，即沿 $e'f'$ 线插值，可得

$$\hat{f}(u, T) = \hat{f}(u, T_j) + \frac{\hat{f}(u, T_{j+1}) - \hat{f}(u, T_j)}{T_{j+1} - T_j}(T - T_j) \tag{11-5}$$

式(11-5)右边除 T 以外,其他都为已知量或已经算得的量。故对任何落在 (T_j, T_{j+1}) 区间的 T 都可根据式(11-5)求得函数 $f(u, T)$ 的逼近值 $\hat{f}(u, T)$。由图1-4看出,$f(u, T)$ 是点 g 所对应的值,而 $\hat{f}(u, T)$ 是点 g' 上的值。

11.3.4 实验结果与结论

对传感器进行温度实验,在 T 为 100,20,30,40,50,60℃时,得到六组输出线输入关系实验数据(略)。通过数据处理得到六个直线回归方程 $P = a + bu$,因此 $\hat{f}(u, T_j)$,$\hat{f}(u, T_{j+1})$ 和 $\hat{f}(u, T)$ 可以得到,即可以采用线性插法对传感器的非线性和温度影响进行综合修正了。实验数据列于表11-1和表11-2。

实验数据表明,采用二元线性插值法修正非线性和温度误差效果良好,在 10~60℃ 范围内误差的绝大部分得到修正与补偿,传感器的准确度基本上保持不变。

表11-1 在60℃时修正前、后对比

$P_i(\times 10^5 \mathrm{Pa})$		0.400	0.600	0.800	1.000	1.200
未修正	P_0	0.434	0.637	0.841	1.045	1.247
	ΔP	0.034	0.037	0.041	0.045	0.047
修正后	P_0	0.399	0.599	0.798	0.999	1.202
	ΔP	-0.001	-0.001	-0.02	-0.001	0.002

表11-2 $P_1 = 1.200 \times 10^5 \mathrm{Pa}$ 时修正前、后对比

温度℃		10	20	30	40	50	60
未修正	P_0	1.200	1.209	1.219	1.228	1.238	1.247
	ΔP	0	0.009	0.019	0.028	0.038	0.047
修正后	P_0	1.200	1.200	1.201	1.201	1.202	1.202
	ΔP	0	0	0.001	0.001	0.002	0.002

注:P—输入压力($10^5 \mathrm{Pa}$); P_i—输出压力($\times 10^5 \mathrm{Pa}$); ΔP—测量压力误差($\times 10^5 \mathrm{Pa}$)。

11.4 智能式传感器的发展方向与途径

11.4.1 集成智能式传感器

从前面讨论可知,智能传感器是利用微处理机代替一部分脑力劳动,具有人工智能的特点。

智能传感器可以由好几块相互独立的模块电路与传感器装在同一壳体里构成,也可以把传感器、信号调节电路和微型计算机集成在同一芯片上,形成为超大规模集成化的更高级智能式传感器。例如将半导体力敏元件、电桥线路、前置放大器、A/D 转换器、微处理机、接口电路、存贮器等分别分层次集成在一块半导体硅片上,便构成一体化集成的硅压阻式智能压力传感器,如图11-5所示。这里关键是半导体集成技术,即智能化传感器的发展依附于硅集成电路的设计和制造装配技术。

应该指出,上面讨论的智能传感器是具有检测、判断与信息处理功能的传感器。还有

一种带有反馈环节的传感器,整个传感器形成闭环系统,其本身固有特性可以判断出来,而且根据需要可以将其特性进行改变,它无疑也属于智能传感器的范畴。

智能传感器在美国称为灵巧传感器(amart sensor)。这个概念是美国宇航局(NASA)在开发宇宙飞船的过程中产生的。宇宙飞船需要速度、加速度、位置和姿态等传感器,宇航员的

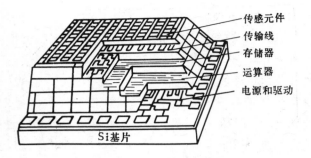

图 11－5　单片集成化智能式传感器

生活环境需要温度、气压、空气成分和微量气体传感器,科学观测也要用大量的各种传感器。宇宙飞船观测到的各种数据是很庞大的,处理这些数据需要用超大型计算机。要不丢失数据,并降低成本,必须有能实现传感器与计算机一体化的灵巧传感器。因此实现数据处理由集中处理变为分散处理,避免使用超大型计算机。

11.4.2　我国研究与开发智能式传感器的途径

智能化传感器是电子敏感技术与计算机技术发展的必然结果。我国智能式传感器研究与开发由于半导体集成电路工艺水平所限,近期难于实现单片集成化智能式传感器。研究混合集成式智能化传感器,采用部分进口芯片、国产芯片和传感元件,利用现有条件实现传感器智能化,是适合我国国情的;或者在现有的传统传感器内,装上信号调节电路和单片微型计算机构成智能化传感器,这样既可以利用我国成熟的传统传感器技术,又能吸收先进的微电子、计算机技术,从而可以利用计算机软件来改善传统传感器的性能与功能。

第十二章　光导纤维传感器

12.1　概　论

12.1.1　光纤传感技术的形成及其特点

光导纤维最早用于光通讯技术。在实际光通讯系统中发现，光纤受到外界环境因素的影响，如温度、压力、电场、磁场等环境条件变化，将引起其传输的光波量，如光强、相位、频率、偏振态等变化。因此，人们推测出如果能测量出光波量的变化，就可以知道导致这些光波量变化的温度、压力、电场、磁场等物理量的大小，于是出现了光纤传感技术。

光纤传感器与传统的传感器相比有很多特点，如灵敏度高，结构简单，体积小，耐腐蚀，电绝缘性好，光路可弯曲，以及便于实现遥测等。因此它一出现就受到重视，而且发展很快，我国一些厂家，如杭州新亚仪表器材厂已经生产出光纤传感器及其实验设备，一些研究单位与大专院校也正在深入研究与开发光纤传感技术。

构成光纤传感器除光导纤维之外，还必须有光源和光探测器两个重要器件。

12.1.2　光纤传感器的光源

为了保证光纤传感器的性能，对光源的结构与特性有一定要求。一般要求光源的体积尽量小，以利于它与光纤耦合；光源发出的光波长应合适，以便减少光在光纤中传输的损失；光源要有足够亮度，以便提高传感器的输出信号。另外还要求光源稳定性好、噪声小、安装方便和寿命长。

光纤传感器使用的光源种类很多，按照光的相干性可分为相干光和非相干光。非相干光源有白炽光、发光二极管；相干光源包括各种激光器，如氦氖激光器、半导体激光二极管等。

光源与光纤耦合时，总是希望在光纤的另一端得到尽可能大的光功率，它与光源的光强、波长及光源发光面积等有关，也与光纤的粗细、数值孔径有关。它们之间耦合的好坏，取决于它们之间匹配程度，在光纤传感器设计与实际使用中，要对诸因素综合考虑。

12.1.3　光纤传感器的光探测器

在光纤传感器中，光探测器性能好坏既影响被测物理量的变换准确度，又关系到光探测接收系统的质量。它的线性度、灵敏度、带宽等参数直接关系到传感器的总体性能。

常用的光控测器有光敏二极管、光敏三极管、光电倍增管等，各种光探测器的工作原理、基本特性，在第十章中有全面介绍。

12.1.4　光纤传感器的分类

光纤传感器一般可分为两大类：一类是利用光纤本身的某种敏感特性或功能制成的传感器，称为功能型传感器；另一类是光纤仅仅起传输光波的作用，必须在光纤端面加装其他敏感元件才能构成传感器，称为传光型传感器。图 12－1 为它们的分类图。其中传光型传感器又可分为两种,一种是把敏感元件置于发送与接收的光纤中间,在被测对象的作用下,或使敏感元件遮断光路,或使敏感元件的(光)穿透率发生变化。这样,光探测器所接受的光量便成为被测 对象调制后的信号;另一种是在光纤终端设置"敏感元件 + 发光元件"的组合体,敏感元件感受被测对象并将其变换为电信号后作用于发光元件,最终的发光元件的发光强度作为测量所得信息。

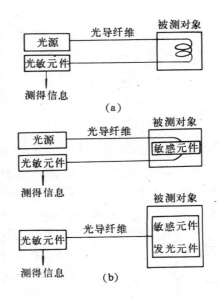

显然,要求传光型传感器能传输尽量多的光量,所以主要用多模光导纤维。而功能型传感器主要靠被测对象调制或影响光导纤维传输特性,所以只能用单模光导纤维。

根据对光进行调制的手段不同,光纤传感器又有强度调制、相位调制、频率调制、偏振调制等不同工作原理的光纤传感器。

光纤传感器的应用极为广泛,它可以探

图 12 – 1　光导纤维传感器分类
(a)功能型　　　　(b)传光型

测的物理量很多,目前已实现用光纤传感器测量的物理量近 70 种。按照被测对象的不同,光纤传感器又可分为位移、压力、温度、流量、速度、加速度、振动、应变、磁场、电压、电流、化学量、生物医学量等各种光纤传感器。

12.2　光导纤维以及光在其中的传输

12.2.1　光导纤维及其传光原理

光导纤维的结构如图 12 – 2. 其中央有个细芯(半径 a,折射率 n_1),称为芯子,直径只有几十微米,芯子的外面有一圈包皮(半径 b,折射度 n_2,n_1 略大于 n_2),其外径约为 $100 \sim 200 \mu m$。光纤最外层为保护层(半径 c,折射率 n_3,$n_3 \geqslant n_2$)。这样

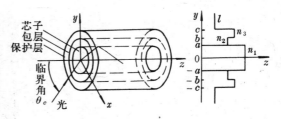

图 12 – 2　光导纤维基本结构

的构造可以保证入射到光纤内的光波集中在芯子内传输。光纤的芯子是用高折射率的玻璃材料制成的。包皮是用低折射率的玻璃或塑料做成的,具有这种结构的光纤是芯皮型光纤中的阶跃型光纤,其中断面折射率分布之高、低交界面很清楚。而芯皮型光纤又有梯度型光纤,其断面折射率分布是从中央高折射率逐渐变化到包皮的低折射率。

当光线以各种不同角度入射到芯子并射至芯子与包皮的交界面时,光线在该处有一部分透射,一部分反射。但当光线在纤维端面中心的入射角 θ 小于临界入射角 θ_c 时,光线就不会透射出界面,而全部被反射。光在界面上无数次反射,呈锯齿形状路线在芯内向前传播,最后从光纤的另一端传出,这就是光纤的传光原理。即为保证全反射,要求 $\theta < \theta_c$,这时

$$NA = \sin\theta_c = \sqrt{n_1^2 - n_2^2} \qquad (12-1)$$

由式(12-1)可知,某种光纤的临界入射角的大小是由光纤本身的性质——折射率 n_1, n_2 所决定的。

式中的 NA 称为数值孔径,是表示向光导纤维入射的信号光波难易程度的参数。一种光导纤维的 NA 越大,表明它可以在较大入射角范围内输入全反射光,并保证此光波沿芯子向前传输。

这种沿芯子传输的光,可以分解为沿轴向与沿截面传输的两种平面波成分。因为沿截面传输的平面波是在芯子与包层的界面处全反射的,所以,每一往复传输的相位变化是 2π 的整数倍时,就可以在截面内形成驻波。像这样的驻波光线组又称为"模"。"模"只能离散地存在。就是说,光导纤维内只能存在特定数目的"模"传输光波。如果用归一化频率 ν 表达这些传输模的总数,其值一般在 $\nu^2/2 \sim \nu^2/4$ 之间。归一化频率

$$\nu = \frac{2\pi a NA}{\lambda} \qquad (12-2)$$

式中 λ 为传输光波长。

能够传输较大 ν 值的光导纤维(即能够传输较多的模)称为多模光导纤维;仅能传输 ν 小于 2.41 的光导纤维,称为单模光导纤维。

多模和单模光导纤维,两者都是当前光纤通信技术上最常用的。因此,它们通称为普通光导纤维。

用于测试技术的光导纤维,往往有些特殊要求,所以,又称其为特殊光导纤维。例如近年刚刚问世的"保持偏振光面光导纤维",就是典型的特殊光导纤维。

12.2.2 光在普通光导纤维内的传输

多模光导纤维芯子直径、芯子与包层折射率之差较大,因而能传输的光量也比较多。当把芯子直径降至 $6/\mu m$ 以下,把折射率差缩至约为 0.005 时,光导纤维所能传输的光量就大为减少,只能传输基模的光波。

基模光波可以看做是互相垂直的 E_x 模和 E_y 模合成的(见图 12-3)。如果用 (x, y, z) 直角坐标系描述光波传输的情形,则 E_x, E_y 模可以表示为分别在 XOZ, YOZ 平面内振动着向 Z 方向传输的状态。

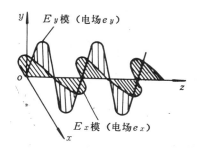

图 12-3 直线偏振光面 E_x, E_y 模的传输

光波虽是电磁波,但为了简化问题,当只观察电场变化时,不妨可以认为 E_x($e_x \neq 0$, $e_y = 0$)只在 X 方向上具有一定的电场强度,而 E_y($e_y \neq 0$, $e_x = 0$)仅在 Y 方向上具有一定的电场强度。这两个电场成分,按照麦克斯维尔方程,一般为:

$$E_x \text{ 模} \quad e_x = A_x(x, y)e^{j(\omega t - \beta_x z)} \qquad (12-3)$$

$$E_y \text{ 模} \quad e_y = A_y(x, y)e^{j(\omega t - \beta_y z)} \qquad (12-4)$$

式中:A_x 与 A_y——分别为 E_x 与 E_y 在截面方向上的电场分布;

ωt——光的角频率与时间的乘积;

β_x 与 β_y——分别为 E_x 与 E_y 模的轴向(Z 向)传输系数。

β_x, β_y 的物理意义可以理解为 E_x 与 F_y 模在轴向单位长度内相位角的变化量。

上述电场是在同一平面内(例如 XOZ, YOZ 平面)振动的波,所以,它们是直线偏振(光)波,振动所在的面称作偏振(光)面。

之所以说单模光导纤维在测试技术中非常重要,还在于它所传输的是直线偏振光。这样,就可以把讨论多模光导纤维时被略去的"偏振光面"以及光波的传输"相位"变化等光学状态利用起来,进行多种非电量测量。

如果光导纤维的芯子是无任何畸变的圆形"理想构造"时,传输系数 $\beta_x = \beta_y$,即两种模以同一速度传输。这时,两种模毫无区别,甚至可以完全看做一种模。这一点,也正是称其为单模光导纤维的理由。但是,实际的光导纤维形状并非是理想圆形,而且,因芯子与包层材质差异所带来的热胀系数的不同,也势必会造成芯子的某些畸变。于是,$\beta_x \neq \beta_y$,就是说,实际光导纤维中所传输的两个模 E_x, E_y 是不以同一速度向前传输的。

为分析单模光导纤维输出光波的偏振(光)特性,假定 E_x, E_y 模同时以同一振幅 A 传输,那么 $A = A_x = A_y$,去掉 ωt 项,整理可得:

$$e_x^2 + e_y^2 - 2e_x e_y \cos(\Delta\beta_z) = A^2 \sin(\Delta\beta_2) \qquad (12-5)$$

式中:$\Delta\beta = \Delta\beta = |\beta_x - \beta_y|$ 为 Z 方向上传输系数差。

显然,式(12 - 5)所表示电场的轨迹是一个椭圆。图 12 - 3 给出了它的一般情形与几种特殊状态:当 $\Delta\beta_z = m\pi(m = 0, 1, 2, \cdots)$时,偏振光面不随时间变化;$\Delta\beta_z = (2m+1)\pi/2$时,偏振光变化呈圆形。偏振光变化轨迹呈圆形。偏振面不随时间变化的固定偏振光称为直线偏振光。图 12 - 4 的(a)和(e)都表示直线偏振光的情形,因图示的光波垂直线面传输,所以其偏振光面表示成直线;图(c)表示圆偏振光。在 $\Delta\beta_z$ 为一般情形时,偏振光变化轨迹为椭圆,故统称为椭圆偏振光,如图(b)与(d)所示。

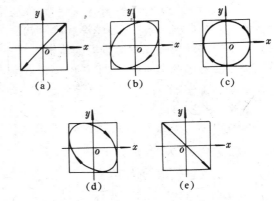

图 12 - 4 垂直纸面方向(Z 向)上传输光波的振动
($\Delta\beta_x - z$ 方向上的传输系数)

(a)$\Delta\beta_z - 0$ (b)$\Delta 0 < \Delta\beta_z < x/2$ (c)$\Delta\beta_z - x/2$

(d)$x/2 < \Delta\beta_z < x$ (e)$\Delta\beta_z = x$

上述偏振光状态总称为偏振光特性。

12.2.3 光在特殊光导纤维内的传输

用普通光导纤维的单模光导纤维难于解决许多非电量测试问题,或者说,很难保证所需的测量精度。

为解决这一难题,一些国家都在努力研制用于测量技术的"特殊光导纤维"。例如,日本日立公司等企业所试制成功的"保持偏振光面光导纤维"就是其典型例子。

以"保持偏振光面光导纤维"为例,简单说明光在特殊光导纤维内传输的情形。

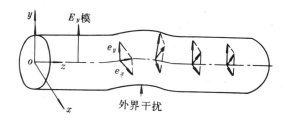

图 12-5 光导纤维在外界干扰作用下偏振光面的偏转

如图 12-5 所示,在单模光导纤维的输入端虽然仅仅射入 E_y 模的直线偏振光,但是,当随机的外界干扰量作用在光导纤维时,偏振光特性将因之而发生变化,产生出 E_x 模。

因外界干扰量的相异,模之间的功率交换比例可由下式给出:

$$\eta = |e_x|^2 / |e_y|^2 = \tanh(KL/\Delta\beta_m) \qquad (12-6)$$

式中:η——消光比,一般用分贝 dB 表示($10\lg\eta$); $\quad K$——常数;

$\quad L$——光导纤维长度; $\quad \Delta\beta$——E_x,E_y 模传输系数之差;

$\quad m$——外界随机干扰量常数,一般取为 4,6 或 8。

由式(12-6)可以看出:如果要在较长距离之内保持住偏振光面状态不变(即为尽量缩小 η 值),必须加大 $\Delta\beta$。然而,理想构造的普通光导纤维 $\beta_x = \beta_y$($\Delta\beta = 0$),所以即使在极短的光导纤维内,力图保持住所传输光波的偏振光面也是极端困难的。就是说,普通光导纤维保持偏振光面的特性极端不易。

理论计算与实际应用表明:只有 $\Delta\beta$ 在 3000rad/m 以上才能防止两种模间的能量交换,进而保持住偏振光面固定不变。

为了加大 $\Delta\beta$,如图 12-6 所示,目前大体采用两种方法:一是把芯子作成椭圆形,这实际上是把长轴和短轴方向上的距离加以改变的"椭圆芯子法";第二种方法是把包层作成椭圆形的"椭圆包层法"。"椭圆包层法"是借助圆形保护层与椭圆包层间因热胀相异引起的应力作用于芯子,从而改变芯子长短轴方向上的折射率。从原理上看,用椭圆包层法制造的光导纤维损失要小一些。

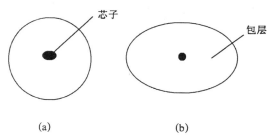

图 12-6 保持偏振光面光导纤维截面
(a)椭圆芯子形 (b)椭圆包层形

12.3 光调制技术

光调制技术在光纤传感器中是非常重要的技术,各种光纤传感器都不同程度地利用了光调制技术。

按照调制方式分类,光调制可以分为强度调制、相位调制、偏振调制、频率调制和波长调制等。所有这些调制过程都可以归结为将一个携带信息的信号叠加到载波光波上。而能完成这一过程的器件称为调制器。调制器能使载波光波参数随外加信号变化而改变,这些参数包括光波的强度(幅值)、相位、频率、偏振、波长等。被信息调制的光波在光纤中传输,然后再由光探测系统解调,将原信号恢复。

由于篇幅所限,这里只介绍相位调制与频率调制。关于其他调制方式请参看有关资料。

12.3.1 相位调制与干涉测量

相位调制常与干涉测量技术并用,构成相位调制的干涉型光纤传感器。

相位调制的光传感器,其基本原理是通过被测物理量的作用,使某段单模光纤内传播的光波发生相位变化,再用干涉技术把相位变化变换为振幅变化,从而还原所检测的物理量。

在光波的干涉测量中,参与工作的光波是两束或多束相干光。例如有光振幅分别为 A_1 和 A_2 的两束相干光束,如果其中一光束的相位由于某种因素的影响或调制,在干涉域中就会产生干涉。干涉场中各点的光强可表示为:

$$A^2 = A_1^2 + A_2^2 + 2A_1A_2\cos(\Delta\varphi) \tag{12-7}$$

式中 $\Delta\varphi$ 为相位调制造成的两相干光之间的相位差。

如果检测到干涉光强的变化就可以确定两光束间相位的变化,从而得到待测物理量的数值大小。

实现干涉测量的仪器很多,通常采用的干涉仪主要有四种:迈克尔逊干涉仪、马赫－泽德干涉仪、塞格纳克干涉仪和法布里－珀罗干涉仪。

光学干涉仪的共同特点是它们的相干光在空气中传播,由于空气受环境温度变化的影响,引起空气的折射振动及声波干扰。这种影响都会导致空气光程的变化,从而引起干涉测量工作的不稳定,以致准确度降低。利用单模光纤作干涉仪的光路,就可以排除上述影响,并可以克服光路加长时对相干长度的严格限制,从而可以制造出千米量级光路长度的光纤干涉仪。图 12-7 所示为四种不同类型的全光纤干涉仪的结构。在四种干涉仪中,以一个或两个 3dB 耦合器取代了分光器,光纤光程取代了空气光程,并且这些干涉仪中都是以光纤作为相位调制元件(传感器),被测物理量作用于光纤传感器,导致其光纤中光相位的变化或光的相位调制。

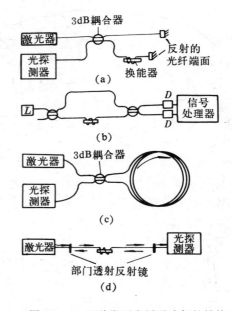

图 12-7 四种类型光纤干涉仪的结构
(a)迈克尔逊干涉仪 (b)马赫－泽德干涉仪
(c)塞格纳克干涉仪 (d)法布里－珀罗干涉仪

当一真空中波长为 λ_0 的光入射到长度为 L 的光纤时,若以其入射端面为基准,则出射光的相位为

$$\varphi = 2\pi L/\lambda_0 = K_0 nL \tag{12-8}$$

式中:K_0——光在真空中的传播常数;

n——纤芯折射率。

由此可见，纤芯折射率的变化和光纤长度 L 的变化都会导致光相位的变化，即

$$\Delta\varphi = K_0(\Delta nL + \Delta Ln) \tag{12-9}$$

12.3.2　频率调制

光导纤维传感中的相位调制(或强度调制、偏振调制)是通过改变光纤本身的内部性能来达到调制的目的，通常称为内调制。而频率(或波长)调制，基本上不是以改变光纤的特性来实现调制。因此，在这种调制中光纤往往只是起着传输光信号的作用，而不是作为敏感元件。

一、光学多普勒频移原理

光的频率调制，主要是指光学多普勒频移。

从物理学知，光学中的多普勒现象是指由于观察者和目标的相对运动，使观察者接收到的光波频率产生变化的现象。如一频率为 f 的静止光源的光入射到速度为 v 的运动物体上时，从运动物体上观测的频率为 f_1，则 f_1 与 f 之间的关系为

$$f_1 = f[1 - (v/c)^2]^{1/2}[1 - (v/c)\cos\theta] \approx f[1 + (v/c)\cos\theta] \tag{12-10}$$

式中：c——真空中的光速；

　　　θ——物体至光源方向与物体运动方向的夹角。

式(12-10)是相对论多普勒频移的基本公式。但是，一般最关心的还是运动物体所散射的光的频移，而光源与观察者则是相对静止的。对于这种情况，可以作为一个双重多普勒频移来考虑。即先考虑从光源到运动物体，然后再考虑从运动物体到观察者。

如图 12-8 所示，其中 S 为光源，P 为运动物体，Q 是观察者所处的位置。若物体 P 的运动速度为 v，运动方向与 PS 及 PQ 的夹角为 θ_1 和 θ_2，从光源 S 发出的频率为 f 的光经过运动物体 P 散射，观察者在 Q 处观察。

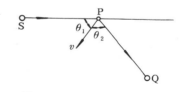

图 12-8　多普勒效应示意图

物体 P 相对于光源 S 运动时，在 P 点所观察到的光频率为 f_1 可由下式表示：

$$f_1 = f[1 - (v/c)^2]^{1/2}/[1 - (v/c)\cos\theta_1] \tag{12-11}$$

频率 f_1 的光通过物体 P 产生散射发出，在 Q 处所观察到的光频率 f_2 由下式表示：

$$f_2 = f_1[1 - (v/c)^2]^{1/2}/[1 - (v/c)\cos\theta_2] \tag{12-12}$$

根据式(12-11)和式(12-12)，并考虑到 $v \ll c$，可以近似的把双重多普勒频移方程表示为：

$$f_2 = f/[1 - (v/c)(\cos\theta_1 + \cos\theta_2)] \tag{12-13}$$

式(12-13)是多普勒频移方程中最有用的形式。

二、光纤多普勒技术

根据上述多普勒频移原理，利用光纤传光功能组成测量系统，用于普通光学多普勒测量装置不能安装的一些特殊场合，如密封容器中流速的测量和生物体中流体的研究。

图 12-9 所示是一个典型的激光多普勒光纤测速系统。激光沿着光纤入射到测速点

A 上,然后后向散射光与光纤端面的反射或散射光一起沿着光纤返回,其中纤维端面的反射或散射光是作为参考光使用。同时为了区别并消除从发射透镜和光纤前端面反射回来的光,在光探测器前装一块偏振片 R,从而使光探测器只能检测出与原光束偏振方向相垂直的偏振光。于是信号光与参考光一起经光探测器进入频谱分析器处理,最后分析器给出测量结果。

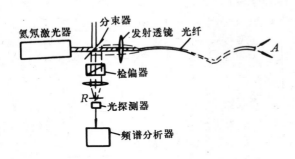

图 12-9　激光多普勒光纤测速系统

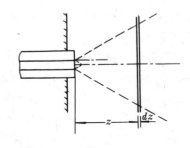

图 12-10　发送光纤出射光锥示意图

　　测量系统中,从目标返回的信号强弱取决于后向散射光的强度、光纤接收面积和数值孔径。返回光所占散射光的比例决定于光纤的数值孔径和光纤面积。假定采用阶跃光纤,并且在光纤出射光锥内的光功率是均匀分布,如图 12-10 所示,则到达距光纤端面 z 的平面上的功率为

$$P_z = P_0 e^{-az} \tag{12-14}$$

式中:P_0——光纤注入到被测介质中的光功率;

　　　 α——电场幅度的衰减系数,其单位是 1/Km。

　　由 z 处的长度元 $\mathrm{d}z$ 散射的功率为

$$P_s = P_z e^{-a_s dz} \approx P_z \alpha_s \mathrm{d}z \tag{12-15}$$

式中 α_s 为散射衰减系数。

　　实验证明,光纤多普勒探测器对检测透明介质中散射体的运动是非常灵敏的,但是其结构决定了它的能量有限,只能穿透几个毫米以内的深度,仅适于微小流量范围的介质流动的测量,光纤多普勒探测的典型应用是在医学上对血液流动的测量。

12.4　光纤位移传感器

　　位移检测是机械量检测的基础,许多机械量都是转换成位移量来检测的。光纤位移传感器在原理上有传光型的和功能型的两类,是通过强度调制、相位调制、频率调制等方式来完成检测过程的。

12.4.1　光纤开关与定位装置

一、简单的光纤开关、定位装置

　　最简单的位移测量是采用各种光开关装置进行的,即利用光纤中光强度的跳变来测出各种移动物体的极端位置,如定位、记数,或者是判断某种情况。在各种位移测量装置中,光开关装置的测量精度是低的,它只反映极限位置的变化,其输出信号是跳变的信号。

图 12-11(a)所示为光纤记数装置,被记数工件随传送带移动,一个工件从光纤断开处通过时,挡光一次,在光纤输出端得到一个光脉冲,用记数电路和显示装置将通过光纤的工件数显示出来。

图(b)所示是编码盘装置,转动的金属盘上穿有透光孔。当孔与光纤对齐时,在光纤输出端就有光脉冲输出,这是通过孔位的变化对光强进行调制。

图(c)所示是定位装置,在大量生产中对工件进行重复性加工操作时,用这种方法对工件定位。

图(d)所示是液位控制装置,用以判断光纤与液面是否接触。当光纤与液面接触时,光学界面折射情况改变,从而使光纤接收端的光强度发生改变。光纤接收端面的结构有许多种,其基本原理多数是以改变光线的全反射状况来实现液位控制的。

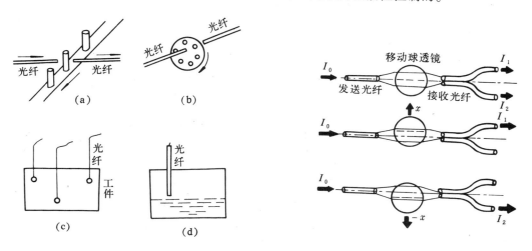

图 12-11 简单的光纤开关,定位装置
(a)记数装置 (b)编码盘装置 (c)定位装置 (d)液位控制装置

图 12-12 移动球镜位移传感器原理图

二、移动球镜光学开关传感器

图 12-12 所示为一种移动球镜位移传感器原理图,这是一种高灵敏度面位移检测装置。光强为 I_0 的光束,通过发送光纤照射到球镜上。球透镜把光束聚焦到两个接收光纤的端面上。当球透镜在平衡位置时,从两个接收光纤得到的光强 I_1 和 I_2 是相同的。如果球透镜在垂直于光路的方向上产生微小位移时,在两个接收光纤上得到的光强 I_1 和 I_2 将发生变化。光强比值 I_1/I_2 的对数值与球透镜位移量 x 呈线性关系,而光强的比值 I_1/I_2 与初始光强无关。

图 12-13 是光强比值的对数值与球透镜位移 x 之间的关系曲线。用两种光纤实验,曲线 K 对应阶跃光纤,曲线 G 对应梯度光纤,曲线的线性度很好,灵敏度高。

若近似地把接收光纤表面视为点接收器,用射线轨迹法可计算出灵敏度 s 为

$$s = \frac{40}{\ln 10} \cdot \frac{d(1+V)}{V^2(2a)^2} [\text{dB}/\mu\text{m}] \tag{12-16}$$

式中:d——两根接收光纤之间的轴线距离;

— 233 —

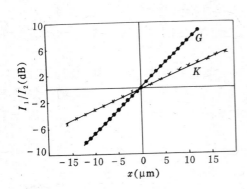

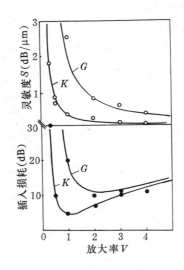

图 12-13 球透镜位移与光强比值的变化关系

图 12-14 灵敏度 s 的插入损耗与放大率的关系曲线

a——纤芯半径；

V——图形放大率。

图 12-14 上半部分为灵敏度 s 与放大率 V 的关系曲线。曲线 K 对应阶跃光纤,曲线 G 对应梯度光纤。曲线表明,对于阶跃光纤,当放大率减小到 1 以下时,灵敏度 s 急剧增加;对于梯度光纤,在放大率减小到 2 以下时,灵敏度也急剧增加。

图 12-14 下半部分是插入损耗与放大率 V 的关系曲线。曲线是计算值,圆点是测量值。由曲线可知,粗芯光纤(对应曲线 K)放大率为 1,细芯光纤(对应曲线 G)放大率为 2 时,插入损耗最小。插入损耗可以表示为

$$10\lg(I/I_0) = \frac{10}{\ln 10}\left[2\ln V + \frac{d^2}{V^2(2a)^2}\right](\text{dB}) \qquad (12-17)$$

式中的 I 是在 $x=0$ 时,接收光纤收到的光强。

三、光纤自动测位装置

图 12-15 所示是用光纤传感器检测位置偏差的自动测位装置简图。被测工件在传送带上移动,两组光纤传感器的视场分别对准工件的两个边缘,测量工件边缘影像位置的变化。

对准工件边缘的光纤测头是经过光学研磨的有规则排列的光纤束,光

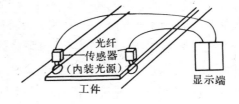

图 12-15 光纤自动测位装置

纤束分为五个区域,如图 12-16 所示,分为 a 区、b 区、b^* 区、c 区、c^* 区。光纤束输出的信号与各个区的光纤接收到的反射光强度成比例,而各区光强又与被测工件的位置有关。

如图所示,当被测工件边缘的影像与光纤束的中心线对齐时,光纤传感器输出的电信号为零。当工件边缘影像偏离光纤中心位置时,光纤传感器输出正或负的信号。c 区、c^* 区输出的差值信号作为门脉冲信号,保证光纤传感器只有当工件边缘影像处在 a 区时才能正常工作。

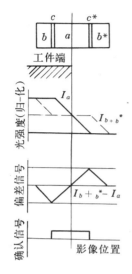

图 12 - 16 光纤测头结构与
传感器输出信号的关系

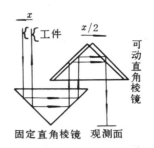

图 12 - 17 平移微动台工作原理图

光纤传感器输出的偏差信号经滤波放大之后,送入带有 A/D 和 D/A 变换器的微型计算机。如果工件边缘的影像偏离 a 区中心,输出信号就会驱动平移微动台,光纤测头自动跟踪工件,使工件边缘的影像仍停留在光纤传感器 a 区的中心,微机采用分时操作,交替控制两个光纤传感器。

可自动控制的平移微动台的核心部分是一个可动直角棱镜。如图 12 - 17 所示。两个直角棱镜,一个是固定的,另一个是受微机控制可移动的。由图示光路可以看出,当工件位移 x 时,只要使可动直角棱镜沿相反方向移动 $x/2$,就能使光纤测光上影像的位置保持不变。

为检测位移量,可动直角棱镜与一个激光干涉仪配合,通过测量棱镜的位移,就可以知道工件的位移量。干涉仪的灵敏度很高,测量范围也很大,测长分辨率可达 $0.01\mu m$.光纤自动测位装置系统框图示于图 12 - 18。引起系统测量误差的因素是多方面的,如照射光强不均匀,工件边缘不规则,光纤排列不规则,平移系统有误差,放大器不稳定,测量系统刚性不足,等等。

12.4.2 传光型光纤位移传感器

这种传感器是由两段光导纤维构成,当它们之间产生相对位移时,通过它们的光强发生变化,从而可以测量位移的数值。

图 12 - 19 所示为一种传光型光纤位移传感器示意图。两根相同的光纤端面对准,中间只留 $1 \sim 2\mu m$ 的间隙,光通过去几乎无损耗。如果因移动光纤发生位移引起两束光中

心轴错位,就会增加光的损耗,光纤移动后得到的光强和两段光纤中心重叠部分的面积(见图中阴影部分)成正比。

利用图 12 - 19 所示装置的原理可以设计出位移式光纤水听器。声波引起光纤位置相对移动,从而调制传导光。设光纤中的光强是均匀分布的,则光纤随声波位移的调制系数为

$$Q = \frac{1}{\pi\omega\rho_a \sin\theta}(1 - \cos2\theta) \quad (12 - 18)$$

式中:a——纤芯半径;

　　　ω——声角频率;

　　　ρ_c——声阻抗。

用图 12 - 19 所示装置探测声压可以测到 $1\mu Pa$ 的压力,采用单模光纤可提高灵敏度,但其机械精度要求很高。

为了提高测量灵敏度,在光纤端面加上栅状条格,如图 12 - 20 所示,则位移传感器的灵敏度将成倍提高。

传光型光纤位移传感器也可以设计成反射型的,这样就能实现无接触测量。

图 12 - 21 所示是反射型光纤位移传感器的原理。A 面是一个反射镜面,光源发出的光进入发送光纤,从光纤测头端面射

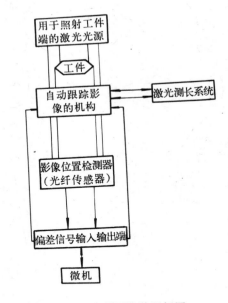

图 12 - 18　光纤自动测位装置框图

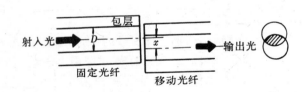

图 12 - 19　光纤位移传感器简图

出,照射到 A 面上,A 面的反射光有一部分进入接收光纤。当 A 面到测头端面之间的距离 z 变化时,进入接收光纤的光强度也随之发生变化,从而使光探测器上发出的电信号也随 z 发生变化。很明显,这是一种振幅调制型的位移传感器。

图 12 - 22 是 6 路测量系统简图,将 6 路测量系统连接到图示光纤变换器上,则可同时测量 6 个点的位移变化,光纤变换器的输出信号可用记录仪器记录下来。

图 12 - 23 是位移量 z 与光探测器上输出电压 U 的变化曲线。AB 段灵敏度高,线性也好,但 z 的变化范围不大。CD 段斜率较小,所以灵敏底低些,但线性范围比 AB 段宽。测光端面处光纤排列情况及反射面的情况都和仪器的灵敏度,测量范围有关,一般光纤束面积大时,线性测量范围也大。

图 12 - 24 是用光纤传感器测量立式铣床主轴变位量的装置简图。光源发出的光通过准直管成为平行光。入射光纤束的光照亮被测工件 14 的表面。光电二极管接收发射光强,并转换为电信号。电信号经放大处理之后,可由记录仪将测量结果记录下来。另一路参考光纤的作用是补偿光源亮度波动所造成的误差。

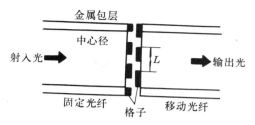

图 12-20　采用双光栅调制光强
的光纤位移传感器

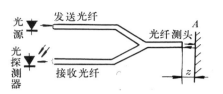

图 12-21　反射型光纤位移
传感器原理图

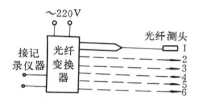

图 12-22　6 路位移测量系统简图

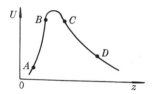

图 12-23　位移和输出电压的变化曲线

光纤位移传感器还可进行三维坐标测量。

12.4.3　受抑全内反射光纤位移传感器

基于全内反射被破坏而导致光纤传光特性改变的原理,可以做成位移传感器,用于探测位移、压力、温度等变化。

受抑全内反射传感器一般由两根光纤构成,如图 12-25 所示。光纤端面磨制成特定的角度,使左端光纤中传播的所有模式的光产生全内反射,而不易传到右端光纤中去。只有当两根光纤的抛光斜面充分靠近时,大部分光功率才能够耦合过去。左端光纤是固定的,右端光纤安装在一个弹簧片上,并与膜片相连接,膜片受到压力作用或其他原因,

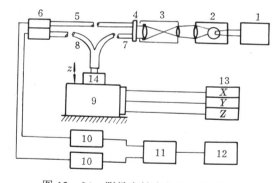

图 12-24　测量主轴变位量的装置

1—稳压电源　2—光源　3—准直管　4—滤光片
5—参考光纤　6—光电二极管　7—入射光束
8—接收光纤束　9—铣床　10—放大器　11—除法器
12—记录仪　13—坐标指示器　14—工件

使与其连接的光纤发生垂直方向位移,从而使两根光纤间的气隙发生改变,这时光纤间的耦合情况也随着发生变化,使传输光强得到调制,由此可探测出位移或压力的变化量。

这种位移传感器的灵敏度很高,用于测量声压,可以反应 0.1Pa 的压力;缺点是要求制造公差严格,而且工作时易受环境干扰。

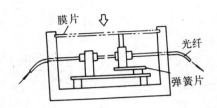

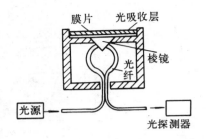

图 12-25 受抑全内反射位移传感器　　　图 12-26 棱镜式全内反射位移传感器

图 12-26 所示是利用同样原理设计的位移和压力传感器。两根光纤由一个直角棱镜连接,棱镜斜面与位移膜片之间有很小的气隙,约 $0.3\mu m$,在膜片的下表面镀有光吸收层。膜片发生位移时,光吸收层与棱镜上界面的光学接触面积改变,使棱镜上界面的全反射破坏,光纤传输到棱镜的光部分泄漏到界面之外,接收光纤的光强也相应发生变化。光吸收层可选用玻璃材料或可塑性好的有机硅橡胶,采用镀膜方式制作。同样,这种传感器的测量灵敏度也是很高的。

图 12-27 所示为基于全内反射原理而研制的液位探测器。它由 LED 光源、光电二极管、多模光纤等组成。它的结构特点是,在光纤测具顶端有一个圆锥体反射器。当测头没有接触液面时,光线在圆锥体内发生全内反射而返回到光电二极管。当测头接触液面,全内反射被破坏,将有部分光线透入液体内,使返回光电二极管的光强变弱,返回光强是液体折射率的线性函数。返回光强发光突变时,测头已接触到液位。

图(a)所示结构主要是由一个 Y 型光纤和全反射锥体以及 LED 光源、光电二极管等组成。

图(b)所示是一种 U 型液位探测器。当测头浸入到液体内时,未包层的光纤光波导的数值孔径增加,液体起到了包层的作用,接收光强与液体的折射率和测具弯曲的形状有关。为避免杂光干扰,LED 光源采用 700Hz 左右的频率调制。

图(c)结构中,两根多模光纤由棱

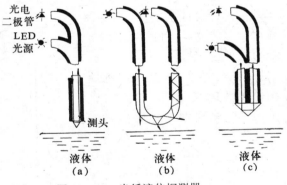

图 12-27 光纤液位探测器

(a)Y 型光纤　(b)U 型光纤　(c)棱镜耦合

镜耦合在一起,它的光调制深度最强,而且对光源和光电接收器件的要求不高。

还可以把单根光纤对折,前端形成一个球体,用它作为测头,来探测液面的升降高度。如果在不同高度上安装几个探测器构成液面计,就可以分别测定液面的升降变化,这种液面计可用于易燃、易爆场合,也能在强电磁场中工作。

图 12-28 所示是用光纤探测有明显分层的两种液体的液面。采用两个测头,由不同液体返回光强弱不同可以知道测头处在何种液中,由此来判断液体的分界面位置。

被测液体的折射率与返回光强之间有很好的线性关系曲线。而且当折射率有微小差别时,光强变化很大,具有这种输出特性的探测器可以判断折射率不同的液体。

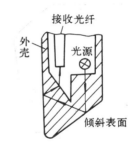

图 12-28　光纤液体探测器探测两种液体的分界面　　　　图 12-29　改进后的液位测头

同一种浴液在不同浓度时的折射率也不同,比如,掺有砂糖的水溶液,含糖量不同,折射率也不同,所以经过标定以后,这种液位探测器就会成为一支使用方便的浓度计。

光纤液位探测器不能探测污浊液体以及会粘附在测头表面的粘稠物质。

图 12-29 是一种改进后的光纤测头,因测头表面有倾斜角,所以不易受油液的污染。这种结构的液位探测器已用于测量卡车油箱的液面高度,并已商品化。

12.4.4　光纤微弯位移传感器

当被测物理量变化引起微弯板位移,从而使光纤发生微弯变形,改变模式耦合,使纤芯中的光部分透入包层,造成传输损耗。微弯程度不同,泄漏光波的强度也不同,从而达到光强度调制的目的。由于光强与位移之间有一定的函数关系,所以利用微弯效应可以制成光纤微弯位移传感器。

微弯位移传感器又分为亮场微弯传感器和暗场微弯传感器。亮场微弯传感器的信号光很强,采用高灵敏度的光电探测器时,光信号会使器件饱和;而暗场微弯传感器与此相反,暗场的背景光很弱,受微弯位移调制也很明显,调制深度大,灵敏度高。

图 12-30 所示是亮场微弯位移测量实验装置。引起微弯板位移的物理量可以是温度、压力、位移等。两块微弯板组成一个微弯变形器,在变形器前后均设有脱模器,前面的脱模器的作用是在光纤进入微弯变形器之前,吸收掉光纤包层中的光。变形器后面的脱模器的作用是把经变形器作用而射进包层的光都吸收掉,不让这部分光进入光电探测器,以免干扰测量结果。最简单的脱模方法就是在几厘米长的光纤外面涂上黑漆。图中 I_0 表示光源射入纤芯的

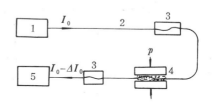

图 12-30　亮场微弯位移测量实验装置
1-光源　2-多模光纤　3-脱模器
4-微弯变形器　5-光电探测器

光强,ΔI_0 表示泄漏到包层中的光,p 表示加到微弯板上的压力。

微弯效应不仅和微弯板的位移有关,而且也和光源的光射入光纤的入射角有关。当光线沿着光纤芯轴方向入射,即入射角为 $0°$ 时,增加变形最多只能使芯模光强减少 20%。在接近临界入射角的情况下,如入射角为 $90°$ 时,因为这时纤芯中的光比较容易射进包层,同样的变形可使芯模光强减少 40%。

图 12-31 所示为暗场微弯位移测量装置。氦氖激光器发出的激光束经透镜系统聚

焦后,射入一根阶跃多模光纤。光纤放在一个木盒里,木盒放在用气体悬浮着的防震工作台上,用以减小环境噪音。为消除包层模的光,在变形器前光纤上涂上油基黑漆。变形器由两块配对的有机玻璃波形微弯板夹着一根多模光纤组成,微弯板的两个面上有相对的五个齿,齿距为 3mm。一个微弯板与压电变换器连接,另一个与手动千分尺连接。一个微弯板可以相对另一个产生位移。可以测量交变位移。

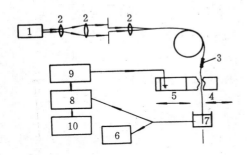

图 12-31 暗场微弯位移测量实验装置

1-氦氖激光器　2-透镜　3-涂黑漆的光纤

4-变形器　5-压电变换器　6-数字电压表

7-探测器　8-锁相放大器　9-发生器

10-记录仪

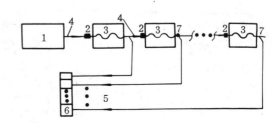

图 12-32 连续式暗场微弯光纤位移传感器阵列

1-连续光源　2-脱模器　3-变形器

4-光纤总线　5-探测光纤

6-光探测器阵列　7-光纤耦合器

图中探测器是一个密封盒子,盒子内壁六个面上都有光电池,接收光纤包层模的光强。数字电压表显示输出的直流电压。锁相放大器检测交流输出信号,记录仪记录锁相放大器的输出。其灵敏度达到 $6\mu v/nm$,可检测的最小位移为 8nm,动态范围大于 110dB。

图 12-32 所示为连续式暗场微弯光纤位移传感器阵列,以连续发光器作为光源,每个微弯变形单元的传感器都串接在光纤总线上,互相之间的距离不一定相等。图 12-33 所示为脉冲式暗场微弯光纤位移传感器阵列。采用脉冲激光光源,微弯信号顺序发生,探测光纤通过光纤总线耦

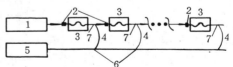

图 12-33 脉冲式暗场微弯光纤位移传感器阵列

1-脉冲激光器　2-脱模器　3-变形器　4-探测光纤

5-光探测器　6-光纤总线耦合器　7-光纤耦合器

合器进入同一光纤总线,各个单元发出的微弯信号由一个光探测器接收。这些信号是时序的,形成时间分割多路传输。为了使脉冲信号有一定的时间间隔,互不重叠,各个微弯变形单元发出的信号要有一定的规律。如果共有几个微弯变形单元,线性阵列的长度为 L,各个单元之间的间隔相等,则相邻脉冲前沿的时间间隔为

$$t_0 = \frac{2[L/(m-1)]}{c/n} = \frac{2nL}{c(m-1)} \qquad (12-19)$$

式中:n——光纤总线的折射率;

c——真空中的光速;

c/n——光波在总线中的传播速度。

以上公式用于对脉冲间隔和重复频率的初步估算,实际设计传感器阵列时,还需考虑

一定的安全系数,避免脉冲偶然发生变化时造成脉冲重叠。

在考虑了 10% 的安全余量之后,脉冲宽度的最大值可由下式计算:

$$t_{\max} = \frac{1.8nL}{c(m-1)} \tag{12-20}$$

进一步考虑最短的取样周期,还需考虑阵列光纤的长度,光源发出的每一个脉冲必须通过阵列全长的两倍距离。再考虑到每个脉冲均有一定的脉冲上升时间 t_r,所以对光纤阵列中每个微弯变形单元的微弯信号取样的最短周期为

$$t_s = \frac{2\pi L}{c} + \frac{1.8nL}{c(m-1)} + t_r \quad (m > 1) \tag{12-21}$$

阵列可以以各种方式连接,光源也可以统一供给或分别供给,探测方式可以是亮场的也可以是暗场的。

12.4.5 光纤干涉型位移传感器

除光强调制的非干涉型位移传感器之外,为了提高测量精度或者扩大测量范围,常常使用相位调制的光纤干涉仪作为位移传感器。

图 12-34 所示是一种常见的用于测量位移的迈克尔逊光纤干涉仪。氦氖激光器作

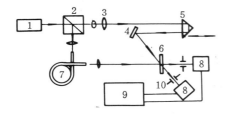

图 12-34　测量位移的迈克尔逊光纤干涉仪
1—氦氖激光器　2—分束器　3—扩束镜　4—反射镜
5—可移动四面体棱镜　6—全息照片　7—光纤参考臂
8—光探测器　9—可逆计数器　10—光阑

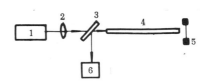

图 12-35　法布里-珀罗光纤干涉仪
1—氦氖激光器　2—透镜　3—半透半反镜
4—光纤　5—振动膜片　6—光探测器

为光源,由分束器把光束分为两路,一路进入光纤参考臂作为参考光束,另一路通过可移动四面体棱镜、反射镜后再与参考光束会合,并发生干涉。如果因被测位移变化引起四面体沿图示箭头方向移动,则因光程差的改变而引起干涉条纹移动。干涉条纹的移动量反映出被测位移量的大小。

如图所示,在两束光会合处放置全息干板,在干板上可得出干涉图形的全息照片,这全息照片起到光学补偿的作用。由于参考光路是多模光纤,光束通过后波面发生畸变,引起干涉条纹扭曲,使用全息照片补偿之后,干涉条纹恢复为直条纹。而且可通过全息照片得到两个干涉图,用两个独立的光电探测器检测干涉条纹信号。如果分别调节两个光阑使两路条纹变化相差 90°,则可以由两个光电探测器得到的信号判断出四面体棱镜位移的方向。

12.5　光纤速度、加速度传感器

用光纤传感器测量运动加速度的基本原理是:一定质量的物体在加速度作用下产生

惯性力,这惯性力可转变为位移、转角或是变形等变量,通过对这些变量的测量,就可得出加速度数值。与前述各种光纤传感器一样,它可以是强度调制的,也可以是相位调制的,采用光纤干涉仪配以适当的电路和微机处理系统,就能够将加速度值计算并显示出来。

12.5.1 光纤激光渡越速度计

图12-36所示是光纤激光渡越速度计原理图,仪器可用来测量气流速度。激光束耦合进梯度光纤,由光纤射出后,由透镜 L_1 准直,再经过渥拉斯顿棱镜 P 将激光束分为夹角为 $1°$ 的两束光,此两束光经过透镜 L_2 在其焦平面 F_2 上聚成两个光点。透镜 L_3 把两个光点投射到 $15 \sim 45cm$ 远的被测物体上。在被测物体处(如气流),光束呈现出两个光斑。将两个斑

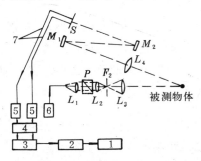

图12-36 光纤激光渡越速度计原理图
1—打印机 2—微计算机 3—相关器 4—鉴频器
5—光探测器 6—激光器 7—接收光纤

点连线的方向调整到与气流方向平行,气流中携带的粒子并可相继通过两个斑点。

被光斑照亮的粒子使光发生散射,散射光进入望远镜透镜 L_4,经 M_1、M_2 进行两次反射以后在 S 平面处形成双斑点图像。调整好接收光纤,使两根光纤的端面分别对准一个光斑,光纤端面接收到的散射光经过干涉滤光片后到达光探测器,根据接收到两个光斑的时间差,以及在流场中两个光斑距离,通过电路处理,就可以计算出气流的速度。

12.5.2 利用马赫-泽德干涉仪的光纤加速度计

图12-37所示是利用马赫-泽德干涉仪的光纤加速度计实验装置。激光束通过分束器后分为两束光,透射光作为参考光束,反射光作为测量光束。测量光束经透镜耦合进入单模光纤,单模光纤紧紧缠绕在一个顺变柱体上,顺变柱体上端固定有质量块。顺变柱体作加速运动时,质量块的惯性力使圆柱体变形,从而使绕于其上的单模光纤被拉伸,引起光程

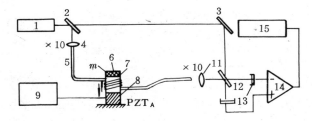

图12-37 光纤加速度计实验装置
1—氦氖激光器 2,12—分束器 3—反射镜 4,11—透镜
5—单模光纤 6—质量块 7—顺变柱体 8,10—压电变换器
9—驱动器 13—光探测器 14—差动放大器 15—频谱仪

差的改变。相位改变的激光束由单模光纤射出后与参考光束在分束器处会合,产生干涉效应。在垂直位置放置的两个光探测器接收到亮暗相反的干涉信号,两路电信号由差动放大器处理。

在质量块的质量 m 远大于顺变柱体的质量 m_c 的情况下,这个惯性系统可简化为一个简单的二阶质量-弹簧系统,缠绕在顺变柱体上的光纤在加速度 a 的作用下,其长度变化为

$$\delta l = \frac{4\mu N m a}{E d} \qquad (12-22)$$

式中：μ——顺变柱体材料的泊松比；

$\quad\quad E$——顺变柱体材料的杨氏模量；

$\quad\quad d$——顺变柱体的直径；

$\quad\quad N$——光纤缠绕的圈数。

由于光纤的变形，在光纤中传播的激光束相位发生的改变为

$$\Delta\varphi = \beta\delta l\left[1 - \frac{1}{2}n^2(1-\mu_f)p_{12} - \mu_f p_{11}\right] \qquad (12-23)$$

式中：n——纤芯的折射率；

$\quad\quad p_{11},p_{12}$——弹光张量系数；

$\quad\quad \mu_f$——纤芯的泊松比；

$\quad\quad \lambda$——激光在光纤中的波长；

$\quad\quad \beta = \frac{2n\pi}{\lambda}$。

所以，加速度计的灵敏度为

$$\frac{\Delta\varphi}{a} = \frac{8\pi\mu n m N}{E d \lambda}\left[1 - \frac{1}{2}n^2(1-\mu_f)p_{12} - \mu_f p_{11}\right] \qquad (12-24)$$

质量－弹簧系统的纵向基频近似为

$$\omega_0 = 2\pi f_0 = \sqrt{\frac{K}{m}} \qquad (12-25)$$

式中 K 为顺变实心柱体的刚度。

图 12-38 所示为干涉仪的输出电压与外加加速度的函数关系。曲线线性度很好。

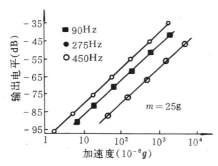

图 12-38　干涉仪的输出电平与外加
加速度的函数关系

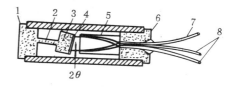

图 12-39　倾斜镜式光纤加速度计的剖面图

1－黄铜支撑体　2－黄铜板弹簧悬臂梁　3－质量块

4－倾斜镜　5－自聚焦透镜　6－光纤套筒

7－输入光纤　8－接收光纤

12.5.3　倾斜镜式光纤加速度计

这种加速度计的原理，仍然是利用一个具有一定质量的物体在加速度作用下产生惯性力，惯性力使物体产生位移，从位移反映出加速度的大小。

图 12-39 所示是倾斜镜式光纤加速度计的剖面图。在套筒里，固定着三根光纤，最上面一根是输入光纤，下面两根是接收信号的接收光纤，三根光纤都是使用多模光纤。

由于黄铜板弹簧是水平放置,它的厚度小,宽度大,只能感受垂直方向的加速度,而对水平方向的加速度几乎没有反应。

图 12-40 表示输入与接收光纤的排列情况,最上面是输入光纤,下面两根是接收光纤,输入光纤将光源发出的光导入,并经图 12-40 中自聚焦透镜射向倾斜镜,反射回来的光线,再经自聚焦透镜,使光斑照射到接收光纤上。没有加速度作用时,光斑位于两接收光纤之间,处于平衡位置,也就是两个接收光纤得到的光强是相同的。当质量块承受加速度作用时,倾斜镜倾斜,使光斑位置向上或向下移动,移动方向由加速度的方向来决定。

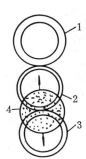

图 12-40　输入与接收光纤的排列情况

1-输入光纤　2,3-接收光纤　4-反射光斑

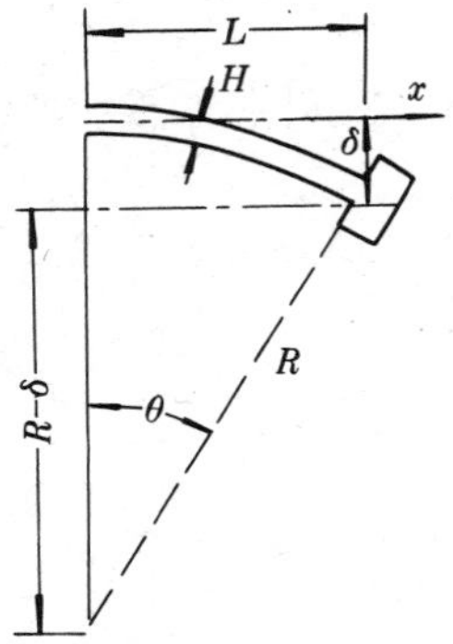

图 12-41　板弹簧的变形情况

图 12-41 所示质量块在加速度作用下,板弹簧变形的情况,图示变形量 δ 是板簧长度方向坐标 x 的函数。当垂直作用力 F 加到质量块上,板弹簧产生的变形可用下式表示:

$$\delta(x) = \frac{Fx^2}{6EJ}(3L - x) \tag{12-26}$$

式中:E——板弹簧材料的杨氏模量;

　　　J——板弹簧的惯性距;

　　　L——板弹簧长度。

当 $x = L$ 时

$$\delta = \frac{FL^3}{3EJ} \tag{12-27}$$

质量块倾斜角度 $\theta(x)$ 是 x 的函数,它可以通过对 $\delta(x)$ 进行微分来得到:

$$\theta(x) = \frac{\mathrm{d}}{\mathrm{d}x}[\delta(x)] = \frac{F}{2EJ}(2Lx - x^2) \tag{12-28}$$

当 $x = L$ 时

$$\theta = \frac{FL^2}{2EJ} \tag{12-29}$$

由于质量块 m 受到的作用力 F 是由加速度 a 所引起,所以由牛顿第二定律可写成:

$$F = ma \tag{12-30}$$

又由虎克定律得

$$F = K\delta \tag{12-31}$$

式中 K 为板弹簧的弹性系数。

由前面二个公式可以得出

$$a = \delta \frac{K}{m} \qquad (12-32)$$

由 θ 和 δ 的公式可以得出：

$$\theta = 3\delta/2L \qquad (12-33)$$

由于倾斜镜的倾斜,光斑偏向一个接收光纤。当全部光线只照射在一个光纤上时,反射镜的偏转角为最大偏转角 θ_{max},由这个最大的偏转角可以确定本传感器所能测到的最大加速度为

$$a_{max} = \frac{2}{3} \frac{LK}{m} \theta_{max} \qquad (12-34)$$

系统的固有频率 ω_r^2 为

$$\omega_r^2 = \frac{K}{m} = \frac{F}{m\delta} = \frac{3EJ}{mL^3} \qquad (12-35)$$

宽度为 W、厚度为 H 的板弹簧悬臂梁的惯性矩为

$$J = \frac{WH^3}{12} \qquad (12-36)$$

因此,系统的固有频率为

$$\omega_r^2 = \frac{EWH^3}{4mL^3} \qquad (12-37)$$

如果自聚焦透镜的长度为 z,透镜材料的折射率为 n_0,当加速度为零时,倾斜镜的倾斜角 $\theta = 0$,如图 12-41 所示,反射光斑落在两个接收光纤的中间。当倾斜镜在加速度作用下偏转 θ 角时,反射光线将偏转 2θ 角。质量块承受最大加速度 a_{max} 时,根据设计,反射光将恰好偏转 θ_{max},并且光斑只落在一个接收光纤上。若光纤的直径为 d,则这时光斑相对于 $a=0$ 时的移动距离为 $d/2$。如认为反射镜与透镜之间只有很小气隙,此时

$$\theta_{max} = \frac{d}{4z} \frac{\pi n_0}{2} \qquad (12-38)$$

加速度计可测的最大加速度实际为

$$a_{max} = \frac{\omega_r^2 L d n_0 \pi}{16z} \qquad (12-39)$$

实验研究表明,这种倾斜镜式加速度计灵敏度高,动态范围大,而且不易受冲击震动或电源波动的影响,最小可测加速度值小于 10^{-5} m/s^2,而且整体结构简单,体积小。

12.6 光纤振动传感器

光纤振动传感器与其他光纤传感器一样,从原理上讲也可以分为功能型和传光型两种。实际上,直接以光纤作为振动信息的敏感元件,难以分离其他物理量变化产生的影响。因此,功能型的光纤振动传感器难以实用。目前广泛研究和具有实用价值的光纤振动传感器多为传光型的。

由于传光型光纤传感器的光纤只起传递信息和导光作用,因此,必须注意传输光纤与

周围环境噪声的隔离,使它成为无噪声光纤路线。光纤噪声隔离可采用以下三个主要途径来解决:

(1)通过适当地选择光纤玻璃和涂层材料达到噪声退敏的作用;

(2)采用完全平衡的迈克尔逊干涉仪进行检测,其中的信号臂和参考臂由两个相邻近的单模光纤制成;

(3)采用信号光束和参考光束是由同一根单模光纤制造的"差动"迈克尔逊干涉仪。

光纤振动传感器常用作现场监测仪表,对光纤振动传感器的要求如下:

(1)测量工作必须在没有经过精加工的钢制工件上进行;

(2)测量的频率范围为 $20\sim200$ Hz,测量的振幅在 $10^{-2}\sim10^{0}\mu$m 级之间;

(3)光纤探头必须保持整体光学化,不使用电连接。

12.6.1　相位调制光纤振动传感器

一、光路的构成及其相位调制原理

图 12-42 和图 12-43 表示检测垂直表面振动分量的传感器原理。可以看出,要检测的振动分量引起反射点 P 运动,从而使两激光束之间产生相关的相位调制。

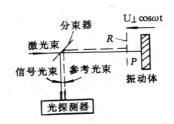

图 12-42　垂直表面振动分量
传感器原理

激光束通过分束器、光纤入射到振动体上的一点,反射光作为信号光束,经过同一光学系统,被引入到探测器。参考光束是从部分透射面 R 上反射产生的。在实际系统中,是用光纤输出端面作为 R 面。由图 12-42 可以看到,信号光束只受到垂直振动分量 $U_\perp\cos\omega t$ 的调制。由于振动体使反射点靠近或远离光纤,从而改变了信号光束的光路长度,相应改变了信号光和参考光的相对相位,产生了相位调制。信号光与参考光之间的相位差为

$$\Delta\varphi_\perp = \frac{4\pi}{\lambda}U_\perp\cos\omega t \tag{12-40}$$

式中:λ——激光波长;

ω——光波圆频率。

二、振动相位调制的检测法

如果解调和检测式(12-40)给出的相位调制,就能得到上述相应振动分量的振幅。但是若直接使用上述光路结构,由于振动体测量位置的移动,反射光强的变化,以及光学系统调整状况的变化等原因,都将引起探测器的入射光强的变化,这种变化的影响也混入被解调的信号中。为了消除这一影响,可采用在两束光之间预先引入光强变化的低频相位调制,同时检测引入的相位调制和振动相位调制的成分,然后取两者之比,因而抵消和去除上述影响。

根据选用的低频相位调制的最大相位偏移量大小,有高相位偏移调制法和低相位偏移调制法两种。

1. 高相位偏移调制法

利用式(12-40)给出的被测振动分量的相位调制,再引入上述的低频相位调制

$\varphi_1 \cos \Omega t$ 和固定相位差 φ_{do}，当两束光存在以上的相关相位差时，入射到光检测器的光强表示为

$$I_h = E_R^2 + E_R^2 + 2E_S E_R \cos\left[\frac{4\pi}{\lambda} U_\perp \cos\omega t + \varphi_1 \cos\Omega t + \varphi_{dc}\right] \qquad (12-41)$$

式中 E_S、E_R 分别表示信号光和参考光的振幅。选择低频相位调制频率 $\Omega \ll \omega$。

式(12-41)右边的第一、二项是不含有振动信息的直流成分。设直流成分以外各项为 I，且取 $\varphi_{dc} = 0$，如用贝塞尔函数进行诺曼展开，可得

$$I = 2E_S E_R J_0\left(\frac{4\pi U_\perp}{\lambda}\right) \cos(\varphi_1 \cos\Omega t) - 4E_S E_R J_1 \times \left(\frac{4\pi U_\perp}{\lambda}\right) \sin(\varphi_1 \cos\Omega t) \cos\omega t$$

$$- 4E_S E_R J_2 \times \left(\frac{4\pi U_\perp}{\lambda}\right) \cos(\varphi_1 \cos\Omega t) \cos\omega t \qquad (12-42)$$

考虑到 $\Omega \ll \omega$ 时，上式第一、二、三……项分别为集中在角频率为 $0, \omega, 2\omega, \cdots$ 附近的边带频谱的一种振幅调制波。本方法将第一项(因含有 J_0 函数，故称为 J_0 成分)用于 E_S, E_R 等的光振幅变化检测。第二项(同样，称为 J_1 成分)用于振动振幅检测。

由于 J_0, J_1 成分及高次谐波成分相互之间频率完全分离，可以用带有适当滤光器的光探测器分离取出。此时，决定振幅最大值 $\cos(\varphi_1 \cos\Omega t)$，$\sin(\varphi_1 \omega\Omega t)$ 的值必定在若干时刻取 ± 1 的正负最大值。选择低频相位调制的最大偏移 φ_1 大到 2π 左右，每个波形都往返于对应最大值的峰值之间，那么，J_0, J_1 成分的上下峰之间的幅值 J_{0pp} 和 J_{1pp} 可以从式(12-42)中求得。它们为

$$J_{0pp} = 4E_S E_R J_0\left(\frac{4\pi U_\perp}{\pi}\right) \qquad (12-43)$$

$$J_{1pp} = 8E_S E_R J_1\left(\frac{4\pi U_\perp}{\lambda}\right) \qquad (12-44)$$

因此，取式(12-43)与式(12-44)的比值，消去 E_S, E_R，解得振动振幅 $U_\perp$。由于振动振幅 $U_\perp \ll \lambda$，所以 $J_0\left(\frac{4\pi}{\lambda} U_\perp\right) \sim 1, J_1\left(\frac{4\pi}{\lambda} U_\perp\right) \sim \frac{2\pi}{\lambda} U_\perp$，由此得到：

$$U_\perp = \frac{\lambda}{4\pi}\left(\frac{J_{1pp}}{J_{0pp}}\right) \qquad (12-45)$$

由于 J_{1pp}, J_{0pp} 是可检量值，因此可求得振动振幅 $U_\perp$。

上述方法的最大特点是，能用式(12-45)求得振动振幅的绝对值，即使光学系统的机械振动等有影响，以及信号光和参考光之间的相位变化噪声混入，但只需稍微改变式(12-42)的低频相位调制 $\varphi_1 \cos\omega t$ 的波形，不改变 J_0, J_1 两成分的峰值大小，对测量就不会有任何影响。

2. 低相位偏移调制法

对于上述高相位偏移调制法，如果被测振动振幅 $U_\perp$ 变小，与其成正比的 J_1 成分则也变小，测量结果会受到光探测系统的噪声影响。为了提高测量灵敏度，虽然可考虑减小拾取 J_1 成分的滤光器带宽，改善信噪比，但从式(12-42)可知，频谱展宽(为用于低频相位调制频率的数十倍)有限。另外，J_0, J_1 成分皆为非正弦波，测量式(12-43)，式(12-44)给

出的峰值间的幅度也比较麻烦。为了克服上述缺点，下面介绍将两成分用单一频率表示正弦波的方法。

在式(12-41)中，固定相位差 φ_{dc} 取 $\pi/2$，与上述方法相反，使低频相位调制的最大偏移选得较小，例如，$\varphi_1 \ll 1$。另外，如果设振动振幅 $U_\perp \ll \lambda$，则可对该式进行简化处理。

$$I = -2E_S E_R \varphi_1 \cos\Omega t - \frac{8\pi}{\lambda}E_S E_R U_\perp \cos\omega t \qquad (12-46)$$

上式的第一、二项分别与式(12-45)的 J_0，J_1 成分相当(称为 I_0、I_1 成分)。它们的波形都为正弦波。可用选择电平仪分别实测这些成分的振幅 I_{0p}，I_{1p}。如取 I_{0p} 和 I_{1p} 之比，振动振幅 $U_\perp$ 可由下式求得：

$$U_\perp = \frac{\varphi_1 \lambda}{4\pi}\left(\frac{I_{1p}}{I_{0p}}\right) \qquad (12-47)$$

由上式可知，如果求得振动体上振动振幅的相对分布，并保持 φ_1 一定，则移动测量位置，测量 I_{1p}/I_{0p} 即可。如果需要测量振幅的绝对值，在振幅大的测量点，使用上述高相位偏移调制法，求出其绝对值，然后进行校正即可。

三、光纤振动传感器的性能

光纤振动传感器的主要性能包括：振动振幅的可测范围、振动频率可测范围、测量的空间分辨率等。

图(12-43)表示垂直表面的振幅可测范围。当驱动电流 I 变化时，所测到的 2.5MHz 石英谐振器的直垂和面内振动振幅，对于垂直分量，可测到 10^{-12}m，且线性仍相当好；对于表面内振动振幅，可测到 $0.5 \times 10^{-7}\mu\text{m}$，线性度也很好。这分辨率比以往的激光干涉片高 $1 \sim 2$ 个量级。表面内振动分量的分辨率较低，这是因为使用斜方向的入射光得到的反射光较少的缘故。

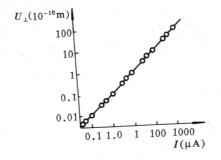

图 12-43　振动分量与驱动
电流的函数关系

频率测量范围为 $10^3\text{Hz} \sim 30\text{MHz}$，可测的频率上限主要取决于光检测系统的增益、带宽及噪声特性等。

光纤振动传感器测量的空间分辨率取决于来自光纤的入射光在振动体上能聚焦到多少，实际系统的聚焦点直径为数十微米左右。

12.6.2　利用光弹效应的光纤振动传感器

一、工作原理及系统结构

这种光纤振动传感器是一种振动加速度测量系统，是利用光弹效应引起被调制光强变化，通过检测调制光强的变化来测量加速度。由于光弹性元件具有双折射性，当一束相对于主机械应力轴为45°的平面偏振光通过光弹性元件时，在元件的两个本征偏振态光波之间引起相位差。如果传感器的振动体以 $A\sin\omega t$ 振动时，则两光波通过光弹元件的相位差为：

$$\varphi = \frac{2\pi cl\sigma}{\lambda}(1 + g\sin\omega t) \qquad (12-48)$$

式中:c——光弹常数;　　　　l——元件长度;

　　　　σ——机械应力;　　　　λ——光波长;

　　　　g——重力加速度。

通过 1/4 波片和光检偏器后,由于 $\varphi\ll1$,调制光强为

$$I \simeq I_0\big[(1 + 2\pi cl\sigma/\lambda) + (2\pi clg/\lambda\sin\omega t)\big] \qquad (12-49)$$

由式(12-49)知,若由光探测器探测到调制光强,则可测量出振动加速度值 g。如在光弹元件上加 $m = 0.025\text{kg}$ 的环氧树脂,频率在 3kHz 以下时,可以测量 0.01～50g 的振动加速度。

　　图 12-44 为光纤振动传感器的结构图。对于一种用于管理和监视系统的振动传感器,它应该有长时间的运转稳定性。

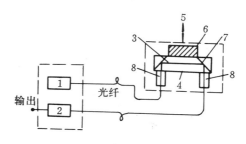

　　图中光纤振动传感器中的起偏器、光弹元件以及检偏器均可为独立的光学元件,因此,它的实用受到限制。在光弹元件的两个通光表面镀上多层介质膜,可代替分立的起偏器和检偏器,如图 12-45 所示为起偏器、检偏器光弹元件等合为一体的传感器结构。

图 12-44　光纤振动传感器的结构图

1-光源　2-光探测器　3-起偏器　4-光弹元件
5-振动方向　6-质量块　7-检偏器　8-微透镜

平面偏振光相对于振动方向 45°角通过传感器元件,然后引入到薄膜检偏器上,并且,检偏器的透光轴方向也与振动方向成 45°角。在传感器未受振动的作用时,输入和输出光的偏振方向相同。

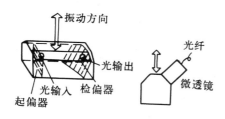

图 12-45　采用薄膜偏振器的光纤振动传感器结构

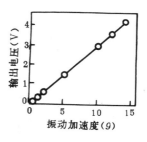

图 12-46　振动加速度与输出电压的关系

二、传感器的性能

　　图 12-46 所示为振动加速度与输出电压的关系。该传感器系统的频率特性如图 12-47 所示。在 10～3000Hz 频率范围内,相对输出电压保持稳定。由图可知,当接近 4000Hz 时,传感器元件的响应稍有起伏。

　　图 12-48 所示为传感器的温度特性。在 25～65℃ 温度范围内,输出偏差在 ±5% 以内。

　　以上介绍了两种光纤振动传感器。由于采用了较先进的结构,实距证明它们具有高灵敏度和长时间连续工作的可靠性,可以检测的振动幅度为 $10^{-12}\mu\text{m}$ 数量级,并可以进行三维的振动测量。以光弹效应制成的振动传感器,具有极好的线性、频率特性和温度特

性等。因此,这种传感器已被用于油厂的管理和监测工作。

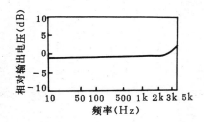
图 12-47 传感器系统的频率特性

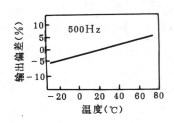
图 12-48 传感器的温度特性

12.7 光纤温度传感器

12.7.1 相位调制型光纤温度传感器

相位调制型光纤干涉仪可以做成多种温度传感器,其中以马赫－泽德光纤干涉仪和法布里－珀罗光纤干涉仪最为典型。

一、马赫－泽德光纤温度传感器

马赫－泽德光纤温度传感器的结构如图 12-49 所示。干涉仪包括激光器,扩束器、分束器、两个显微物镜、两根单模光纤(其中一根为测量臂,一根为参考臂)、光探测器等。干涉仪工作时,激光器发出的激光束经分束器分别送入长度基本相同的测量光纤和参考光纤,将两根光纤的输出端汇合在一起,则两束光即产生干涉,从而出现了干涉条纹。当

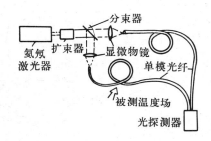
图 12-49 马赫－泽德光纤
温度传感器

测量臂光纤受到温度场的作用手,产生相位变化,从而引起干涉条纹的移动。显然干涉条纹移动的数量将反映出被测温度的变化。光探测器接收干涉条纹的变化信息,并输入到适当的数据处理系统,最后得到测量结果。

光纤的温度灵敏度以及相位称由下式给出:

$$\frac{\Delta\varphi}{\Delta T} = \frac{1}{n}\left(\frac{\partial n}{\partial T}\right) + \frac{1}{\Delta T}\left[s_1 - \frac{n^2}{2}(p_{11} + p_{12})s_r + p_{12}s_l\right] \qquad (12-50)$$

式中:φ——相位移;　　　　　　$\Delta\varphi$——相位移变化;

　　　ΔT——温度变化;　　　　　n——光纤的折射率;

　　　s_l——光纤的纵向应变;　　　s_r——光纤的径向应变;

　　　p_{11}, p_{12}——光纤的光弹系数。

式(12-50)中等号右边第一项代表温度变化引起的光纤光学性质变化而产生的相位响应;第二项代表温度变化使光纤几何尺寸变化引起的相位响应。

当干涉仪用的单模光纤的规格和长度已知时,则光纤的温度灵敏度等有关参数就是确定的值。表 12-1 给出了一种典型的单模光纤的各个特性参数值。根据表内的数据,

可以计算出光纤的温度灵敏度以及有关的项

表 12-1　标准 ITT 单模光纤的特性参数

成　　分	光纤芯	包　　层	衬　层	第一护层 （软）	第二护层 （硬）
	$SiO_2 +$ 微量 $G_eO_2(0.1\%)$	$SiO_2(95\%)$ $B_2O_2(5\%)$	SiO_2	Si	H_ytrel 塑料
直　　径 μm	4	26	84	25	450.0
杨氏模量 E （$10^5 N//cm^2$）	72	65	72	0.0035	0.21
泊松比 μ	0.17	0.149	0.17	0.49947	0.4896
热膨胀系数 α （$10^{-7}/℃$）	5.5	10.2	5.5	1500.0	2100.0
p_{11}	0.126	–	–	–	–
p_{12}	0.27	–	–	–	–
n	1.458	–	–	–	–

$$\frac{\Delta\varphi}{\Delta T} = \begin{cases} 0.70\times10^{-5}/℃ \text{（裸光纤）} \\ 1.64\times10^{-5}/℃ \text{（护套光纤）} \end{cases} \tag{12-51}$$

$$\frac{1}{n}\left(\frac{\partial n}{\partial T}\right) = 0.68\times10^{-5}/℃ \tag{12-52}$$

式中：φ——干涉仪两个光纤臂的相位移；

　　　n——光纤折射率。

从上面两式可以看出，对于高石英含量的裸光纤，其温度灵敏度几乎完全决定于 $\frac{1}{n}\left(\frac{\partial n}{\partial T}\right)$。这主要是石英的热膨胀系数极小的缘故。而护套光纤的温度灵敏度比裸光纤大得多，这说明护套层的杨氏模量和膨胀系数对于光纤的温度灵敏度有着重要影响。

除此之外，马赫－泽德光纤干涉仪也可应用于压力的测量。

二、法布里－珀罗光纤温度传感器

法布里－珀罗光纤温度传感器是由法布里－珀罗光纤干涉仪（FFPI）组成。这种干涉仪的特点是利用 F－P 光纤本身的多次反射所形成的光来产生干涉，同时可以采用很长的光纤来获得很高的灵敏度。此外，由于它只有一根光纤，所以干扰问题要比马赫－泽德干涉仪少得多。

法布里－珀罗光纤温度传感器的典型装置结构如图 12-50 所示，它包括激光器、起偏器、显微物镜（20×）、压电变换器、光探测器、记录仪以及一根 F－P 单模光纤等。F－P 光纤是一根两端面均抛光的并镀有多层介质膜的单模光纤，它是干涉仪的关键元件。F－P 光纤的一部分绕在加有 50Hz 正弦电压的压电变换器上，因而光纤的长度受到调制。只有在产生干涉的各光

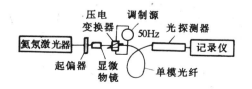

图 12-50　法布里－珀罗光纤温度传感器

束通过光纤后出现的相位差 $\Delta\varphi = m\pi$（m 是整数）时,输出才最大,探测器获得周期性的连续脉冲信号。当外界的被测温度使光纤中的光波相位发生变化时,输出脉冲峰值的位置将发生变化。为了识别被测温度的增减方向,要求激光器有两个纵模输出,其频率差为 640 MHz,两模的输出强度比为 5:1 这样,根据对应于两模所输出的两峰的先后顺序,即可判断外界温度的增减方向。

表 12-2 给出了 FFPI 用的光纤的特性参数。利用表上的参数值可以算出 FFPI 的温度灵敏度:

$$\frac{\Delta\varphi}{\varphi\Delta T} = \begin{cases} 3.0 \times 10^{-5}/\text{℃} & \text{（护套光纤）} \\ 0.8 \times 10^{-5}/\text{℃} & \text{（裸光纤）} \end{cases} \tag{12-53}$$

显然也可以看出,有护套的光纤比裸光纤要灵敏得多。

此外,FFPI 的热响应时间也是这种温度传感器的一个重要因素,圆柱体结构的介质的热响应时间 τ 可由下式定义:

$$\Delta t_i = \Delta T_i (1 - e^{-\frac{t}{\tau}}) \tag{12-54}$$

其中
$$\Delta t_i = t_i - T_0;$$
$$\Delta T_i = T_i - T_0 。$$

式中:T_0——起始温度;

T_i——稳态温度;

t_i——变化中的温度。

表 12-2　FFPI 用光纤的特性参数

	纤芯(SiO_2)	包层(SiO_2)	衬层(硅酮)	护套(尼龙)
直径(μm)	4	125	400	900
杨氏模量 (10^8N/m^2)	730	730	0.11	5.5
泊松比 μ	0.17	0.17	0.17	0.17
热膨胀系数 α ($10^{-4}/\text{℃}$)	0.004	0.004	2.5	1
模截面积 S (mm^2)	5×10^5	0.012	0.01	0.52
p_{11}	0.121	-	-	-
p_{12}	0.27	-	-	-
n	1.458	-	-	-
$\partial n/\partial T(10^{-5}/\text{℃})$	1.1	-	-	-

同时有

$$\tau = 0.12 a^2 \rho c / k \tag{12-55}$$

式中:a——圆柱体半径;

ρ——密度;

c——比热;

k——圆柱体的热传导率。

对于 SiO_2 光纤,当 $2a = 125\mu m$, $\rho = 2.22g/cm^3$, $c = 0.84J/(g \cdot ℃)$, $k = 14.7 \times 10^{-3}$ $J/(cm \cdot s \cdot ℃)$,可计算得 $\tau = 0.6ms$。

对于尼龙护套光纤,若 $2a = 0.9mm$,尼龙的 $\rho = 1.12g/cm^3$, $c = 1.93J/(g \cdot ℃)$, $k = 22.3 \times 10^{-4}J/(cm \cdot s \cdot ℃)$,则计算得 $\tau_h = 0.2s$。这对于一般情况的温度传感器应用是足够的,因为光纤中机械变形的弛豫时间要比 τ_h 大得多。

12.7.2 热辐射光纤温度传感器

热辐射光纤温度传感器是利用光纤内产生的热辐射来传感温度的一种器件。它是以光纤纤芯中的热点本身所产生的黑体辐射现象为基础。这种传感器非常类似于传统的高温计,只不过这种装置不是探测来自炽热的不透明的物体表面的辐射,而是把光纤本身作为一个待测温度的黑体腔。这种传感器的灵敏度是一种分布灵敏度,因而可以确定位于光纤上任何位置的热点的温度。同时因为它只探测热辐射,故无需任何光源。

这种传感器可以用来监视一些大型电气设备,如电机、变压器等内部热点的变化情况,从而可有效地解决这些电气设备中热点温度测量的技术问题。

由黑体辐射的原理可知,所有的物质,当它受热时,均有一定量的热量向外辐射,这种热辐射的量取决于该物质的温度及其材料的辐射系数。而对于理想的透明材料,其辐射系数为零,这时不产生任何辐射。但实际上,所有的透明材料都不可能是理想的,因而它的辐射系数也不可能为零。例如,低损耗的石英玻璃,在 $100 \sim 1000℃$ 的温度范围内有很大的热辐射,也具有一定的辐射系数。

一、黑体辐射公式

根据黑体辐射的基尔霍夫定律,某辐射体的任一薄层 dl 对其辐射功率的贡献 dp 可由下式表示:

$$dp = aW dx \qquad (12-56)$$

式中: a——物体的吸收系数;

W——普朗克函数的积分。

$$W = \int_0^\infty \frac{C_1}{\lambda^5} \left[\exp\left(\frac{C_2}{\lambda T}\right) - 1 \right]^{-1} d\lambda$$

式中: λ——波长, μm;

T——绝对温度,K;

C_1——第一辐射系数, $C_1 = 3.741 \times 10^{-12} W \cdot cm^2$;

C_2——第二辐射系数, $C_2 = 1.439K \cdot cm$。

由于辐射功率在热体中传递时,有一部分将被吸收掉。假定传递距离为 x,则剩余的辐射功率为:

$$dp = aW\exp(-ax)dx \qquad (12-57)$$

于是长度 l 的热体热区域辐射的总功率为

$$P = \int_0^l aW\exp(-ax)dx = W[1 - \exp(-ak)] \qquad (12-58)$$

根据定义,一个热体的辐射系数 $\varepsilon_{\lambda,T}$ 等于其总辐射功率 P 与普朗克函数 W 之比:

$$\varepsilon_{\lambda,T} = P/W = 1 - \exp(-al) \qquad (12-59)$$

对于一般的光纤来说，$al \leqslant 1$，则

$$\varepsilon_{\lambda, T} = al \qquad (12-60)$$

也就是说，这时的辐射系数 $\varepsilon_{\lambda, T}$ 将随着热点的长度 l 线性地变化。

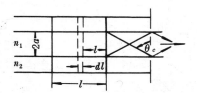

图 12-51　热辐射光纤温度传感器探头

如果有一种特殊光纤，其 $al \geqslant 1$，则 $\varepsilon_{\lambda, T} \approx 1$，此时这种光纤可看成是黑体腔。热辐射光纤温度传感器就是基于这一现象来制作的。在实际应用中，热点的辐射将通过光纤传递到探测器，这时光纤内同样也存在吸收。若吸收系数为 α，则辐射信号将以指数规律 $\exp(-al)$ 衰减，其中 l 为热点与探测器的距离。

如图 12-51 所示，热点的辐射中，只有大于临界角 θ_c 的那部分辐射才能进入光纤传送到探测器上。因为：

$$\sin\theta_c = \frac{n_2}{n_1} \qquad (12-61)$$

式中，n_1，n_2 分别是光纤纤芯和包层的折射率。

显然，总辐射中落在光纤孔径角范围的那部分辐射为

$$1 - \sin\theta_c = 1 - \frac{n_2}{n_1} \qquad (12-62)$$

对于直径为 $2a$ 的光纤，考虑到上述的所有因素，在滤长间隔 $\lambda_0 \sim \lambda_f$ 之间传入光纤的全辐射功率为

$$P = \pi a^2 \left(1 - \frac{n_2}{n_1}\right) \left[1 - \exp(-al)\right] \exp(-al)$$

$$\int_{\lambda_0}^{\lambda_f} \frac{\lambda_1}{\lambda^5} \left[\exp\left(\frac{C_2}{\lambda T}\right) - 1\right]^{-1} \mathrm{d}\lambda \qquad (12-63)$$

上述公式是假定了在 $\lambda_0 \sim \lambda_f$ 的范围内，吸收系数 a 不是波长的函数的前提下得出来的。这里所定的波长范围，取决于所选用的探测器的光谱响应函数。为了简化，还假定探测器的光谱响应是平坦的。实际上，通常最适用的控测器应该是具有长的截止波长的硅、锗探测器，它们的截止波长分别是 $1\mu m$ 和 $1.8\mu m$。而对于较低温度的探测，因为辐射的长波成分多，则最好采用硫化铅探测器，因为它的截止波长达 $2.9\mu m$。

表 12-3 给出了上述三种探测器在其截止波长 λ_c 下对于各种温度的黑体辐射的响应。

二、吸收系数的估算

为了估算光纤传感器中所期望得到的信号，讨论一下式（12-63）中有关衰耗的几个因子，其中最重要的是吸收系数 a。设与 a 有关的函数 $F(a)$ 为

$$F = \left[1 - \exp(-al)\right] \exp(-al) \qquad (12-64)$$

取 F 对 a 的微分 $\mathrm{d}F/\mathrm{d}a = 0$，得

$$a_m = -\frac{1}{l} \ln \frac{L}{L+l} \qquad (12-65)$$

表 12-3　硅、锗和硫化铅等三种探测对黑体辐射的响应

t℃	硅	锗	硫化铅
	$\rho(\lambda_c = 1\mu m)$ W/cm²	$\rho(\lambda_c = 1.8\mu m)$ W/cm²	$\rho(\lambda_c = 2.9\mu m)$ W/cm²
100	2.8×10^{-14}	1.17×10^{-7}	9.33×10^{-5}
200	1.16×10^{-10}	1.36×10^{-5}	2.04×10^{-3}
300	2.72×10^{-8}	3.18×10^{-4}	1.61×10^{-2}
400	1.31×10^{-5}	3.01×10^{-3}	7.26×10^{-1}
500	2.36×10^{-5}	1.64×10^{-2}	2.29×10^{-1}
600	2.24×10^{-4}	6.24×10^{-2}	5.37×10^{-1}
700	1.36×10^{-3}	1.84×10^{-1}	1.25

可以看出，a_m 在很大范围内是一个对 l 和 L 光纤长度都相当不灵敏的函数。

如果取典型值 $l = 10cm$，$L = 10m$，则可计算出 $a_m = 3.28 \times 10^{-3}$ m^{-1}（或 1.423dB/km），相应的 $F = 1.21 \times 10^{-2}$。从式（12-63）可见，测量信号与光纤纤芯截面积成正比。因此，为了获得较大的测量信号，应尽可能地采用大直径的光纤。如果采用通讯用的石英裸光纤，可选直径 $2a = 1mm$，对应的光纤截面为 7.85×10^{-3} cm²。对于空气包层的石英光纤，$n_1 = 1.48$，$n_1 = 1$，而临界角 $\theta_c = 42$。按照上述规定的参数，即可计算出相应的信号：

$$P(T) = 3.08 \times 10^{-5} \times \int_{\lambda_0}^{\lambda_f} \frac{C_1}{\lambda^5} \left[\exp\left(\frac{C_2}{\lambda T} \right) - 1 \right]^{-1} d\lambda(\omega) \qquad (12-66)$$

12.7.3　传光型光纤温度传感器

传光型光纤温度传感器是只利用光纤作为传输测量信号的一种传感器。在这种传感器中，敏感元件不用光纤，而是采用其他的元件和材料。但由于它利用光纤传输信号，因此它也具有和其他光纤传感器相同的基本特点。这种传感器的类型很多，仅选几种典型的传感器加以介绍。

一、半导体光吸收型光纤温度传感器

半导体光吸收型光纤温度传感器是由一个半导体吸收器、光纤、光发射器和包括光探测器的信号处理系统等组成。它体积小，灵敏度高，工作可靠，也容易制作，而且没有杂散光损耗。因此应用于象高压电力装置中的温度测量等一些特别场合中，是十分有价值的。

1. 工作原理

这种传感器的基本原理是利用了多数半导体所具有的能量带隙随温度 T 的升高几乎线性地减小的特性。如图 12-52 所示，对应于半导体的透过率特性曲线边沿的波长 λ_g，随温度增加而向长波方向位移。当一个辐射光谱入 λ_g 相一致的光源发出的光，通过此半导体时，其透射光的强度随温度 T 的增加而减少。

2. 测量装置结构

根据上述原理，可以制成半导体光吸收型光纤温度传感器，图 12-53 所示为其结构图，在两根光纤之间夹放着一块半导体薄片，并套入一根细的不锈钢管之中固紧。作为传感器材料的半导体可以是碲化镉和砷化镓。

一个实用的半导体光吸收型光纤温度传感器如图 12-54 所示。它包括上述半导体

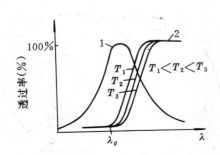

图 12 − 52 半导体的光透过率特性
1 − 光源光谱分布
2 − 吸收边沿透射率 $f(\lambda, T)$

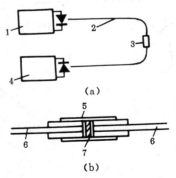

(a)

(b)

图 12 − 53 半导体光吸收型光纤
温度传感器

(a)装置简图 (b)探头

1 − 光源 2 − 光纤 3 − 探头 4 − 光探测器
5 − 不锈钢套 6 − 光纤 7 − 半导体吸收元件

传感器、信号处理电路以及两个光源、一个光探测器。光源是采用两只不同波长的发光二极管(一只是铝镓砷发光二极管,波长为 $\lambda_1 \approx 0.88\mu m$,另一只是铟镓磷砷发光二极管,波长为 $\lambda_2 \approx 1.27\mu m$)。它们由脉冲发生器激励而发出两束脉冲光,并通过一个光耦合器一起耦合到输入光纤中。两个光脉冲进入探头后,其中的吸收元件对 λ_1 光的吸收随温度 T 而变化,但由于碲化镉、

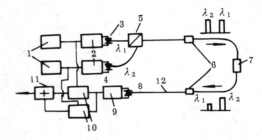

图 12 − 54 实用的半导体吸收型光纤温度传感器
1 − 脉冲发生器 2 − LED 驱动器 3 − AGaAS − LED(λ_1)
4 − nGa-As-LED(λ_2) 5 − 光耦合器 6 − 光纤连接器
7 − 探头 8 − APD 9 − 光接收电路 10 − 采样放大器
11 − 除法器 12 − 信号输出

砷化镓半导体对 λ_2 的光不吸收,即 λ_2 光几乎是全部透过,故取 λ_1 光作为测量信号,而 λ_2 光作为参考信号。另一方面,采用雪崩光电二极管作光探测器。光脉冲信号从探头出来后通过输出光纤导到光探测器上,然后进入采样放大器,以获得正比于脉冲高度的直流信号。在转换成直流信号后,再由除法器以参考光(λ_2)信号为标准将与温度相关的光信号(λ_1)归一化。显然除法器的输出只取决于半导体的透过率特性曲线边沿的位移,即与温度有关。

上述这种半导体光吸收型的光纤温度传感器可以在 − 10 ~ 300℃ 的温度范围内进行测量,精度可达 ±1℃。

如果对测量精度要求不太高时,这种传感器结构还可以大大简化。可以只采用一个光源,在接收端由一个对数放大器处理信号。这种传感器的特点是结构简单、制造容易、成本低,便于推广应用。在 − 10 ~ 300℃ 的温度范围内,测量精度可在 ±3℃ 以内,响应时

间约为 2s。

二、荧光衰变型光纤温度传感器

利用荧光物质所发出的荧光的衰变时间随温度而变化的特性可以作成温度传感器。

闪烁光照射在掺杂的晶体上，可以激励出荧光来。荧光的强度衰变到初值的 $1/e$ 时所需要的时间，称为荧光衰变时间 t_F，它和温度的关系可用下式表示：

$$t_F(T) = \frac{1 + \exp[-\Delta E/(KT)]}{R_E + R_T \exp[-\Delta E/(KT)]}$$

$$(12-67)$$

式中：R_E，R_T，K，ΔE——均为常数；

T——热力学温度。

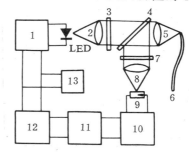

图 12-55　荧光衰变型光纤温度传感器
1—调制器　2,5,8—透镜　3,7—滤光器
4—分光镜　6—探头　9—探测器
10—放大器　11—相移器　12—幅变控制器
13—时标计数器

根据上述原理，可组成光纤温度传感器，利用晶体的荧光衰变时间来控制激励光源调制频率。当温度 T 变化，荧光衰变时间发生变化，从而改变了光源调制频率，测出频率即可得到温度。典型测量系统的结构如图 12-55 所示。该系统采用发光二极管作为光源，光源的光通过透镜进入滤光器，把长波部分滤去，然后经过分光镜和透镜注入光纤射向晶体，以便激发荧光，返回的荧光由分光镜耦合到滤光器上。滤光器的作用是抑制散射激励光。通过滤光器以后的荧光进入探测器转换成电信号，此电信号经放大器、相移器和幅度控制器，最后反馈到调制器控制 LED 的发光频率。系统开始工作后，激发光的强度开始在一个频率上振荡，通过时标计数器测量振荡频率。这种传感器在 0~70℃ 的测试范围内，连续测量的偏差不超过 0.04℃，可见测量精度相当高。

12.8　光纤流量、流速传感器

12.8.1　光纤旋涡流量计

光纤旋涡流量计采用一根横贯液流管中的光纤作为传感元件。光纤受到液体涡流的作用而振动，这种振动状态与液体的流速有关，通过振动对光纤中的光进行调制并把信号传输出来，然后采用光纤自差(Fiberdyne)技术进行检测，从而得到流速的信号。

一、工作原理

根据流体力学原理，如果在物流中放置一个非流线体，则在某些条件下物流在非流线体的下游产生有规则的涡流。这种涡流在非流线体的两边交替地离开。当每个涡流产生并泻下时，它会在非流线体壁上产生一个侧向力，非流线体便受到一个周期振动力的作用。如果非流线体具有弹性，则将产生振动，液体、气体等流体均有这种现象。例如野外的电线等在风吹动下嗡嗡作响，就是这种现象在起作用。

液体涡流的速度取决于液体的流速和非流线体的体积。其涡流频率 f 近似地同液体的流速成正比：

$$f = \frac{Sv}{d}$$

$$(12-68)$$

式中：v——流速；

d——液体中物体的横向尺寸大小；

S——随液流而变化的常数，与雷诺数 R_e 有关，在所考虑的液流范围（例如 0.3 ~ 3m/s，$R_e = 100 ~ 3300$）内，$S = 0.2$。

方程式(12－68)是光纤旋涡流体流量计的基本依据，因为只要测量出涡流频率 f，便可知道流体的速度。

这种流量计采用光纤作为敏感流速的非流线体，这时涡流的频率 f 就取决于流体的流速和光纤的直径，而涡流的频率即光纤的振动频率将采用光纤自差技术来检测。

在多模光纤中，光以多种模式进行传输，这样在光纤的输出端，各模式的光就产生了干涉，形成一个复杂的干涉图样。一根没有外界扰动的光纤所产生的干涉图样是稳定的。当光纤受到外界扰动时，各个模式的光被调制的程度不同，相位变化也就不同，于是干涉图样的明暗相间的斑纹或斑点发生移动。如果外界扰动仅是由于涡流而引起时，干涉图样的斑纹或斑点就会随着振动的周期变化而来回移动。利用小型探测器对图样的斑点的移动进行检测，即可获得对应于振动频率 f 的信号。这就是光纤自差技术的基本要点。

显然，检测到光纤的振动频率 f 后，即可以根据式(12－68)推算出流体的流速。

二、测量装置的结构

在一个直径为 2.5cm 粗的水管中，沿着横截面的直径方向，从预先打好的两个孔装进一根多模光纤作为测量用的非流线体，安装结构如图 12－56 所示。光纤的纤芯直径为 $200\mu m$，包层直径为 $250\mu m$，数值孔径 0.5。利用氦氖激光器进行激励。在光纤的输出端装有光探测器，以检测从干涉图样中携带的光纤振动频率的信息，然后把信号输入频谱分析仪进行数据处理。

实验是通过泵浦水流来进行，水流速度变化为 0.3 ~ 3m/s。以足够长的管道来保证形成涡流的条件。

这种光纤涡流流量计还在继续研究之中，但就目

图 12－56　光纤流量测试装置截面图

前水平与其他流量计相比。它的性能是好的。这种流量计可广泛地使用于纯流体的液体和气体测量。它具有很多优点，例如光纤中没有活动部件，测量可靠，对流体流动没有造成阻碍，流体压头损耗非常低。这些特点是孔板、涡轮等许多传统流量计所无法比拟的。

如果作为非流线体的光纤不是像上面的装置那样垂直于流体流动方向，而是与流动方向相平行，如图 12－57 所示，根据上述原理，也可以从光纤的振动频谱测出流体流动的速度。

三、单模光纤的涡流流量计

根据上述原理，如果敏感流速的非流线体采用单模光纤，则可由单模光纤组成一个光学法布里－珀罗干涉仪来进行测量，单模光纤的涡流流量计的结构如图 12－58 所示。在单模光纤端面镀银以构成反射面，同时用多模氦氖激光来激励。激光 通过分束器，经透镜聚集进入法布里－珀罗光纤，然后从光纤端面反射回来，再经透镜、分束器，最后到达光电二极管接收面上。显然，光电二极管所获得的光强度是 F－P 光纤中光波相位的函数。

施涡的波动使 F－P 光纤中作为非流线体的敏感段发生了谐振应变。这个谐振应变引起 F－P 光纤中光相位的往复变化,也就是说 F－P 光纤的光相位受到了流体涡流频率的调制,因此输出的干涉光强的变化频率取决于涡流频率,通过频谱分析仪测出干涉光强的频谱,即可得到流体的流速。

图 12－59 给出了对管道流体速度在 0.5～20m/s 范围内的测量所获得的涡波频率 f 与雷诺数的关系曲线。这个测量结果与方程式(12－68)的理论推算是一致的。

上述单模光纤涡流流量计采用了 F－P 干涉仪的结构。对于涡流流速的测量,也可以利用其他相位调制型的光纤干涉仪来进行,例如,全光纤迈克尔逊干涉仪也是适用的。

12.8.2 光纤激光多普勒测速计

激光多普勒测速技术是流体力学中已经广泛应用的测量技术,它具有分辨率高、没有电感应噪声等优点。如果在此基础上采用光纤传输,将大大改善多普勒光学系统的结构,而变得灵活和小型化,从而使系统工作更可靠,并能使测量系统的取样能最大程度地接近目标,提高测量的分辨能力。

一、测量原理

如果频率为 f 的光入射到速度为 v 的运动目标上,则从运动目标物体反射到观察者的光的频率 f_1 产生了频移

$$\Delta f = f_1 v \cos\theta / c \approx f v \cos\theta / c$$
$$(12－69)$$

式中:Δf——多普勒频移,$\Delta f = f_1 - f$;

c——真空中的光速;

θ——运动目标物体与观察者的连线

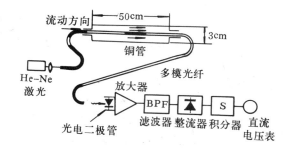

图 12－57 光纤涡流流量计

1－激光器 2－光纤 3－铜管 4－光探测器
5－放大器 6－滤波器 7－精密整流器
8－积分器 9－测量显示器

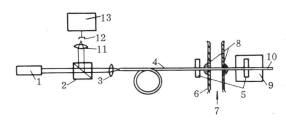

图 12－58 单模光纤涡流流量计

1－激光器 2－分束器 3,11－透镜 4－光纤
5－压紧装置 6－流管 7－流体 8－缓冲片
9－敏感元件 10－光纤镀银端 12－光电二极管
13－信号处理系统

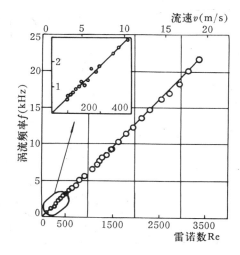

图 12－59 涡流频率与雷诺数的关系曲线

与物体运动方向之间的夹角。

由上式可以看到,只要把多普勒频移 Δf 测量出来,就可以推算出目标的运动速度。

二、用于内燃机的光纤激光多普勒测速系统

上述原理的多普勒测速系统也可用于内燃机气缸内部气体流动状态,这时光纤激光多普勒系统称为光纤 LDA 传感器,其基本结构如图 12 – 60 所示。其中包括光学传感器探头 LDA(组件 3)、微型双布喇格包 (组件 2)、光学系统(组件 1)以及激光器等。

激光器发出激光后,通过梯度型光纤传输到分速器上,分成两束光分别入射到两个微型布喇格包,然后进入传感器探头,穿过掩膜和聚焦透镜进入被测的流动气体之中。经过流动气体的散

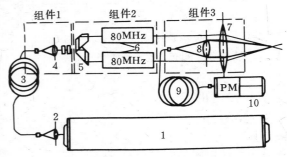

图 12 – 60 光纤 LDA 传感器
1 – 激光器 2 – 透镜 3 – 发射光纤 4 – 准直镜
5 – 分束器 6 – 微型双布喇格包 7 – 大聚焦透镜
8 – 小聚焦透镜 9 – 接收光纤 10 – 光探测器

射,形成的多普勒光信号再反射回来,穿过聚焦透镜引入到接收光纤之中,最后到达光电倍增管 PM 的接收表面,在这里把多普勒光信号转换成电信号,然后经频谱分析装置处理,得出内燃机气缸气体的流动状态。

由于利用了梯度型光纤传输信号,探头可在远离激光器的地方工作。另外,系统还适用于测量内燃机内部有高度湍流的流体。

12.9 光纤压力传感器

12.9.1 利用马赫 – 泽德干涉仪制作的光纤压力传感器

由于压力和温度一样能使光纤产生应变,从而引起光相位的变化,所以马赫 – 泽德光纤干涉仪同样可以作成压力传感器。

一、工作原理

敏感压力的马赫 – 泽德光纤干涉仪和同型的光纤温度传感器基本相同。

设压力 p 所引起的各向同性的应力可表示为分量形式:

$$\delta_i = \begin{pmatrix} -p \\ -p \\ -p \end{pmatrix} \qquad (12 – 70)$$

此应力作用在单模光纤上,产生了应变 s,s 也可表示成分量形式:

$$s_i = \begin{pmatrix} s_x \\ s_y \\ s_z \end{pmatrix} = \begin{pmatrix} -p(1-2\mu)/E \\ -p(1-2\mu)/E \\ -p(1-2\mu)/E \end{pmatrix} \qquad (12 – 71)$$

式中,μ,E 分别为泊松比和杨氏模量。

对于长为 l,传播常数为 β 的单模光纤,其光的波导模式的相位为 $\varphi = \beta l$,而光纤由

于压力作用所产生的应变引起输出光的相位移为：

$$\frac{\Delta\varphi}{\varphi} = \frac{\Delta l}{l} + \frac{\Delta\beta}{\beta} \tag{12-72}$$

式中：Δt——由于压力产生应变所引起光纤长度的变化量；

$\Delta\beta$——应变光效应，即应变使光纤折射率以及光纤直径变化而产生的波导模色散效应。

实际上 $\Delta l/l = s_x$，故

$$\frac{\Delta l}{l} = -p(1-2\mu)/E \tag{12-73}$$

而 $\Delta\beta$ 是光纤折射率 n 和光纤直径 D 的函数：

$$\Delta\beta = \frac{\partial\beta}{\partial n}\Delta n + \frac{\partial\beta}{\partial D}\Delta D \tag{12-74}$$

为了找出压力所引起的光相位的变化 $\Delta\varphi$，必须得到 Δl 和 $\Delta\beta$ 的变化规律。特别是 $\Delta\beta$，它与上式中各项有关，因此要求找出各项与压力的关系。由理论推导可得到光相位移的表达式：

$$\frac{\Delta\varphi}{\varphi} = -\frac{(1-2\mu)p}{E} + \frac{n_1^2 p}{2E}(1-2\mu)(p_{11}+p_{12}) - \frac{pV^3(1-2\mu)}{2\beta^2 D^2 E}\cdot\frac{\mathrm{d}b}{\mathrm{d}V} \tag{12-75}$$

由上式可进一步求出压力灵敏度：

$$\frac{\Delta\varphi}{pl} = -\frac{\beta(1-2\mu)}{E} + \frac{\beta n_1^2}{2E}(1-2\mu)(p_{11}+p_{12}) - \frac{(1-2\mu)V^2}{2\beta DE}\cdot\frac{\mathrm{d}b}{\mathrm{d}V} \tag{12-76}$$

由于上式的第三项很小，可以忽略不计，因此式（12-76）可以略去第三项而简化成以下形式：

$$\frac{\Delta\varphi}{pl} = -\frac{\beta(1-2\mu)}{E} + \frac{\beta n_1^2}{2E}(1-2\mu)(p_{11}+p_{12}) \tag{12-77}$$

由于光纤的组分不同，有些参数，例如杨氏模量 E、泊松比 μ 和光弹系数 p_{11}，p_{12} 等均不同，故压力灵敏度也各不相同。

二、实验装置

用于压力传感器的马赫-泽德光纤干涉仪的结构如同用于温度传感器的一样，如图 12-49 所示。把作为测量臂的光纤放到一个圆筒之中，圆筒内的压力在 0～345kPa 之间变化，并用一个压力计进行监测。压力变化所引起的光相位差的变化也表现成干涉条纹的变化，并用录像带进行记录。

对于石英玻璃光纤，根据式（12-77）的计算，变换成条纹移动的压力灵敏度为每条 154kPa·m，这个推算结果与实验结果相吻合。

由测量结果与理论推算均可看出，马赫-泽德光纤干涉仪对于静压力测量的灵敏度是比较低的。同时，在测量过程中由于温度变化所造成的噪声干扰也比较大。所以，这种干涉仪用作压力传感，目前尚难供实用。

12.9.2 偏振型光纤压力传感器

马赫－泽德光纤干涉仪除了对静压力不灵敏之外,还由于它利用双臂干涉机构,在测量过程中,常常因为参考臂受到外界因素的振动而影响干涉仪的测量精度。因此,可采用高双折射的偏振保持单模光纤来做成单光纤干涉型压力传感器。

一、单光纤偏振干涉型压力传感器

高双折射偏振保持单模光纤的特点是它的两个正交偏振模式的传播常数相差很大,同时在外界因素影响下相移变化不同。因此,利用这两个模式之间的干涉也可以对被测压力进行传感。根据这种原理,即可以用单光纤干涉仪作成单光纤偏振干涉型压力传感器。

图 12－61 示出一个单光纤干涉仪的结构。由氦氖激光器发出的激光束经起偏器和 1/4 波片后,变成圆偏振光,对高双折射单模光纤的两个正交偏振模式均匀激励。单模光纤受外界因素如压力、温度等的扰动,使光纤中这两上模式产生了不同的相移,输出光合成的旋转偏振态通过一个渥拉斯顿棱镜,获得两束线偏振光,一束是 45° 线偏振光 I_1,另

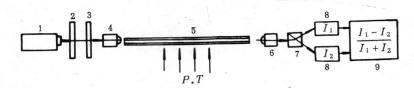

图 12－61 单光纤干涉仪

1－氦氖激光器 2－起偏器 3－1/4 波片 4－聚焦透镜 5－光纤
6－聚焦透镜 7－渥拉斯顿棱镜 8－光探测器 9－信号处理系统

一束是 135° 线偏振光 I_2,由下式表示:

$$I_1 = (I_0/2)[1 + \cos(\Delta\varphi)] \tag{12－78}$$

$$I_2 = (I_0/2)[1 - \cos(\Delta\varphi)] \tag{12－79}$$

式中: I_0——入射激光的强度;

$\Delta\varphi$——光纤模式由于外界压力(或温度)作用而引起的"感生"相移。

为了抵消光源强度变化的影响,通过两个光探测器把这两束线偏振光接收,并经电路处理,可得以下结果:

$$\frac{I_1 - I_2}{I_1 + I_2} = \cos(\Delta\varphi) \tag{12－80}$$

式中测量结果与相移 $\Delta\varphi$ 是余弦函数关系,这将导致小信号区域的灵敏度降低。为了改善这种情况,可在干涉仪光路中加入补偿器 SBC,使输出光信号产生 1/2 波长的相位移,这样输出结果与 $\Delta\varphi$ 将变成正弦函数关系:

$$\frac{I_1 - I_2}{I_1 + I_2} = \cos\left(\frac{\pi}{2} + \Delta\varphi\right) = -\sin(\Delta\varphi) \tag{12－81}$$

由于相移 $\Delta\varphi$ 是两个正交偏振模式所形成的,这里的 φ 为

$$\varphi = (\beta_x - \beta_y)l = \delta\beta l \tag{12－82}$$

式中: β_x,β_y——分别为两个正交偏振模式的传播常数;

l——光纤长度。

若认为

$$\delta\beta = k_0(n_x - n_y) = k_0\delta n$$

则有

$$\Delta\varphi = k_0\delta n\mathrm{d}l + k_0 l\mathrm{d}(\delta n)$$

或

$$\frac{\Delta\varphi}{l\Delta l} = \frac{\delta\beta}{l} + \frac{\mathrm{d}(\delta\beta)}{\mathrm{d}l} \tag{12-83}$$

根据式(12-83)可知,对于高双折射光纤,只考虑轴向应变时,即得 Δl 与被测压力 p 的关系:

$$\Delta l = -pl(1-2\mu)/E$$

将上式代入式(12-83)得:

$$\frac{\Delta\varphi}{pl} = -\left(\frac{\delta\beta}{l} + \frac{\mathrm{d}(\delta\beta)}{\mathrm{d}l}\right)l(1-2\mu)/E$$

通过上式,可以求出光纤中两个正交模式之间的相移变化 $\Delta\varphi$ 与被测压力 p 的关系。

式(12-84)即是单光纤干涉型压力传感器的压力灵敏度的表达式。

二、消除温度敏感的单光纤压力传感器

上面介绍的单光纤干涉型压力传感器有一个很大的缺点,在测量压力的时候,无法避免温度扰动对传感器的影响,针对以上问题,日本的一个公司制作了一种能克服环境温度影响的光纤偏振型压力传感器,这种传感器采用了多层塑料套层结构,现予以介绍。

1. 工作原理

对于没有包层的双折射光纤,其温度灵敏度 $\Delta\varphi/\Delta t$ 主要取决于光纤内部的残余应力的变化,可表示为

$$\Delta\varphi/\Delta t = -\frac{2\pi}{\lambda}\cdot\left(\frac{Bl}{t_s - t_r}\right) \tag{12-85}$$

式中:B——光纤的模态双折射;

$\quad t_s$——室温;

$\quad t_r$——光纤残余应力消失时对应的温度。

如果还考虑拉伸引起的光纤的应变,则其灵敏度为

$$\Delta\varphi/\Delta s_z \approx \frac{2\pi}{\lambda}RBl \tag{12-86}$$

式中:R——与光纤参数有关的常数,一般高双折射光纤的 R 约为20左右;

$\quad \Delta s_z$——光纤的纵向应力变化量。

下面讨论由于环境温度的扰动引起相移变化的补偿问题。如果光纤上覆盖材料的热膨胀引起光纤伸长,则可以抵消温度变化对灵敏度的影响。

假定包层的径向应力可以忽略,则补偿条件为:

$$a_i = \frac{1}{R(t_s - t_r)} + a_0 \tag{12-87}$$

式中:a_i——有包层光纤的热膨胀系数;

$\quad a_0$——无包层光纤的热膨胀系数。

对于具有三个覆盖层的偏振保持光纤,它的热膨胀系数 a_i 为

$$a_i = \sum_i A_i E_i a_i / \sum_i A_i E_i \qquad (12-88)$$

式中 A_i, E_i, a_i 为分别为光纤各包层的横截面积、杨氏模量、热膨胀系数。下角标 $i = 0$, 表示涂层；$i = 1$, 表示缓冲层；$i = 2$, 表示尼龙外套层。缓冲层的作用是缓和第二包层热胀径向应力对光纤的影响。一般地说，为了抵消热效应双折射，要求热膨胀系数 a_i 大于 $50 \times 10^{-6}/℃$。

2. 实验装置

图 12-62 所示是测量光纤的应变灵敏度与温度变化关系的实验装置。该装置可对光纤敏感元件进行加热和冷却（在 20 ~ 70℃ 范围）。实验装置的工作过程是：激光器发出的光由透镜聚焦注入光纤后，通过分束镜、1/2 波片，使光束变成圆偏振光，进入光纤敏感区，然后经镀金反射镜按原路返回，再经分束镜沿着另一根光纤到达光探测器，这时即可检测到敏感光纤由于温度变化而引起的两上正交模式的相移变化信号。显然，这个输出信号将取决于光纤的热效应双折射的大小。

图 12-63 给出了对四种光纤的测量结果，从中可以看出光纤的抵消温度敏感特性与光纤的结构参数，这四种光纤的参数由表 12-6 给出。

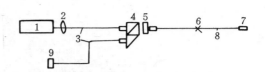

图 12-62　实验装置简图

1-激光器；　2-透镜；　3-光纤；　4-分束镜；
5-1/2 波片；　6-熔凝联接；　7-镀金反射镜；
8-光纤敏感区；　9-光探测器

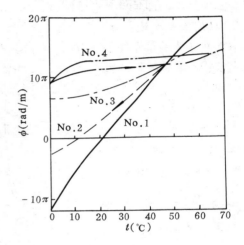

图 12-63　四种光纤的测量结果

可以看出，利用偏振保持高双折射光纤上覆盖材料的热膨胀应力，可以十分有效地克服温度变化对压力传感测量的不良影响，这对于测量偏振应变和压力的光纤传感器有很大实用价值。

表 12-6　四种光纤的参数

	光纤直径 (μm)	硅树脂层（缓冲层）直径(μm)	尼龙外套层直径 (μm)	拍　长	R	a_i ($\times 10^{-6}/℃$)
No.1	150	400		3.7	15	
No.2	150	400	0.9			36.0
No.3	150	400	1.2			51.3
No.4	150	400	1.5			62.7

第十三章　固态图像传感器

13.1　引　　言

图像传感器是利用光电器件的光—电转换功能,将其感光面上的光像转换为与光像成相应比例关系的电信号"图像"的一种功能器件。光导摄像管就是一种图像传感器。

而固态图像传感器是指在同一半导体衬底上布设的若干光敏单元与移位寄存器构成的集成化、功能化的光电器件。光敏单元简称为"像素"或"像点",它们本身在空间上、电气上是彼此独立的。固态图像传感器利用光敏单元的光电转换功能将投射到光敏单元上的光学图像转换成电信号"图像",即将光强的空间分布转换为与光强成比例的、大小不等的电荷包空间分布。然后利用移位寄存器的功能将这些电荷包在时钟脉冲控制下实现读取与输出,形成一系列幅值不等的时序脉冲序列。

图 13-1 是光导摄像管与因态图像传感器的基本原理的比较。

图 13-1(a)所示,当入射光像信号照射到摄像管中间电极表面时,其上将产生与各点照射光量成比例的电位分布,若用电子束扫描中间电极,负载 R_L 上便会产生变化的放电电流。由于光量不同而使负载电流发生变化,这恰是所需的输出电信号。所用电子束的偏转或集束,是由磁场或电场控制实现的。

而图 13-1(b)所示的固态图像传感器的输出信号的产生,不需外加扫描电子束,它可以直接由自扫描半导体衬底上诸像素而获得。这样的输出电信号与其相应的像素的位置对应,无疑是更准些,且再生图像失真度极小。显然,光导摄像管等图像传感器,由于扫描电子束偏转畸变或聚焦变化等原因所引起的再生图像的失真,往往是很难避免的。

失真度极小的固态图像传感器,非常适合测试技术及图像识别技术。此外,固态图像传感器与摄像管相比,还有体积小、重量轻、坚固耐用、抗冲击、耐震动、抗电磁干扰能力强以及耗电少等许多优点;又因为固态图像传感器所用的敏感器件为电荷耦合器件(CCD)、电荷注入器件(CID)、斥链式器件(BBD)、金属氧化物半导体器件(MOS)等电荷转移器件,它们大都可以在半导体集成元件的流水线上进行生产(例如,MOS、BBD 用标准 MOS 工艺流程就能制造),所以,可以推

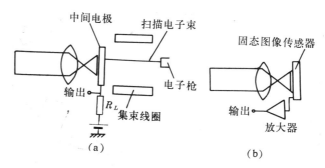

图 13-1　摄像管与固态图像传感器原理比较

(a)光导摄像管　　　　　　　　　　(b)固态图像传感器

断固态图像传感器的成本将较低。

但是,并非在所有方面固态图像传感器都优越于摄像管。例如,在分辨率及图像质量方面都还赶不上电视摄像管。

本章所讨论的固态图像传感器,几乎全部是在单晶硅衬底上集成制作的。这样,其光谱响应就只能限定在 $0.4 \sim 1.2 \mu m$ 范围内(可见光及近红外光范围)。

13.2 固态图像传感器的敏感器件

固态图像传感器敏感器件 CCD 的基本原理是在一系列 MOS 电容器金属电极上,加以适当的脉冲电压,排斥掉半导体衬底内的多数载流子,形成"势阱"的运动,进而达到信号电荷(少数载流子)的转移。如果所转移的信号电荷是由光像照射产生的,则 CTD 具备图像传感器的功能;若所转移的电荷通过外界注入方式得到的,则 CTD 还可以具备延时、信号处理、数据存储以及逻辑运算等功能。

电荷注入器件 CID 和 MOS 器件,只有光电荷产生和积蓄功能,而无电荷转移功能。为从图像传感器输出光像的电信号,必须另置"选址"电路。

13.2.1 电荷耦合器件(CCD)

一、CCD 原理

CCD 以及 BBD、CID 等器件的基本原理与金属 – 氧化物 – 硅(MOS)电容器的物理机理密切相关。因此,首先分析 MOS 电容器原理。

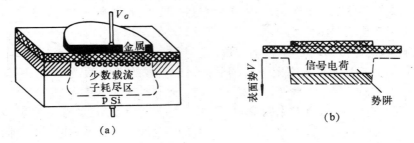

图 13 – 2 MOS 电容器及其表面势阱概念
(a)单个 MOS 电容器截面   (b)势阱图

图 13 – 2(a)是热氧化 P 型 $Si(p – Si)$ 衬底上淀积金属而构成的一只 MOS 电容器,若在某一时刻给它的金属电极加上正向电压 U_G,p – Si 中的多数载流子(此时是空穴)便会受到排斥,于是,在 Si 表面处就会形成一个耗尽区。这个耗尽区与普通的 pn 结一样,同样也是电离受主构成的空间电荷区。并且,在一定条件下,所加 U_G 越大,耗尽层就越深。这时,Si 表面吸收少数载流子(此例是电子)的势(即表面势 U_S)也就越大。显而易见,这时的 MOS 电容器所能容纳的少数载流子电荷的量就越大。据此,恰好可以利用"表面势阱"(简称势阱)这一形象比喻来说明 MOS 电容器在 U_S(或说在 U_G)作用下存储(信号)电荷的能力。习惯上,把势阱想象作一个桶,把少数载流子(信号电荷)想象成盛在桶底上的流体。在分析固态器件时,常常取半导体衬底内的电位为零,所以,取表面势 U_S 的正值增方向朝下更方便(图 13 – 2(b))。

表面势 U_S 是一个非常重要的物理量。在图 13-2(a)所示的情况下,若所加 U_G 不超过某限定值时,表面势为

$$U_S = \frac{qN_A}{2\varepsilon_s\varepsilon_0}X_d \tag{13-1}$$

式中:N_A——单位面积受主浓度;

ε_s——Si 的介电常数;

ε_0——真空介电常数;

q——电子电荷;

X_d——耗尽层厚度。

式(13-1)是由半导体内电位分布的泊松方程求解得到的。因为 X_4 是受 U_G 控制的,所以 U_S 也是 U_G 的函数。

当进一步考虑到势阱内已有一部分信号电荷 Q_S 时,U_S 与 U_G 的关系应为

$$U_S = U + U_0 - (U_0^2 + 2UU_0)^{1/2} \tag{13-2}$$

式中

$$U = U_G - U_{FB} - \frac{Q_S}{Q_{0x}}$$

$$U_0 = \frac{\varepsilon_s\varepsilon_0 qN_A}{C_{0x}^2}$$

$$C_{0x} = \frac{\varepsilon_0\varepsilon_{0x}}{d_{0x}}$$

C_{0x} 表示单位面积氧化物电容,它是由氧化物厚度 d_{0x} 及其介电常数决定的。

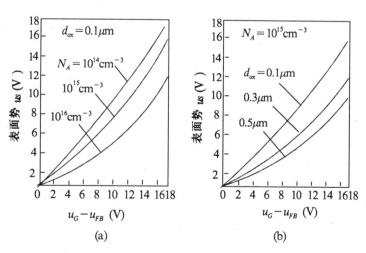

图 13-3 CCD 栅压与表面势关系

(a)SiO₂ 厚度 $d_{0x} = 0.1\mu m$ 时   (b)N_A 为 $10^{15}cm^{-3}$时

将许多 MOS 电容器排列在一起,就构成电荷耦合器件 CCD,因此,(13-2)也是描述 CCD 各象素势阱运动的最基本方程式。电压 U_G 称为控制栅压,图(13-3)是控制栅压 U_G 与表面势 U_S 之间的关系,图(13-4)是在一定栅压下,势阱内已堆积一些信号电荷

Q_S 时的 U_S 变化规律：Q_S 增加，U_S 减少。曲线趋势是符合上述分析及数字表达式的。

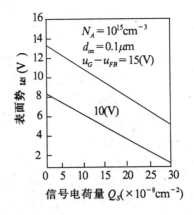

图 13 – 4　CCD 表面势与
信号电荷量关系

根据式(13 – 2)，可以画出 MOS 电容器的能带图。它是进一步定量描述 CCD 及其他固态图像核心器件物理过程的有利方法。图 13 – 5(a)是不存在信号电荷(少数载流子)的情形；图 13 – 5(b)是已堆积一些信号电荷的能带图情形。由图 13 – 5 可知，半导体 Si 内的电位分布向着其表面以抛物线规律增加，至表面处时，其表面势 U_S 为最大。同时，因 Q_S 的存在，U_S 减少。这一点与以上分析也是完全一致的。

CCD 的电荷(少数载流子)的产生有两种方式：电压信号注入和光信号注入。作为图像传感器，CCD 接收的是光信号，即光信号注入法。当光信号照射到 CCD 硅片上时，在栅极附近的耗尽区吸收光子产生电子—空穴对。这时在栅极电压的作用下，多数载流子(空穴)将流入衬底，而少数载流子(电子)则被收集在势阱中，形成信号电荷存储起来。这样高于半导体禁带宽度的那些光子，就能建立起正比于光强的存储电荷。

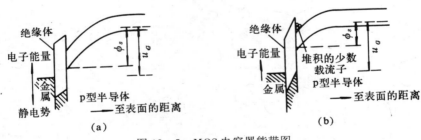

图 13 – 5　MOS 电容器能带图

(a)刚加栅压 U_G 时　　　　　　　(b)已堆积部分信号电荷时

光注入方式有三种，实用中常采用正面照射方式和背面照射方式。正面照射时，光子从栅极向透明的 SiO_2 绝缘层进入 CCD 的耗尽区。背面照射时，光以衬底射入，这时须将衬底减薄，以便于光线入射。还有一种是在每个单元的中心电极下开一个很小的孔，入射光直接照射到硅片上。

二、表面信道电荷耦合器件(SCCD)

由许多个 MOS 电容器排列而成的 CCD，在光像照射下产生光生载流子的信号电荷，再使其具备转移信号电荷的自扫描功能，即构成固态图像传感器。

图 13 – 6 就是由许多 MOS 电容器，适当地配置栅极和光窗后构成的固态图像传感器的核心器件——表面信道电荷耦合器件 SCCD。SCCD 的信号电荷是沿着半导体表面的各个势阱之间耦合前进的。

若两个 MOS 电容器靠得极近，以至其耗尽层相互交迭，那么，任何可以移动的少数载流子信号电荷都将力图堆积向表面势最大的位置,即阱之底部。图 13-6 中 $\varphi_1 \sim \varphi_4$ 是四个控制栅极。若分别在这四个栅极上加以不同幅值的正向脉冲,就可以改变它们各自所对应的下方 MOS 的表面势,亦即可以改变势阱的深度,从而使信号电荷由浅阱向深阱自由移动。图 13-6(a)表示排列在一起的 MOS 电容器;图(b)是各电极下所对应的势阱及入射光像产生的光生信号电荷;图(c)表示电极所加正向脉冲幅值变化而引起势阱深度的变化以及电荷随之积蓄的情况;此时所对应的时刻是 t_1;图(d)表示各个栅极上的脉冲随时间变化的情形,自时刻 t_1 之后,若加以栅极脉冲就可以保证信号电荷依次耦合前进,有的将这种成团耦合的电荷群称为"电荷包"。

这里的四个电极以及它们所对应的下方长度范,称作 SCCD 的一级或一段。因此,又称这种类型的电荷耦合器件为四电极式 SCCD. 当然,用不同个数电极控制时,尚可组成三电极或二电极的 SCCD.

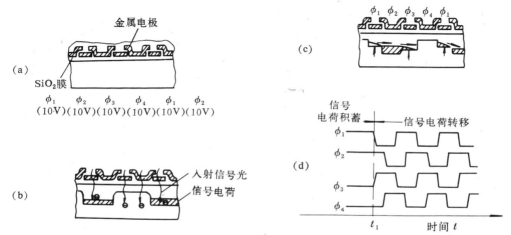

图 13-6 四相 SCCD 电荷耦合原理

三、体向信号电荷耦合器件(BCCD)

BCCD 是用扩散法、离子注入法或外延法,在 Si 衬底上形成一个导电类型与衬底的相反的单晶薄层,以设法构成势阱耦合信号电荷。这样做,可以使得信道离开表面而移入半导体衬底内部。

图 13-7(a)是 BCCD 截面构造,图(b)是垂直表面方向上的能带图。

BCCD 与 SCCD 相比,其明显优点是减低信号电荷的转移损失,也就是可以提高转移效率。一般 SCCD 的转移损失是 10^{-3}/级,而 BCCD 大约是 $10^{-4} \sim 10^{-5}$/级。提高转移效率,意味着可以提高栅极控制脉冲的频率。

BCCD 的缺点是转移信号电荷的数量少,仅为 SCCD 的一半左右;与此同时,暗电流却增加数倍。所以,选择应用时,对于 SCCD 和 BCCD 要根据具体的使用场合,注意扬长避短。

四、CCD 的输出端

图 13-8 是两种典型的 CCD 输出端。其中图(a)称为浮置扩散输出端,图(b)称作浮

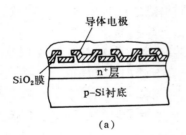 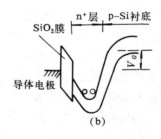

(a)

(b)

图 13 – 7 BCCD 结构及能带图

(a)BCCD 截面构造　　　　　(b)垂直表面方向上的能带图

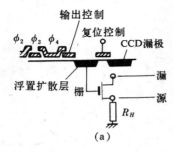 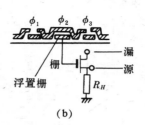

(a)

(b)

图 13 – 8 CCD 的典型输出端形式

(a)浮置扩散式　　　　　(b)浮置栅极式

置栅极输出端。

浮置扩散输出端是信号电荷注入末级浮置扩散的 pn 结之后,所引起的电位改变作用于 MOS·FET 的栅极。这一作用结果,必然调制其源 – 漏极间电流。这个被调制的电流即可作为输出。

浮置栅极的工作特点是,当信号电荷在浮置栅极下方通过时,其电位必然改变,检测出此改变值即为输出信号。这种方法的优点是在不破坏电荷包的情况下,就可以获得输出信号。因此,可以保证 CCD 在较小输出容量下就能检测输出信号,从而也就能保证输出量的测量在较低噪声(高 S/N)条件下进行。

13.2.2 电荷注入器件(CID)

CID 是 CCD 的一种特殊形式。它只有积蓄电荷的功能而无转移电荷的功能。

图 13 – 9 是 CID 一个像素的截面构造及原理说明图。其中图(a)说明它的每个像素由两个 MOS 电容器组成。信号电荷的积蓄过程与 CCD 相同,当然,这里的势阱也是由两个 MOS 电容器共同开成的。所以,加栅极电压控制,使得两个 MOS 电容的势阱同时消失,信号电荷就会被一起排入衬底中去,排出去的电荷所形成的电流即可作为输出信号。另一种检测方法是用检测衬底表面电位来得到输出信号。当然所检测的电位应是排出电荷之前时的电位值。

不难看出,从像素排出信号电荷是 CID 区别于 CCD 的重要特征。

当然,构成固态图像传感器的 CID 还必须加设光窗,以使其具备光生信号电荷的功能。

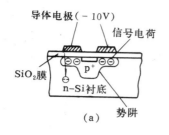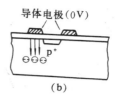

图 13-9 CID 像素的构造及工作原理

(a)信号电荷积蓄　　　　　　　　(b)信号电荷检测

对于 CID 而言,载流子的寿命越长,排出到衬底所需的时间(即检测时间)也越长,这会严重影响传感器的响应速度。利用外延法形成的反偏压外延结收集信号电荷的手段,可以提高器件的响应速度,这一尝试颇为引人瞩目。

13.2.3 斗链式器件(BBD)

与 CCD 相同,BBD 同时具备电荷积蓄与转移功能。图 3-10 是截面构造及等效电路图。从图(a)可知,在 p-Si 衬底的表面处,有一断续并与衬底的导电型号相反的 n^+ 层,而且它正好跨在两电极间隙处。如图(b)所示,这种结构可以看作是由 MOS 电容器和一个 MOS-FET 栅极开启时就可以转移到与之相邻的 MOS 电容器。从本质上看,这种转移与 CCD 的毫无区别,而且 BBD 的转移过程还消除了 CCD 电极间隙对于转移的影响。因此它的构造简单些,信号电荷输出检测方法与 CCD 相同。

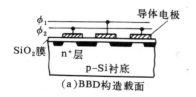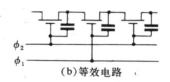

图 13-10 BBD 及其等效电路

(a)BBD 的构造　　　　　　　　(b)等效电路

BBD 器件的不足之处是,由于 MOS-FET 的漏区耗尽层扩展,势必将沟道缩短,这样就会产生漏区电压向源区的反馈。于是,这就从原理上千万必然存在残留电荷的问题。其结果是障碍 BBD 的电荷转移速度,使它不宜作高速器件。

13.2.4 MOS 式光电变换器件

图 13-11 是这类器件的典型代表,它是把 MOS-FET 的源区充当感光部分的光电变换器件。当 MOS-FET 的栅极处于关闭状态时,源区产生并积蓄光生信号

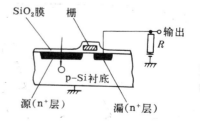

图 13-11 MOS 式光电变换器件

电荷,当积蓄过程完结栅极开启时、源区负载电阻充电形成的电流即可作输出。

这种光电变换器件的缺点是选址脉冲会混进信号,形成脉冲噪声干扰。

13.3 固态图像传感器

13.3.1 固态图像传感器的分类

从使用观点,可将固态图像传感器分为线型和面型固态图像传感器两类。根据所用的敏感器件不同,又可分为 CCD,MOS 线型传感器以及 CCD,CID,MOS 址式面型传感器等。

线型固态图像传感器主要用于测试、传真和光学文字识别技术等方面。美国、日本等国 1024 像素以及 1728、2048 像素线型传感器等陆续用于传真技术。

面型固态图像传感器的发展方向之一是用作磁带录像的小型照相机。用 CCD 构成色彩照相机的研制正在进行中。100×100 像素面型固态图像传感器已在测试技术上有许多应用实例。

13.3.2 线型固态图像传感器

一、线型传感器的构成方式

如图 13-12 所示线型固态图像传感器,大致有如下四种构成方式:

(1)MOS 式(光敏二极管阵列式,如图 13-12(a)所示);

(2)读出信道内光积蓄式(用 CCD 构成,如图 13-12(b)所示);

(3)感光部与读出寄存器分离式(用 CCD 构成,如图 13-12(c)所示);

(4)感光部两侧置以寄存器的双读出方式(用 CCD 构成,如图(d)所示);

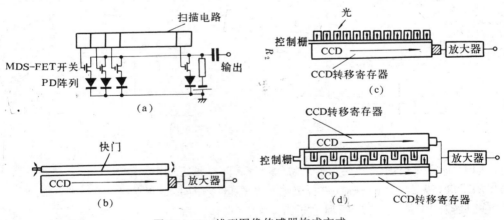

图 13-12 线型图像传感器构成方式

(a)MOS 式 (b)光积蓄式 (c)分离式 (d)双读出式

光积蓄式、分离式、双读出式均为 CCD 固态图像传感器。其中,光积蓄式的构造最简单,是感光部分、电荷转移部分合而为一的,但是因光生电荷的积蓄时间较转移时间长的多,所以再生图像往往产生"拖影"。另外,这种方式的读出过程必须用机械快门,无疑大大影响传感器响应速度。因此,这种方式一直未能付诸实用。

分离式是感光部分与电荷转移部分相互分离。感光部分是 MOS 电容器构成的,受光照射产生光电荷后进行信号电荷积蓄。当转移控制栅极开启时,信号电荷被平行地送入读出寄存器,这就要求感光小单元的像素与读出寄存器的相应小单元——对应好。当控制栅极关闭时,MOS 电容器阵列又立即开始下一行的光电荷积蓄。此间,上一行的信号电荷由转移寄存器读出。

双读式的转移寄存器分别配列在感光部分两侧,感光部分内的奇、偶数号位的感光像素,分别与两侧转移寄存器的相应小单元对应。这种构成方式,与长度相同的分离式相比较,可获得高出两倍的分辨率;同时,又因为 CCD 转移寄存器的级数仅为感光像素数的一半,这就可以使 CCD 特有的电荷转移损失大为减少,因此,可以较好地解决因转移损失造成的分辨率降低问题。

CCD 本来已是细加工的小型固态器件,双读出式又将其分为两侧,所以在取得同一效果前提下,又可缩短器件尺寸。因为这些优点,双读出式已经发展成为线型固态图像传感器的主要构成方式。

二、CCD 线型传感器

图 13 - 13 所示为线型固态图像传感器的结构。其感光部是光敏二极管线阵列,1728个 PD 作为感光像素位于传感器中央,两侧设置 CCD 转换寄存器。寄存器上面覆以遮光物。奇数号位的 PD 的信号电荷移往下侧的转移寄存器;偶数号位则移往上侧的转移寄存器。

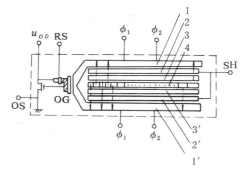

图 13 - 13 线型固态图像传感器构造
1、1′ - CCD 转移寄存器 2、2′ - 转移控制栅 3、3′ - 积蓄控制电极
4 - PD 阵列(1728 个) SH - 转移控制栅输入端 RS - 复位控制
V_{OD} - 漏极输出 OS - 图像信号输出 OC - 输出控制栅

以另外的信号驱动 CCD 转移寄存器,把信号电荷经公共输出端,从光敏二极管 PD 上依次读出。

通常把感光部分的光敏二极管作成 MOS 形式,电极用多晶 Si,多晶 Si 薄膜虽能透过光像,但是,它对蓝色光却有强烈的吸收作用,特别以荧光灯作光源应用时,传感器的蓝光波谱响应将变得极差。为了改善这一情况,可在多晶 Si 电极上开设光窗(图 13 - 14)。由于这种构造的传感器的光生信号电荷是在 MOS 电容器内生成、积蓄的,所以容量加大,动态范围也因此而大为扩展。

图 13 - 15 是它的光谱响应特性。图

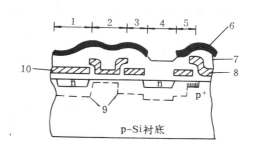

图 13 - 14 高灵敏度线型传感器截面构造
1 - CCD 2 - 转移控制栅 3 - 积蓄电极 4 - PD
5 - 积蓄电极 6 - 光屏蔽(AI 膜) 7 - SiO₂ 膜
8 - 第二层多晶硅 9 - 耗尽层 10 - 第一层多晶硅

中虚线表示只用多晶 Si 电极而未开设光窗的 CCD 传感器特性;实线表示开设光窗形成的 PD,信号电荷在 MOS 容器内积蓄的 CCD 传感器特性,显然,后者的蓝色光谱响应特性

得到明显提高和改善,故称后者为高灵敏度线型固态图像传感器。

三、MOS 线型传感器

图 13－16 是 MOS 线型固态图像传感器构成及原理。它是由扫描电路和光敏二极管阵列集成在一块片子上制成的。扫描电路实际上是移位寄存器。MOS－FET 是其选址扫描开关,以固定延时间隔的时钟脉冲,对 PD 阵列逐个扫描,最后,信号电荷经公共图像输出端一行行地输出。

MOS 线型传感器最大缺点是,MOS－FET 的栅漏区之间的耦合电容会把时钟脉冲也耦合而漏入信号,从而造成再生一维图像的"脉冲噪声"。目前,最典型的消除方法是再配置一个与选址开关完全对称的等效电容器阵列,将后者输出的纯是噪声的信号与含有噪声的正常输出图像信号,同时输入外置差动放大器消除之。但是,用这种方法难以完全消除脉冲噪声影响,因此,往往还需另外配置一套特别的信号处理电路消除这种干扰。

尽管 MOS 线型传感器与 CCD 线型传感器相比存在以上缺点和麻烦,但因暗电流较之 CCD 式的低一个数量级,所以 MOS 传感器用于低速读出和低频工作还是很可取的。

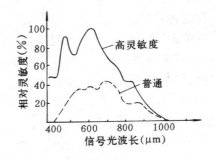

图 13－15 高灵敏度传感器光谱响应

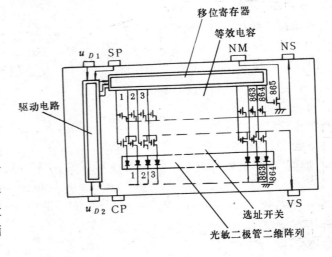

图 13－16 MOS 线型固态图像传感器构造及原理
U_{D1}、U_{D2}－电源 SP－启始脉冲 NM－噪声监视
NS－噪声输出 CP－时钟脉冲

13.3.3 面型固态图像传感器

一、面型图像传感器的构成方式

如图 13－17 所示面型固态图像传感器也有四种基本构成方式:

最早研制的是 x－y 选址,如图 13－17(a)所示。它也是用移位寄存器对 PD 阵列进行 x－y 二维扫描,信号电荷最后经二极管总线读出。x－y 选址式固态图像传感器在日本、美国、德国等国家业已商品化。因图像质量不佳,所以,正以 CID 为敏感器件代替 PD 阵列,力图提高传感器图像质量。

图 13－17(b)是行选址方式,它是将若干个结构简单的线型传感器,平行地排列起来

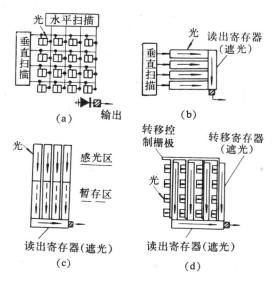

图 13 – 17　面型固态图像传感器构成方式

(a)x – y 选址式　　(b)行选址式　　(c)(帧场传输式(FT – CCD)　　(d)行间传输式(II – CCD)

构成的。为切换各个线型传感器的时钟脉冲,必须具备一个选址电路,最初是用 BBD 作选址电路。同时,行选址方式的传感器,垂直方向上还必须设置一个专用读出寄存器,当某一行被 BBD 选址时,就将这一行的信号电荷读至一垂直方向的读出寄存器。这样,诸行间就会有不相同的延时时间,为补偿这一延时往往需要非常复杂的电路和相关技术;另外,由于行选址方式的感光部分与电荷转移部分共用,于是很难避免光学拖影劣化图像画面现象。正是由于以上两个原因,行选址方式未能得到继续发展。

图 13 – 17(c)所示帧场传输(FT – CCD)式的特点是感光区与电荷暂存区相互分离,但两区构造基本相同,并且都是用 CCD 构成的。感光区的光生信号电荷积蓄到某一定数量之后,用极短的时间迅速送到常有光屏蔽的暂存区。这时,感光区又开始本场信号电荷的生成与积蓄过程;此间,上述处于暂存区的上一场信号电荷,将一行一行地移往读出寄存器依次读出,当暂存区内的信号电荷全部读出终了之后,时钟控制脉冲又将使之开始下一场信号电荷的由感光区向暂存区迅速的转移。

图 13 – 17(d)所示行间传输(IT – CCD)方式的基本特点是感光区与垂直转移寄存器相互邻接。这样,可以使帧或场的转移过程合而为一。在垂直转移寄存器中,上一场在每个水平回扫周期内,将沿垂直转移信道前进一级,此间,感光区正在进行光生信号电荷的生成与积蓄过程。由后述具体示例可知,若使垂直转移寄存器的每个单元对应两个像素,则可以实现隔行扫描。

帧场传输式及行间传输式是比较可取的,尤其后者能够较好地消除图像上的光学拖影的影响。

除上述四种基本构成和 FT、IT 两种信号电荷转移方式而外,"蛇行"转移方式比较引人注意。蛇行转移方式基本属于 IT – CCD 构成方式。蛇行转移方式的特点是像素交错相间分布。此方式水平分辨率较低,只能用信号处理方式补偿。但蛇行转移方式垂直转移效率高,输出寄存器级数和转移频率减半,并且灵敏度高,信号转移量大。

二、帧场传输 CCD 面型传感器

帧场传输 CCD 面型固态图像传感器可简称为 FT-CCD,图 13-18 是其结构,如前节所述,它是由感光区与暂存区构成的。每个像素中产生和积蓄起来的信号电荷,依图示箭头方向,一行行地转移至读出寄存器,然后,在信号输出端依次读出。

图 13-19 是感光区在信号电荷垂直方向上的截面图。图中也示意画出了 A、B 两场信号电荷的积蓄情形。在控制电压作用下,A 场时,φ_1 和 φ_2 电极下方形成表面势阱。亦即 φ_1 和 φ_2 电极下方的空间位置处于感光灵敏度

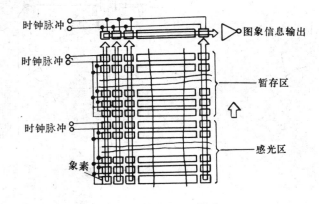

图 13-18 FT-CCD 构成

的峰值,下一场的 B 场时,φ_3 和 φ_4 两电极下方形成表面势阱,峰值也移向那里。这样,空间取样频率增加一倍。

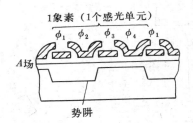

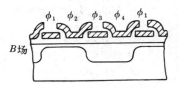

图 13-19 FT-CCD 隔行扫描原理

图 13-30 是 512(V)×340(H)面型固态图像传感器光电变换特性。

不仅 CCD 式图像传感器具有线性的光电变换关系,其他类型的大体也具有类似关系。只是当入射光像的光量高达某一固定值时,才出现饱和的电输出。最近的研究表明,传器感的光量与电量关系——光电特性,也是可以改变的。

图 13-21 是用于改变光电特性的控制时钟脉冲波形;图 13-22 是改变后的光电特性。只要在光生信号电荷积蓄期间,于积蓄控制电极(此时是 φ_1 和 φ_2)上加以方波电压,则可达到改变传感器光电特性的目的。改变低电平电压 u_K,可获得如图 13-22(a)所示特性。就是说,低电平电压 u_K,能使 光电变换特性弯曲,并且,可以改变其斜率。如同图(b)所示,只要改变低电平电压 u_K 的作用时间,则可改变特性的弯折起始点。

三、行间传输 CCD 面型传感器

行间传输 CCD 固态图像传感器可简称为 IT-CCD. 图 13-23 是它的结构。由图可

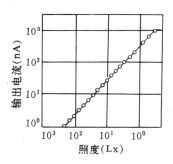

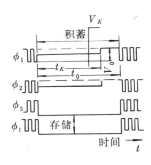

图 13 – 20 FT – CCD 光电变换线性   图 13 – 21 控制光电特性的脉冲波形

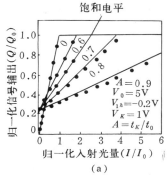

(a)

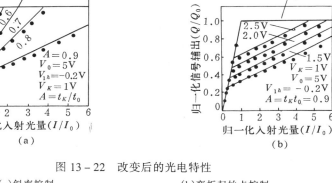

(b)

图 13 – 22 改变后的光电特性

(a)斜率控制   (b)弯折起始点控制

知,它的感光区与 CCD 转移寄存器(其表面有光屏蔽物)是相互邻接的。信号电荷按图示方向转移。IT – CCD 与 FT – CCD 相比,其信号电荷转移级数(段数)大为减少。

图 13 – 24 是 IT – CCD 一级(或称一个单元)的平面结构。其中,光敏元件的功能是产生并积蓄信号电荷;排泄电荷部分的作用是排泄过量的信号电荷,控制栅极与排泄电荷部分的共同作用是避免过量载流子沿信道从一个势阱溢泄到另一个势阱从而造成再生图像的光学拖影与弥散;光敏元件两侧的沟阻(CS)的作用是将相邻的两个像素隔离开来,合乎要求的正常的光生信号电荷,在控制栅(它受时钟脉冲控制)和寄存控制栅双重作用下,进入转移寄存器(它在寄存控制栅极的下面,图中未示出);其后,在转移栅控制之下,沿垂直转移寄存器的体内信道,依次移向水平转移寄存器读出之。

因为垂直 CCD 转移寄存器的表面有光屏蔽,所以有时称 IF – CCD 为"隐线传输固态图像传感器"。显然,仅仅就利用光像的信号光量效率而言,IF – CCD 的"隐线"确实是个浪费。

图 13 – 25 表明,光敏元件的 MOS 结构的电极若采用透明 SnO_2 材料,可提高传感器对蓝色光谱响应特性。

此外,与线型传感器相似,也有用 PD 作光敏元件的,但性能不及 MOS.

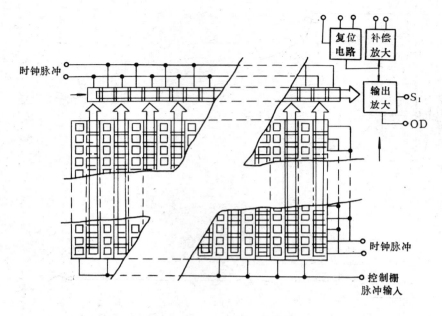

图 13 - 23　FT - CCD 的结构

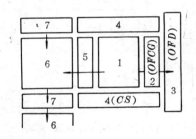

图 14 - 24　IT - CCD 一级的构造及工作原理
1 - 光敏元件　　2、5 - 控制栅极
3 - 排泄电荷部分　4 - 沟阻
6 - 寄存控制栅　7 - 垂直转移寄存器

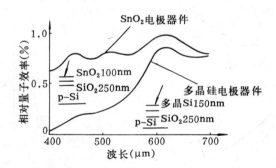

图 13 - 25　SnO₂ 电极器件的光谱响应
（与多晶 Si 电极器件的比较）

四、MOS 面型传感器

图 13 - 26 是 MOS 面型固态图像传感器的构成。因 MOS 器件没有电荷转移功能，所以必须有 x - y 选址电路。如图 13 - 26 所示，传感器是许多个像素的二维矩阵。每个像素包括两个元件：一个是 PD，一个是 MOS - FET。PD 是产生并积蓄光生电荷的元件，而 MOS - FET 读出开关。当水平与垂直扫描电路发出的扫描脉冲电压，分别使 MOS - FET(SW$_H$) 以及每个像素里的 MOS - FET(SW$_V$) 均处于导通时，矩阵中诸 PD 所积蓄的信号电荷才能依次读出。

扫描电路一般用 MOS 移位寄存器构成，用二相时钟脉冲驱动。MOS 面型图像传感器输出图像信号中，也往往混入脉冲噪声。这种噪声在诸像素间的分散，便会形成再生图上固定形状的"噪声图像"。这是影响传感器图像质量的最主要原因。消除这种噪声的主象要办法,大体同于 MOS 线型传感器。一般是在邻接像素或行间输出同时取出两种信号:一种是含有噪声的图像信号;一种是纯噪声信号。然后,将两者同时接入外部差动放大器消除之。根据信号出处的相异,消除方法可以是"邻像素相关法",也可以是"邻行相关法"。

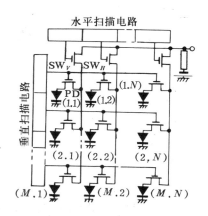

图 13 - 26　MOS 面型图像
传感器的构成

　　MOS 面型传感器另一个缺点来自各像素的 MOS－FET。从诸像素来看,它们起读出开关的作用,以供选址。但从总体来看,它们又都可视作一条条读出行或列。由于 MOS－FET 的漏区与 PD 相邻甚近,这样,一旦信号光像照射到漏区,衬底内也会形成光生电荷并且向各处扩散。于是,必然在再生图像上出现纵线状光学拖影。当信号光像足够强烈时,由于光点的扩展而又会造成再生图像的弥散现象。

　　上述衬底内光生电荷的扩散可形成漏电流。漏电流可归结为两种:一种是 PD 与 n^+ 层信道间形成的"测向晶体管"所致漏电流;另一种是栅极与场氧膜下方所流的电流。

　　采用图 13 - 27 所示方法,可以比较有效地防止这些漏电流蔓延而消除再生图像的拖影与弥散。图 13 - 27(a)所示的方法是设置一个 p^+ 层把 n^+ 层包围起来,图(b)所示的方法是再增加一个 n － Si 衬底,在原 p － Si 衬底上形成 pn 结,后增的 n － Si 衬底对原 p － Si 衬底而言是一个反向偏置。

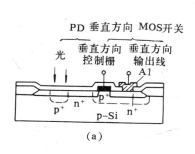

(a)

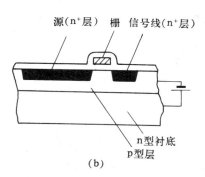

(b)

图 13 - 27　防止拖影和弥散的两种方法
(a) p^+ 层包围 n^+ 层信道　　　　　　(b)反向偏置

　　前一种方法的图像传感器对红外光谱有某种程度的灵敏度,所以可用于黑白摄像;后者有意识地抑制红外光谱响应,故可用于不需要红外光谱响应的彩色摄像。另外,为尽量减少在 PD 匿影期间过量积蓄信号电荷,可以在同一块集成片上加上一个"抗弥散回扫激励电路"RAB.RAB 可读出过量的信号电荷。

　　五、CID 面型传感器

　　由于 CID 不具有电荷转移的功能,所以 CID 面型传感器也必须有 x － y 选址电路,以读出光生信号电荷(图 13-28)。

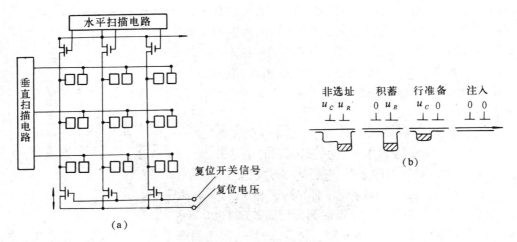

图 13-28 CID 面型图像传感器
(a)CID 面型图像传感器构成　　　　　　　　(b)信号电荷的积蓄与读出

CID 面型传感器每个像素有两个 MOS 电容器。图 13-28(b)表示这两个成对的电容器信号电荷积蓄与读出过程。u_C，u_R 是水平和垂直扫描电路的扫描电压。成对 MOS 电容器其中之一的电极接于 u_C，另一个 MOS 电容器的电极接于 u_R，当同时对一个像素加上 u_C 与 u_R，并且 $u_R > u_C$ 时，因 u_R 下方势阱较 u_C 下方势阱深，于是光生信号电荷将积蓄于像素右侧(即 u_R 下方势阱内)，这种状态称为"非选址状态"。当 u_R 继续增大而 u_C 继续减小至零时，信号电荷全部积蓄于 u_R 电极之下，这种状态称为"积蓄状态"。

CID 传感器的实际读出过程是：首先把"积蓄状态"的 u_R 减为零，而给 u_C 以某一定值，这时，信号电荷积蓄于 u_C 电极下方的势阱内，然后，将水平扫描电压 u_C 从左向右依次减为零，于是，在诸像素内的信号电荷也就会依次注入衬底。这时，与这一注入过程相对应的电流即可取作输出信号。显然，注入信号电荷时，u_R 与 u_C 均为零。所以称 u_R，u_C 为零时的状态为"注入状态"，而注入状态之前的状态，应是"行读出的准备状态"简称"行准备"。

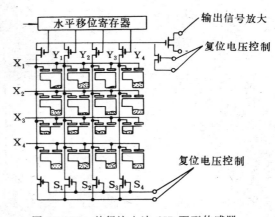

图 13-29 并行注入法 CID 面型传感器

不难发现，上述读出过程虽然是依次进行的，但是也完全可以做到在 CID 传感器面矩阵的某一部位随时选取所需信息。这一点是它的长处之一。

因为 CID 面型传感器也必须选址才能读出,因此,同样也有信号中混入脉冲噪声的缺点。但是,根据 CID 的具体构造形式,若采用图 13 – 29 所示"并行注入法"的新技术,则能够比较彻底地消除脉冲噪声。

并行注入法的措施是在像素内的某个 MOS 电容器内的信号电荷未注入到衬底之前,就首先检测出它的电位,并以此电压作输出信号。然后,在水平扫描电压 u_c 的作用下,将该 MOS 电容器的信号电荷注入衬底。与此同时,即在水平扫描匿影期间之内,使相毗邻的同一像素内的另一 MOS 电容器内所积蓄的信号电荷"并行地"转移入该 MOS 电容器。显而易见,并行注入法可以保证"非破坏性"地读出信号电荷和实现高速扫描;同时,如果信号电荷在同一像素内两个 MOS 电容器之间重复转移而暂不注入衬底,则可以做到同一光像信号电荷的多次重复读出。这又是 CID 传感器的一个长处。

由于随时读取和能反复读取这两大长处,CID 传感器可用于新的图像处理技术。

此外,CID 面型传感器与相同面积的 FT – CCD 或 IT – CCD 相比,它用在光生信号电荷的硅表面积比例较大,这可以减小器件暗电流,因为暗电流是影响图像传感器室温性能的最主要因素。

13.3.4 固态图像传感器主要特性

一、调制传递函数 MTF 特性

固态图像传感器是由像素矩阵与相应转移部分组成的。固态的像素尽管已做得很小,并且其间隔也很微小,但是,这仍然是识别微小图像或再现图像细微部分的主要障碍。

评价面型图像传感器识别微小光像与再现光像能力的主要指标是其分辨率,一般用传感器的调制传递函数(MTF)表示。

MTF 与电子电路的传递函数相当,不过,这里 MTF 是以空间频率为参变量描述传感器输入光像与输出电信号之比的。

"空间频率"是指明、暗相间光线条纹在空间出现的频度。其单位是"线对/mm",明暗相间两条纹线为一对。线对宽度即两条明(暗)线间的中心距离。

MTF 特性曲线可以用一个辉度为正弦分布的图谱在受检测传感器上结像而测得。具体作法是:首先绘制一个黑白相间、幅度渐小的线谱(见图 13 – 30),然后,使其不同相间幅度处的黑白线对(即不同空间频率值),分别在传感器上成像,并测出各相应的输出电信号的振幅即可。曲线的纵坐标是电量输出,横坐标是各空间频率值。图 13 – 31 即由此法而测得的 MTF 特性曲线。

CCD 固态图像传感器的 MTF 特性曲线横坐标一般取归一化数值 f/f_0,f 是光像的空间频率,f_0 表示像素的空间分布频率。例如,某一图像在 CCD 传感器上所结光像的最大亮度间隔为 $300\mu m$,该传感器的像素间距为 $30\mu m$,则此时的归一化空间频率应为 0.1。

实际上,MTF 特性曲线的纵坐标 MTF 值本身也是"归一化"数值。它取归一化空间频率为零时的 MTF 值为 100%。

显然,MTF 特性曲线随归一化空间频率的增加而变低。这一规律的物理意义是:光像空间频率越高而所用面型传感器像素的空间频率越低,则该图像传感器所表现的分辨能力就越差。

影响传感器 MTF 特性的因素是比较多的,例如,CCD 传感器的 MTF 中既包括起因

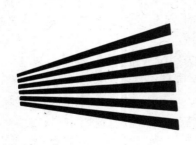

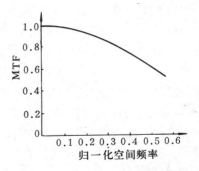

图 13-30　测 MTF 特性用黑白线谱　　　　　图 13-31　MTF 特性

于器件几何形状的 $\mathrm{MTF_I}$，还包括起因于转移损失率 ε 的 $\mathrm{MTF_T}$，以及起因于本势阱之外光生信号电荷扩散影响的 $\mathrm{MTF_D}$，等等。较详细的分析和计算表明

$$\mathrm{MTF} = (\mathrm{MTF_I})(\mathrm{MTF_T})(\mathrm{MTF_D})$$

当把固态图像传感器实装于固态 CCD 照相机上时，总的调制传递函数除以上诸影响因素之外，还必须考虑起因于光学系统的 MTF。

实际上的综合 MTF 更复杂些，因为还应当加进 $\mathrm{SiO_2}$，Si 及多晶 Si 的透射率影响因素等。

固态图像传感器的分辨率并非可以无限制地提高，因为受到奈奎斯特定理的限制，它能够分辨的最高空间频率 $f = 0.5f_0$。

二、输出饱和特性

当饱和曝光量以上的强光像照射到图像传感器上时，传感器的输出电压将出现饱和，这种现象称为输出饱和特性。

图 13-32 是线型（日本产 OPA1024 像素）传感器的光电变换特性呈现饱和状态的实

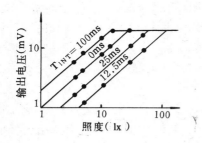

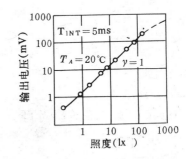

图 13-32　MOS 传感器输出饱和特性　　　　图 13-33　CCD 图像传感器输出饱和特性
$\mathrm{T_{INT}}$ 为信号电荷积蓄时间（控制脉冲时间间隔）　　（光源荧光灯；环境温度 $T_A = 20℃$）

测例。当信号电荷积蓄时间（实为控制脉冲的间隔）与照度乘积即曝光量达到某一数值时，传感器的输出呈现饱和。这时的曝光量称为该传感器的饱和曝光量；这时的输出电压称为传感器的饱和输出电压。

产生输出饱和现象的根本原因是光敏二极管或 MOS 电容器仅能产生与积蓄一定极

限的光生信号电荷所致。

CCD 传感器的输出饱和特性不像 MOS 式的那样明显，但是处于过饱和状态以上的输出电压信号往往是不可信的(图 13 - 33 虚线部分)。

图 13 - 34　饱和曝光量测法

一般用温度 2854K 的钨丝白炽灯为光源即可方便地测出传感器输出饱和特性。首先使光源全面照射到被试传感器上，以后，逐步增加光强，当输出电压最终脉冲的下一个脉冲(参考用)的输出电压显著变小时(图 13 - 34)，就说明传感器已处于饱和状态，这样，最终比特所对应的曝光量即为饱和曝光量。

三、暗输出特性

暗输出又称无照输出，系指无光像信号照射时，传感器仍有微小输出的特性。

暗输出来源于暗(无照)电流。

因为固态图像传感器有输出饱和特性，如果暗电流超过某一定值，输出信号将受到严重干扰，甚至被淹没。这时传感器的 S/N 极度变坏。

固态图像传感器暗电流来源大体有三方面：一是来自 Si 衬底内的热激发电荷，它们流入势阱会造成无照输出，这一项通常很小，可以忽略不计；第二是来自禁带间界面态复合产生的暗电流；第三是来自本势阱的热激发，这一项实际上是 Si 中复合 – 产生中心在 CCD 耗尽区(即势阱)的产生电流 I_{GR}，这一项暗电流值为最大。整体传感器暗输出还应包括 CCD 转移寄存器内的暗输出部分(MOS 式的例外)。

固态图像传感器的暗输出与周围环境温度 T_A 密切相关。通常温度每上升 30 ~ 35℃，暗输出提高大约一个数量级。

另外，像素的暗输出 u_{dP} 与转移寄存器的暗输出 u_{dR} 都与时间因素有关，即

$$u_{dP} \propto T_{INT}, \qquad u_{dR} \propto 1/f_v$$

式中：T_{INT} ——信号电荷积蓄时间(即控制脉冲的时间间隔)；

　　　f_v ——图像视频频率。

四、灵敏度

实践表明，以单位辐射照度产生的光电流来表达传感器的灵敏度是很方便的。

设诸像素在时间 T 内聚集的载流子为 N_S，则

$$N_S = HSAT/q \qquad\qquad (13 - 3)$$

$$S = \frac{1}{A} \frac{Q_{sat}}{E_{sat}} (\text{mA/W}) \qquad\qquad (13 - 4)$$

式中：H—— 光像的辐射照度；

　　　A—— 传感器受光面积(即诸像素面积之和)；

　　　S—— 传感器受光灵敏度，意义是单位照度所对应的输出光电流；

　　　Q_{sat}—— 饱和电荷量；

　　　E_{sat}—— 饱和曝光量；

　　　q—— 电子电荷量。

用式(13-4)算得的传感器灵敏度单位为 mA/W,因此,有时称 S 为绝对灵敏度。采用绝对灵敏度时,辐射量与光源、温度关系可参照求得,当温度为 2856K 时的 1W 的光源,其辐射量为 20lm。

有些场合用"平均量子效率"表示传感器灵敏度比较方便。

平均量子效率是 Si 在 400～1100nm 波长范围内吸收光量子的理论量子效率(作100%)与各实测量子效率的比值,以百分数表示(参看图 3-35 中的 QE 线)。

五、光谱响应及背面照光

固态图像传感器的光谱响应特性,基本上取决于半导体衬底材料的光电性质。现代技术已基本上可以将 PD 及其阵列的灵敏度,做到接近于理论最高极限。但是,将 PD 矩阵组成图像传感器接受正面入射光像时,由于 CCD 复杂电极结构以及多次反射和吸收光子能量损失的影响,使它很难达到单个 PD 所具有的灵敏度值。

采用前述多晶 Si 透明电极,虽然光谱响应和器件灵敏度有所提高和改善,但由于光像信号在 Si-SiO₂ 界面上的多次反射也会造成相关波长间的干涉,这就是正面照射式图像传感器光谱响应特性曲线呈现多次峰谷波动的物理原因(参见图 13-35 中曲线 1)。

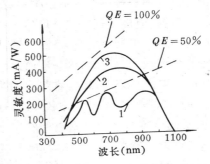

图 13-35 光谱响应

实践表明,当光象从背面照射图像传感器时,能够较有效地改善量子效率,并且可以在某种程度上克服正面光照造成的光谱响应的起伏现象。但是背面照光式器件加工往往是比较困难的。一般背面照光器件的衬底厚度必须加工至 10μm 左右。因为,只有这样薄才能保证不会因光生载流子横向扩散而影响其空间分辨率(见图 13-35 中曲线 2)。若将背面照光式传感器加上抗反射性的涂层以增强其光学透射,则可更进一步提高其灵敏度和光谱响应(见图 13-35 中曲线 3)。

图 13-35 是用绝对灵敏度单位表示光谱响应及平均量子效率的概念图。

六、其他特性和有关术语

固态图像传感器除以上几项主要特性之外,还常用到如下几种特性和评价指标。这里介绍其基本概念。

1. 弥散

饱和曝光量以上的过亮光像会在象素内产生与积蓄起过饱和信号电荷,这时,过饱和电荷便会从一个像素的势阱经过衬底扩散到相邻像素的势阱。这样,再生图像上不应该呈现某种亮度的地方反而呈现出亮度,于是形成弥散现象。过饱和信号电荷在转移寄存器内的多次转移还能够扩大弥散范围。

消除弥散的方法是使处于非积蓄状态下的电极下面的 Si 表面偏置到堆积条件;更有效的方法是在像素之间设置"排洪渠"构造。

2. 残像

对某像素扫描并读出其信号电荷之后,下一次扫描后读出信号仍受上次遗留信号电荷影响的现象叫残像。

对于 CCD 传感器而言,残像是像素内的信号电荷不能全部转送到 CCD 转移寄存器而造成的。其原因有二:一个是表面势对信号电荷的俘获及放出过程中信号电荷有所遗存;第二是在有限的转送时间内不可能全部送出信号电荷。

3. 等效噪声曝光量

产生与暗输出(电压)等值时的曝光量称为传感器的等效噪声曝光量,单位也是 $1x\cdot s$。

4. 动态范围

饱和曝光量与等效噪声曝光量的比值称为固态图像传感器的动态范围。

5. 输出均匀度特性

输出均匀度特性是表示诸像素之间输出电压均一程度的指标,其大小用“$(u_{OPT,max} - u_{OPT,min})/u_{OPT,max}$”表示。

13.3.5 固态图像传感器的应用

固态图像传感器的努力目标之一是构成固态摄像装置的光敏器件。

固态图像传感器虽然是极小型的固态集成器件,但却同时具备光生电荷以及积蓄和转移的综合多功能。由于取消了光学扫描系统或电子束扫描,所以在很大程度上降低了再生图像的失真。这些特色就决定了它可以广泛用于自动控制和自动测量,尤其是适用于图像识别技术。

一、固态图像传感器输出的特点

弄清固态图像传感器输出信号的特点,对于了解系统的用途很有益处。

固态图像传感器输出信号有以下三方面特点:

(1)能够输出与光像位置对应的时序信号;

(2)能够输出各个脉冲彼此独立相间的模拟信号;

(3)能够输出反映焦点面上信息的信号。

把不同光源或光学透镜、光导纤维、滤光片及反射镜等光学元件灵活地与这三个特点相配合,就可以推广传感器的应用,具体可参见图 13-36.

固态图像传感器是以光为媒 介实施光电变换的。因此,可以实现危险地点或人、机械不可到达场所的测量与控制。

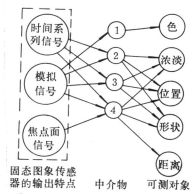

图 13-36 固态图像传感器输出的特点及其测试对象
1-滤光片 2-光导纤维
3-平行光 4-透镜

图 13-36 说明,它能够测试的非电量和主要用途大致是

(1)组成测试仪器可测量物位、尺寸、工件损伤、自动焦点等。

(2)作光学信息处理装置的输入环节。例如用于传真技术、光学文字识别技术(OCR)以及图像识别技术等方面。

(3)作自动流水线装置中的敏感器件。例如可用于机床、自动售货机、自动搬运车以及自动监视装置等方面。

二、尺寸测量

1. 尺寸测量

图 13 – 37 是用线型传感器测量物体尺寸的基本原理图。

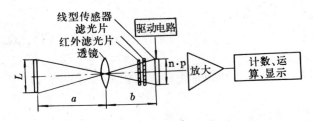

图 13 – 37　尺寸测量基本原理

当所用光源含红外光时,可在透镜与传感器间加红外滤光片。

利用几何光学知识可以很容易推导出被测对象长度 L 与系统诸参数之间的关系为

$$L = \frac{1}{M} \cdot np = \left(\frac{a}{f} - 1 \right) \cdot pn \qquad (13 - 5)$$

式中:f—— 所用透镜焦距;

　　a—— 物距;

　　b—— 像距;

　　M—— 倍率;

　　n—— 线型传感器的像素数;

　　p—— 像素间距。

若已选定透镜(即 f 和视场 l_1 为已知)并且已知物距为 a,那么,所需传感器的长度 l_2 可由下式求出:

$$l_2 = \frac{f}{a - f} \cdot l_1 \qquad (13 - 6)$$

测量精度取决于传感器像素数与透镜视场的比值。为提高测量精度应当选用像素多的传感器并且应当尽量缩狭视场。

因为固态图像传感器所感知的光像之光强,是被测对象与背景光强之差。因此,就具体测量技术而言,测量精度还与两者比较基准值的选定有关。

图 13 – 38 是尺寸测量的一个实例,所测对象为热轧铝板宽度。

图 13 – 38(a)是测量用传感器及其相关系统的构成,图(b)是测量原理。因为两只 CCD 线型传感器各只测量板端的一部分,这就相当于缩狭了视场。当要求更高的测量精度时,可同时并用多个传感器取其平均值,也可以根据所测板宽的变化,将 d 做成可调的形式。

图 13 – 38(a)中所示 CCD 传感器 3 是用来摄取激光器在板上的反射光像的,其输出信号用来补偿由于板厚度变化而造成的测量误差。

整个系统由微处理机控制,这样可做到在线实时检测热轧板宽度,对于 2m 宽的热轧板,最终测量精度可达 ±0.025%。

2. 工件伤痕及表面污垢测试

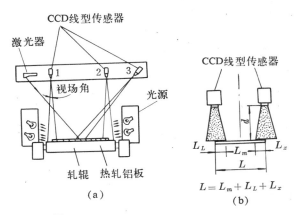

图 13 - 38　热轧板宽自动测量原理

（a)基本构成　　　(b)原理

工件伤痕及表面污垢的检测原理,基本上同于尺寸测量方法(参见图 13 - 39)。

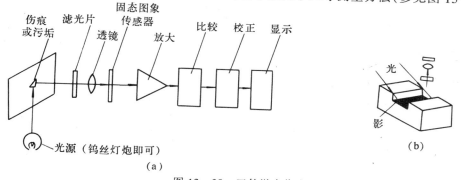

图 13 - 39　工件微小伤痕及污垢检测

（a)基本构成　　　　　(b)凹凸处的检测

　　工件伤痕或表面污垢往往用肉眼难以发现,所以,光像照射到工件表面后的输出与合格工件的输出之间的差值往往是极微小的;又由于传感器诸像素输出的不均匀性,这就更会给测量带来特殊困难。一般的解决方法是预先将传感器的"输出均匀度特性"输入给微处理机的存储器,然后再将实测所得值与其相比较。

　　工件表面微细伤痕及污垢检测的另一种方法,是利用伤痕或污垢处的输出与传感器邻近像素输出间的差值判断伤痕及污垢的大小。这种方法的优点在于能够剔除背景光量变化对测量结果造成的影响。

　　采用这种方法时,必须将传感器的输出进行采样保持,待变换为连续输出之后再输入微分电路最终取出输出量的变化(见图 13 - 40)。

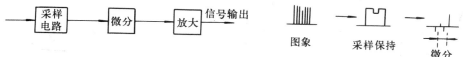

图 13 - 40　工件微小伤痕及污垢的另一种测量方法

　　无论采用哪种方法,当所测伤痕等被测对象是一种凸凹状态时,用斜射光以成阴影的方法往往对测量结果有利。

三、图像处理装置的输入环节

固态图像传感器用作图像处理装置的输入环节时,总的说来要根据所处理的图像的精度要求选取传感器。单个传感器不能满足要求时,也可用几个线型传感器串联;另一个注意事项是根据光像颜色,适当选加滤色片。

1. 用于传真技术

用线型固态图像传感器作传真装置的输入环节,与通常用的机械扫描或电管式的相比,有许多优点,如机械转动部分少,可靠性好,速度快,而且体积小,重量轻。

图 13 - 41 是传真装置的输入环节示意图。光源是荧光灯,所用透镜 $f/3 \sim f/4$,像距 20 ～ 300。为使入射光量可调,可设置活动覆盖窗。

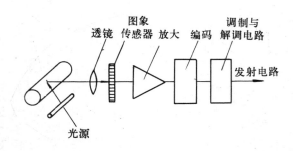

图 13 - 41　传真装置输入环节示意图

将传感器输出信号放大后,进行适当频带压缩(编码),并通过调制与解调电路送往发射电路。为读取全版面,需令所摄稿纸依次移动。

2. 用于光学文字识别装置

固态图像传感器还可用作光学文字识别装置的"读取头"。

光学文字识别装置(OCR)的光源可用卤素灯。光源与透镜间设置红外滤光片以消除红外光影响。每次扫描时间为 $300\mu s$,因此,可作到高速文字识别。

图 13 - 42 是 OCR 的原理图。经 A/D 变换后的二进制信号通过特别滤光片后,文字更加

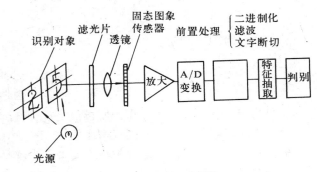

图 13 - 42　OCR 原理图

清晰。下一步骤是把文字逐个断切出来。以上处理称为"前处理"。前处理后,以固定方式对各个文字进行特征抽取。最后,将抽取所得特征与预先置入的诸文字特征相比较以判断与识别输入的文字。

第十四章　气体传感器

14.1　概　　述

14.1.1　气体传感器及气体检测方法

气体传感器是指能将被测气体浓度转换为与其成一定关系的电量输出的装置或器件。气体传感器必须满足下列条件：

(1)能够检测爆炸气体的允许浓度、有害气体的允许浓度和其他基准设定浓度，并能及时给出报警、显示和控制信号；

(2)对被测气体以外的共存气体或物质不敏感；

(3)性能长期稳定性好；

(4)响应迅速，重复性好；

(5)维护方便，价格便宜等。

被测气体的种类繁多，它们的性质也各不相同。所以不可能用一种方法来检测各所有种气体，其分析方法也随气体的种类、浓度、成分和用途而异。表14-1列出了当前使用的主要气体检测方法，表14-2对各种检测方法的特点进行了比较。

实际检测气体时，对各种检测方法存在选择问题。一般情况下，要检测的气体种类是已知的。因此，检测方法的选择范围自然就缩小了。另外，其使用场所以工厂现场和家庭为主，只是在选择标准方面有些不同。对家庭用产品，希望操作简单，可靠性与稳定性好，并以少或无须维修为好。而作为工业产品，由于使用场地的建筑结构和安装的机械设备等原因，要注意气体按较复杂的立体方式活动；对检测的环境要求严格，由于现场存在大量的粉尘和油雾，而且温度、湿度和风速等变化很大，因此，必须选择能适应这些条件的检测方法、传感器的安装位置和数量等。

14.1.2　气体传感器的分类

气体传感器从结构上区别可分为两大类，即干式与湿式气体传感器。凡构成气体传感器的材料为固体者均称为干式气体传感器；凡利用水溶液或电解液感知待测气体的称为湿式气体传感器。图14-1为气体传感器的分类情况。

气体传感器通常在大气工况中使用，而且被测气体分子一般要附着于气体传感器的功能材料表面且与之起化学反应。因而气体传感器也可归于化学传感器之内，由于这个原因，气体传感器必须具备较强的抗环境影响的能力。

表 14-1　当前主要使用的气体检测方法

分析方法		NO_x	CO CO_2	SO_x	H_2S	O_2臭氧	H_2	CS_2	卤化物 主要为 Cl_2	C_nH_{2n+2} 主要为 C_2H_8, C_4H_{10}	C_nH_{2n} C_nH_{2n-2} C_2H_{2n-6}	NH_3	C_2H_yN	HCN
电化学法	1 溶液导电方式		○	○				○	○			○		
	2 恒电位电解方式	○	○	○	○				○			○		
	3 隔膜一次电池方式					○								
	4 电量法			○	○				○					
	5 隔膜电极法											○		
光学(包括发光)法	6 红外吸收法	○	○	○	○			○		○	○	○	○	
	7 可见光吸收光度法	○		○					○			○		
	8 光干涉法	○	○							○	○			○
	9 化学发光法	○				○		○						
	10 试纸光电光度法					○								
电气方法	11 氢焰离解法									○	○	○		
	12 导热法		○							○	○			
	13 接触燃烧法		○							○	○			
	14 半导体法		○					○	○	○	○			
其他	15 气体色谱法	○	○	○	○					○	○	○	○	○
		大气　染气体							工业、家庭用(丙烷等)气体					

表 14-2　各种分析方法的特性比较

分析方法	灵敏度	可靠性	对气体的选择性	响应速度	稳定性	简易度	抽样系统的必要性	经济性	测定范围	维修	辅助气体的必要性
半导体式	非常好	稍差	差	良好(1分钟)	稍差	非常简单	不要	最价廉	达LEL_1	几乎不要	不要
接触燃烧法	相当好	相当好	稍好	非常迅速(4~5秒)	良	好非常简单	不要	非常低廉	达LEL_1	几乎不要	不要
导热法	良好	良好	良好	稍好	良好	简单	必要	中等	宽范围	常需维修	常有必要
氢焰离解法	相当好	良好	稍好	良好	稍好	中等复杂	必要	中等	ppm的100%	常需维护	必要
红外吸收法	稍好	良好	好	相当好	良好	中等复杂	必要	中等	相当宽范围	常需维护	不要
化学发光法	良好	好	好	良好	良好	简单	必要	中等	ppm的100%	常需维护	不要
光干涉法	良好	好	好	良好	良好	中等复杂	必要	中等	宽范围	常需维护	不要
试纸光电光度法	良好	良好	良好	差	良	中等复杂	必要	中等	特别微量的检测	常需维护	不要
恒电位电解法	良好	良好	良好	良好(20~30秒)	良好	简单	必要	中等	宽范围	常需维护	必要
气体色谱法	非常好	非常好	非常好	差	非常好	非常复杂	必要	昂贵	ppm的100%	常需维护	必要

1. LEL–低爆炸极限(Lower explosion limit)
2. 非常好 > 相当好 > 良好 > 稍好 > 稍差 > 差。

14.2 半导体气体传感器

14.2.1 半导体气体传感器及其分类

半导体气体传感器,是利用半导体气敏元件同气体接触,造成半导体性质发生变化,借此检测特定气体的成分及其浓度。

半导体气体传感器的分类如表14-3所列,大体上分为电阻式和非电阻式两种,电阻式半导体气体传感器是用氧化锡、氧化锌等金属氧化物材料制作的敏感元件,利用其阻值的变化来检测气体的浓度。气敏元件是多孔质烧结体、厚膜、以及目前正在研制的薄膜等几种非电阻式半导体传感器。根据气体的吸附和反应,利用半导体的功函数,对气体进行直接或间接检测。目前,正在积极开发的有金属/半导体结型二极管和金属栅的 MOS 场效应晶体管的敏感元件,主要是利用它们与气体接触后整流特性以及晶体管作用的变化,制成对表面单位直接测定的传感器。

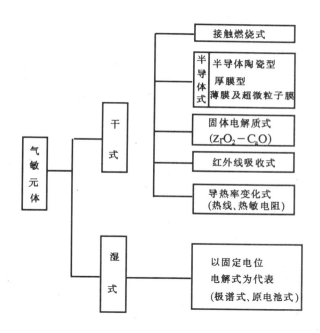

图 14-1 气体传感器的分类

14.2.2 主要特性及其改善

一、主要特性及其改善

半导体气体传感器的气敏材料对气体的选择性表明该材料主要对那种气体敏感。金属氧化物半导体对各种气体敏感的灵敏度几乎相同。因此,制造出气体选择性好的元件很不容易,其选择性能不好或使用时逐渐变坏,都会给气体测试、控制带来很大影响。

	主要的物理特性	传感器举例	工作温度	代表性被测气体
电阻式	表面控制型	氧化锡、氧化锌	室温～450℃	可燃性气体
	体控制型	$LaI-xSrxCoO_3$，$r-Fe_2O_3$ 氧化钛、氧化钴、氧化镁 氧化锡	300～450℃ 700℃以上	酒精、可燃性气体、氧气
非电阻式	表面电位	氧化银	室温	硫醇
	二极管整流特性	铂/硫化镉、铂/氧化钛	室温～200℃	氢气、一氧化碳、酒精
	晶体管特性	铂栅 MOS 场效应管	150℃	氢气、硫化氢

改善气敏元件的气体选择性常用的方法：

(1)向气敏材料掺杂其他金属氧化物或其他添加物；

(2)控制元件的烧结温度；

(3)改变元件工作时的加热温度。

应该指出的是以上三种方法只有在实验的基础上进行不同的组合应用，才能获得较为理想的气敏选择性。

二、气体浓度特性

传感器的气体浓度特性表示被测气体浓度与传感器输出之间的确定关系

三、初始稳定、气敏响应和复原特性

无论哪种类型(薄膜、厚膜、集成片或陶瓷)的气敏元件，其内部均有加热电阻丝，一方面用作烧灼元件表面油垢或污物，另一方面可起加速被测气体的吸、脱过程的作用。加热温度一般为 200～400℃，图 14－2 是加热电路与工作电路的典型原理图。

气敏传感器按设计规定的电压值使加热丝通电加热之后，敏感元件电阻值首先是急剧地下降，一般约经 2～10 分钟过渡过程后达到稳定的电阻值输出状态，称这一状态为"初始稳定状态"。达到初始稳定状态的时间及输出电阻值，除与元件材料有关外，还与元件

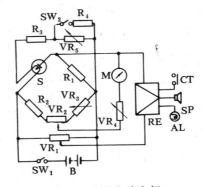

图 14－2　检测电路实例

S－半导体传感器　RE－继电器电路　VR_1－报警的点选定

R－固定电阻　CT－电极接点　VR_2－零点微调　VR_3－可变电阻

SP－报警喇叭　SW－开关　AL－报警灯　VR_4－灵敏度调整

B－电池　SW_1－电源开关　VR_5－传感器电压调整　M－指示表

SW_2－清除开关　VR_3－零点粗调

所处大气环境条件有关。达到初始稳定状态以后的敏感元件才能用于气体检测。

当加热的气敏元件表面接触并吸附被测气体时，首先是被吸附的分子在表面自由扩

散(称为物理性吸附)而失去动能,这期间,一部分分子被蒸发掉,剩下的一部分则因热分解而固定在吸附位置上(称为化学性吸附)。若元件材料的功函数比被吸气体分子的电子亲和力为小时,则被吸气体分子就会从元件表面夺取电子而以阴离子形式吸附。具有阴离子吸附性质的气体称为氧化性气体,例如,O_2,NO_x 等。若气敏元件材料的功函数大于被吸附气体的离子化能量,被吸气体将把电子给予元件而以阳离子形式吸附。具有氧阳离子吸附性质的气体称为还原性气体,如 H_2,CO,HC 和乙醇等。

氧化性气体吸附于 n 型半导体或还原性气吸附于 p 型半导体敏感材料,都会使载流子数目减少而表现出元件电阻值增加的特性;相反,还原性气体吸附于 n 型、氧化性气体吸附于 p 型半导体气敏材料,都会使载流子数目增加而表现出元件电阻值减少的特性(见图 14 – 3)。

达到初始稳定状态的元件,迅速置入被测气体之后,其电阻值减少(或增加)的速度称为气敏响应速度特性。各种元件响应特性不同,一般情况元件通电 20 秒之后才能出现阻值变化后的稳定状态。

测试完毕,把传感器置于大气环境中,其阻值复原到保存状态的数值速度称为元件的复原特性,它与敏感元件的材料及结构有关,当然也与大气环境条件有关。一般约 1 分钟左右便可复原到不用时保存电阻值的 90%。

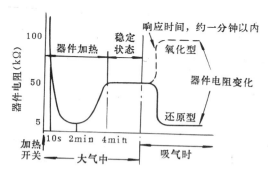

图 14 – 3 n 型半导体吸附气体时的器件阻值变化

四、灵敏度的提高与稳定改善

气体传感器(或气敏元件)对被测气体敏感程度的特性称为传感器的灵敏度。

目前,一般利用金属或金属氧化物元件材料的催化作用来提高传感器的灵敏度。最有代表性的催化剂有 Pd,Pt 等白金系催化物。此外,Cr 能够促进乙醇分解,Mo,W 等能促进 H_2,Co,N_2,O_2 的吸附与反应速度;MgO,PbO,CdO 等掺加物也能加速被测气体的吸附或解吸的反应速度。

SnO_2、ZnO 是典型气敏半导体材料,它们兼有吸附和催化的双重功能。例如,丙烷气体在 SnO_2 表面燃烧的过程大致可认为依如图 14 – 4 所示的两条途径之一进行的:①→②→③或者④→⑤→⑥。因此,n 型半导体气敏材料 SnO_2 的电阻值减小。

图 14 – 4 丙烷的燃烧过程

Sb_2O_3 对于原子价控制的 SnO_2 具有减小电阻与催化的双重作用,若将其掺于 SnO_2 母材,则燃烧过程按①→④→⑤的途径进行,最后生成乙醛。⑥的反应只能进行 50%,其活气体 CO 的生成量减少。于是灵敏度比充分燃烧（①→③）时大大降低。向 SnO_2 掺加金属 Pb 可以促进①→③的反应过程而使元件的灵敏度提高。由此可看出增加气敏元件灵敏度的方法很多，而绝非是单一性的，研制新型元件时应充分注意到这一点。

此外，元件的烧制过程对于其长期稳定性有较大影响。向母材掺添加物不但可以改变元件的灵敏度，还可以控制和改变烧结过程。添加物大体可分为两类：一类是促进烧结过程的"融剂"，另一类是阻止烧结进程的"缓融剂"。SnO_2 的融剂有 MnO，CuO、ZnO、Bi_2O_3 等。与此相反，"缓融剂"可使烧结有充分的时间与过程，从而使元件有较好的长期稳定特性。CdO、PbO、CaO 等可以充当 SnO_2 的缓融剂。

五、温度、湿度影响及其他问题

气敏元件一般裸露于大气中，因此设计与使用时必须注意环境因素对气敏元件特性的影响。

另外，气敏元件加热丝的电压值决定了敏感元件的工作温度，因此，它是影响气敏元件各种特性的一个不可忽略的重要因素。

14.2.3 表面控制型电阻式传感器

它是利用半导体表面因吸附气体引起半导体元件电阻值变化的特性制成的。多数是以可燃性气体为检测对象，但如果吸附能力很强，即使是非可燃性气体也能作为检测对象。这种类型的传感器，具有气体检测灵敏度高、响应速度比一般传感器快、实用价值大等优点。开发研究工作很早就已着手进行。传感器的材料多数采用氧化锡和氧化锌等较难还原的氧化物，也有研究用有机半导体材料的。这类传感器一般均掺有少量的贵重金属（如 Pt 等）作为激活刘。

图 14 - 5 所示，列举了四种敏感元件。多孔质烧结体敏感元件是在传感器的氧化物材料中添加激活剂以及粘结剂（Al_2O_3，SiO_2）混合成形后烧结而成的。因组分和烧结条件不同，所以传感器的性能亦各异。一般说来，空隙率越大的敏感元件，其响应速度越快。薄膜敏感元件是采用淀积、溅射等工艺方法，在绝缘的衬底上涂一层半导体薄膜（厚度在几微米以下）而构成的。根据成膜的工艺条件，膜的物理、化学状态有所变化，对传感器的性能也有所影响。厚膜敏感元件，一般是在将传感器的氧化物材料粉末调制好之后，加入适量的添加剂、粘结剂以及载体配成浆料，然后再将这种浆料印刷在基片上（厚度在数微米至数十微米）而制成的。不论哪种敏感元件，均必需采用电热器。

阻值的测定，采用敏感元件与基准电阻器串联，加一外加电压，再根据基准电阻器上的电压值求出的方法进行。气体报警器就是利用测得的阻值变化作为供给报警蜂鸣器的信号。

敏感元件的阻值 R 与空气中被测气体的浓度 C 成对数关系变化（图 14 - 6）：
$$\lg R = m \lg C + n \quad (m、n \text{ 均为常数}) \tag{14 - 1}$$

n 与气体检测灵敏度有关，除了随传感器材料和气体种类不同而变化外，还会由于测量温度和激活剂的不同而发生大幅度的变化。m 表示随气体浓度而变化的传感器的灵敏度（也称之为气体分离率）。对于可燃性气体来说，m 值多数介于 1/2 至 1/3 之间。

一、各种传感器

1. 氧化锡类传感器

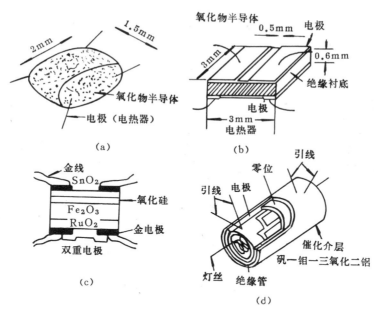

图 14-5 各种各样的半导体敏感元件

(a)烧结体元件　　(b)薄膜元件　　(c)厚膜元件　　(d)多层结构元件

氧化锡是典型的 n 型半导体,是气敏传感器的最佳材料。其检测对象为 CH_4,C_3H_8,CO,H_2,C_2H_5OH,H_2S 等可燃性气体和呼出气体中的酒精、NO_x 等。气体检测灵敏度如图 14-7 所示,随气体的种类、工作温度、激活剂等的不同而差异很大,添加铂的敏感元件的最佳工作温度也随气体种类的不同而不一样,对一氧化碳为 200℃以下,对丙烷约为 300℃,对甲烷约为 400℃以上。

氧化锡类传感器中,研究得较多的是烧结体、薄膜、厚膜等型式的敏感元件。将氯化锡和金属的锡经过处理后获得的氧化锡粉末作原料,经烧结后制成烧结体敏感元件(烧结温度为 700～900℃)。氧化锡以直径 0.01～0.05μm 的晶粒组成的约

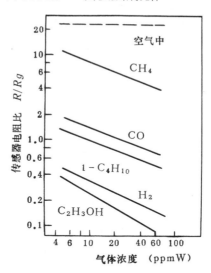

图 14-6 氧化锡敏感元件的阻值与
被测气体浓度的关系
(R_g 为 1000ppm 的 C_2H_4 中的阻值)

1μm 以下砂粒状颗粒的形式存在于其中。晶粒的大小对气体检测灵敏度则无甚影响。

表 14-4 列出了各种添加剂的添加效果。加了添加剂后,气体检测灵敏度的最高值 R_M 和气体检测灵敏度达到最高值时的温度 T_M 均发生很大变化,所以对添加效果必须从两个方面统筹兼顾。

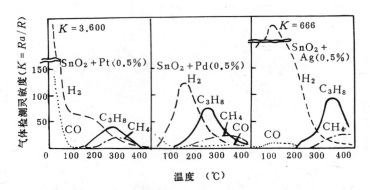

图 14-7　添加铂、铅或银的氧化锡敏感元件气体的检测灵敏度与温度的关系

R_d 及 R_g 分别是敏感元件在空气中的被测气体中的阻值被测气体浓度：

一氧化碳为 0.02%、氢为 0.8%、丙烷为 0.2%、甲烷为 0.5%（用空气稀释过）

表 14-4　添加贵金属的氧化锡敏感元件的
气体检测灵敏度最高值及其温度

	0.02%一氧化碳	0.8%氢	0.2%丙烷	0.5%甲烷
氧化锡	4(350℃)	37(200℃)	49(350℃)	20(450℃)
铂	136(室温)	3600(室温)	38(275℃)	19(300℃)
铅	12(室温)	119(150℃)	75(250℃)	20(325℃)
银	8(100℃)	666(100℃)	89(350℃)	24(400℃)
铜	7(200℃)	98(300℃)	48(325℃)	20(350℃)
镍	7(200℃)	169(250℃)	67(300℃)	9(350℃)

2．氧化锌及其他类传感器

氧化锌类传感器与氧化锡类传感器相比，最佳工作温度范围要高出 100℃。

金属氧化物中，还有不少可用作传感器的材料,如氧化钨、氧化矾、氧化镉、氧化铟、氧化钛、氧化铬等。用这些金属氧化物制作传感器的工作正在研究之中。

此外,也有不少人对用有机半导体作传感器的材料怀有浓厚的兴趣,但研究成功的例子甚少。

二、工作原理

对表面控制型传感器来说,半导体表面气体的吸附和反应同敏感元件的阻值有着密切的关系,一般说来,如果半导体表面吸附有气体,则半导体和吸附的气体之间会有电子的施受发生,造成电子迁移,从而形成表面电荷层。例如,吸附了象氧气这类电子复合量大的气体后,半导体表面就会丢失电子,被吸附的氧气所俘获（负电荷吸附）。

$$\frac{1}{2}O_2(g) + ne \rightarrow O_{(ad)}^{n-1} \qquad (14-2)$$

式中，$O_{(ad)}^{n-1}$ 表示吸附的氧气，其结果是，氧化锡、氧化锌之类的 n 型半导体的阻值减小。正电荷吸附的气体与之相反。这只是一般的规律。在具体应用于半导体气体传感器时，有必要注意以下两点：第一，吸附在半导体表面与半导体进行电子施受的气体是何种气体；第二，多晶半导体敏感元件的显微结构与电阻和传感器特性之间存在什么关系。

当半导体气体传感器置于空气中时，其表面吸附的氧气是 O_2^-，O^-，O^{2-} 之类的负电荷，当与被测气体进行反应时，其结果如下：

$$O_{ad}^{n-} + H_2 \rightarrow H_2O + ne \qquad\qquad (14-3)$$

$$O_{ad}^{n-} + CO \rightarrow CO_2 + ne \qquad\qquad (14-4)$$

如式(14-3)，(14-4)所示，被氧气俘获的电子释放出来，半导体的电阻就减小，如果将式(14-2)和式(14-3)或者式(14-2)和式(14-4)组合，不外乎是将传感器的表面作为一种催化剂，使氢气和一氧化碳触媒燃烧。支配传感器阻值增减的是氧气吸附，可理解为可燃性气体能起到改变其浓度的作用。这种半导体表面触媒燃烧存在着气体检测灵敏度与气体的易燃性成正比的倾向。此外，如果改变传感器的工作温度，会产生如图14-8所示的两者峰值非常一致。

多孔质烧结体敏感元件与厚膜敏感元件都是多晶体结构。是如图14-8(a)所示的晶粒的集合体。各晶粒之间如图14-8(b)所示地那样，与其他的晶粒相互接触乃至成颈状结合。重要的是，这样的结合部位在敏感元件中是阻值最大之处，是它支配着整个敏感元件的阻值高低。由此可见，接合部位的形状对传感器的性能影响很大。因气体吸附而引起的电子浓度的变化是在表面空间电荷层内发生的，所以在颈状结合的情况下，颈部的宽度与空间电荷层的深度一致时，敏感元件的阻值变化最大。在晶粒接触的情况下，接触部分形成一个对电子迁移起阻碍作用的势垒层。这种势垒层的高度随氧的吸附和与被测气体的接触而变化，可认为会引起阻值的变化。在没有激活剂的场合，如图14-8(c)所示，吸附的氧气与被测气体之间必须直接反应，激活剂(如图14-8(d)所示)通过吸附被测气体，或者通过激活，来促进表面反应。在晶粒的结合部分存有适量的激活剂，对于传感器来说是很重要的。

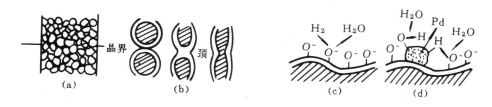

图 14-8　多孔质烧结体敏感元件的敏感机理
(a)多晶体元件　　(b)粒子的结合方式(白的部分表示空间电荷)
(c)除去可燃气体的吸附氧气　　(d)激活剂的作用

14.2.4　体控制型电阻式传感器

在采用反应性强容易还原的氧化物作为材料的传感器中，即使是在温度较低的条件下，也可因可燃性气体而改变其体内的结构组成(晶格缺陷)，并使敏感元件的阻值发生变化。即使是难还原的氧化物,在反应性强的高温范围内,其体内的晶格缺陷也会受影响。象这类休感应气体的传感器,关键的问题是不仅要保持敏感元件的稳定性,而且要能在气体感应时也保持氧化物半导体材料本身的晶体结构。

一、三氧化二铁类传感器

这是以 α−三氧化二铁为主体的多孔质烧结体传感器。将它作为检测丙烷用的传感器时,显示出良好的性质。

以 α−三氧化二铁为主要材料的城市用煤气传感器通过晶粒的微细化和提高孔隙率,提高了传感器的气体检测灵敏度。此外,在调制敏感元件时注入 SO_4^{2-} 离子,也能提高传感器的气体检测灵敏度,但其机理目前尚不明确。

二、钙铁矿类传感器

一般来讲,钙钛矿类氧化物的热稳定性很好,用它作为下节待述的燃烧控制用传感器的材料,也是很吸引人的。图 14−9 是用在三氧化二铝陶瓷基片上成形制成的镍酸镧薄膜敏感元件测定空气燃料比的应用实例。钙钛矿类氧化物,在还原性气氛中一般不太稳定,有待在此方面作出进一步的改进后,方能应用于燃烧控制。

三、燃烧控制用的传感器

半导体敏感元件的电阻值会因温度变化而产生很大的变化,这是无可避免的。因此,有必要使其保持在一定的温度范围内或者对之进行温度补偿。氧化钛传感器是 n 型半导体,其在空气燃料比大于 1 的区域内,呈高阻特性,从而使空气燃料比的检测也变得困难。对于这一缺点,只要采用 p 型半导体就不难克服。以 p 型氧化钴半导体为主要材料,并掺加氧化镁作稳定剂,制成 $Co_{1-x}Mg_xO$($x > 0.5$)的敏感元件,其特性非常好。如图 14−10 所示;而且在贫气区域的控制性能也很好。这是因为添加了氧化镁,使得氧化钴的抗还原稳定性得到了增强的缘故。

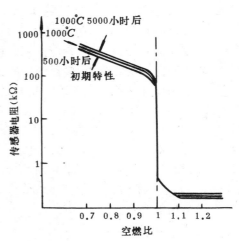

图 14−9 燃烧控制用的镍酸镧传感器的特性

半导体气体传感器,在燃烧控制的应用领域,如果采用高温方式工作的话,就能在燃烧排气达到平衡状态后测定氧分压,这对于控制空气燃料比的应用是相当适宜的。但是,在防止不完全燃烧和误点火的应用中,最好用检测不完全燃烧气体的方法。

14.2.5 非电阻式半导体气体传感器

一、二极管传感器

如果二极管的金属与半导体的界面吸附有气体,而这种气体又对半导体的禁带宽度或金属的功函数有影响的话,则其整流特性就会变化。在掺铟的硫化镉上,薄薄地蒸发一层钯膜的钯/硫化镉二极管传感器,可用来检测氢气。钯/氧化钛、钯/氧化锌、铂/氧化钛之类的二极管敏感元件亦可应用于氢气检测。氢气对钯/氧化钛二极管整流特性的

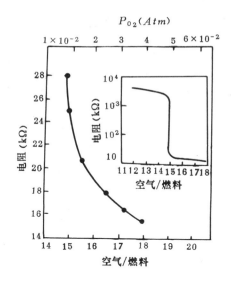

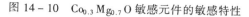

图 14 - 10　$Co_{0.3}Mg_{0.7}O$ 敏感元件的敏感特性

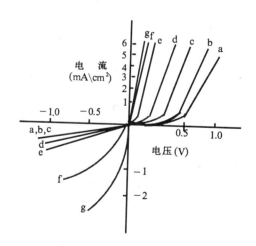

图 14 - 11　钯/二氧化钛二极管敏
感元件的伏安特性曲线

25℃时,空气中氢浓度为:a:0,b:14,c:140,
d:1400,e:7150,f:10000,g:15000(ppm)

影响如图 14 - 11 所示。在氢气浓度急剧增高的同时，正向偏置条件下的电流也急剧增大。所以在一定的偏压下，通过测电流值就能知道氢气的浓度。电流值之所以增大，是因为吸附在钯表面的氧气由于氢气浓度的增高而解吸。从而使肖特基势垒层降低的缘故。

二、MOS 二极管传感器

如图 14 - 12 所示为 MOS 结构的敏感元件,利用其电容 - 电压($C - U$)特性可检测气体,这种敏感元件以钯、铂等金属来制薄膜(厚 $0.05 \sim 0.2 \mu m$,二氧化硅的厚度为 $0.05 \sim 0.1 \mu m$)。$C - U$ 特性的测试结果如图 14 - 13 所示。同在空气中相比,在氢气中的 $C - U$ 特性明显地有变化,这是因为在无偏置的情况下钯的功函数在氢气中低的原因。半导体平带的偏置电压 U_F 如图 14 - 14 所示,因为它随氢气浓度的变化而变,所以可以利用这一特性使之成为敏感元件。

利用如图 14 - 15 所示的敏感元件的光电特性可检测氢气。用两只二极管,一只为钯 MOS 二极管,另一只是在钯上面再蒸镀一层金的金 - 钯 - MOS 基准二极管,其原理与上面所述的相同。

三、MOS 场效应晶体管传感器

MOS 场效应晶体管传感器如图 14 - 16 所示。它是一种二氧化硅层做得比普通的 MOS 场效应晶体管薄 $0.01 \mu m$,而且金属栅采用钯薄膜 $0.01 \mu m$ 的钯 - MOS 场效应晶体管。其漏极电流 I_D 由栅压控制。将栅极与漏极短路,在源极与漏极之间加电压,I_D 可由下式表示:

$$I_D = \beta(U_G - U_T)^2 (\beta 是常数)$$

式中,U_T 是 I_D 流过时的最小临界电压值。

在钯 - MOS 场效应管中,U_T 会随空气中所含氢气浓度的增高而降低。所以可以利

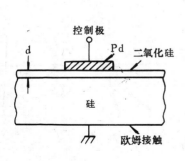

图 14 - 12　钯 - MOS 二极管敏感元件

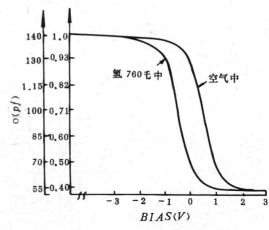

图 14 - 13　钯 - MOS 二极管敏感元件的 C - U 特性

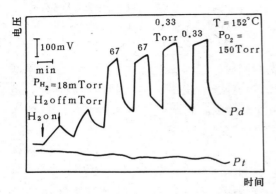

图 14 - 14　钯 - MOS 二极管敏感元件的
平带电压与氢气浓度的关系

P_{H_2} - 氢气分压　　P_{O_2} - 氧气分压

H_2on - 氢气开　　H_2off - 氢气关

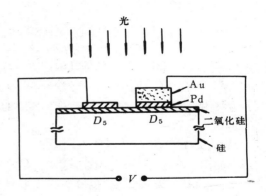

图 14 - 15　应用光电动势的钯 - MOS
二极管敏感元件

用这一特性来检测氢气。钯 MOS 场效应管传感器,不仅可以检测氢气,而且还能检测氨等容易分解出氢气的气体。为了获得快速的气体响应特性,有必要使其工作在 120℃至 150℃左右的温度范围内,不过,使用硅半导体的传感器,还存在着长期稳定性较差的问题,有待今后解决。

14.2.6　半导体气体传感器的应用

半导体气体传感器的应用多种多样,如表 14 - 5 所列。

半导体气体传感器由于具有灵敏度高、响应时间快、使用寿命长和成本低等优点,因此得到广泛的应用。

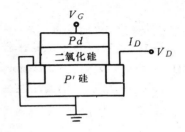

图 14 - 16　钯 - MOS 场效
应管敏感元件

表 14-5 气体传感器的各种检测对象气体

分 类	检测对象气体	应用场所
爆炸性气体	液化石油气、城市用煤气(发生煤气、天燃性煤气) 甲烷 可燃性煤气	家庭 煤矿 办事处
有毒气体	一氧化碳(不完全燃烧的煤气) 硫化氢、含硫的有机化合物 卤素、卤化物、氨气等	煤气灶等 (特殊场所) 办事处
环境气体	氧气(防止缺氧) 二氧化碳(防止缺氧) 水蒸气(调节温度、防止结露) 大气污染(SO_x、NO_x 等)	家庭、办公室 家庭、办公室 电子设备、汽车 温室
工业气体	氧气(控制燃烧、调节空气燃料比) 一氧化碳(防止不完全燃烧) 水蒸气(食品加工)	发动机、锅炉 发动机、锅炉 电炊灶
其 他	呼出气体中的酒精、烟等	

一、气体报警器

这种报警器可根据使用气体种类,安放于易检测气体泄漏的地方。这样就可随时监测气体是否泄漏,一旦泄漏气体达到危险浓度,便自动发出报警信号。

图 14-17 是一种最简单的家用气体报警器电路。气体传感器采用直热式气敏器件 TGS109。当室内可燃气体增加时,由于气敏器件接触到可燃性气体而其阻值降低,这样流经测试回路的电流增加,可直接驱动蜂鸣器报警。

设计报警器时,重要的是如何确定开始报警的浓度,一般情况下,对于丙烷、丁烷、甲烷等气体,都选定在其爆炸下限的十分之一。

二、煤气报警器

用于城市煤气报警器,其可靠性要求较高。因此在电路设计上要采取一些措施。图 14-18 是加有温湿度补偿和防止通电初期误报的"二阶段"式煤气报警器电路图。气敏器件采用的是直热式气敏器件,其特点是采用分段报警方法。随着气体中煤气浓度增加,气敏器件阻值变化,第一阶段开关电路动作,绿色发光二极管 LED_1

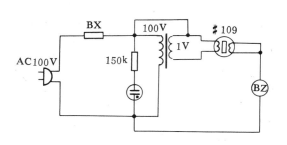

图 14-17 简易家用气体报警器电路图

301

和红色发光二极管 LED$_2$ 交替闪光。当气体浓度进一步增加时,达到危险限值,第二阶段开关电路动作,红色发光二极管 LED$_2$ 发光,压电蜂鸣器 PB 间歇鸣响,进行报警。

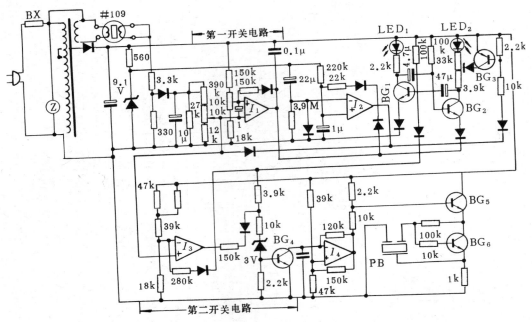

I:μPG339C BG$_{1.2.4.6}$:2SC945 BG$_{3.5}$:2SA733

图 14-18 分段报警的城市煤气报警器电路图

三、火灾烟雾报警器

烧结型 SnO$_2$ 气敏器件对烟雾也很敏感,利用这一特性,可以设计火灾烟雾报警器。在火灾初期,总要产生可燃性气体和烟雾,因此可以利用 SnO$_2$ 气敏器件作成烟雾报警器,在火灾酿成之前进行预报。

图 14-19 是组合式火灾报警器原理图。它具有双重报警机构:当火灾发生时,温度升高,达到一定温度时热传感器动作,蜂鸣器鸣响报警;当烟雾或可燃气体达到预定报警浓度时,气敏器件发生作用使报警电路动作,蜂鸣器亦鸣响报警。

四、酒精探测器

利用 SnO$_2$ 气敏器件可设计的酒精探测器,图 14-20 为携带式酒精探测仪原理电路。插杆是用来接通 12V 直流电源,经稳压后供给气敏器件作加热电压和回

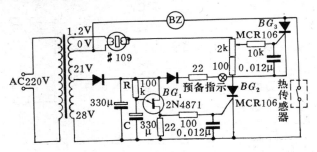

图 14-19 具有气敏器件和热敏器件
的火灾烟雾报警器电路图

路电压。当酒精气体被探测到时,气敏器件电阻值降低,测量回路有信号输出,在 $400\mu A$ 表上有相应的示值,确定酒精气体的存在。

五、空气净化换气扇

利用 SnO_2 气敏器件,可以设计用于空气净化自动换气扇。图 14-21 是自动换气扇的电路原理图。当室内空气污浊时,烟雾或其他污染气体使气敏器件阻值下降,晶体管 BG 导通,继电器动作,接通风扇电源,可实现电扇自动启动,排放污浊气体,换进新鲜空气。当室内污浊气体浓度下降到希望的数值时,气敏器件阻值上升,BG 截止,继电器断开,风扇电源切断,风扇停止工作。

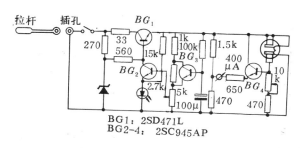

BG1: 2SD471L
BG2-4: 2SC945AP

图 14-20 携带式酒精探测仪电路图

14.3 红外吸收式气敏传感器

图 14-22 是电容麦克型红外吸收式气敏传感器结构图。它包括两个构造形式完全相同的光学系统:其中一个红外光入射到比较槽,槽内密封着某种气体;另一个红外光入射到测量槽,槽内通入被测气体。两个光学系统的光源同时(或交替地)以固定周期开闭。当测量槽的红外光照射到某种被测气体时,根据气体种类的不同,将对不同波长的红外光具有不同的吸收特性。同时,同种气体而不同浓度时,对红外光的吸收量也彼此相异。因此,通过测量槽红外光光强变化就可知道被测气体的种类和浓度。因为采用两个光学系统,所以检出槽内的光量差值将随被测气体种类不同而不同。同时,这个差值对于同种被测气体而言,也会随气体的浓度增高而增加。由于两个光学系统以一定周期开闭,因此光量差值以振幅形式输入到检测器。

检测器也是密封存有一定气体的容器。两种光量振幅的周期性变化,被检测器内气体吸收后,可以变为温度的周期性变化,而温度的周期性变化量终体现为竖隔薄膜两侧的压力变化而以电容量的改变量输出至放大器。

图 14-23 的量子型红外光敏元件取代了图 14-22 中的检测器,它可以直接把光量变为电信号;同时光学系统与气体槽也都因合二为一,而大大简化了传感器的构造。这种构造的另一特点是可以通过改变红外滤光片而提高量子型红外光敏元件的灵敏

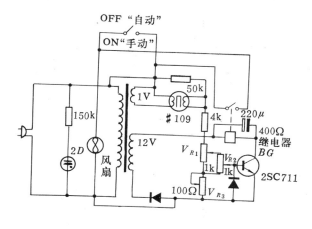

图 14-21 自动换气扇电路图

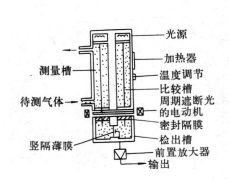

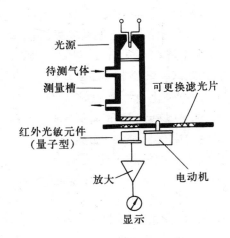

图 14 - 22　电容麦克型红外吸收　　　　图 14 - 23　量子型红外光敏元件
　　　　　　式气敏传感器结构　　　　　　　　　　　气敏传感器的构成

度和适合其红外光谱响应特性。也可以通过改换滤光片来增加被测气体种类和扩大测量
气体的浓度范围。

14.4　接触燃烧式气敏传感器

　　一般将在空气中达到一定浓度、触及火种可引起燃烧的气体称为可燃性气体。表 14
- 6 是主要可燃性气体及其爆炸浓度范围。引起爆炸浓度范围的量小值称为爆炸下限；
最大值称为爆炸上限。

　　接触燃烧式气敏传感器结构与电路原理如图 14 - 24 所示。将白金等金属线圈埋设
在氧化催化剂中便构成接触燃烧式气敏传感器(见图 14 - 24(a))。一般在金属线圈中通
以电流,使之保持在 300~600℃ 的高温状态,当可燃性气体一旦与传感器表面接触,燃烧
热进一步使金属丝温度升高而电阻值增大,其电阻值增量为：

$$\Delta R = \rho \cdot \Delta T = \rho \cdot H/h = \rho \cdot a \cdot c \cdot \theta/h$$

式中：ΔR—— 电阻值增量；

　　　　ρ—— 白金丝的电阻温度系数；

　　　　H—— 可燃性气体的燃烧热量；

　　　　θ—— 可燃性气体的分子燃烧热量；

　　　　h—— 传感器的热容量；

　　　　a—— 传感器催化能决定的常数。

　　ρ, h, a 为取决于传感器自身的参数；θ 由可燃性气体种类决定。

表 14 - 6 典型可燃气体的主要特性

气体名称		化学式	空气中的爆炸界限(% Vol)	容许浓度(ppm)	比重(空气=1)
炭化氢及其派生物	甲　烷	CH_4	5.0 ~ 15.0		0.6
	丙　烷	C_3H_8	2.1 ~ 9.5	1000	1.6
	丁　烷	C_4H_{10}	1.8 ~ 8.4		2.0
	汽油气		1.3 ~ 7.6	500	3.4
	乙　炔	C_2H_2	2.5 ~ 81.0		0.9
醇	甲　醇	CH_3OH	5.5 ~ 37.0	200	1.1
	乙　醇	C_2H_5OH	3.3 ~ 19.0	1000	1.6
醚	乙　醚	C_2H_5O $C_2H_5O_5$	1.7 ~ 48.0		2.6
无机气体	一氧化碳	CO	12.5 ~ 74.0	50	1.0
	氢	H_2	4.0 ~ 75.0		0.07

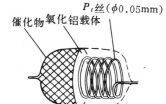
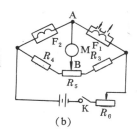

图 14 - 24　接触燃烧气敏元件构造及原理电路
(a)构造　(b)原理电路　F_1 - 敏感元件　F_2 - 补偿元件

电路原理如图 14 - 24(b)所示。F_1 是气敏元件;F_2 是温度补偿元件,F_1,F_2 均为白金电阻丝。F_1,F_2 与 R_3,R_4 组成惠斯登电桥,当不存在可燃性气体时,电桥处于平衡状态;当存在可燃性气体时,F_1 的电阻产生增量 $\triangle R$,电桥失去平衡,输出与可燃性气体特征参数(如浓度)成比例的电信号。图 14 - 25 是接触燃烧式气敏传感器的几种典型特性曲线。

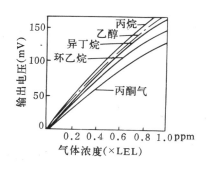

图 14 - 25　接触燃烧气敏元件特性

接触燃烧式气敏传感的优点是对气体选择性好,线性好,受温度,湿度影响小,响应快。其缺点是对低浓度可燃性气体灵敏度低,敏感元件受到催化剂侵害后其特性锐减,金属丝易断。

14.5　热导率变化式气体传感器

　　每种气体都有固定的热导率,混合气体的热导率也可以近似求得。因为以空气为比较基准的校正比较容易实现,所以,用势导率变化法测气体浓度时,往往以空气为基准比较被测气体。

　　其基本测量电路与接触燃烧式传感器相同(见图 14 – 24(b))其中 F_1、F_2 可用不带催化剂的白金线圈制作,也可用热敏电阻。F_2 内封入已知的比较气体,F_1 与外界相通,当被测气体与其相接触时,由于热导率相异而使 F_1 的温度变化,F_1 的阻值也发生相应的变化,电桥失去平衡,电桥输出信号的大小与被测气体种类或浓度有确定的关系。

　　热导率变化式气敏传感器因为不用催化剂,所以不存在催化剂影响而使特性变坏的问题,它除用于测量可燃性气体外,也可用于无机气体及其浓度的测量。

　　一、热线式气敏传感器

　　图 14 – 26 是典型的热线热导率式气敏传感器及其测量电路。由于热线式的灵敏度较低,所以其输出信号小。这种传感器多用于油船或液态天然气运输船。

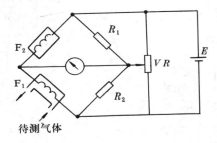

图 14 – 26　热线式气敏元件典型电路

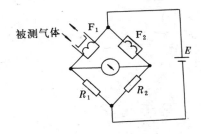

图 14 – 27　热敏电阻式气敏传感器原理线路

　　二、热敏电阻气体传感器

　　这种气敏传感器用热敏电阻作电桥的两个臂组成惠斯登电桥。当热敏电阻通以 10mA 的电流加热到 150 ~ 200℃时,F_1 一旦接触到甲烷等可燃性气体,由于热导率不同而产生温度变化,而产生电阻值变化使电桥失去平衡,电桥输出的大小反映气体的种类或浓度。图 6 – 27 为其测量电路原理图。

14.6　湿式气敏传感器

　　由湿式气敏元件构成的定电位电解气敏传感器,是湿式方法测量气体参数的典型方法。由于此方法用电极与电解液,因此是一种电化学方法。

　　固定电位电解气敏传感器的原理是当被测气体通过隔膜扩散到电解液中后,不同气体会在不同固定电压作用下发生电解,通过测量电流的大小,就可测得被测气体参数

　　这种传感器使用和维护比较简单,低浓度时气体选择性好,而且体积小,重量轻。

　　固定电位电解气敏传感器的工作方式有两种,图 14 – 28(a)所示为极谱方式,其固定电压由外部供给;图 14 – 28(b)为原电池方式,其固定电解电压由原电池供给。原电池方

式采用的比较电极多用 Pb,Cd,Zn 或其氧化物、氯化物为原材料。根据不同气体选择不同电位的灵活性来看,原电池方式比较不太方便。

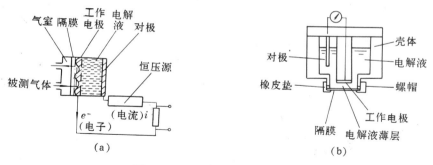

图 14-28　固定电位电解气敏传感器构造

(a)极谱式　　　　　　　　　　　(b)原电池式

第十五章　湿度传感器

湿度测量技术发展已有 200 多年历史,而人们对湿敏元件的认识是从 1938 年美国 F.W.Dummore 研制成功浸涂式氯化锂湿敏元件才开始的。从此以后,已有几十种湿敏元件应运而生。

湿度与科研、生产、人们生活、植物生长有密切关系,环境的温度具有与环境温度同等重要意义。但目前人们对湿度的重视程度远不及对温度的重视。因此湿度测量技术的研究及其测量仪器远不如温度测量技术与仪器那样精确与完善。所以,由于对湿度监测不够精确,致使大批精密仪器与机械装置锈蚀,谷物发霉等,每年因此造成巨大损失。

15.1　湿度及湿度传感器

15.1.1　湿度及其表示方法

在自然界中,凡是有水和生物的地方,在其周围的大气里总是含有或多或少的水汽。

大气中含有水汽的多少,表示大气的干、湿程度,用湿度来表示,也就是说,湿度是表示大气干湿程度的物理量。

大气湿度有两种表示方法:绝对湿度与相对湿度。

一、绝对湿度

绝对湿度表示单位体积空气里所含水汽的质量,其表达式为

$$\rho = \frac{M_V}{V} \qquad (15-1)$$

式中:ρ——被测空气的绝对(g/m^3,mg/m^3);

$\quad M_V$——被测空气中水汽的质量(g,mg);

$\quad V$——被测空气的体积(m^3)。

二、相对湿度

相对湿度是气体的绝对湿度(ρ_v)与在同一温度下,水蒸汽已达到饱和的气体的绝对湿度(ρ_W)之比,常表示为 %RH. 其表达式为

$$相对湿度 = \left(\frac{\rho_v}{\rho_W}\right)_T \cdot 100\% \text{ RH}$$

根据道尔顿分压定律,空气中压强 $P = P_a + P_V$(P_a 为干空气分压,P_V 为空气中水汽分压)和理想状态方程,通过变换,又可将相对湿度用分压表示:

$$相对湿度 = \left(\frac{P_V}{P_W}\right)_T \cdot 100\% \text{ RH}$$

式中:P_V——待测气体的水汽分压;

$\quad P_W$——同一温度下水蒸汽的饱和水汽压。

15.1.2 湿度传感器及其特性参数

湿度传感器是指能将湿度转换为与其成一定比例关系的电量输出的器件式装置。

湿度传感器的特性参数如下：

一、湿度量程

保证一个湿敏器件能够正常工作所允许环境相对温度可以变化的最大范围，称为这个湿敏元件的湿度量程。湿度量程越大，其实际使用价值越大。理想的湿敏元件的使用范围应当是 0 ~ 100%RH 的全量程。

二、感湿特征量——相对湿度特性曲线

每一种湿敏元件都有其感湿特征量，如电阻、电容、电压、频率等。湿敏元件的感湿特征量随环境相对湿度变化的关系曲线，称为该元件的感湿特征量——相对湿度特性曲线，简称感湿特性曲线。人们希望特性曲线应当在全量程上是连续的，曲线各处斜率相等，即特性曲线呈直线。斜率应适当，因为斜率过小，灵敏度降低；斜率过大，稳定性降低，这些都会给测量带来困难。

三、灵敏度

湿敏元件的灵敏度，就其物理含义而言，应当反映相对于环境湿度的变化、元件感湿特征量的变化程度。因此，它应当是湿敏元件的感湿特性曲线斜率。在感湿特性曲线是直线的情况下，用直线的斜率来表示湿敏元件的灵敏度是恰当而可行的。

然而，大多数湿敏元件的感湿特性曲线是非线性的，在不同的相对湿度范围内曲线具有不同的斜率。因此，这就造成用湿敏元件感湿特性曲线的斜率来表示灵敏度的困难。

目前，虽然关于湿敏元件灵敏度的表示方法尚未得到统一，但较为普遍采用的方法是用元件在不同环境湿度下的感湿特征量之比来表示灵敏度。例如，日本生产的 $MgCr_2O_4$ – TiO_2 湿敏元件的灵敏度，用一组电阻比 $R_{1\%}/R_{20\%}$，$R_{1\%}/R_{40\%}$，$R_{1\%}/R_{69\%}$，$R_{1\%}/R_{80\%}$ 及 $R_{1\%}/R_{100\%}$ 表示，其中 $R_{1\%}$，/$R_{20\%}$，$R_{40\%}$，$R_{60\%}$，$R_{80\%}$ 及 $R_{100\%}$ 分别为相对湿度在 1%，20%，40%，60%，80% 及 100%时湿敏元件的电阻值。

四、湿度温度系数

湿敏元件的温度温度系数是表示感湿特性曲线随环境温度而变化的特性参数，在不同的环境温度下，湿敏元件的感湿特性曲线是不相同的，它直接给测量带来误差。

湿敏元件的湿度温度系数定义为：在湿敏元件感湿特征量恒定的条件下，该感湿特征量值所表示的环境相对湿度随环境温度的变化率。

$$a = \frac{\mathrm{d}(RH)}{\mathrm{d}T}\bigg|_{k=常数}$$

式中：T ——绝对温度；

K ——元件特征量；

α ——湿度温度系数，其单位为%RH/℃。

由湿敏元件的湿度温度系数 α 值，即可得知湿敏元件由于环境温度的变化所引起的测湿误差。例如，湿敏元件的 $\alpha = 0.3\%$ RH/℃时，如果环境的温度变化 20℃，那么就将引起 6%RH 的测湿误差。

五、响应时间

响应时间反映湿敏元件在相对湿度变化时输出特征量随相对湿度变化的快慢程度。一般规定为响应相对湿度变化量的 63% 时所需要的时间。在标记时,应写明湿度变化区的起始与终止状态。人们希望响应时间快一些为好。

六、湿滞回线和湿滞回差

各种湿敏元件吸湿和脱湿的响应时间各不相同,而且吸湿和脱湿的特性曲线也不相同。一般总是脱湿比吸湿迟后,我们称这一特性为湿滞现象。湿滞现象可以用吸湿和脱湿特性曲线所构成的回线来表示,我们称这一回线为湿滞回线。在湿滞回线上所表示的最大量差值为湿滞回差。人们希望湿敏元件的湿滞回差越小越好。

综上所述,作为理想的湿度传感器希望能满足下列要求:

(1)在各种气体环境下特性稳定,不受尘埃附着的影响,使用寿命长;

(2)受温度的影响小;

(3)线性重复性好,灵敏度高,迟滞回差小,响应速度快;

(4)小型,易于制作和安装,且互换性好。

15.1.3 湿度传感器的分类

湿度传感器的种类很多,据不完全统计,湿度传感器系列、类型如表 15-1 所示。

本章将分别介绍电解质系、半导体及陶瓷系、有机物及高分子聚合物系三大系列的湿度传感器。

15.2 电解质系湿度传感器

这类湿敏元件中主要包括潮解性盐的元件、非溶性盐薄膜元件和采用离子交换树脂型元件,亦即包括无机电解质和高分子电解质湿敏元件两大类。

15.2.1 无机电解质湿度传感器

典型的是氯化锂湿敏元件。其感湿原理为:不挥发性盐(加氯化锂)溶解于水,结果降低了水的蒸气压,同时盐的浓度降低,电阻率增加。利用这个特性,在绝缘基板上制作一对金属电极,其上面再涂覆一层电解质溶液,即可形成一层感湿膜。感湿膜可随空气中湿度的变化而吸湿或脱湿,同时引起感湿膜电阻的改变。那么通过对感湿膜电阻的测试和标定,即可知环境的湿度。

氯化锂湿敏元件灵敏、准确、可靠。其主要缺点是在高湿的环境中,潮解性盐的浓度会被稀释,因此,使用寿命短,当灰尘附着时,潮解性盐的吸湿功能降低,重复性变坏。

目前,氯化锂湿敏元件有以下三类典型产品。

类型	湿 度 传 感 元 件		
物 性 型	电解质系		氯化锂－聚乙烯醇光硬化树脂电解质、氯化锂植物纤维含浸系、聚苯乙烯磺酸及其盐类、氟化钡
	半导体及陶瓷系	涂覆膜型	四氧化三铁涂覆膜、氧化铝陶瓷
		烧结体型	二氧化钛－氧化物非加热式、锌－锂－钒系，N_{il-x} $F_{e2+x}O_4$ 系、铁－钾－铝系，羟基磷灰石系、$MgC_{r2}O_4$－TiO_2 系、$Z_nC_rO_4$ 系、氧化铝－氧化镁陶瓷、$B_{al-x}S_{rx}$ TiO_5 系
		厚膜型	钨酸锆系、钨酸镍系、$LiNbO_3$－PbO 系非加热式、钛酸钡－氧化镧－氧化铝系
		薄膜型	三氧化二铝绝对湿度、Ta－MnO_2 电容式
		MOS 型	MOS 型电容式薄膜湿度传感器
	有机物及高分子聚合物系		亲水性高分子－碳黑系、聚酰亚胺薄膜式、等离子聚苯乙烯薄膜电容式、聚丙酸系
结构型			毛发湿度传感器、肠膜湿度传感器、尼龙湿度传感器
其他形式			干湿球式、钛酸镁微波吸收式、五氧化二磷电解式、石英晶体振子式、氯化锂露点式、红外线式、中子法式

一、登莫(Dunmore)式

登莫式传感器是在聚苯乙烯圆管上做出两条相互平行的钯引线作为电极,在该聚苯乙烯管上涂覆一层经过适当碱化处理的聚乙烯醋酸盐和氯化锂水溶液的混合液,以形成均匀薄膜。若只采用一个传感器件,则其检测范围狭窄。因此,设法将氯化锂含量不同的几种传感器组合使用,使其检测范围能达到(20～90)%的相对湿度。图 15－1 示出了登莫式传感器的结构。图中,A 为用聚苯乙烯包封的铝管;B 为用聚乙烯醋酸盐覆盖在 A 上的钯丝,这种聚乙烯醋酸盐中加有氯化锂。图 15－2 为上述传感器的电阻－湿度特性。

二、浸渍式

浸渍式传感器是在基片材料上直接浸渍氯化锂溶液构成的。这类传感器的浸渍基片材料为天然树皮。在基片上浸渍氯化锂溶液。这种方式与登莫式不同,它部分地避免了高湿度下所产生的湿敏膜的误差。并且,由于采用了表面积大的基片材料,并直接在基片上浸渍氯化锂溶液,因此这种传感器具有小型化的特点。它适应于微小空间的湿度检测。但是,与登莫式传感器一样,若仅使用一个这种传感器,则所能检测的湿度范围狭窄。因此,为了能够对传感器材料所能检测的整个湿度范围((20～90)%的相对湿度)都能进行检测,就必须使用几个特性不同(改变氯化锂溶液浓度的器件)的传感器。

在这种方式的传感器中,还有在玻璃带上浸有氯化锂溶液的另一类浸渍式湿度传感器。这种传感器的优点是:采用两种不同氯化锂溶液浓度的传感器就能够检测出(20～

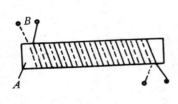

图 15 - 1 登莫式传感器结构

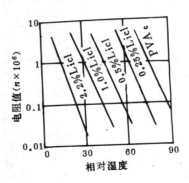

图 15 - 2 登莫式传感器的电感湿特性曲线

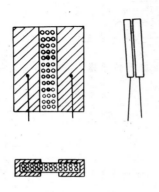

图 15 - 3 玻璃带上浸 LiCl 的
湿度传感器的结构

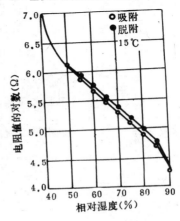

图 15 - 4 玻璃带上浸 LiCl 的湿度
传感器的感湿特性曲线

80%)的相对湿度。图 15 - 3 为结构示意图以及成品实例。图 15 - 4 为该湿度传感器的电阻 - 湿度特性。如图所示,阻值的对数与相对湿度(50~85)%成线性关系。同样,若仅采用一支传感器,则所能检测的湿度范围也较窄。应设法用(1~1.5)%不同浓度的氯化锂来检测(40~80)%范围的湿度。这样就能完成整个(20~80)%湿度范围的检测。

三、光硬化树脂电解质湿敏元件

登莫元件中的胶合剂——聚乙烯醇(PVA)不耐高温高湿的性质限制了元件的使用范围,采用光硬化树脂代替 PVA,即将树脂、氯化锂、感光剂和水按一定比例配成胶体溶液,浸涂在蒸镀有电极的塑料基片上,干燥后放置在紫外线下、助膜剂曝光并热处理,即可形成耐温耐湿的感湿膜。它可在 80℃ 温度下使用,并且有较好的耐水性,不怕"冲蚀",从而提高了元件的性能。典型氯化锂湿敏元件主要特性如表 15 - 2 所示。

表 15 - 2　典型氯化锂湿敏元件主要技术特性

名　称	型　号	精　度（%RH）	测湿范围（%RH）	工作温度（℃）	响应时间（s）
氯化锂湿敏元件	MSK - 1 MSK - 1A	2～3 5	20～95 30～90	- 5～+40 - 10～+40	＜60
氯化锂湿敏电阻器	MS	2～4	40～90	0～40	
光硬化树脂电解质湿度传感器		1～2	15～100	- 10～+80	10～40
氯化锂湿敏元件	PL - 1	5	20～100	- 10～+40	
氯化锂湿敏元件	SL - 2 SL - 3	2	10～95 40～90	5～50 10～40	
氯化锂湿敏元件	PSB - 1 PSB - 2 PSB - 3 PSB - 4	2～3	45～65 55～75 30～70 40～80 30～90 15～90	5～50	

15.2.2　高分子电解质湿度传感器

这是离子交换树脂型的湿敏元件。这类元件的感湿膜虽然是高分子聚合物,但是起吸湿导电作用的部分仍然是电解质。

一、聚苯乙烯磺酸锂湿敏元件

此类元件是用聚苯乙烯作为基片,其表面用硫酸进行磺化处理,引入磺酸基团（—SO_3—H^+）,形成具有共价键结合的磺化聚苯乙烯亲水层,为了提高湿敏元件的感湿特性,再放入氯化锂溶液中,通过离子交换 Li^+ 置换出磺酸基团中的氢离子 H^+,形成磺酸锂感湿层,最后,在感湿层表面再印刷上多孔性电极。

图 15 - 5 示出了聚苯乙烯磺酸锂湿敏元件在吸湿和脱湿两种情况下的电阻—湿度特性。在整个相对湿度范围内元件均在感湿特性,并且其阻值与相对湿度的关系在半对数坐标上基本为一直线。实验证明,元件的感湿特性与基片表面的磺化时间密切相关,亦即与亲水性的离子交换树脂的性能有关。由图 15 - 5 也可看到,元件的湿滞回差亦较理想,在阻值相同的情况下,吸湿和脱湿时湿度指示的最大差值为(3～4)%RH。此外,对湿敏元件进行抗水浸性能的试验(水浸两小时)结果如图 15 - 6 所示,水浸后元件阻值略有提高,在低湿段较为明显。

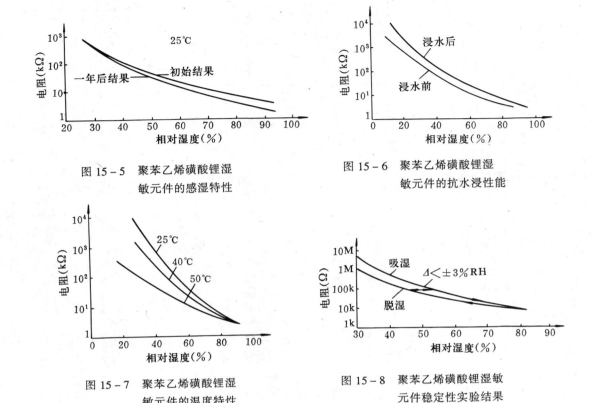

图 15-5 聚苯乙烯磺酸锂湿
敏元件的感湿特性

图 15-6 聚苯乙烯磺酸锂湿
敏元件的抗水浸性能

图 15-7 聚苯乙烯磺酸锂湿
敏元件的温度特性

图 15-8 聚苯乙烯磺酸锂湿敏
元件稳定性实验结果

图 15-7 示出了聚苯乙烯磺酸锂湿敏元件的感湿特性曲线随温度的变化。因为该湿敏元件是高分子电解质,故其电导率随温度的变化较为明显。元件具有负温度系数,因而在应用该类湿敏元件时,应进行温度补偿。

图 15-8 示出了聚苯乙烯磺酸锂湿敏元件存储一年后,对其感湿特性曲线重新测试的结果。该元件具有较好的稳定性,其最大变化不超过 2%RH/年。完全满足器件稳定性要求。典型产品是 SP-1 及 SP-2 两种元件。其主要技术特性如表 15-3 所示。

国产聚苯乙烯磺酸锂湿敏元件的优点是使用的温湿度范围宽,并且具有良好的耐水性,其缺点是湿滞略大,此外长期稳定性在实际应用中有待进一步考核。

二、有机季铵盐高分子电解质湿敏元件

该类高分子湿度传感器的感湿材料即是含有氯化季铵盐的高分子聚合物——丙烯酸酯,该材料是一种离子导电的高分子材料。其感湿原理为:大气中增加的湿度越大,则感湿膜被电离的程度就越大,电极间的电阻值也就越小,电阻值的变化与相对湿度的变化成指数关系。

表 15 - 3　磺酸锂湿敏元件主要技术特性

数据\型号	精度 (%RH)	测湿范围 (%RH)	工作温度 (℃)	时间常数 (s)	稳定性	滞后 (%RH)	温度系数 (%RH/℃)	寿命	适用环境
SP-1	±8	0~100	-30~+80	升湿时30	2.5%RH/年	±8	0.5	二年	不怕水怕灰尘烟雾，一定量的SO_2酸雾中均可使用
SP-2	±2.5	0~100	-38~+93			±2.5	0.5	使用一年后变化率2.5%RH	不怕水、不怕灰尘，烟雾，一定量的SO_2酸雾中均可使用

表 15 - 4　HRP - MQ 高分子湿度传感器主要技术特性

精度 (%RH)	工作温度范围 (℃)	测湿范围 (%RH)	滞后 (%RH)	响应时间 (s)	额定功率 (mW)	额定电压 (V)	额定电流 (mA)
±2~3	-20~+60	20~99.9	<±2	30	0.3	1.5(AC)	0.2

该元件在高温高湿条件下，有极好的稳定性，湿度检测范围宽，湿滞后小，响应速度快，并且具有较强的耐油性，耐有机溶剂及耐烟草等特性。其主要技术指标如表15-4所示。

三、聚苯乙烯磺酸铵湿敏元件

聚苯乙烯磺酸铵元件是在氧化铝基片上印刷梳状金电极，然后涂覆加有交联剂的苯乙烯磺酸铵溶液，之后，用紫外线光照射，苯乙烯磺酸铵交联、聚合，形成体形高分子，再加保护膜，形成具有复膜结构的感湿元件。

该元件测湿范围为(30~100)%RH；温度系数为-0.6RH/℃；具有优良的耐水性；耐烟草性，一致性好。

15.3　半导体及陶瓷湿敏传感器

这是湿度传感器中最大的一类，品种繁多。按其制作工艺可分为：涂覆膜型、烧结体型、厚膜型、薄膜型及MOS型等。下面介绍其中的一些典型元件的基本性能。

15.3.1　涂覆膜型

此类湿度敏感元件是把感湿粉料(金属氧化物)调浆，涂覆在已制好的梳状电极或平行电极的滑石瓷、氧化铝或玻璃等基板上。四氧化三铁、五氧化二钒及三氧化二铝等湿敏元件均属此类。其中比较典型且性能较好的是四氧化三铁（Fe_3O_4）湿敏元件。

涂覆膜型 Fe_3O_4 湿敏元件，一般采用滑石瓷作为元件的基片。在基片上用丝网印刷工艺印刷梳状金电极。将纯净的黑色 Fe_3O_4 胶粒，用水调制成适当粘度的浆料，然后用笔涂或喷雾在已有金电极的基片上，经低温烘干后，引出电极即可使用。元件构造如图 15－9 所示。

图 15－10 示出了涂覆膜型 Fe_3O_4 湿敏元件的湿滞曲线。元件的湿滞现象在高湿较为明显、最大湿滞回差约为 $\pm4\%$RH，可以满足民用的要求。

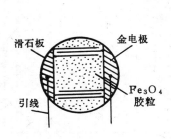

图 15－9　Fe_3O_4 湿敏元件构造

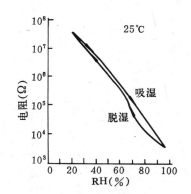

图 15－10　Fe_3O_4 湿敏元件湿度迟滞曲线

元件的稳定性较好，实验证明，器件在常温下自然存放一年后感湿特性几乎不发生变化。

图 7－11 是元件的响应速度曲线。

Fe_3O_4 湿敏元件是能在体湿度范围内进行测量的元件，并且具有一定的抗污染能力，体积小。但主要的缺点是响应时间长，吸湿过程（60%→98%RH）需要 2 分

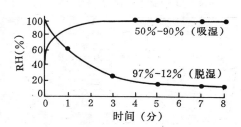

图 15－11　Fe_3O_4 湿敏元件的响应速度

钟，脱湿过程（98%→12%RH）需 5～7 分钟，同时在工程应用中长期稳定性不够理想。

15.3.2　烧结体型

这类元件的感湿体是通过典型的陶瓷工艺制成的。即将颗粒大小处于一定范围的陶瓷粉料外加利于成型的结合剂和增塑剂等，用压力轧膜，流延或注浆等方法成型，然后在适合的烧成条件下，于规定的温度和气氛下烧成，待冷却清洗，检选合格产品送去被复电极，装好引线后，就可得到满意的陶瓷湿敏元件。这类元件的可靠性、重现性等均比涂覆元件好，而且是体积导电，不存在表面漏电流，元件结构也简单。这是一类十分有发展前途的湿敏元件，其中较为成熟，且具有代表性的是：铬酸镁－二氧化钛（$MgCr_2O_4 - TiO_2$）陶瓷湿敏元件，五氧化二钒－二氧化钛（$V_2O_5 - TiO_2$）陶瓷湿敏元件、羟基磷灰石（$Ca_{10}(PO_4)_6(OH)_2$）陶瓷湿敏元件及氧化锌－三氧化二铬（$ZnO - Cr_2O_3$）陶瓷湿敏元件等。

一、铬酸镁－二氧化钛陶瓷湿敏元件（MCT 型）

该湿敏元件的结构如图 15－12 所示。在 $MgCr_2O_4 - TiO_2$ 陶瓷片的两面，设置高孔

金电极,并用掺金玻璃粉将引出线与金电极烧结在一起。在半导体陶瓷片的外面,安放一个由镍铬丝烧制而成的加热清洗圈(又称 Kathal 加热器),以便对元件进行经常加热清洗,排除有害气氛对元件的污染。元件安放在一种高度致密的、疏水性的陶瓷底片上。为消除底座上测量电极 2 和 3 之间由于吸湿和沾污而引起的漏电,在电极 2 和 3 的四周设置了金短路环。

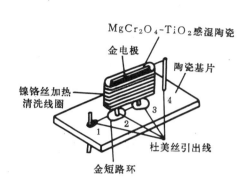

图 15 - 12   MgCr$_2$O$_4$ - TiO$_2$ 半导体陶瓷
湿敏元件的结构示意图

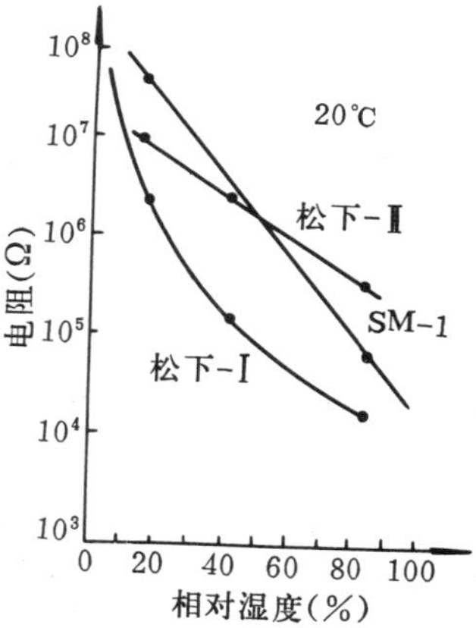

图 15 - 13   MgCr$_2$O$_4$ - TiO$_2$ 湿敏元
件的感湿特性曲线

该类湿敏元件的感湿机理一般认为是:利用陶瓷烧结体微结晶表面对水分子进行吸湿或脱湿使电极间电阻值随相对湿度或指数变化。

MgCr$_2$O$_4$ - TiO$_2$ 半导体陶瓷湿敏元件的感湿特性曲线如图 15 - 13 所示,为了比较,图中给出了国产 SM - 1 型和日本的松下 - I 型、松下 - II 型的感湿特性曲线。

该类湿敏元件的特点是体积小,测湿范围宽,一片即可测(1 ~ 100)%RH;可用于高湿(150℃),最高承受温度可达 600℃;能用电热反复进行清洗,除掉吸附在陶瓷上的油雾、灰尘、盐、酸、气溶胶或其他污染物,以保持精度不变;响应速度快(一般不超过 20s);长期稳定性好。

二、五氧化二钒 - 二氧化钛陶瓷湿敏元件

V$_2$O$_5$ - TiO$_2$ 陶瓷湿敏元件系陶瓷多孔质烧结体,是利用体积吸附水汽现象的湿敏元件,元件内部的两根白金丝电极包埋在线卷内,通过测定电极间的电阻检测湿度。这类元件的特点是:测湿范围宽,能够耐高温,响应时间短;缺点是这类元件容易发生漂移,漂移量与相对湿度成比例。

三、羟基磷灰石陶瓷湿敏元件

羟基磷灰石陶瓷湿敏元件是目前国外研究得比较多的磷灰石系陶瓷湿敏元件。羟基的存在有利于提高元件的长期稳定性,当在 54%RH 和 100%RH 湿度下,以每 5min 加热 30s(450℃)的周期进行 4000 次热循环试验后,其误差仅为 ±3.5%RH。该元件的主要技术特性如表 15 - 5 所示。

表 15-5　羟基磷灰石陶瓷湿敏元件主要技术特性

工作温度 （℃）	耐热温度 （℃）	测湿范围 （%RH）	精　度 （%RH）	响应时间 （s）	清洗电压 （V）	清洗周期	加热温度 （℃）
1～99	600	5～99	±3～5	94→50% RH：<15 0→50% RH：2	6～10 （AC 或 DC）	1天～1周	450～500

四、氧化锌-五氧化二铬陶瓷湿敏元件

上面介绍的几种烧结型陶瓷湿敏元件均需要加热清洗去污。这样在通电加热及加热后，延时冷却这段时间内元件不能使用，因此，测湿是断续的。这在某些场合下是不允许的。为此，国外已研制出不用电热清洗的陶瓷湿敏元件，$ZnO-Cr_2O_3$ 陶瓷湿敏元件就是其中的一种。

该湿敏元件的电阻率几乎不随温度改变，老化现象很小，长期使用后电阻率变化只有百分之几。元件的响应速度快，(0～100)%RH 时，约 10s，湿度变化 ±20% 时，响应时间仅 2s；吸湿和脱湿时几乎没有湿滞现象。

15.3.3　薄膜型

一、氧化铝薄膜湿敏元件

该湿敏元件测湿的原理主要是多孔的三氧化二铝薄膜易于吸收空气中的水蒸气，从而改变了其本身的介电常数，这样由三氧化二铝做电介质构成的电容器的电容值，将随空气中水蒸气分压而变化。测量电容值，即可得出空气的相对湿度。

图 15-14 示出了湿度传感器的结构。图中，多孔导电层 A 是用蒸发金膜制成的对面电极，它能使水蒸汽浸透氧化铝层；B 为湿敏部分；C 为绝缘层（高分子绝缘膜）；D 为导线。

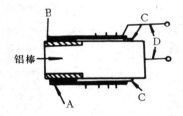

图 15-14　多孔氧化铝湿度
传感器的结构

多孔三氧化二铝电容式湿敏元件的优点是体积小，温度范围宽（从 -111～+20℃ 及从 +20～+60℃），元件响应快，在低湿下灵敏度高，没有"冲蚀"；缺点是对污染敏感而影响精度，高湿时精度较差，工艺复杂，老化严重，稳定性较差。采用等离子法制作的元件，稳定性有所提高，但尚需进一步在应用中考核。

二、钽电容湿敏元件

目前以铝为基础的湿敏元件在有腐蚀剂和氧化剂的环境中使用时，都不能保证长期稳定性。但以钽作为基片，利用阳极氧化法形成氧化钽多孔薄膜是一种介电常数高、电特性和化学特性较稳定的薄膜。以此薄膜制成电容式湿敏元件可大大提高元件的长期稳定性。

电容式湿敏元件就是采用氧化钽为感湿材料的。它是在钽丝上阳极氧化一层氧化钽薄膜;膜上还有一层含防水剂的二氧化锰层,作为一对电极的导电层;考虑到对油烟、类尘等应用环境的适应性,还装有活性炭纸过滤器,使之适于测量腐蚀性气体的湿度。

15.4　有机物及高分子聚合物湿度传感器

随着高分子化学和有机合成技术的发展,用高分子材料制作化学感湿膜的湿敏元件日益增高,并已成为目前湿敏元件生产中一个重要分支。

15.4.1　胀缩性有机物湿敏元件

有机纤维素具有吸湿溶胀、脱湿收缩的特性。利用这种特性,将导电的微粒或离子掺入其中作为导电材料,就可将其体积随环境湿度的变化转换为感湿材料电阻的变化。这一类湿敏元件主要有:碳湿敏元件及结露敏感元件等。

一、碳湿敏元件

碳湿敏元件采用的感湿材料是溶胀性能较好的羟乙基纤维素(HEC)。

羟乙基纤维素碳湿敏元件多采用丙烯酸塑料作为基片,采用涂刷导银漆或直空镀金、化学淀积等方法,在基片两长边的边缘上形成金属电极,然后,再在其上浸涂一层由羟乙基纤给素、导电碳黑和润湿性分散剂组成的浸涂液,待溶剂蒸发后即可获得一层具有胀缩特性的感湿膜。经老化、标定后即可使用,其结构如图 15 - 15 所示。

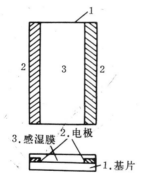

图 15 - 15　羟乙基纤维素碳
湿敏感元件结构

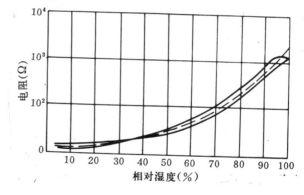

图 15 - 16　羟乙基纤维素碳湿敏
元件的感湿特性曲线

图 15 - 16 示出了羟乙基纤维素碳湿敏元件在吸湿和脱湿两种情况下的感湿特性曲线。从图中可知,元件的感湿特性曲线还是比较理想的。但是有两点值得注意。其一,在湿度大于 90%RH 的高湿段,感湿特性曲线具有负的斜率,曲线呈现"隆起"或者说曲线被"压弯"。这一现象的出现据认为是由于混入浸涂液中的离子性杂质所引起的。实践证明,在干燥和超净条件下制得的元件,曲线的"隆起"现象就极其轻微。图 7 - 17 中给出了三种不同条件下元件的感湿特性曲线。曲线 A 是理想的元件所应具有的感湿特性曲线;曲线 B 为在正常批量生产中元件的感湿特性曲线;曲线 C 是在高湿和离子污染较重的条件所得到元件的感湿特性曲线,"隆起"现象明显。其二,在 25℃和 33.3%RH 条件下,元件的湿滞回线有一交叉点。对于一定的浸涂液,该点出现的位置是固定的,不同的浸涂液该点位置不同。关于该点的出现位置,目前在理论上尚很难予以解释。

二、结露敏感元件

该元件是在印制梳状电极的氧化铝基片上涂以电阻式感湿膜,感湿膜由新型树脂和碳粒组成。该元件具有独特的性能:在低湿时几乎没有感湿灵敏度,面在高湿(94%RH 以上)时,其阻值剧增,呈现开关式阻值变化特性。

该元件的特点为:

(1)即使在使用中有灰尘和其他气体产生的表面污染,对元件的湿度特性影响很小;

(2)能够检测并区别结露、水分等高湿状态;

(3)尽管存在滞后等因素会引起特性变化,但由于具有急剧的开关特性,故工作点变动较小;

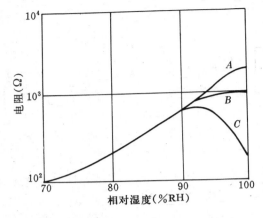

图 15－17　羟乙基纤维素碳湿敏元件感湿特性曲线的"隆起"现象

(4)能使用直流电压设计电路,因为是导电无极化现象,故可用直流电源。

结露敏感元件的特性如表 15－6 所示。该元件被大量应用于检测磁带机、照相机结露及小汽车玻璃窗除露等。

表 15－6　结露敏感元件主要技术特性

电阻值(Ω)	响应时间(s)	使用电压(V)	工作温度(℃)	测湿范围(%RH)	湿度检测量程(%RH)
75%RH 时:10k 以下	25℃、60%RH	0.8 以下			
94%RH 时:2～20k	60℃、100%RH	(AC 或 DC)	－10～160		
100%RH 时:200k	达到 100k 的时间			0～100	94～100
以上	＜10				

15.4.2　高分子聚合物薄膜湿敏元件

这是 20 世纪 70 年代新发展起来的一类比较理想的湿敏元件。

作为感湿材料的高分子聚合物能随周围环境的相对湿度大小成比例地吸附和释放水分子。因为这类高分子大多是具有较小的电介常数($\varepsilon_r = 2～7$)的电介质,而水分子偶极矩的存在大大提高了聚合物的介电常数($\varepsilon_r = 83$)。因此将此类特性的高分子电介质做成电容器,测定其电容量的变化,即可得出环境相对湿度。

目前这类高分子聚合物材料主要有等离子聚合法形成的聚苯乙烯及醋酸纤维素等。

一、等离子聚合法聚苯乙烯薄膜湿敏元件

用等离子聚合法聚合的聚苯乙烯因有亲水的极性基团。随环境湿度大小而吸湿或脱湿,从而引起介电常数的改变。一般的制作方法是在玻璃基片上镀上一层铝薄膜作为下电极,用等离子聚合法在铝膜上镀一层($0.05\mu m$)聚苯乙烯作为电容器的电介质,再在其

上镀一层多孔金膜作为上电极。该类元件的特点是

(1)测湿范围宽,有的可覆盖全湿范围;

(2)使用温度范围宽,有的可达 – 40 ~ + 150℃;

(3)响应速度快,有的小于 1s;

(4)尺寸小,可用于狭小空间的测湿;

(5)温度系数小,有的可忽略不计。

二、醋酸纤维有机膜湿敏元件

电容式湿敏元件的感湿材料即是醋酸纤维。它是在玻璃基片上蒸发梳状全电极,作为下电极;将醋酸纤维按一定比例溶解于丙酮、乙醇(或乙醚)溶液中配成感湿溶液。然后通过浸渍或涂覆的方法,在基片上附着一层($0.5\mu m$)感湿膜,再用蒸发工艺制成上电极,其厚度为 $20\mu m$ 左右。

这种湿敏元件响应速度快,重复性能好,由于是有机物,所以在有机溶剂环境下使用时有被溶解的缺点。最适宜的工作温度范围为 0 ~ 80℃,该元件的主要技术特性如表 15 – 7 所示。

表 15 – 7 醋酸纤维素有机膜湿敏元件主要技术特性

参数 型号	测湿范围 (%RH)	工作温度 (℃)	精度 (%RH)	响应时间 (s)	温度系数 (%RH/℃)
6061HM	0 ~ 100	– 40 ~ + 115	± 1 ~ 2	1	0.05

15.5 湿度传感器的应用及发展动向

湿度传感器广泛应用于各种场合的湿度监测、控制与报警。在军事、气象、农业、工业(特别是纺织、电子、食品工业)、医疗、建筑以及家用电器等方面。

举列来说,湿度传感器广泛用于自动气象站的遥测装置上,采用耗电量很小的湿度传感器可以由蓄电瓶供电长期自动工作,几乎不需要维护。用于无线电遥测自动气象站的湿度测报原理方框图如图 15 – 18 所示。图中的 $R – f$ 变换器将传感器送来的电阻阻值变为相应的频率 f,再经自校器控制使频率数 f 与相对湿度一一对应,最后经门电路记录在自动记录仪上,如需要远距离数据传输,则还需要将得到的数字量编码,调制到无线电

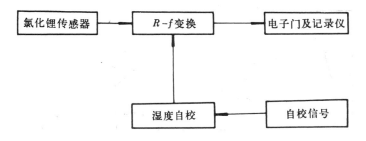

图 15 – 18 自动气象站湿度测报原理图

载波上发射出去。

　　湿度传感器还广泛用于仓库管理。为防止库中的食品、被服、武器弹药、金属材料以及仪器仪表等物品霉烂、生锈,必须设有自动去湿装置。有些物品如水果、种子、肉类等又需保证在一定湿度的环境中。这些都需要自动湿度控制。

　　图 15－19 为一自动去湿装置。H 为湿敏传感器,R_s 为加热电阻丝,BG_1 和 BG_2 接成施密特触发器,BG_2 的集电极负载 f 为续电器线圈。BG_1 的基极回路电阻是 R_1、R_2 和 H 的等效电阻 R_p. 在常温常湿情况下调好各电阻值,使 BG_1 导通,BG_2 截止。当阴雨等使环境湿度增大而导致 H 的阻值下降达到某值时,R_2 与 R_p 并联之阻值小到不足以维持 BG_1 导通,由于 BG_1 截止而使 BG_2 导通,其负载断电器 J 通电,J 的常开触点 Ⅱ 闭合,加热电阻丝 R_s 通电加热,驱散湿气。当湿度减小到一定程度时,施密特电路又翻转到初始状态,BG_1 导通,BG_2 截止,常开触点 Ⅱ 断开,R_s 断电停止加热。从而实现了防湿自动控制。

　　以上讨论了典型湿度传感器的工作原理、结构、性能、以及传感器的应用情况。目前湿度传感器在长期稳定性方面还存在一些问题,为此各方面迫切希望研制出有长期可靠性的传感器,而宁可在测量精度、湿度和温度特性、响应性、形状和尺寸等方面作出一些牺牲。

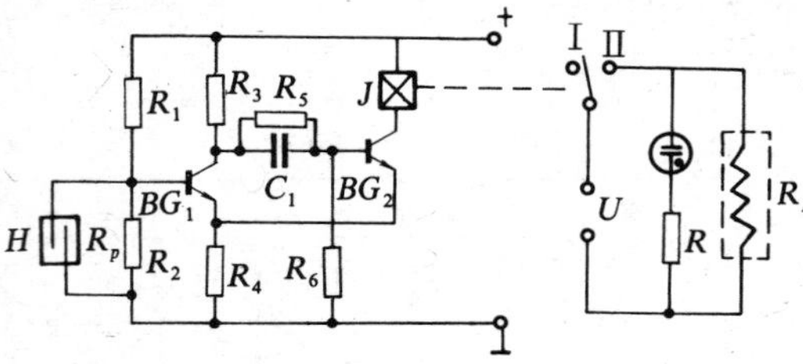

　　根据大工业自动化微机控制的需

图 15－19　自动去湿装置

要,提出了湿度传感器微型化、集成化、廉价的发展方向。国内外正在开展新一代湿度传感器的研制与开发以适合各种情况下的测湿和达到人们所希望的各种要求。

第十六章 红外传感器

16.1 红外辐射的基本知识

16.1.1 红外辐射

红外辐射俗称红外线,它是一种人眼看不见的光线。但实际上它和其他任何光线一样,也是一种客观存在的物质。任何物体,只要它的湿度高于绝对 零度,就有红外线向周围空间辐射。

红外线是位于可见光中红光以外的光线,故称为红外线。它的波长范围大致在 0.75 ~ 1000μm 的频谱范围之内。相对应的频率大致在 $4 \times 10^{14} \sim 3 \times 10^{11}$ Hz 之间,红外线与可见光、紫外线、x 射线、γ 射线和微波、无线电波一起构成了整个无限连续的电磁波谱,如图 16－1 所示。

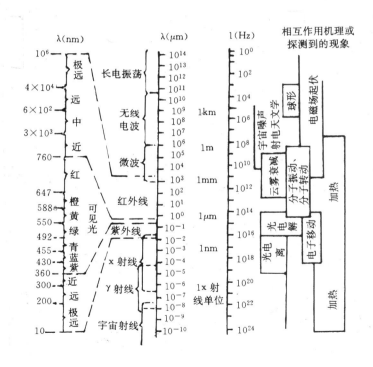

图 16－1 电磁波谱图

在红外技术中,一般将红外辐射分为四个区域,即近红外区、中红外区、远红外区和极远红外区。这里所说的远近是指红外辐射在电磁波谱中与可见光的距离。

红外辐射的物理本质是热辐射。物体的温度越高,辐射出来的红外线越多,红外辐射的能量就越强。研究发现,太阳光谱各种单色光的热效应从紫色光到红色光是逐渐增大的,而且最大的热效应出现在红外辐射的频率范围内,因此人们又将红外辐射称为热辐射或热射线。实验表明,波长在 $0.1 \sim 1000 \mu m$ 之间的电磁波被物体吸收时,可以显著地转变为热能。可见,载能电磁波是热辐射传播的主要媒介物。

红外辐射和所有电磁波一样,是以波的形式在空间直线传播的。它在真空中的传播速度等于波的频率与波长的乘积,即等于光在真空中的传播速度

$$c = \lambda f \qquad\qquad (16 - 1)$$

式中:λ ——红外辐射的波长(μm);

$\quad f$ ——红外辐射的频率(Hz);

$\quad c$ —— 光在真空中的传播速度,$c = 30 \times 10^{10} cm/s$。

红外辐射在大气中传播时,由于大气中的气体分子、水蒸汽以及固体微粒、尘埃等物质的吸收和散射作用,使辐能在传输过程中逐渐衰减。空气中对称的双原子分子,如 N_2,H_2,O_2 不吸收红外辐射,因而不会造成红外辐射在传输过程中衰减。图 16 - 2 为通过一海里长度的大气透过率曲线。红外辐射在通过大气层时被分割成三个波段,即 $2 \sim 2.6 \mu m$,$3 \sim 5 \mu m$ 和 $8 \sim 14 \mu m$,统称为"大气窗口"。这三个大气窗口对红外技术应用特别重要,因为一般红外仪器都工作在这三个窗口之内。

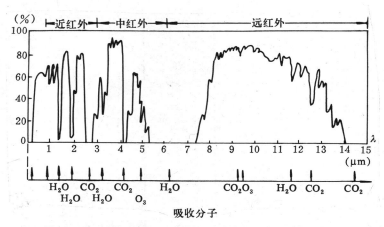

图 16 - 2　红外光经过一海里的长度大气的透过率曲线

16.1.2　红外辐射术语

红外辐射术语在不同书籍中使用的名称和符号各不相同,这里采用计量部门推荐的技术术语,其定义、符号和单位列于表 16 - 1 中。

表 16 - 1　一些辐射术语的定义、符号和单位

辐射术语	符号	定　　义	单　　位
辐射能	W	辐射源以电磁波形式所辐射的能量	焦耳(J)
辐射功率	P	辐射能传输的速率，$\partial W / \partial t$	瓦(W)
辐射强度	J	点源在单位立体角内的辐射功率，$\partial P / \partial \Omega$	瓦 / 球面度(W/sr)
辐射出射度	M	辐射源单位面积所发出的辐射功率，$\partial P / \partial A$	瓦 / 厘米^2(W/cm^2)
面辐射强度	N	面源在单位投影面积、单位立体角内的辐射功率 $\partial^2 P / (\cos\theta \cdot \partial A \cdot \partial \Omega)$	瓦 / 球面度·厘米^2 (W/sr·cm^2)
辐照度	H	入射到接受体表面单位面积上的辐射功率，$\partial P / \partial A$	瓦 / 厘米^2(W/cm^2)
光谱辐射功率	P_λ	在 λ 附近单位波长间隔内的辐射功率，$\partial P / \partial \lambda$	瓦 / 微米(W/μm)
光谱辐射强度	J_λ	在 λ 附近单位波长间隔内的辐射强度，$\partial J / \partial \lambda$	瓦 / 球面度·微米 (W/sr·μm)
光谱辐射出射度	M_λ	在 λ 附近单位波长间隔内的辐射出射度，$\partial M / \partial \lambda$	瓦 / 厘米·微米 (W/cm^2·μm)
光谱辐照度	H_λ	在 λ 附近单位波长间隔内的辐照度，$\partial H / \partial \lambda$	瓦 / 厘米·微米 (W/cm·μm)
比辐射率	ε	同一温度下，物体的辐射出射度与黑体的辐射出射度之比	—
辐射吸收度	α	物体吸收的辐射功率与入射的辐射功率之比	—
辐射反射率	ρ	物体反射的辐射功率与入射的辐射功率之比	—
辐射透过率	τ	物体透过的辐射功率与入射的辐射功率之比	—
单色比辐射率	ε_λ	在波长 λ 处物体的辐射出射度与黑体的辐射出射度之比	—

16.1.3　红外辐射源

当物体温度高于绝对零度时，都有红外线向周围空间辐射出来。根据辐射源几何尺寸的大小，距探测器的远近，又分为点源和面源，但同一个辐射源，在不同的场合，既可以是点源，又可以是面源。一般情况下，把充满红外光学系统瞬时视场的大面辐射源叫做面源，而将没有充满红外光学系统瞬时视场的大面源叫做点源。

理想的点源被认为是没有面积的几何点,如图 16 - 3 所示。其辐射强度 J 是点源在某一指定方向,单位立体角内发射的辐射功率,即

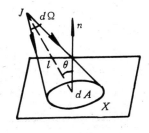

$$J = \frac{\partial P}{\partial \Omega} \qquad (16-2)$$

所以,点源的辐射强度 J 仅与方向有关,而与源面积无关。

在图 16 - 3 中,设点源的辐射强度为 J,它与被照面上 X 处的圆面积 dA 的距离为 l,圆面积 dA 的法线 n 与 l 的夹角为 θ,则 dA 接收到的辐射功率为

图 16 - 3 点源

$$dP = Jd\Omega = J\frac{dA\cos\theta}{l^2} \qquad (16-3)$$

故点源在被照面上 X 得所产生的辐照度与点源辐射强度和被照面法线的夹角的余弦的积成正比,与它们之间的距离平方成反比。

对于面源,它的辐射强度为

$$N = \lim_{\substack{\Delta A \to 0 \\ \Delta \Omega \to 0}} \left(\frac{\Delta^2 P}{\cos\theta \cdot \Delta A \cdot \Delta \Omega} \right) = \frac{\partial^2 P}{\cos\theta \cdot \partial A \cdot \partial \Omega} \qquad (16-4)$$

可见,面辐射强度 N 与被照面在面源表面上的位置、方向及面源的面积 ΔA 有关。

面源单位面发射的辐射出射度为

$$M = \frac{dp}{\partial A} \int_{\text{半球}} N\cos\theta d\Omega \qquad (16-5)$$

面源在与它相距 l 处的被照面上产生的辐照度为

$$H = N\cos\theta \cdot \Delta A \frac{\cos\theta'}{l^2} = N\cos\theta' \cdot \Delta \Omega' \qquad (16-6)$$

式中:ΔA —— 小面源的表面积;

θ —— 面源表面法线 n 与 l 的夹角;

θ' —— 被照表面法线 n' 与 l 的夹角;

$\Delta \Omega'$ —— 小面源 ΔA 对被照面所张的小立体角,且

$$\Delta \Omega' = \frac{\Delta A \cos\theta}{l^2}$$

对于一般辐射,求 M 与 N 的关系,必须先确定 N 与 θ 的关系。

如果辐射体是理想的漫辐射体,它的面辐射强度 N 是一个与方向无关的常量,所以

$$M = N\int_{\text{半球}} \cos\theta d\Omega = \pi N \qquad (16-7)$$

利用式(16 - 7)很容易由 M 求出 N 来。

理想的漫辐射体也叫做朗伯辐射体。实际上理想的漫辐射体是不存在的,但许多辐射体在一定角度范围内,如绝缘体 θ 在 $60°$ 以内,导体 θ 在 $50°$ 以内,在工程计算中都可近似看成朗伯辐射体。空腔辐射器就是比较满意的朗伯辐射体。

16.2 红外传感器

红外传感器(也称为红外探测器)是能将红外辐射能转换成电能的光敏器件,它是红外探测系统的关键部件,它的性能好坏,将直接影响系统性能的优劣。因此,选择合适的、性能良好的红外传感器,对于红外探测系统是十分重要的。

16.2.1 常见红外传感器

一、热传感器

热传感器是利用入射红外辐射引起传感器的温度变化,进而使有关物理参数发生相应的变化,通过测量有关物理参数的变化来确定红外传感器所吸收的红外辐射。

热探测器的主要优点是响应波段宽,可以在室温下工作,使用简单。但是,热传感器响应时间较长,灵敏度较低,一般用于低频调制的场合。

热传感器主要类型有:热敏电阻型、热电偶型、高莱气动型和热释放电型四种。

1.热敏电阻型传感器

热敏电阻是由锰、镍、钴的氧化物混合后烧结而成的。热敏电阻一般制成薄片状,当红外辐射照射在热敏电阻上,其温度升高,电阻值减小。测量热敏电阻值变化的大小,即可得知入射的红外辐射的强弱,从而可以判断产生红外辐射物体的温度。热敏电阻型红外传感器结构如图 16 - 4 所示。

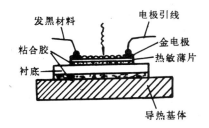

图 16 - 4　热敏电阻红外传感器的结构

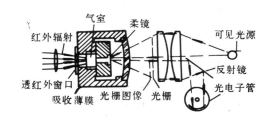

图 16 - 5　气动探测器的结构

2.热电偶型传感器

热电偶是由热电功率差别较大的两种金属材料(如铋－银、铜－康铜、铋－铋锡合金等)构成的。当红外辐射入射到这两种金属材料构成的闭合回路的接点上时,该接点温度升高。而另一个没有被红外辐射辐照的接点处于较低的温度,此时,在闭合回路中将产生温差电流。同时回路中产生温差电势,温差电势的大小,反映了接点吸收红外辐射的强弱。

利用温差电势现象制成的红外传感器称为热电偶型红外传感器,因其时间常数较大,响应时间较长,动态特性较差,调制频率应限制在 10Hz 以下。

3.高莱气动型传感器

高莱气动型传感器是利用气体吸收红外辐射后,温度升高,体积增大的特性,来反映红外辐射的强弱。其结构原理如图 16 - 5 所示。它有一个气室,以一个小管道与一块柔性薄片相连。薄片的背向管道一面是反射镜。气室的前面附有吸收膜,它是低热容量的薄膜。红外辐射通过窗口入射到吸收膜上,吸收膜将吸收的热能传给气体,使气体温度升高,气压增大,从而使柔镜移动。在室的另一边,一束可见光通过栅状光栏聚焦在柔镜上,经柔镜反射回来的栅状图像又经过栅状光栏投射到光电管上。当柔镜因压力变化而移动时,栅状图像与栅状光栏发生相对位移,使落到光电管上的光量发生改变,光电管的输出信号也发生改变,这个变化量就反映出入射红外辐射的强弱。这种传感器的特点是灵敏度高,性能稳定。但响应时间长,结构复杂,强度较差,只适合于实验室内使用。

4. 热释电型传感器

热释电型传感器是一种具有极化现象的热晶体或称"铁电体"。铁电体的极化强度(单位面积上的电荷)与温度有关。当红外辐射照射到已经极化的铁电体薄片表面上时,引起薄片温度升高,使其极化强度降低,表面电荷减少,这相当于释放一部分电荷,所以叫做热释电型传感器。如果将负载电阻与铁电体薄片相连,则负载电阻上便产生一个电信号输出。输出信号的大小,取决于薄片温度变化的快慢,从而反映出入射的红外辐射的强弱。由此可见,热释电型红外传感器的电压响应率正比于入射辐射变化的速率。当恒定的红外辐射照射在热释电传感器上时,传感器没有电信号输出。只有铁电体温度处于变化过程中,才有电信号输出。所以,必须对红外辐射进行调制(或称斩光),使恒定的辐射变成交变辐射,不断地引起传感器的温度变化,才能导致热释电产生,并输出交变的信号。

二、光子传感器

光子传感器是利用某些半导体材料在入射光的照射下,产生光子效应,使材料电学性质发生变化。通过测量电学性质的变化,可以知道红外辐射的强弱。利用光子效应所制成的红外传感器,统称光子传感器。光子传感器的主要特点是灵敏度高,响应速度快,具有较高的响应频率。但其一般需在低温下工作,探测波段较窄。

按照光子传感器的工作原理,一般可分为内光电和外光电传感器两种,后者又分为光电导传感器、光生伏特传感器和光磁电传感器等三种。

1. 外光电传感器(PE 器件)

当光辐射照在某些材料的表面上时,若入射光的光子能量足够大,就能使材料的电子逸出表面,向外发射出电子,这种现象叫外光电效应或光电子发射效应。光电二极管、光电倍增管等便属于这种类型的电子传感器。它的响应速度比较快,一般只需几个毫微秒。但电子逸出需要较大的光子能量,只适宜于近红外辐射或可见光范围内使用。

2. 光电导传感器(PC 器件)

当红外辐射照射在某些半导体材料表面上时,半导体材料中有些电子和空穴可以从原来不导电的束缚状态变为能导电的自由状态,使半导体的导电率增加,这种现象叫光电导现象。利用光电导现象制成的传感器称为光电导传感器,如硫化铅(PbS)、硒化铅(PbSe)、锑化铟(InSb)、碲镉汞(HgCdTe)等材料都可制造光电导传感器。使用光电导传感器时,需要制冷和加上一定的偏压,否则会使响应率降低,噪声大,响应波段窄,以致使红外传感器损坏。

3. 光生伏特传感器(PU 器件)

当红外辐射照射在某些半导体材料的 pn 结上时,在结内电场的作用下,自由电子移向 n 区,空穴移向 p 区。如果 pn 结开路,则在 pn 结两端便产生一个附加电势,称为光生电动势。利用这个效应制成的传感器称为光生伏特传感器或 pn 结传感器。常用的材料为砷化铟(InAs)、锑化铟(InSb)、碲镉汞(HgCdTe)、碲锡铅(PbSnTe)等几种。

4.光磁电传感器(PEM 器件)

当红外辐射照射在某些半导体材料的表面上时,材料表面的电子和空穴将向内部扩散,在扩散中若受强磁场的作用,电子与空穴则各偏向一边,因而产生开路电压,这种现象称为光磁电效应。利用此效应制成的红外传感器,叫做光磁电传感器。

光磁电传感器不需要致冷,响应波段可达 $7\mu m$ 左右,时间常数小,响应速度快,不用加偏压,内阻极低,噪声小,有良好的稳定性和可靠性。但其灵敏度低,低噪声前置放大器制作困难,因而影响了使用。

16.2.2　红外传感器的性能参数

一、电压响应率 R_v

当(经过调制的)红外辐射照射到传感器的敏感面上时,传感器的输出电压与输入红外辐射功率之比,叫做传感器的电压响应率,记作 R_v

$$R_v = \frac{U_s}{P_0 A}, \text{(V/W 或 } \mu V/\mu W) \tag{16-8}$$

式中: U_s ——红外传感器的输出电压 (V);

　　　P_0 ——投射到红外敏感元件单位面积上的功率(W/cm^2);

　　　A ——红外传感器敏感元件的面积(cm^2)。

二、响应波长范围

响应波长范围(或称光谱响应),是表示传感器的电压响应率与入射的红外辐射波长之间的关系,一般用曲线表示,如图 16-6 所示。由于热电传感器的电压响应率与波长无关,它的响应率曲线是一条平行于横坐标(波长)的直线,如曲线 1 所示。而光子传感器的电压响应率是波长的函数,它的响应率是一条随波长变化而变化的曲线,如曲线 2 所示。一般将响应率最大值所对应的波长称为峰值波长(λm),而把响应率下降到响应值的一半所对应的波长称为截止波长(λ_e),它表示着红外传感器使用的波长范围。

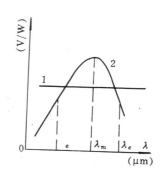

图 16-6　红外传感器的电压响应率曲线

三、噪声等效功率

如果投射到红外传感器敏感元件上的辐射功率所产生的输出电压,正好等于传感器本身的噪声电压,则这个辐射功率就叫做"噪声等效功率"。通常用符号"NEP"表示

$$NEP = \frac{P_0 A_0}{U_s / U_N} = \frac{U_N}{R_v} \tag{16-9}$$

式中: P_0 ——投射到传感器敏感元件单位面积上的辐射功率(W/cm^2);

A_0——红外传感器敏感元件的面积(cm^2);

U_N——红外传感器的综合噪声电压(V);

R_v——红外传感器的电压响应率(V/W)。

噪声等效功率是信噪比为 1 的红外传感器探测到的最小辐射功率。

四、探测率

探测率是噪声等效功率的倒数,即

$$D = \frac{1}{NEP} = R_v/U_N \qquad (16-10)$$

红外传感器的探测率越高,表明传感器所能探测到的最小辐射功率越小,传感器就越灵敏。

五、比探测率

比探测率又叫归一化探测率,或者叫探测灵敏度。实质上就是当传感器的敏感元件面积为单位面积,放大器的带宽 Δf 为 1Hz 时,单位功率的辐射所获得的信号电压与噪声电压之比,通常用符号 D^* 表示

$$D^* = (1/NEP)\sqrt{A_0\Delta f} = D\sqrt{A_0\Delta f} = (R_v/U_N)\sqrt{A_0\Delta f} \qquad (16-11)$$

由上式可知,比探测率与传感器的敏感元件面积和放大器的带宽无关。当不同的传感器对比时,就比较方便了。在一般情况下,D^* 越高,传感器的灵敏度越高,性能越好。

六、时间常数

时间常数表示红外传感器的输出信号随红外辐射变化的速率。输出信号滞后于红外辐射的时间,称为传感器的时间常数,在数值上为

$$\tau = 1/2\pi f_c \qquad (16-12)$$

式中 f_c 为响应率下降到最大值的 0.707(3dB)时的调制频率。

热传感器的热惯性和 RC 参数较大,其时间常数大于光子传感器,一般 τ 为毫秒级或更长,而光子传感器的时间常数 τ 一般为微秒级,如锗掺汞 τ 为 10^{-6} s,碲镉汞 τ 为 10^{-9} s。

16.2.3　红外传感器使用中应注意的问题

红外传感器是红外探测系统中很重要的部件,但是它很娇气,在使用中稍不注意,就可能导致红外传感器损坏。因此,红外传感器在使用中应注意以下几个问题。

(1)使用红外传感器时,必须首先注意了解它的性能指标和应用范围,掌握它的使用条件;

(2)选择传感器时要注意它的工作温度。一般要选择能在室温工作的红外传感器,设备简单,使用方便,成本低廉,便于维护;

(3)适当调整红外传感器的工作点,一般情况下,传感器有一个最佳工作点,只有工作在最佳偏流工作点时,红外传感器的信噪比最大。实际工作点最好稍低于最佳工作点;

(4)选用适当的前置放大器与红外传感器相配合,以获得最佳的探测效果;

(5)调制频率与红外传感器的频率响应相匹配;

(6)传感器的光学部分不能用手去摸、擦,防止损伤与玷污;

(7)传感器存放时注意防潮、防振和防腐蚀。

16.3 红外测温

16.3.1 红外测温的特点

温度测量的方法很多,红外测温是比较先进的测温方法。其特点如下:

(1)红外测温是远距离和非接触测温,特别适合于高速运动物体、带电体、高温及高压物体的温度测量;

(2)红外测温反应速度快。它不需要与物体达到热平衡的过程,只要接收到目标的红外辐射即可定温。反映时间一般都在毫秒级甚至微秒级;

(3)红外测温灵敏度高。因为物体的辐射能量与温度的四次方成正比。物体温度微小的变化,就会引起辐射能量较大的变化,红外传感器即可迅速地检测出来;

(4)红外测温准确度较高。由于是非接触测量,不会破坏物体原来温度分布状况,因此测出的温度比较真实。其测量准确度可达到0.1℃以内,甚至更小;

(5)红外测温范围广泛。可测摄氏零下几十度到零上几千度的温度范围。红外温度测量方法,几乎可在所有温度测量场合使用。

16.3.2 红外测温原理

红外测温有几种方法,这里只介绍全辐射测温。全辐射测温是测量物体所辐射出来的全波段辐射能量来决定物体的温度。它是斯蒂芬 – 玻尔兹曼定律的应用,定律表达式为

$$W = \varepsilon \sigma T^4 \qquad (16-13)$$

式中:W——物体的全波辐射出射度,单位面积所发射的辐射功率;

ε——物体表面的法向比辐射率;

δ——斯蒂芬 – 玻尔兹曼常数;

T——物体的绝对温度(K)。

一般物体的 ε 总是在0与1之间,$\varepsilon = 1$ 的物体叫做黑体。上式表明,物体的温度愈高,辐射功率就愈大。

红外辐射测温仪结构原理如图16 – 7所示。它由光学系统、调制器、红外传感器、放大器和指示器等部分组成。

光学系统可以是透射式的,也可以是反射式的。透射式光学系统的部件是用红外光学材料制成的,根据红外波长选择光学材料。一般测量高温(700℃以上)仪器,有用波段主要在 $0.76 \sim 3\mu m$ 的近红外区,

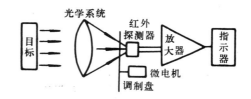

图16 – 7 红外测温仪结构原理

可选用一般光学玻璃或石英等材料。测量中温(100 ~ 700℃)仪器,有用波段主要在 3 ~ 5μm 的中红外区,多采用氟化镁、氧化镁等热压光学材料。测量低温(100℃以下)仪器,有用波段主要在 5 ~ 14μm 的中远红外波段,多采用锗、硅、热压硫化锌等材料。一般还在镜片表面蒸镀红外增透层,一方面滤掉不需要的波段,另一方面增大有用波段的透射率。反射式光学系统多用凹面玻璃反射镜,表面镀金、铝或镍铬等在红外波段反射率很高的材

料。

调制器就是把红外辐射调制成交变辐射的装置。一般是用微电机带动一个齿轮盘或等距离孔盘,通过齿轮盘或带孔盘旋转,切割入射辐射而使投射到红外传感器上的辐射信号成交变的。因为系统对交变信号处理比较容易,并能取得较高的信噪比。

红外传感器是接收目标辐射并转换为电信号的器件。选用哪种传感器要根据目标辐射的波段与能量等实际情况确定。

16.4 红外成像

16.4.1 红外成像原理

在许多场合,人们不仅需要知道物体表面的平均温度,更需要了解物体的温度分布情况,以便分析、研究物体的结构,探测内部缺陷。红外成像就能将物体的温度分布以图像的形式直观地显示出来。下面根据不同成像器件对成像原理作简要介绍。

一、红外变像管成像

红外变像管是直接把物体红外图像变成可见图像的电真空器件,主要由光电阴极、电子光学系统和荧光屏三部分组成,并安装在高度真空的密封玻璃壳内,如图 16-8 所示。

当物体的红外辐射通过物镜照射到光电阴极上时,光电阴极表面的红外敏感材料——蒸涂的半透明银氧铯,接收辐射后,便发射光电子。光电阴极表面发射的光电子密度的分布,与表面的辐照度的大小成正比,也就是与物体发射的红外辐射成正比。光电阴极发射的光电子在电场的作用下飞向荧光屏。荧光屏上的荧光物质,受到高速电子的轰击便发出可见光。可见光辉度与轰击的电子密度的大小成比例,即与物体红外辐射的分布成比例。这样,物体的红外图像便被转换成可见光图像。人们通过观察荧光屏上的辉度明暗,便可知道物体各部位温度的高低。

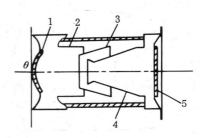

图 16-8 红外变像管示意图
1—光电阴极 2—引管 3—屏蔽环
4—聚焦加速电极 5—荧光屏

二、红外摄像管

红外摄像管是将物体的红外辐射转换成电信号,经过电子系统放大处理,再还原为光学像的成像装置。如光导摄像管、硅靶摄像管和热释电摄像管等。前二者是工作在可见光或近红外区的,而后者工作波段长。

热释电摄像管如图 16-9 所示。靶面为一块热释电材料薄片,在接收辐射的一面覆以一层对红外辐射透明的导电膜。当经过调制的红外辐射经光学系统成像在靶上时,靶面吸收红外辐射,温度升高并释放出电荷。靶面各点的热释电与靶面各点温度的变化成正比,而靶面各点的温度变化又与靶面的辐照度成正比。因而,靶面各点的热释电量与靶面的辐照度成正比。当电子束在外加偏转磁场和纵向聚焦磁场的作用下扫过靶面时,就得到与靶面电荷分布相一致的视频信号。通过导电膜取出视频信号,送视频放大器放大,再送到控制显像系统,在显像系统的屏幕上便可见到与物体红外辐射相对应的热像图。

值得注意的是,热释电材料只有在温度变化的过程中才产生热释电效应,温度一旦稳定,热释电就消失。所以,当对静止物体成像时,必须对物体的辐射进行调制。对于运动物体,可在无调制的情况下成像。

三、电荷耦合器件

电荷耦合器件(CCD)是比较理想的固体成像器件。在第十一章中已进行详细讨论,这里不再重述。

16.4.2 红外成像仪

根据成像原理和成像的对象不同,红外成像仪种类很多。热像仪工作原理如图16-10所示。

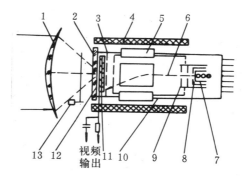

图16-9 热释电摄像管结构简图
1-锗透镜 2-锗窗口 3-栅网 4-聚焦线圈
5-偏转线圈 6-电子束 7-阴极 8-栅极 9-第一阳极
10-第二阳极 11-热释电靶 12-导电膜 13-斩光器

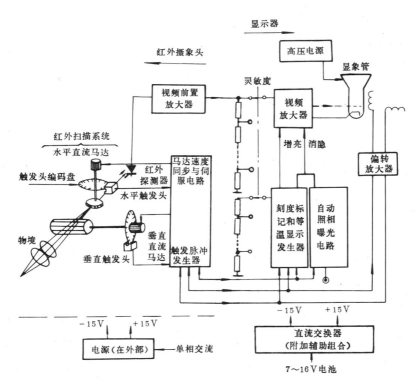

图16-10 AGA-750热像仪工作原理框图

热像仪的光学系统为全折射式。物镜材料为单晶硅,通过更换物镜可对不同距离和大小的物体扫描成像。光学系统中垂直扫描和水平扫描均采用具有高折射率的多面平行棱镜,扫描棱镜由电动机带动旋转,扫描速度和相位由扫描触发器、脉冲发生器和有关控制电路控制。

前置放大器的工作原理如图 16－11
所示。红外传感器输出的微弱信号送入前
置放大器进行放大。温度补偿电路输出信
号也同时输入前置放大器，以抵消目标温
度随环境温度变化而引起的测量值的误
差。前置放大器的增益可通过调整反馈电
阻进行控制。

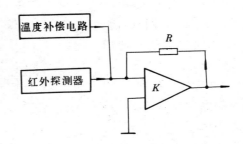

图 16－11　前置放大器原理电路图

前置放大器的输出信号，经视频放大
器放大，再去控制显像管屏上射线的强弱。

由于红外传感器输出的信号大小与其所接收的辐照度成比例，因而显像荧屏上射线的强
弱亦随传感器所接收的辐照度成比例变化。

16.5　红外分析仪

红外分析仪是根据物质的吸收特性来进行工作的。许多化合物的分子在红外波段都
有吸收带，而且因物质的分子不同，吸收带所在的波长和吸收的强弱也不相同。根据吸
收带分布的情况与吸收的强弱，可以识别物质分子的类型，从而得出物质的组成及百分
比。

根据不同的目的与要求，红外分析仪可设计成多种不同的形式，如红外气体分析仪、
红外分光光度计、红外光谱仪等。下面以 Y－1 型医用二氧化碳气体分析仪来说明红外
分析仪的工作原理。

医用二氧化碳气体分析仪，是利用二氧化碳气体对波长为 $4.3\mu m$ 的红外辐射有强烈
的吸收特性而进行测量分析的，它主要用来测量、分析二氧化碳气体的浓度。分析仪包括
采气和测量两大部分。采气装置收集二氧化碳气体后，将它送入测量气室。测量部分对
气体进行测量分析，并显示其测量结果。

医用二氧化碳分析仪的光学系统如图 16－12 所示。它由红外光源、调制系统、标准
气室、测量气室、红外传感器等部分组成。在标准气室里充满了没有二氧化碳的气体（或

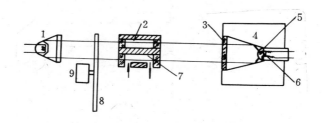

图 16－12　医用二氧化碳分析仪光系统图

1－红外光源　2－标准气室　3－干涉滤光片　4－反射光锥
5－锗浸没透镜　6－红外传感器　7－测量气室　8－调制盘　9－电动机

含有固定量二氧化碳的气体）。待测气体经采气装置,由进气口进入测量气室。调节红外光源,使之分别通过标准气室和测量气室。并采用干涉滤光片滤光,只允许波长 $4.3 \pm 0.15\mu m$ 的红外辐射通过,此波段正好是二氧化碳的吸收带。假设标准气室中没有二氧化碳气体,而进入测量气室中的被测气体也不含二氧化碳气体时,则红外光源的辐射经过两个气室后,射出的两束红外辐射完全相等。红外传感器相当于接收一束恒定不变的红外辐射,因此可看成只有直流响应,接于传感器后面的交流放大器是没有输出的。当进入测量气室中的被测气体里含有二氧化碳时,射入气室的红外辐射中的 $4.3 \pm 0.15\mu m$ 波段红外辐射被二氧化碳吸收,使测量气室中出来的红外辐射比标准气室中出来的红外辐射弱。被测气室中二氧化碳浓度越大,两个气室出来的红外辐射强度差别越大。红外传感器交替接收两束不等的红外辐射后,将输出一个交变电信号,经过电子系统处理与适当标定后,就可以根据输出信号的大小来判断被测气体中含二氧化碳的浓度。

图 16-13 给出二氧化碳分析仪电子线路框图。该仪器可连续测量人或动物呼出的气体中二氧化碳的含量,是研究呼吸系统和检查肺功能的有效手段。

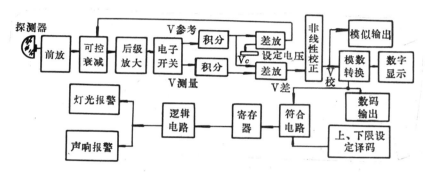

图 16-13　二氧化碳(CO_2)分析仪电子线路框图

16.6　红外无损检测

红外无损检测是 20 世纪 60 年代以后发展起来的新技术。它是通过测量热流或热量来鉴定金属或非金属材料质量、探测内部缺陷的。对于某些采用 x 射线、超声波等无法探测的局部缺陷,用红外无损检测可测取得较好的效果。

红外无损检测分主动式和被动式两类。主动式是人为地在被测物体上注入(或移出)固定热量,探测物体表面热量或热流变化规律,并以此分析判断物体的质量。被动式则是用物体自身的热辐射作为辐射源,探测其辐射的强弱或分布情况,判断物体内部有无缺陷。

16.6.1　焊接缺陷的无损检测

焊口表面起伏不平,采用 x 射线、超声波、涡流等方法难于发现缺陷。而红外无损检测则不受表面形状限制,能方便和快速地发现焊接区域的各种缺陷。

图 16-14 为两块焊接的金属板,其中图(a)焊接区无缺陷,图(b)焊接区有一气孔。若将一交流电压加在焊接区的两端,在焊口上会有交流电流通过。由于电流的集肤效应,

靠近表面的电流密度将比下层大。由于电流的作用,焊口将产生一定的热量,热量的大小正比于材料的电阻率和电流密度的平方。在没有缺陷的焊接区内,电流分布是均匀的,各处产生的热量大致相等,焊接区的表面温度分布是均匀的。而存在缺陷的焊接区,由于缺陷(气孔)的电阻很大,使这一区域损耗增加,温度升高。应用红外测温设备即可清楚地测量出热点,由此可断定热点下面存在着焊接缺陷。

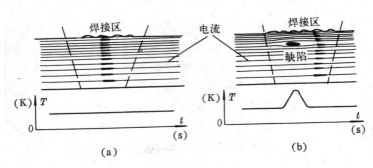

图 16-14 由于集肤效应和焊接缺陷所引起的表面电流密集情况

(a)无焊接缺陷　　　　　　　　　(b)有焊接缺陷

　　采用交流电加热的好处是可通过改变电源频率来控制电流的透入深度。低频电流透入较深,对发现内部深处缺陷有利;高频电流集肤效应强,表面温度特性比较明显。但表面电流密度增加后,材料可能达到饱和状态,它可变更电流沿深度方分布,使近表面产生的电流密度趋向均匀,给探测造成不利。

16.6.2　铸件内部缺陷探测

　　有些精密铸件内部非常复杂,采用传统的无损探伤方法,不能准确地发现内部缺点。而用红外无损探测,就能很方便地解决这些问题。

　　当用红外无损探测时,只需在铸件内部通以液态氟利昂冷却,使冷却通道内有最好的冷却效果。然后利用红外热像仪快速扫描铸件整个表面,如果通道内有残余型芯或者壁厚不匀,在热图中即可明显地看出。冷却通道畅通,冷却效果良好,热图上显示出一系列均匀的白色条纹;假如通道阻塞,冷却液体受阻,则在阻塞处显示出黑色条纹。

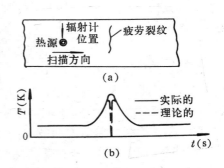

图 16-15　探测疲劳裂纹示意图

(a)对样品扫描示意图　　(b)表面温度分布曲线

16.6.3　疲劳裂纹探测

　　图 16-15 为对飞机或导弹蒙皮进行疲劳裂纹探测示意图。为了探测出疲劳裂纹位置,采用一个点辐射源在蒙皮表面一个小面积上注入能量。然后,用红外辐射温度计测量表面温度。如果在蒙皮表面或表面附近存在疲劳裂纹,则热传导受到影响,在裂纹附近热量不能很快传输出去,使裂纹附近表面温度很快升高。如图(b)所示,图中虚线表示裂纹两边理论上的温度分布曲线。即当辐射

源分别移到裂纹两边时,由于裂纹不让热流通过,因而两边温度都很高。当热源移到裂纹上时,表面温度下降到正常温度。然而在实际测量中,由于受辐射源尺寸的限制,辐射源和红外探测器位置的影响,以及高速扫描速度的影响,从而使温度曲线呈现出实线的形状。

第十七章 固态压阻式传感器

随着半导体集成电路技术的发展、人们将集成电路工艺用于制造半导体集成传感器，从而出现了固态压阻式传感器。固态压阻式传感器是利用半导体的电阻率随应力变化的性质所制成的半导体器件，它是在半导体材料的基片上用集成电路工艺扩散电阻，并将扩散电阻直接作为敏感元件。半导体基片受到外界振动、压力等作用将产生变形，其内部应力随之发生变化，而扩散电阻的阻值亦随着发生相应的变化，根据电阻值变化的大小，就可确定振动、压力等大小。

17.1 半导体的压阻效应

17.1.1 压阻效应

一个长为 l，横截面积为 F，电阻率为 ρ 的均匀条形半导体材料两端间的电阻值为

$$R = \rho \frac{l}{F}$$

当这个半导体材料受到外力作用时，它的电阻值会发生变化。若外力作用是条形半导体长度方向的拉力时，材料伸长 $\mathrm{d}l$，横截面将减小 $\mathrm{d}F$，电阻率则因材料晶格发生变化等因素的影响也将改变 $\mathrm{d}\rho$。这些量变化，必然引起条形半导体电阻值变化 $\mathrm{d}R$。条形半导体的电阻值相对变化为

$$\frac{\mathrm{d}R}{R} = \frac{\mathrm{d}l}{l} - \frac{\mathrm{d}F}{F} + \frac{\mathrm{d}\rho}{\rho} \tag{17-1}$$

式(17-1)经过变化(见节 4.1)，得到

$$\frac{\Delta R}{R} = (1 + 2\mu)\varepsilon_x + \frac{\Delta\rho}{\rho} \tag{17-2}$$

式中，$\Delta\rho/\rho$ 为半导体材料的电阻率相对变化，其值与条形半导体材料纵向所受的应力 σ 之比为一常数，即

$$\frac{\Delta\rho}{\rho} = \pi\sigma$$

或

$$\frac{\Delta\rho}{\rho} = \pi E\varepsilon_x \tag{17-3}$$

式中 π 为半导体材料的压阻系数，它与半导体材料种类及应力方向与晶轴方向之间的夹角有关。

将式(17-3)代入式(17-2)得

$$\frac{\Delta R}{R} = (1 + 2\mu + \pi E)\varepsilon_x \tag{17-4}$$

式中 $1 + 2\mu$ 项是由材料几何形状变化引起的，而 πE 项为压阻效应，随电阻率而变化。实

验表明，对半导体材料而言，$\pi E \gg (1+2\mu)$，故 $(1+2\mu)$ 项可以忽略，这时有

$$\frac{\Delta R}{R} = \pi E \varepsilon_x = \pi \sigma \tag{17-5}$$

由上式可见，半导体材料的电阻值变化，主要是电阻率变化引起的。而电阻率 ρ 的变化是由应变引起的，这种半导体材料电阻率随应变所引起的变化称为"压阻效应"。

17.1.2 压阻系数

晶体中的电流密度可以表示为

$$\boldsymbol{J} = J_1\boldsymbol{i} + J_2\boldsymbol{j} + J_3\boldsymbol{k}$$

其中 $\boldsymbol{i}$、$\boldsymbol{j}$ 和 $\boldsymbol{k}$ 分别为表示沿 x、y 和 z 三坐标轴方向的单位向量。类似地，晶体中的电场强度可以写成：

$$\boldsymbol{E} = E_1\boldsymbol{i} + E_2\boldsymbol{j} + E_3\boldsymbol{k}$$

在一般情况下，J_1 的值不仅由 E_1 所决定，还与 E_2 和 E_3 有关，J_2、J_3 也是如此，可表示为

$$\begin{cases} J_1 = \sigma_{11}E_1 + \sigma_{12}E_2 + \sigma_{13}E_3 \\ J_2 = \sigma_{21}E_1 + \sigma_{22}E_2 + \sigma_{23}E_3 \\ J_3 = \sigma_{31}E_1 + \sigma_{32}E_2 + \sigma_{33}E_3 \end{cases}$$

式中 σ_{ij} 为晶体的电导率张量，一般有 9 个分量。通常，上式可以写成矩阵形式：

$$\begin{bmatrix} J_1 \\ J_2 \\ J_3 \end{bmatrix} = \begin{bmatrix} \sigma_{11} & \sigma_{12} & \sigma_{13} \\ \sigma_{21} & \sigma_{22} & \sigma_{23} \\ \sigma_{31} & \sigma_{32} & \sigma_{33} \end{bmatrix} \begin{bmatrix} E_1 \\ E_2 \\ E_3 \end{bmatrix} \tag{17-6}$$

由 9 个分量 σ_{ij} 组成的电导率张量矩阵是一个二级张量矩阵。电导率张量一般满足 $\sigma_{ij} = \sigma_{ji}$ 关系，而对于立方晶体的硅单晶材料，在坐标轴取于晶体的立方轴上时，$\sigma_{12} = \sigma_{21} = \sigma_{13} = \sigma_{31} = \sigma_{23} = \sigma_{32} = 0$，并有 $\sigma_{11} = \sigma_{22} = \sigma_{33}$，因此有

$$\begin{bmatrix} J_1 \\ J_2 \\ J_3 \end{bmatrix} = \begin{bmatrix} \sigma_{11} & 0 & 0 \\ 0 & \sigma_{11} & 0 \\ 0 & 0 & \sigma_{11} \end{bmatrix} \begin{bmatrix} E_1 \\ E_2 \\ E_3 \end{bmatrix}$$

应该注意，这一简单形式仅是在特殊情况下才能成立的，在晶体不是立方晶体或晶轴取向为任意时，仍应用前面给出的一般关系式。

同样，欧姆定律也可以用电阻张量表示：

$$\begin{bmatrix} E_1 \\ E_2 \\ E_3 \end{bmatrix} = \begin{bmatrix} \rho_{11} & \rho_{12} & \rho_{13} \\ \rho_{21} & \rho_{22} & \rho_{23} \\ \rho_{31} & \rho_{32} & \rho_{33} \end{bmatrix} \begin{bmatrix} J_1 \\ J_2 \\ J_3 \end{bmatrix} \tag{17-7}$$

同样，电阻率张量也是一个有 9 个分量的二级张量。一般也满足 $\rho_{21} = \rho_{12}$，$\rho_{23} = \rho_{32}$，$\rho_{13} = \rho_{31}$ 等关系。在立方晶体和坐标轴取在主晶轴方向时，$\rho_{12} = \rho_{23} = \rho_{13} = 0$ 和 $\rho_{11} = \rho_{22} = \rho_{33}$，因此

$$\begin{bmatrix} E_1 \\ E_2 \\ E_3 \end{bmatrix} = \begin{bmatrix} \rho_{11} & 0 & 0 \\ 0 & \rho_{11} & 0 \\ 0 & 0 & \rho_{11} \end{bmatrix} \begin{bmatrix} J_1 \\ J_2 \\ J_3 \end{bmatrix}$$

在晶体受力时材料内产生应力,应力 σ 本身是一个二级张量,它有 9 个分量 $\sigma_x(\sigma_y,\sigma_z)$ 是垂直于 x 轴(y 轴、z 轴)的单位平面上受到的沿 x 方向(y 方向、z 方向)的力 σ_{xy} 是在垂直于 x 轴的单位平面上受到的沿 y 方向的切应力,σ_{yx} 是在垂直 y 轴的单位平面上受到的沿 x 方向的切应力等等。在晶体静止情况下有 $\sigma_{xy}=\sigma_{yx}$,$\sigma_{yz}=\sigma_{zy}$,$\sigma_{xz}=\sigma_{zx}$。

在外力作用下,晶体的电阻率张量的六个分量 ρ_{11}、ρ_{22}、ρ_{33}、ρ_{12}、ρ_{23}、ρ_{31} 的相对变化值 $\Delta_{ij}=\Delta\rho_{ij}/\rho_0$,都是与六个应力张量有关的($\rho_0$ 为无应力时的各向同性的电阻率)。采用六个分量表示法即令 $\Delta_{11}=\Delta_1$,$\Delta_{22}=\Delta_2$,$\Delta_{33}=\Delta_3$,$\Delta_{23}=\Delta_4$,$\Delta_{31}=\Delta_5$,$\Delta_{12}=\Delta_6$,和 $\sigma_{11}=\sigma_1$,$\sigma_{22}=\sigma_2$,$\sigma_{33}=\sigma_3$,$\sigma_{23}=\sigma_4$,$\sigma_{31}=\sigma_5$,$\sigma_{12}=\sigma_6$,则有

$$
\begin{bmatrix} \Delta_1 \\ \Delta_2 \\ \Delta_3 \\ \Delta_4 \\ \Delta_5 \\ \Delta_6 \end{bmatrix} = \begin{bmatrix} \pi_{11} & \pi_{12} & \cdots & \pi_{16} \\ \pi_{21} & \pi_{22} & & \pi_{26} \\ \vdots & \vdots & & \vdots \\ \pi_{61} & \cdots & & \pi_{66} \end{bmatrix} \begin{bmatrix} \sigma_1 \\ \sigma_2 \\ \sigma_3 \\ \sigma_4 \\ \sigma_5 \\ \sigma_6 \end{bmatrix}
\tag{17-8}
$$

式中 π_{ij} 为压阻张量的分量,它最多有 36 个独立分量。但在很多情况下,它的形式可以简化。如在常见的立方晶体中,压阻张量实际上只有三个独立分量,它的形式为:

$$
\pi = \begin{bmatrix} \pi_{11} & \pi_{12} & \pi_{12} & 0 & 0 & 0 \\ \pi_{12} & \pi_{11} & \pi_{12} & 0 & 0 & 0 \\ \pi_{12} & \pi_{12} & \pi_{11} & 0 & 0 & 0 \\ 0 & 0 & 0 & \pi_{44} & 0 & 0 \\ 0 & 0 & 0 & 0 & \pi_{44} & 0 \\ 0 & 0 & 0 & 0 & 0 & \pi_{44} \end{bmatrix}
\tag{17-9}
$$

其中,π_{11} 称为纵向压阻系数,表示沿某晶轴方向的应力对沿该晶轴方向电阻的影响。π_{12} 为横向压阻系数,表示沿某晶轴方向的应力对与其垂直的另一晶轴方向电阻的影响。π_{44} 为剪切压阻系数,表示剪切应力对与其相应的某电阻率张量分量的影响,如剪切力 Y_z 对电阻率分量 ρ_{yz} 的影响。对硅材料而言,π_{11}、π_{12} 和 π_{44} 已经实验测定。常用的数据有

$$p\text{-Si}(\rho = 7.8\Omega\cdot\text{cm})\ \pi_{11} = 6.6\times10^{-11}(\text{m}^2/\text{N})$$
$$\pi_{12} = -1.1\times10^{-11}(\text{m}^2/\text{N})$$
$$\pi_{44} = 138\times10^{-11}(\text{m}^2/\text{N})$$
$$n\text{-Si}(\rho = 11.7\Omega\cdot\text{cm})\ \pi_{11} = -102\times10^{-11}(\text{m}^2/\text{N})$$
$$\pi_{12} = 53.4\times10^{-11}(\text{m}^2/\text{N})$$
$$\pi_{44} = -13.6\times10^{-11}(\text{m}^2/\text{N})$$

当电阻方向不在晶轴方向时,或应力不在晶轴方向时,压阻张量要从一个坐标系变换到晶体主轴坐标系。这是一个四级张量的坐标变换,计算复杂,这里不进行讨论。

应该说明,在硅膜比较薄时,可以略去沿硅膜厚度方向的应力,三维问题就简化成了一个二维问题了。任何一个膜上电阻在应力作用下的电阻相对变化为

$$\frac{\triangle R}{R} = \pi_l\sigma_l + \pi_t\sigma_t \tag{17-10}$$

式中：π_l——纵向压阻系数； π_t——横向压阻系数；

σ_l——纵向应力； σ_t——横向应力。

17.2 固态压阻式压力传感器

固态压阻式压力传感器由外壳、硅膜片和引线组成。其简单结构如图 17-1 所示。

其核心部分是一块圆形硅膜片，在膜片上利用集成电路的工艺方法扩散上四个阻值相等的电阻，用导线将其构成平衡电桥。膜片的四周用圆环(硅环)固定，如图 17-2 所示。膜片的两边有两个压力腔，一个是与被测系统相连接的高压腔，另一个是低压腔，一般与大气相通。

当膜片两边存在压力差时，膜片产生变形，膜片上各点产生应力。四个电阻在应力作用下，阻值发生变化，电桥失去平衡，输出相应的电压。该电压与膜片两边的压力差成正比。这样，测得不平衡电桥的输出电压，就测出了膜片受到的压力差的大小。

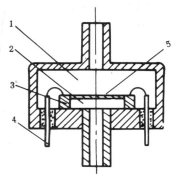

图 17-1 固态压力传感器结构简图
1-低压腔 2-高压腔 3-硅环
4-引线 5-硅膜片

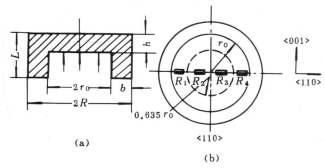

(a)

(b)

图 17-2 硅环上法线为〈110〉晶向的膜片

对于固态压阻式压力传感器而言，它的纵应力 σ_l 和横向应力 σ_t 决定于硅片上各点径向应力和切向应力，当 $r=0.635r_0$ 时，$\sigma_l=0$；$r<0.635r_0$ 时，$\sigma_l>0$，为拉应力；$r>0.635r_0$ 时，$\sigma_l<0$，为压应力。当 $r=0.812r_0$ 时，$\sigma_t=0$，仅有 σ_l 存在，且 $\sigma_l<0$。

圆形平膜片上的径向应力平均值 $\overline{\sigma_l}$ 和切向应力平均值 $\overline{\sigma_t}$ 可以分别用下式计算：

$$\left.\begin{array}{l} \sigma_l = \int_{r_a}^{r_b}\sigma_l(r)\,\mathrm{d}r \Big/ \int_{r_a}^{r_b}\mathrm{d}r \\ \sigma_t = \int_{r_a}^{r_b}\sigma_t(r)\,\mathrm{d}r \Big/ \int_{r_a}^{r_b}\mathrm{d}r \end{array}\right\} \tag{17-11}$$

17.3　固态压阻式加速度传感器

压阻式加速度传感器如图 17－3 所示。它的悬臂梁直接用单晶硅制成,四个扩散电阻扩散在其根部两面(上、下面各两个等值电阻)。当梁的自由端的质量块受到加速度作用时,悬臂梁受到弯矩作用发生变形,产生应力,使电阻值变化。由四个电阻组成的电桥产生与加速度成比例的电压输出。

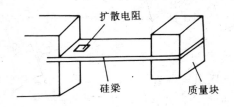

图 17－3　固态压阻式加速度传感器

17.4　固态压阻式传感器的输出特性及补偿方法

固态压阻式传感器的输出方式是将集成在硅片上的四个等值电阻连成平衡电桥,当被测量作用于硅片上时,电阻值发生变化,电桥失去平衡,产生电压输出。但是,由于制造、温度影响等原因,电桥存在失调、零位温漂、灵敏度温度系数和非线性等问题,影响传感器的准确性。因此,必须采取有效措施,减少与补偿这些因素影响带来的误差,提高传感器的准确性。

17.4.1　电桥平衡失调与零位温漂补偿

电桥上电阻值完全相等或完全对称时,其输出为零。但在实际的工艺条件下,电阻值总会存在一些微小的误差。这样在没有测量信号作用于传感器时,由于电桥本失衡,将产生零位输出信号,因此,必须对其进行失衡补偿。

如果 $R_1/R_2 > R_3/R_4$,要使电桥平衡输出为零,可以通过在 R_3 上串联一个适当的电阻 R_s 或在 R_4 上并联一个适当的大电阻 R_p 进行调整,使电桥在无被测量时输出为零。如图 17－4 所示。

但是,由于 R_s 或 R_p 与硅片上扩散电阻有不同的温度系数(一般 R_s 或 R_p 采用温系数很小的电阻),上述两种调零方法,在某一温度条件下可把输出调节为零。一旦温度变化,输出的失调就会再度出现,温度变化产

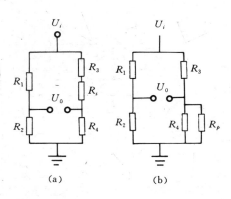

图 17－4　零点输出的补偿

生的输出就相当于一个附加的被测量了。在图 17－4(a)所示的串联补偿情况下,设 R_s 为零温度系数,$R_1 \sim r_4$ 为正温度系数。当温度升高时,$R_3 + R_s$ 升高比较小一些,又重新出现了 $R_1/R_2 > (R_3 + R_s)/R_4$ 的情况,零位平衡状态又受到破坏。而图 17－4(b)情况(R_p 亦为零温度系数),温度上升后,R_4 和 R_p 的并联电阻升高较小,就会出现 $R_1/R_2 <$

$R_3/(R_4 /\!/ R_p)$ 的情况, 也会使输出偏离零点。但是应该注意到上述两种情况下, 温度变化引起的零位漂移方向不同, 因此可以采用并串调零法, 即在 R_3 上串联 R_s 的同时, 又在 R_4 上并联 R_p, 适当选择 R_s 和 R_p 的值, 可以使电桥失调为零, 而且在调零之后温度变化原则上不会引起零点漂移。若满足上述零漂为零, 要求 R_s 与 R_p 为

$$R_s = \left(\sqrt{\frac{R_1 R_4}{R_2 R_3}} - 1 \right) R_3 \qquad (17-12)$$

$$R_p = \frac{R_4}{\sqrt{\dfrac{R_1 R_4}{R_2 R_3}} - 1} \qquad (17-13)$$

17.4.2 灵敏度温度系数补偿

压阻式压力传感器的电桥完全对称时, 即 $R = R_2 = R_3 = R_4$ 时, 全桥输出电压为

$$U_0 = U_i KP \qquad (17-14)$$

式中: K——压敏电阻的压力灵敏度系数;

P——电桥所受压力;

U_i——电桥电压。

由于半导体材料对温度比较敏感, 一般讲 K 将随温度变化而变化, 因此电桥的灵敏度也与温度有关。图 17-5 给出了在不同杂质浓度下 p 型半导体的压阻系数 π_{44} 与温度关系。可以看出掺杂浓度较低时, 压阻系数较高, 而它的温度系数也较大。在掺杂浓度较高时, 它的温度系数可以很小, 但压阻灵敏度系数较低。因此不宜采用提高掺杂的方法来降低灵敏度系数。常用的补偿方法有如下几种:

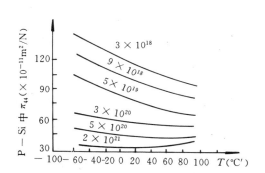

图 17-5 不同掺杂浓度的 $P\text{-}Si$ 中 π_{44} 与温度的关系曲线

一、恒流源供电法

压阻式传感器电桥采用恒流源供电如图 16-7(a) 所示。其输出电压为 $U_0 = KI_0 RP$, 压力灵敏度为

$$S = KI_0 R$$

压力灵敏度温度系数为

$$\frac{1}{S} \frac{dS}{dT} = \left(\frac{1}{K} \cdot \frac{dK}{dT} + \frac{1}{R} \frac{dR}{dT} \right) \qquad (17-15)$$

一般 $1/K \cdot dK/dT$ 为负值, 而 $1/R \cdot dR/dT$ 为正值, 二者可以相互抵消一部分。这两个温度系数都与掺杂浓度有关, 适当的控制掺杂浓度可以使二者的温度系数接近完全补偿而使灵敏度温度系数小到接近于零。实际上灵敏度温度系数只能在某一特定的温度下

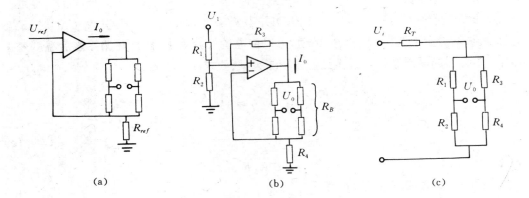

图 17-6 灵敏度温度系数补偿

(a)恒流源供电法补偿灵敏度温度系数　(b)电压正反馈补偿灵敏温度系数　(c)热敏电阻补偿法

补偿到零,而很难在较宽的温度范围内得到完全补偿。

二、电压正反馈补偿法

根据 $S = KI_0 R$,当 I_0 不为常数时有

$$\frac{\mathrm{d}S}{\mathrm{d}T} = \left(K\frac{\mathrm{d}K}{\mathrm{d}T} + \frac{1}{R}\frac{\mathrm{d}R}{\mathrm{d}T} + \frac{1}{I_0}\frac{\mathrm{d}I_0}{\mathrm{d}T} \right)S \tag{17-16}$$

式中右边前两项就是恒流源供电时的灵敏度温度系数。在这两项和不为 0 时,就要利用第三项进一步加以补偿。只要设法控制电流 I_0 的温度系数使式(17-16)右边三项完全抵消就可以将灵敏度温度系数补偿到零。图 17-5(b)所示电路为利用电桥电阻 R_B 的温度系数来控制工作电流 I_0,使 I_0 有一个适当的温度系数而达到灵敏温度系数补偿的目的。根据图 17-6(b)所示电路可以导出如下关系

$$I_0 = \frac{R_2 R_3}{R_1 R_3 R_4 + R_2 R_3 R_4 - R_1 R_2 R_B} U_1$$

仅考虑 R_B 的温度系数时

$$\frac{1}{I_0}\frac{\mathrm{d}I_0}{\mathrm{d}T} = \frac{R_1 R_2}{R_1 R_3 R_4 - R_2 R_3 R_4 - R_1 R_2 R_B} \cdot \frac{\mathrm{d}R_B}{\mathrm{d}T} \tag{17-17}$$

当取 $R_2 = R_4$ 时,上式简化为

$$\frac{1}{I_0}\frac{\mathrm{d}I_0}{\mathrm{d}T} = \frac{1}{\dfrac{R_3}{R_B}\left(1 + \dfrac{R_2}{R_1}\right) - 1} \frac{1}{R_B}\frac{\mathrm{d}R_B}{\mathrm{d}T}$$

适当地选取 R_1、R_2、R_3 等电阻值,可以得到适当的 $1/I_0 \cdot \mathrm{d}I_0/\mathrm{d}T$ 值以补偿压阻系数的下降。

例如某一压敏电桥 $R_B = 5\mathrm{k}\Omega$,电阻的温度系数为 $0.1\%/℃$,如果在恒流源供电时,压阻灵敏系数为 $-0.15\%/℃$,则要求

$$\frac{1}{\dfrac{R_3}{R_B}\left(1 + \dfrac{R_2}{R_1}\right) - 1} 0.1\%/℃ = 0.15\%/℃$$

若取 $R_2 = R_4 = 500\Omega$, $R_1 = 25k\Omega$,则解得 $R_3 = 8.17k\Omega$.

三、热敏电阻补偿法

热敏电阻补偿法也是一种常见的方法。它利用热敏电阻 R_T 负温度系数使电桥的工作电流随温度升高而上升来补偿灵敏度下降,其原理如图 17-6(c)所示。输出电压为

$$U_0 = I_0 RKP = \frac{U_i}{R_T + R} RKP$$

$$\frac{1}{U_0}\frac{\mathrm{d}U_0}{\mathrm{d}T} = \left(\frac{1}{R} - \frac{1}{R + R_T}\right)\frac{\mathrm{d}R}{\mathrm{d}T} - \frac{1}{R + R_T}\frac{\mathrm{d}R_T}{\mathrm{d}T} + \frac{1}{K}\frac{\mathrm{d}K}{\mathrm{d}T}$$

式中 $\mathrm{d}R/\mathrm{d}T$ 为正值,$\mathrm{d}K/\mathrm{d}T$ 和 $\mathrm{d}R_T/\mathrm{d}T$ 为负值。选择适当的 R_T 值可以使补偿后的灵敏度温度系数接近于零。这种方法要求热敏电阻 R_T 与电桥电阻处于同一温度之下。

17.4.3 非线性及其补偿

压阻电桥输出的非线性特性主要有两个原因:一个是在晶体中应力较大时,压阻效应的线性关系受到破坏,另一个原因是在硅膜片变形较大时,应力与压力之间不再为线性关系。

压阻电桥的非线性一般表现在压力小时输出有较高的灵敏度,而在压力增大时灵敏度有下降的趋势。因此一种补偿的方法是随着输入压力的增加给桥路电源电压适当升高。如电桥原始电源电压为 U_B,而补偿后的电源电压(最大压力 P_1 时)为 U_{BF},则补偿后满量程输出电压为

$$U_F(P_1) = U_0(P_1)\frac{U_{BF}}{U_B}$$

在满量程的中点

$$U_F\left(\frac{P_1}{2}\right) = U_0\left(\frac{P_1}{2}\right)\frac{U_{BF} - U_B}{2U_B}$$

为了获得好的线性要求,应有

$$U_F\left(\frac{P_1}{2}\right) = \frac{1}{2}U_F(P_1)$$

非线性补偿电路如图 17-7 所示。采用这种补偿方法可以将非线性度从原来的 1% 补偿到 0.2% 左右。

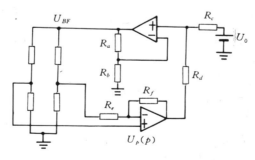

图 17-7 非线性补偿电路

第十八章　微波传感器

18.1　微波的基本知识简介

18.1.1　微波的性质与特点

微波是波长为 1m～1mm 的电磁波(见图 16－1)，它既具有电磁波的特性，又与普通的无线电波及光波不同。微波具有下列特点：

(1)可定向辐射的装置容易制造；

(2)遇到各种障碍物易于反射；

(3)绕射能力差；

(4)传输性好、传输过程中受烟雾、火焰、灰尘、强光等影响很小；

(5)介质对微波吸收与介质介电常数成比例，水对微波的吸收作用最强。

18.1.2　微波振荡器与微波天线

微波振荡器是产生微波的装置。由于微波波长很短，而频率又很高(300MHz～300GHz)，要求振荡回路中具有非常微小的电感与电容，因此不能用普通的电子管与晶体管构成微波振荡器。构成微波振荡器的器件有速调管、磁控管或某些固态器件，小型微波振荡器也可以采用体效应管。

由微波振荡器产生的振荡信号需要用波导管(管长为 10cm 以上，可用同轴电缆)传输，并通过天线发射出去。为了使发射的微波具有尖锐的方向性，天线具有特殊的结构。常用的天线如图 18－1 所示，其中有喇叭形天线(图(a)、(b))、抛物面天线(图(c)、(d))、介质天线与隙缝天线等。

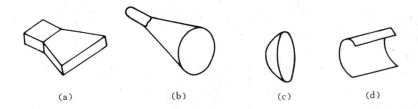

(a)　　　　　　(b)　　　　　　(c)　　　　　　(d)

图 18－1　常用微波天线

(a)扇形喇叭天线　(b)圆锥形喇叭天线　(c)旋转抛物面天线　(d)抛物柱面天线

喇叭形天线结构简单，制造方便，可以看做是波导管的延续。喇叭形天线在波导管与空间之间起匹配作用，可以获得最大能量输出。抛物面天线好像凹面镜产生平行光，因此使微波发射方向性得到改善。

18.2　微波传感器及其分类

微波传感器就是利用微波特性来检测某些物理量的器件或装置。由发射天线发出微波,遇到被测物体时将被吸收或反射,使微波功率发生变化。若利用接收天线,接收到通过被测物或由被测物反射回来的微波,并将它转换为电信号,再经过信号调理电路后,即可显示出被测量,实现了微波检测。根据上述原理,微波传感器可以分为反射式和遮断式两类。

18.2.1　反射式微波传感器

反射式微波传感器是通过检测被测物反射回来的微波功率或经过的时间间隔来测量被测量的。通常可以测量物体的位置、位移、厚度等参数。

18.2.2　遮断式微波传感器

遮断式微波传感器是通过检测接收天线收到的微波功率大小,来判断发射天线与接收天线之间有无被测物或被测物的厚度、含水量等参数。

与一般传感器不同,微波传感器的敏感元件可以认为是一个微波场。它的其他部分可视为转换器和接收器,如图 18-2 所示。图中 MS 是微波源,T 是转换器,R 是接收器。

转换器可以认为是一个微波场的有限空间,被测物处于其中。如果 MS 与 T 合二为一,称之为有源微波传感器;如果 MS 与 R 合二为一,则称其为自振式微波传感器。

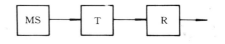

图 18-2　微波传感器的构成

18.2.3　微波传感器的特点与存在的问题

一、微波传感器的特点

由于微波本身的特性,决定了微波传感器具有以下特点:

(1)可以实现非接触测量。因此可进行活体检测,大部分测量不需要取样;

(2)检测速度快、灵敏度高、可以进行动态检测与实时处理,便于自动测控;

(3)可以在恶劣环境下检测,如高温、高压、有毒、有射线环境条件下工作;

(4)输出信号可以方便地调制在载波信号上进行发射与接收,便于实现遥测与遥控。

二、微波传感器存在的问题

微波传感器的主要问题是零点漂移和标定问题尚未得到很好的解决。其次,使用时外界因素影响较多,如温度、气压、取样位置等。

18.3　微波传感器的应用

18.3.1　微波湿度(水分)传感器

水分子是极性分子,常态下成偶极子形式杂乱无章的分布着。在外电场作用下,偶极子会形成定向排列。当微波场中有水分子,偶极子受场的作用而反复取向,不断从电场中得到能量(储能),又不断释放能量(放能),前者表现为微波信号的相移,后者表现为微波衰减。这个特性可用水分子自身介电常数 ε 来表征,即

$$\varepsilon = \varepsilon' + a\varepsilon''$$

(18-1)

式中：ε'—— 储能的度量；

ε''—— 衰减的度量；

a—— 常数。

ε' 与 ε'' 不仅与材料有关，还与测试信号频率有关。所有极性分子均有此特性，一般干燥的物体，如木材、皮革、谷物、纸张、塑料等，其 ε' 在 $1\sim5$ 范围内，而水的 ε' 则高达 64，因此，如果材料中含有少量水分时，其复合 ε' 将显著上升，ε'' 也有类似性质。

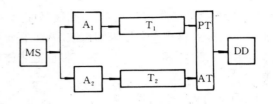

图 18-3 酒精含水量测量仪框图

使用微波传感器，测量干燥物体与含一定水分的潮湿物体所引起的微波信号的相移与衰减量，就可以换算成物体的含水量。

目前，已经研制成土壤、煤、石油、矿砂、酒精、玉米、稻谷、塑料、皮革等一批含水量测量仪器。

图 18-3 给出了测量酒精含水量的仪器框图，其中，MS 产生的微波功率经分功器分成二路，再经衰减器 A_1，A_2 分别注入到两个完全相同的转换器 T_1，T_2 中。其中，T_1 放置无水酒精，T_2 放置被测样品。相位与衰减测定仪（PT、AT）分别反复接通两路（T_1 和 T_2）输出，自动记录与显示它们之间的相位差与衰减差，从而确定出样品酒精的含水量。

应该说明，对于颗粒状物料，由于其形状各异、装料不匀等因素影响；测量其含水量时，对微传感器要求较高。

18.3.2 微波液位计

微波液位计原理如图 18-4 所示。相距为 S 的发射天线与接收天线，相互成一定角度。波长为 λ 的微波从被测液面反射后进入接收天线。接收天线接收到的微波功率将随着被测液面的高低不同而异。

18.3.3 微波物位计

微波物位计原理如图 18-5 所示。当被测物体位置较低时，发射天线发出的微

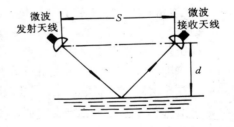

图 18-4 微波液位计

波束全部由接收天线接收，经过检波、放大与设定电压比较后，发出物位正常信号。当被测物位升高到天线所在高度时，微波束部分被物体吸收，部分被射，接收天线接收到的微波功率相应减弱，经检波、放大与设定电压比较，低于设定电压值时，微波计就发出被测物体位置高出设定物位信号。

18.3.4 微波测厚仪

微波测厚仪原理如图 18-6 所示。这种测厚仪是利用微波在传播过程中遇到被测物金属表面被反射，且反射波的波长与速度都不变的特性进行测厚的。

如图 18-6 所示，在被测金属物体上下两表面各安装一个终端器。微波信号源发出的微波，经过环行器 A、上传输波导管传输到上终端器，由上终端器发射到被测物上表面

上,微波在被测物上表面全反射后又回到上终端器,再经过传输导管、环行器A、下传输导管传送到下终端器。由下终端器发射到被测物下表面的微波,经全反射后又回到下终端器,再经过传输导管回到环行器A. 因此被测物体的厚度与微波传输过程中的行程长度有密切关系,当被测物体厚度增加时,微波传输的行程长度便减小。

一般情况,微波传输的行程长度的变化非常微小。为了精确地测量出这一微小变化,通常采用微波自动平衡电桥法,前面

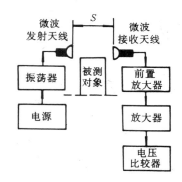

图 18-5 微波开关式物位计

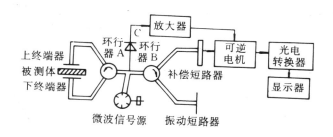

图 18-6 微波测厚仪原理图

讨论的微波传输行程作为测量臂、而完全模拟测量臂微波的传输行程设置一个参考臂(见图 18-6 右部)。若测量臂与参考臂行程完全相同则反相迭加的微波经过检波器 C 检波后,输出为零。若两臂行程长度不同,两路微波迭加后不能相互抵消,经检波器后便有不平衡信号输出。此不平衡差值信号经放大后控制可逆电机旋转,带动补偿短路器产生位移,改变补偿短路器的长度,直到两臂行程长度完全相同,放大器输出为零,可逆电机停止转动为止。

补偿短路器的位移与被测物厚度增加量之间的关系式为

$$\Delta S = L_B - (L_A - \Delta L_A) = L_B - (L_A - \Delta h) = \Delta h$$

式中:L_A——电桥平衡时测量臂行程长度;

L_B——电桥平衡时参考臂行程长度;

ΔL_A——被测物厚度变化 Δh 后引起测量臂行程长度变化值;

Δh——被测物厚度变化值;

ΔS——补偿短路器位移值。

由上式可知补偿短路器位移值 ΔS 即为被测物厚度变化值 Δh。

18.3.5 微波温度传感器

任何物体,当它的温度高于环境温度时,都能够向外辐射热量。当该辐射热量到达接收机输入端口时,若仍然高于基准温度(或室温),接收机的输出端将有信号输出,这就是

辐射计或噪声温度接收机的基本原理。

微波波段的辐射计就是一个微波温度传感器,图18-7给出了微波温度传感器的原理方框图。图中 T_i 为输入(被测)温度,T_c 为基准温度,C 为环行器,BPF 为带通滤波器,LNA 为低噪声放大器,IFA 为中频放大器,M 为混频器,LO 为本机振荡器。

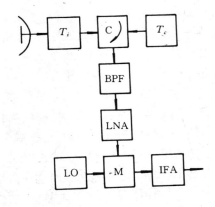

图18-7 微波温度传感器原理框图

微波温度传感器最有价值的应用是微波遥测,将它装在航天器上,可以遥测大气对流层状况;可以进行大地测量与探矿;可遥测水质污染程度;确定水域范围;判断植物品种等

近年来,微波温度传感器又有新的重要应用,用其探测人体癌变组织。癌变组织与周围正常组织间存在着一个微小的温度差。早期癌变组织比正常组织高 0.1℃,若能精确测量出 0.1℃温差,就可以发现早期癌变,从而可以早日治疗。

第十九章　超导传感器

自从 1911 年 H.K.Onnes 发现水银的超导现象以来,超导理很快得到发展。而在 1986 年发现稀土氧化物超导体之后,对近十年世界超导体研究起了巨大地推动作用。

19.1　超导光传感器

19.1.1　超导可见光传感器

超导陶瓷的多晶膜通常是由 $200 \sim 300nm$ 的晶粒构成的。在各晶粒之间存在着像半导体晶界一样的势垒,其厚度约为 $2nm$。它可以作为隧道型的约瑟夫逊结工作,称为边界约瑟夫逊结(BJJ)。

若光子入射到超导体多晶膜中,则在约瑟夫逊结中的电流将发生变化。因此,通过测量电流变化,可以检测光信号大小,这就是可见光超导传感器工作原理。图 19－1 为使用超导可见光传感器检测来自光导纤维的光信号的情况。

桥型约瑟夫逊结传感器如图 19－2 所示。它在 $YBa_2Cu_3O_7$ 陶瓷薄膜上形成沟槽,再制作约瑟夫逊结。当光线照射到结上时,流过结的电流发生变化。它可以测量光信号大小,也可以作为光控开关。

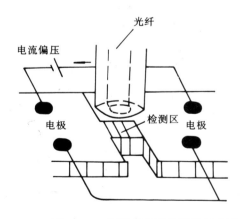

图 19－1　可见光超导传感器原理图

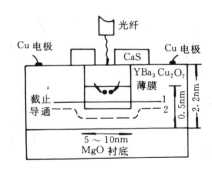

图 19－2　桥型约瑟夫逊结传感器结构

19.1.2　超导红外传感器

超导红外传感器的原理是利用超导体中存在能隙,当红外辐射照射到超导体上时,"对粒子"分裂变为"准粒子",又因红外线的能量高于能隙,可产生大量准粒子。因此导致超导体电特性发生变化,可以检测红外辐射的能量大小。

19.2　超导微波传感器

若在两个超导体之间存在能量差,则在超导隧道结元件内存在准粒子流。当受到微波辐射时,准粒子流发生变化,其隧道结器件的电流－电压特性发生变化。因此,可利用这个特性检测微波量。一般将用于微波检测的隧道结器件称为 SIS 混频器,高温超导 SIS 混频器可检测频率为 10THz 的微波信号。

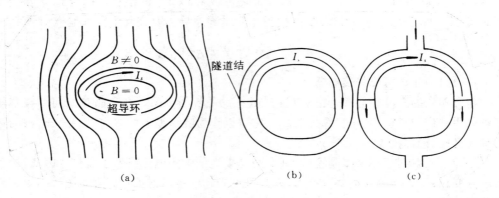

图 19－3　超导磁场传感器原理图
(a)受磁场作用的超导环　(b)交流 SQUID,超导环中仅有一个隧道结　(c)直流 SQUID,超导环中有两个隧道结

19.3　超导磁场传感器

超导磁场传感器原理如图 19－3 所示。当超导环受到磁场作用时(见图(a)),由于迈斯纳效应,环中有电流 I_S 流动,并可抵消磁场作用,使环内磁场为零。

I_S 与外磁场强度 B 成正比。因此,若测量出 I_S 的大小,则可确定磁场强度 B 值。一般,将具有隧道结的超导环称为超导量子干涉器件(SQUID),把具有一个隧道结的超导环称为交流 SQUID,把有两个隧道结的 SQUID 称为直流 SQUID.

应该指出,电流 I_S 并不是与外加磁场强度 B 有严格的正比关系,而是与磁通 ($\Phi = B \cdot S$) 成正比,其中 S 为超导环的面积。因此,准确地说,超导量子干涉器件是磁通传感器。

第二十章　液晶传感器

20.1　液晶及其性质

20.1.1　液晶的概念

液晶是 1888 年人们发现的一种新的物质,它既具有液体的流动性,又具有晶体的光学异向性。其分子呈长形或其他规则形状,具有各向异性的物理特性,在一定温度范围内分子则呈规则排列,人们称这种物质为"液晶"。

液晶是一种有机化合物,广泛存在于自然界的生物体内和各种复杂的人造有机物中,目前已发现具有液晶性能的有机化合物大约为 2000 多种。

20.1.2　液晶的分类与性质

通常,液晶可分为热变型和溶变型两大类,热变型晶体又可分为近晶型、向列型、胆甾型液晶。近晶型液晶一般指一切非向列型的热致液晶;向列型液晶是由光学性质不活泼的有机化合物经过热加工而成的,它是杆状分子,呈平行排列,沿纵向易移动;胆甾型液晶则是某些具有特殊光学性质的化合物或由这些化合物混合而成的。

溶变型液晶是用一种上述晶格分子之间由于溶剂的渗透形成的一种热稳定物质。

液晶在光学上是各向异性的,具有以下光学特性:

(1)双折射。双折射特性是指进入液晶的白光束分为两束,以不同的角度折射,出射时彼此平行。这两束光受到偏振时,成为互相垂直的振动。

(2)二色性。很多液晶呈二色性,它能将射入的白光分成两束,其中一束作顺时针转动,另一束作逆时针转动,从液晶表面反射的光束是一种颜色,而透射过液晶的一束光则呈现另一种颜色。

(3)旋光性。旋光性是指液晶具有改变偏振光振动方向的性能。胆甾型液晶具有独特的旋光性质。

液晶的分子呈各向异性,具有强的电偶极矩的容量极化特性。因此,液晶受电场、磁场、热能及声能等作用时,都能引起光学效应。利用这些效应,可以制成各种液晶传感器。

20.2　液晶传感器

20.2.1　液晶电磁场传感器

液晶电磁场传感器工作原理是利用液晶分子成水平或垂直排列时,其介电常数和磁导率是各向异性的性能,其工作过程如图 20－1 所示。若将经过垂直处理的液晶玻璃板放在一块大规模集成电路板上,当给电路通电工作时,有电流流过的地方,液晶分子由于受到电磁场的作用,排列立即变得毫无规则,这些地方容易透过光线变亮,没有流过电流的地方,不容易透过光线仍然为暗。利用这种特性,可以对集成电路板质量进行检测,也可对绝缘膜有无缺陷作检查。

20.2.2 液晶电压传感器

液晶电压传感器工作原理也是利用液晶分子的各向异性的特性。经过垂直排列处理的液晶分子,在外加电压作用下,其分子排列向水平方向迁移,而且随外加电压值的大小而变化,光线又仅能通过液晶分子水平排列那部分。因此,可以通过测量光透过液晶容器的长度来确定外加电压状况。

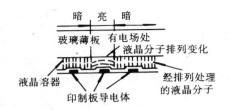

图 20 - 1   液晶电磁场传感器

20.2.3 液晶超声波传感器

当超声波射到液晶容器上时,液晶的光学性能将发生变化。因此,液晶可以将超声波图像转换为可见光图像。这种液晶器件称为液晶超声传感器。

在超声源和液晶器件之间放置要成像的物体,在液晶器件上,受到超声辐射和未受辐射的部分分子排列不同,因而在液晶器件上能显示出可见光的图像。

20.2.4 液晶温度传感器

利用向列型和胆甾型混合材料的液晶分子的螺距随温度变化的性能,可实现对物体表面温度的测量。利用这个原理可制成液晶温度传感器,其构成如图 20 - 2 所示。由 He - Ne 激光器发出的单色光,通过光纤投射到液晶上,液晶的反射光经过接收光纤照射到光电倍增管上,若入射光强为恒定不变的,则反射光强是液晶温度的函数,

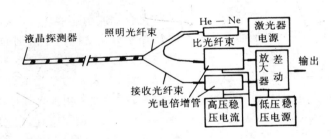

图 20 - 2   液晶温度传感器原理图

从而实现了温度 - 电压信息的转换。若使液晶与被测物体表面接触,则可根据传感器电压输出值来确定被测物表面温度。

为了补偿光源不稳及其他环境因素的影响,传感器中增设一束参比光纤,其射入同一光源的单色光,其出射光照射到另一光电倍增管上。两支光电倍增管性能相同,它们的输出分别接到差动放大器的两个输入端,差动放大器输出电压信号大小与被测温度成一定关系。

第二十一章 生物传感器

21.1 概 述

20 世纪 70 年代以来,生物医学工程迅猛发展,作为检测生物体内化学成分的各种生物传感器不断出现。20 世纪 60 年代中期起首先利用酶的催化作用和它的催化专一性开发了酶传感器,并达到实用阶段;70 年代又研制出微生物传感器、免疫传感器等;80 年代以来,生物传感器的概念得到公认,作为传感器的一个分支它从化学传感器中独立出来,并且得到了发展,使生物工程与半导体技术相结合,进入了生物电子学传感器时代。表 21-1 给出了生物传感器的发展过程。

当前,将生物工程技术与电子技术结合起来,利用生物体中的奇特功能,制造出类似于生物感觉器官功能的各种传感器,是国内外传感器技术研究的又一个新的研究课题,是传感器技术的新发展,具有很重要的现实意义。

表 21-1 20 世纪生物传感器的发展过程

年代	特点	研 究 内 容
60	生物传感器初期	酶电极
70	发展时期	微生物传感器、免疫传感器、细胞类脂质传感器、组织传感器、生物亲和传感器
80	进入生物电子学传感器时期	酶 FET 酶光二极管

21.2 生物传感器原理、特点与分类

生物传感器是利用各种生物或生物物质做成的、用以检测与识别生物体内的化学成分的传感器。生物或生物物质是指酶、微生物、抗体等。

21.2.1 生物传感器的基本原理

生物传感器的基本原理如图 21-1 所示。它由生物敏感膜和变换器构成。被测物质经扩散作用进入生物敏感膜层,经分子识别,发生生物学反应(物理、化学变化),产生物理、化学现象或产生新的化学物质,使相应的变换器将其转换成可定量和可传输、处理的电信号。

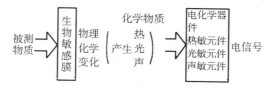

图 21-1 生物传感器原理结构图

21.2.2 生物敏感膜

生物敏感膜又称分子识别元件,是利用生物体内具有奇特功能的物质制成的膜,它与被测物质相接触时伴有物理、化学变化的生化反应,可以进行分子识别。生物敏感膜是生物传感器的关键元件,它直接决定着传感器的功能与质量。由于选材不同,可以制成酶膜、全细胞膜、组织膜、免疫膜、细胞器膜、复合膜等。各种膜的生物物质见表21-2。

表 21-2   生物传感器的分子识别元件

分子识别元件	生物活性材料
酶膜	各种酶类
全细胞膜	细菌、真菌、动植物细胞
组织膜	动植物组织切片
细胞器膜	线粒体、叶绿体
免疫功能膜	抗体、抗原、酶标抗原等

前面谈过生物敏感膜是利用生物体内有些物质的奇特功能,这里简单介绍一下这种奇特功能。生物细胞被一种半透明膜包着,许多生命现象与膜上物质对信息感受及物质交换有关。如生物电产生、细胞间相互作用、肌肉的收缩、神经的兴奋、各种感觉器官的工作等;生物体内有许多种酶,它们具有很高的催化作用,各种酶又具有专一性;生物体具有免疫功能,生物体侵入异性物质后,会产生受控物质,将其复合掉,它们称为抗原和抗体;生物体内存在像味觉、嗅觉那样能反映物质气味、识别物质的感觉器官等等奇特与敏感功能。将这些具有奇特与敏感功能的生物物质固定在基质或称载体上,得到生物敏感膜,而且生物敏感膜具有专一性与选择亲和性,只与相应物质结合后才能产生生化反应或复合物质,之后变换器将产生的生化现象或复合物质转换为电信号,即可测得被测物质或生物量。

21.2.3 生物传感器的特点

从上面讨论可知,生物传感器工作时,生物学反应过程中产生的信息是多元化的。传感器技术的现代成果和半导体技术为这些信息的转换与检测提供了丰富的手段,使得研究者研制出形形色色的生物传感器,也可以从中总结出生物传感器的特点:

(1)根据生物反应的奇异和多样性,从理论上讲可以制造出测定所有生物物质的多种多样的生物传感器;

(2)这类生物传感器是在无试剂条件下工作的(缓冲液除外),比各种传统的生物学和化学分析法操作简便、快速、准确;

(3)可连续测量、联机操作、直接显示与读出测试结果。

21.2.4 生物传感器的分类

生物传感器的分类和命名方法较多且不尽统一,主要有两种分类,按所用生物活性物质(或称按分子识别元件)分类法和器件分类法,如图21-2所示。

按所用生物活性物质不同可以将生物传感器分为五大类(图21-2(a)),即酶传感器(enzyme sensor),微生物传感器(microbial sensor),免疫传感器(immunol sensor),组织传感器(tissue sensor)和细胞器传感器(organall sensor)。

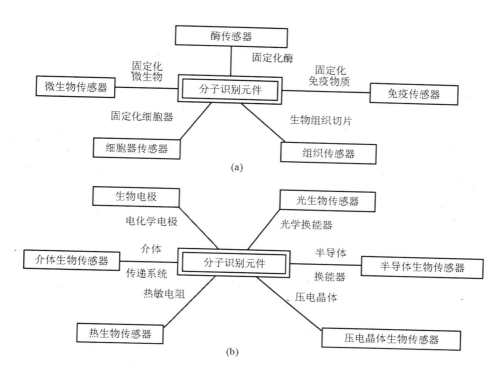

图 21 - 2　生物传感器分类

（a）按分子识别元件分类　　　（b）按器件分类

按器件分类是依据所用变换器器件不同对生物传感器进行分类（图 21 - 2(b)），即生物电极（bioelectroode），半导体生物传感器（semiconduct biosensor），光生物传感器（optical biosensor），热生物传感器（calorimetric biosensor），压电晶体生物传感器（piezoelectric biosensor）和介体生物传感器。

随着生物传感器技术的发展和新型生物传感器的出现，近年来又出现新的分类方法，如直径在微米级甚至更小的生物传感器统称为微型生物传感器；凡是以分子之间特异识别并接合为基础的生物传感器统称为亲和生物传感器；以酶压电传感器、免疫传感器为代表，能同时测定两种以上指标或综合指标的生物传感器称为多功能传感器，如滋味传感器、嗅觉传感器、鲜度传感器、血液成分传感器等；由两种以上不同的分子识别元件组成的生物传感器称为复合生物传感器，如多酶传感器，酶—微生物复合传感器等等。

21.3　生物反应基本知识

生物传感器的基本原理就是利用生物反应。而生物反应实际上包括了生理生化、新陈代谢、遗传变异等一切形式的生命活动。生物传感器研究的任务就是如何将生物反应与传感器技术恰当地结合起来。因此，了解一些有关生化反应原理是必要的、有益的。

21.3.1　酶反应

一、酶的定义

在 19 世纪，人们对酶的认识产生了一个飞跃。1854 年至 1864 年，Pasteur 证明发酵作用是由微生物引起的，推翻了"自生论"观点，当时曾出现"活体酵素"和"非活体酵素"的名词。到 1877 年 Kuhne 提出使用"enzyme"（酶）这个词，将酶与微生物两者区别开。Liebig 等人认为发酵不一定要和酵母细胞相联系，而是由酵母细胞中所分泌的某些化学物质（酶）所引起的。这一假设于 1897 年被 Buchner 兄弟证实，他们用酵母细胞滤液成功地进行了糖至乙醇和二氧化碳的转化，一般认为，这项实验是酶学研究的开始。此后近一个世纪中，酶学研究获得了一系列重大突破。现在可以说，酶是生物体产生的具有催化能力的蛋白质，它与生命活动息息相关。

二、酶的蛋白质性质

"酶是蛋白质"这一论断最早由 Sumenr 提出，他在 1926 年首次从刀豆中提取了脲酶结晶，并证明了这个结晶具有蛋白质的一切性质。后来人们又陆续获得了多种结晶酶，在已经鉴定的 2000 余种酶中，约有 300 多种已被结晶或纯化，并作为商品。这些酶几乎无一例外地被证明是蛋白质。证明酶是蛋白质有四点依据：

(1)蛋白质是氨基酸组成的，而酶的水解产物都是氨基酸，即酶是由氨基酸组成的；

(2)酶具有蛋白质所具有的颜色反应，如双缩脲反应，茚三酮反应等；

(3)一切可使蛋白质变性的因素，如热、酸、碱、紫外线等，同样可以使酶变性失活；

(4)酶同样具有蛋白质所具有的大分子性质，如不能透过半透膜，可以电泳，并有一定等电位点。

三、酶的催化性质

酶是生物催化剂。新陈代谢是由无数的复杂的化学反应组成的，这些反应大都在酶的催化下进行。与一般催化剂相比较，酶催化具有如下特点：

(1)高度专一性。一种酶只能作用于某一种或某一类物质（被酶作用的物质称为底物），因而有"一种酶，一种（类）底物"之说。

(2)催化效率高。每分钟每个酶分子转换 $10^3 \sim 10^6$ 个底物分子，以分子比为基础，其催化效率是其他催化剂的 $10^7 \sim 10^{13}$ 倍。

(3)因为酶是蛋白质，其催化一般在温和条件下进行，极端的环境条件（如高温、酸碱）会使酶失活。

(4)有些酶（如脱氢酶）需要辅酶或辅基。若从酶蛋白分子中除去辅助成分，酶便不具有催化活性。

(5)酶在体内的活力常常受多种方式调控。这包括基因水平调控，反馈调节，激素控制，酶原激活等等。

21.3.2　酶作用机理

一、降低反应活化能

在一个反应开始时，反应底物分子的平均能量水平较低为初态，只有少数分子具有比初态高一些的能量，高出初态的能量称为活化能，可使分子进入活化状态，才能开始反应。这些活泼的分子称为活化分子。酶能够大幅度降低反应所需的活化能，这样，大量的反应物分子就能比较容易地进入活化态，从而使反应在常温下极快地进行。

二、结构专一性

酶催化的专一性是由酶蛋白分子（特别是分子中的活性部位）结构所决定的，根据酶

对底物专一性程度的不同,大致可分为三种类型:

(1)酶专一性较低,能作用结构类似的一系列底物,又分为族专一性和键专一性两种。族专一性酶对底物的化学键及其一端有绝对要求,对键的另一端只有相对要求;键专一性酶对底物分子的化学键有绝对要求,而对键的两端只有相对要求。

(2)酶仅对一种物质有催化作用,它们对底物的化学键及其两端均有绝对要求。

(3)酶具有立体专一性,这类酶不仅要求底物有一定的化学结构,而且有一定的立体结构。

三、酶的活性中心

实验证明,酶的特殊催化能力只局限在它的大分子的一定区域,这个区域就是酶的活性中心,它往往位于分子表面的凹穴中。一般认为活性中心有两个功能部位:结合部位和催化部位,这样一个特定的结构才能与一定的底物结合,并催化其发生化学变化。活性中心空间结构的任何细微的改变,都可能影响酶活性。

四、"邻近","定向"效应

"邻近"效应指两个反应分子的反应基团要互相靠近才能反应。仅仅"邻近"还不够,还需将两个要反应的基团的分子轨道交叉,而交叉的方向性极强,称为"定向"。这样就使得两个分子间的反应变为分子内的反应,提高了反应速率。

生物体系中的许多反应属于双分子反应,在酶的作用下,原游离存在的反应物分子被结合在活性中心,彼此靠得很近,并且分子轨道也按确定的方向发生一定的偏转,使反应易于进行。据估计,"邻近"和"定向"效应可能使反应速度增长 10^3 倍。

五、"诱导契合"与"底物变形"

当酶分子与底物分子接近时,酶蛋白受底物分子的诱导,其构像发生有利于底物结合的变化,酶与底物在此基础上互补契合,这种现象被称为诱导契合(见图21-3),它说明了酶作用的专一性。经诱导契合形成酶—底物复合物,这种特性被人们用来设计以质量变化为指标的生物传感器。

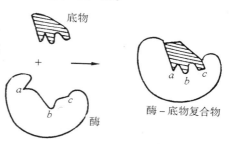

图 21-3　酶与底物的"诱导契合"

"底物变形"指当酶分子与底物结合后,一部分结合能被用来使底物发生变形,使敏感键更易于破裂而发生反应(见图21-4(a))。

"诱导契合"和"底物变形"常常是同时发生的(见图21-4(b)),即当酶发生构像改变

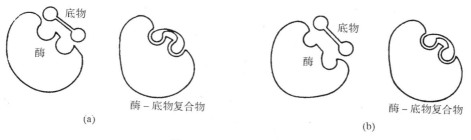

图 21-4　底物变形示意图

时,底物分子也发生形变,形成相互契合的复合物。

六、催化的化学形式

酶催化的化学形式主要包括共价催化和酸碱催化。

在共价催化中,酶与底物形成反应活性很高的共价中间物,这个中间物很容易变成转变态,故反应的活化能大大降低,底物可以越过较低的"能阈"而形成产物。形成共价酶—底物复合物的复合物的某些酶见表21-3。

表21-3　形成共价酶—底物复合物

酶的作用基团	酶	共价中间物类型
丝氨酸残基的—OH	乙酰胆碱酯酶 胰蛋白酶	酰基—酶 酰基—酶
半胱氨酸残基的—SH	甘油醛磷酸脱氢酶 乙酰 CoA—转酰基酶	酰基—酶 酰基—酶
组氨酸残基的咪唑基	葡萄糖—b—磷酸酶 琥珀酰—CoA 合成酶	磷酸—酶 磷酸—酶
赖氨酸残基的—NH_2	转醛酶 D—氨基酸氧化酶	西佛碱 西佛碱

酸碱催化广义地指质子供体及质子受体的催化。酶反应中的酸碱催化十分重要,发生在细胞内的许多反应都是酸碱催化的,例如将水加到羰基上、酯类的水解,各种分子重排以及许多取代反应等。

21.3.3　微生物反应

一、微生物反应的特点

微生物反应过程是利用生长微生物进行生物化学反应的过程。也就是说,微生物反应是将微生物作为生物催化剂进行的反应。酶在微生物反应中起最基本的催化作用。然而,每个微生物细胞都是一个极其复杂的完整的生命系统,数以千计的酶在系统中高度协调地行使功能。设想一下,一个大肠杆菌细胞能在 20min 内制造另一个新的生命细胞,人类的智慧至今还没有设计这个系统的能力。

微生物反应与酶促反应有几个共同点:

(1)同属生化反应,都在温和条件下进行;

(2)凡是酶能催化的反应,微生物也可以催化;

(3)催化速度接近,反应动力学模式近似。

微生物反应在下述方面又有其特殊性:

(1)微生物细胞的膜系统为酶反应提供了天然的适宜环境,细胞可以在相当长的时间内保持一定的催化活性;

(2)在多底物反应时,微生物显然比单纯酶更适宜作催化剂;

(3)细胞本身能提供酶促反应所需的各种辅酶和辅基;

(4)更重要的是微生物细胞比酶的来源更方便,更廉价。

利用微生物作生物敏感膜时也有如下不利因素：

(1)微生物反应通常伴随自身生长,不容易建立分析标准;

(2)细胞是多酶系统,许多代谢途径并存,难以排除不必要的反应;

(3)环境条件变化会引起微生物生理状态的复杂化,不适当的操作会导致代谢转换现象,出现不期望有的反应。

二、微生物反应类型

1.同化与异化

根据微生物代谢流向可以分为同化作用和异化作用。

在微生物反应过程中,细胞同环境不断地进行物质和能量的交换,其方向和速度受各种因素的调节,以适应体内外环境的变化。细胞将底物摄入并通过一系列生化反应转变成自身的组成物质,并储存能量,称为同化作用或组成代谢(assimilation);反之,细胞将自身的组成物质分解以释放能量或排出体外,称为异化作用或分解代谢(disassimilation)。

2.自养与异养

根据微生物对营养的要求,微生物反应又可分为自养性与异养性。自养微生物的 CO_2 作为主要碳源,无机氮化物作为氮源,通过细菌的光合作用或化能合成作用获得能量。

异养微生物以有机物作碳源,无机物或有机物作氮源,通过氧化有机物获得能量。绝大多数微生物种类都属于异养型。

3.好气性与厌气性

根据微生物反应对氧的需求与否可以分为好氧反应和厌氧反应。

微生物反应生长过程中需要氧气的称为好氧反应;微生物反应生长过程中不要氧气,而需要 CO_2(碳酸气)的称为厌氧反应。有的地方也称二者为好气性和厌气性。

4.细胞能量的产生与转移

微生物反应所产生的能量大部分转移为高能化合物。所谓高能化合物是指含转移势高的基团的化合物,其中以 ATP(三磷酸腺贰)最为重要,它不仅潜能高,而且是生物体能量转移的关键物质,直接参与各种代谢反应的能量转移。

21.3.4 免疫学反应

一、抗原

1.抗原的定义

抗原是能够刺激动物体产生免疫反应的物质,从广义的生物学观点看,凡是具有引起免疫反应性能的物质,都可以称为抗原。抗原有两种功能:刺激机体产生免疫应答反应;与相应免疫反应产物发生异性结合反应。前一种性能称为免疫原性,后一种性能称为反应原性。

2.抗原的种类

(1)天然抗原。它来源于微生物和动植物,包括细菌、病毒、血细胞、花粉、可溶性抗原毒素、类毒素、血清蛋、蛋白质、糖蛋白、脂蛋白等。

(2)人工抗原。经化学或其他方法变性的天然抗原。如碘化蛋白、偶氮蛋白和半抗原结合蛋白。

(3)合成抗原。合成抗原是化学合成的多肽分子。

3．抗原的理化性状

(1)物理性状。完全抗原的分子量较大,通常在1万以上。分子量越大,其表面积相应扩大,接触免疫系统细胞的机会增多,因而免疫原性也就增强。抗原均具有一定的分子构型,或为直线或为立体构型。一般认为环状构型比直线排列的分子免疫性强,聚合态分子比单体分子的强。

(2)化学组成。自然界中绝大多数抗原都是蛋白质,既可是纯蛋白,也可是结合蛋白,后者包括脂蛋白、核蛋白、糖蛋白等。此外还有血清蛋白、微生物蛋白、植物蛋白和酶类。近年来证明核酸也有抗原性。

二、抗体

抗体是由抗原刺激机体产生的特异性免疫功能的球蛋白,又称免疫球蛋白。

免疫球蛋白都是由一至几个单体组成,每一个单体有两条相同的分子量较大的重链和两条相同分子量较小的轻链组成,链与链之间通过非共价链相连接。

三、抗原—抗体反应

抗原—抗体结合时将发生凝聚、沉淀、溶解反应和促进吞噬抗原颗粒的作用。

抗原与抗体的特异性结合点位于 Eabl 链及 H 链的高变区,又称抗体活性中心,其构型取决于抗原决定簇的空间位置,两者杲形成互补性构型。在溶液中,抗原和抗体两个分子的表面电荷与介质中离子形成双层离子云,内层和外层之间的电荷密度差形成静电位和分子间引力。由于这种引力仅在近距离上发生作用,抗原与抗体分子结合时对位应十分准确,其条件:一是结合部位的形状要互补于抗原的形状,二是抗体活性中心带有与抗原决定簇相反的电荷。

抗原与抗体结合尽管是稳固的,但也是可逆的。某些酶能促使其逆反应,抗原抗体复合物解离时,都保持自己本来的特性。

21.3.5 生物学反应中的物理量变化

在生物学反应中,常常伴随一系列物理量变化,如焓变化、生物发光、颜色反应和抗阻变化等,利用这些物理变化与物理现象能够设计一些更为精美的传感器。

21.4 生物活性材料固定化技术

使用生物活性材料作生物敏感膜,必须研究如何使生物活性材料固定在载体(或称基质)上,这种结合技术称为固定化技术。在研制传感器时,关键是把生物活性材料与载体固定化成为生物敏感膜。固定化生物敏感膜应该具有以下特点:

(1)对被测物质选择性好、专一性好;

(2)性能稳定;

(3)可以反复使用,长期保持其生理活性;

(4)使用方便。

常用的载体有三大类:

(1)丙烯酰胺系聚合物、甲基丙烯系聚合物等合成高分子;

(2)胶原、右旋糖酐、纤维素、淀粉等天然高分子;

(3)陶瓷、不锈钢、玻璃等无机物。

常用的固定化方法有：

(1)夹心法:将生物活性材料封闭在双层滤膜之间,形象地称为夹心法,如图21-5(a)所示。这种方法的特点是操作简单,不需要任何化学处理,固定生物量大,响应速度快,重复性好。

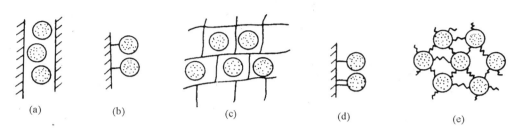

图21-5 生物活性材料固定化方法

(2)吸附法:用非水溶性固相载体物理吸附或离子结合,使蛋白质分子固定化的方法,如图21-5(b)所示。载体种类较多,如活性炭、高岭土、硅胶、玻璃、纤维素、离子交换体等。

(3)包埋法。把生物活性材料包埋并固定在高分子聚合物三维空间网状结构基质中,如图21-5(c)所示。此方法的特点是一般不产生化学修饰,对生物分子活性影响较小;缺点是分子量大的底物在凝胶网格内扩散较困难。

(4)共价连接法:使生物活性分子通过共价键与固相载体结合固定的方法,如图21-5(d)所示。此方法的特点是结合牢固,生物活性分子不易脱落,载体不易被生物降解,使用寿命长,缺点是实现固定化麻烦,酶活性可能因发生化学修饰而降低。

(5)交联法:依靠双功能团试剂使蛋白质结合到惰性载体或蛋白质分子彼此交联成网状结构,如图21-5(e)所示。这种方法广泛用于酶膜和免疫分子膜制备,操作简单,结合牢固。

近年来,由于半导体生物传感器迅速发展,因而又出现了采用集成电路工艺制膜技术,如光平板印刷法、喷射法等。

21.5 酶传感器

酶传感器是由酶敏感膜和电化学器件构成的。由于酶是蛋白质组成的生物催化剂,能催化许多生物化学反应,生物细胞的复杂代谢就是由成千上万个不同的酶控制的。酶的催化效率极高,而且具有高度专一性,即只能对特定待测生物量(底物)进行选择性催化,并且有化学放大作用。因此利用酶的特性可以制造出高灵敏度、选择性好的传感器。

酶的催化反应可用下式表示

$$S \xrightarrow[T]{E} \sum_{i=1}^{n} P_i \qquad (21-1)$$

式中:S——待测物质;E——酶;T——反应温度;P_i——第i个产物。

酶的催化作用是在一定条件下使底物分解,故酶的催化作用实质上是加速底物分解速度,因此可用$(\partial P_i / \partial t)_T$表示酶的活性。

根据输出信号方式不同,酶传感器可分为电流型和电位型两种。其中,电流型是由与酶催化反应有关物质电极反应所得到的电流来确定反应物的浓度,一般采用氧电极、H_2O_2电极等;而电位型是通过电化学传感器件测量敏感膜电位来确定与催化反应有关的各种物质浓度,一般采用NH_3电极、CO_2电极、H_2电极等。表21-4列出了两类传感器。由表可见,电流型是以氧或H_2O_2作为检测方式,而电位型是以离子作为检测方式。

表21-4 酶传感器分类

	检测方式	被测物质	酶	检出物质
电流型	氧检测方式	葡萄糖	葡萄糖氧化酶	O_2
		过氧化氢	过氧化氢酶	O_2
		尿酸	尿酸氧化酶	O_2
		胆固醇	胆固醇氧化酶	O_2
	过氧化氢检测方式	葡萄糖	葡萄糖氧化酶	H_2O_2
		L—氨基酸	L—氨基酸氧化酶	H_2O_2
电位型	离子检测方式	尿素	尿素酶	NH_4^+
		L—氨基酸	L—氨基酸氧化酶	NH_4^+
		D—氨基酸	D—氨基酸氧化酶	NH_4^+
		天门冬酰胺	天门冬酰胺酶	NH_4^+
		L—酪氨酸	酪氨酸脱羧酶	CO_2
		L—谷氨酸	谷氨酸脱氧酶	NH_4^+
		青霉素	青霉素酶	H^+

下面以葡萄糖酶传感器为例说明其工作原理与检测过程。葡萄糖酶传感器的敏感膜为葡萄糖氧化酶,它固定在聚乙烯酰胺凝胶上,其电化学器件为Pt阳电极和Pb阴电极,中间溶液为强碱溶液,并在阳电极表面覆盖一层透氧气的聚四氟乙烯膜,形成封闭式氧电极(见图21-6),它避免了电极与被测液直接相接触,防止了电极毒化。如电极Pt为开放式,它浸入含蛋白质的介质中,蛋白质会沉淀在电极表面上,从而减小电极有效面积,使电流下降,使传感器受到毒化。

当测量时,葡萄糖酶传感器插入到被测葡萄糖溶液中,由于酶的催化作用而产生耗氧(过氧化氢H_2O_2),其反应式为

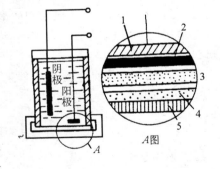

图21-6 葡萄糖酶传感器
1—Pt阳极 2—聚四氟乙烯膜 3—固相酶膜
4—半透膜多孔层 5—半透膜致密层

$$\text{葡萄糖} + H_2O + O_2 \xrightarrow{\text{GOD}} \text{葡萄糖酸} + H_2O_2 \qquad (21-2)$$

式中,GOD为葡萄糖氧化酶。

由上式可知，葡萄糖氧化时产生 H_2O_2，而 H_2O_2 通过选择性透气膜，在 Pt 电极上氧化，产生阳极电流。葡萄糖含量与电流成正比，由此可测出葡萄糖溶液的浓度。

在 Pt 阳极上加 0.6V 电压，则 H_2O_2 在 Pt 电极上产生的氧化电流为

$$H_2O_2 \xrightarrow[Pt]{0.6V} O_2 + 2H^+ + 2e^- \qquad (21-3)$$

式中，e^- 为形成电流的电子。

目前酶传感器已实用化，在市场上出售的商品达 200 多种。表 21-5 列出了一些酶传感器的主要特性。

表 21-5　一些酶传感器的主要特性

传感器	酶　　膜	固定方法	电化学器件	稳定性 /d	响应时间 /min	测量范围 /mg·L^{-1}
葡萄糖	葡萄糖氧化物酶	共价法	O_2 电极	100	1/6	$1 \sim 5 \times 10^2$
麦芽糖	糖化淀粉酶	共价法	铂电极	—	6 ~ 7	$10^{-2} \sim 10^3$
半乳糖	葡萄糖氧化物酶	吸附法	铂电极	20 ~ 40	—	$10 \sim 10^3$
乙醇	乙醇氧化酶	交联法	O_2 电极	120	1/2	$5 \sim 10^3$
酚	酪氨酸酶	包埋法	铂电极	—	5 ~ 10	$5 \times 10^{-2} \sim 10$
儿茶酚	儿茶酚 1,2 氧化酶	交联法	O_2 电极	30	1/2	$5 \sim 2 \times 10^3$
丙酮酸	丙酮酸氧化物酶	吸附法	O_2 电极	10	2	$10 \sim 10^3$
尿酸	尿酸酶	交联法	O_2 电极	120	1/2	$10 \sim 10^3$
L—氨基酸	L—氨基酸氧化物酶	共价法	氨气体电极	70	—	5×10^2
D—氨基酸	D—氨基酸氧化物酶	包埋法	氨离子电极	30	1	5×10^2
L—谷氨酰酸	谷氨酸酶	吸附法	氨离子电极	2	1	$10 \sim 10^4$
L—谷氨酸	谷氨酸盐脱氧酶	吸附法	氨离子电极	2	1	$10 \sim 10^4$
L—天门冬酰酸	天门冬酰胺酶	包埋法	氨离子电极	30	1	$5 \sim 10^3$
L—酪氨酸	L—酪氨酸 10 羧基酶	吸附法	CO_2 气体电极	20	1 ~ 2	$10 \sim 10^4$
L—乙氨酸	L—乙氨酸羧基酶胺氧化物酶	交联法	O_2 电极	—	1 ~ 2	$10^3 \sim 10^4$
L—精氨酸	L—精氨酸 10 羧基酶氧化物酶	交联法	O_2 电极	—	1 ~ 2	$10^3 \sim 10^4$
L—苯基丙氨酸	L—苯基丙氨酸氨酶	—	氨气体电极	—	10	5×10^2
L—蛋氨酸	L—蛋氨酸氨酶	交联法	氨气体电极	90	1 ~ 2	$1 \sim 10^3$
尿素	尿素酶	交联法	氨气体电极	60	1 ~ 2	$10 \sim 10^3$
胆甾醇	胆甾醇酯酶	共价法	铂电极	30	3	$10 \sim 5 \times 10^3$
中性脂	脂肪脂	共价法	pH 电极	14	1	$5 \sim 5 \times 10$
磷脂质	磷酸化酶	共价法	O_2 电极	30	2	$10^2 \sim 5 \times 10^3$
一元胺	一元胺氧化物醇	包埋法	pH 电极	7 以上	4	$10 \sim 10^2$

传感器	酶　膜	固定方法	电化学器件	稳定性/d	响应时间/min	测量范围/mg·L^{-1}
青霉素	青霉素酶	包埋法	pH 电极	7～14	0.5～2	10×10^2
苦杏仁甙	β－糖王代酶	吸附法	氰离子电极	3	10～20	$1～10^3$
肌酸	肌酸酶	吸附法	氨气体电极	—	2～10	$1～5 \times 10^3$
过氧化氢	过氧化氢酶	包埋法	O_2 电极	30	2	$1～10^2$
磷酸根离子	磷酸梅葡萄糖氧化物酶	交联法	O_2 电极	120	1	$10～10^3$
硝酸根离子	硝酸还原酶亚硝酸还原酶	—	氨离子电极		2～3	$5～5 \times 10^2$
亚硝酸根离子	亚硝酸还原酶	交联法	氨气体电极	120	2～3	$5～10^3$
硫酸根离子	丙烯基硫酸梅	交联法	铂电极	30	1	$5～5 \times 10^3$
汞离子	尿素酶	共价法	氨气体电极	—	3～4	$1～10^2$

应该指出,酶传感器中酶敏感膜使用的酶是将各种微生物,通过复杂工序精炼出来的。因此,其造价很高,性能也不太稳定。

21.6　微生物传感器

用微生物作为分子识别元件制成的传感器称为微生物传感器。与酶相比,微生物更经济,耐久性也好。

微生物本身就是具有生命活性的细胞,有各种生理机能,其主要机能是呼吸机能(O_2的消耗)和新陈代谢机能(物质的合成与分解),还有菌体内的复合酶、能量再生系统等。因此在不损坏微生物机能情况下,可将微生物用固定化技术固定在载体上就可制作出微生物敏感膜,而采用的载体一般是多孔醋酸纤维膜和胶原膜。微生物传感器结构如图21－7所示,微生物传感器从工作原理上可分为两种类型,即呼吸机能型和代谢机能型。

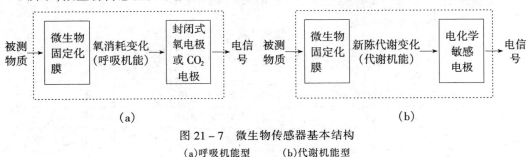

图 21－7　微生物传感器基本结构

(a)呼吸机能型　　(b)代谢机能型

21.6.1　呼吸机能型微生物传感器

微生物呼吸机能存在好气性和厌气性两种,其中好气性微生物生长需要有氧气,因此可通过测量氧气来控制呼吸机能,并了解其生理状态;而厌气性微生物相反,它不需要氧气,氧气存在会妨碍微生物生长,而可以通过测量碳酸气消耗及其他生成物来探知生理状态。由此可知,呼吸机能型微生物传感器是由微生物固定化膜和 O_2 电极(或 CO_2 电极)组成。在应用氧电极时,把微生物放在纤维性蛋白质中固化处理,然后把固化膜附着在封闭式氧极的透氧膜上。图 21-8 是生物化学耗氧量传感器,图中把这种呼吸机能型微生物传感器放入含有机化合物的被测溶液中,于是有机物向微生物膜扩散,而被微生物摄取(称为资化)。由于微生物呼吸量与有机物资化前后不同,可通过测量 O_2 电极转变为扩散电流值,从而间接测定有机物浓度。图 21-9 为这种传感器的响应曲线,曲线稳定电流值表示传感器放入待测溶解氧饱和状态缓冲溶液中(为磷酸盐缓冲液)微生物的吸收水平。当溶液加入葡萄糖或谷氨酸等营养源后,电流迅速下降,并达到新的稳定电流值,这说明微生物在资化葡萄糖等营养源时呼吸机能增加,即氧的消耗量增加,导致向 O_2 电极扩散氧气量减少,故使电流值下降,直到被测溶液向固化微生物膜扩散的氧量与微生物呼吸消耗的氧量之间达到平衡时,便得到相应的稳定电流值。由此可见,这个稳定值与未添加营养时的电流稳定值之差与样品中有机物浓度成正比。

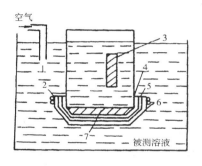

图 21-8　生物化学耗氧量传感器

1—电解液　2—O 型环　3—Pb 阴极

4—聚四氟乙烯　5—固化微生物膜

6——尼龙网　7—Pt 阳极

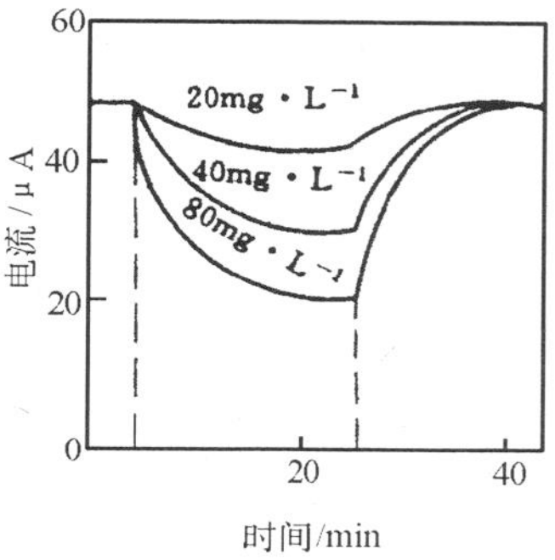

图 21-9　生物耗氧传

感器响应曲线

21.6.2　代谢机能型微生物传感器

代谢机能型微生物传感器的基本原理是微生物使有机物资化而产生各种代谢生成物。这些代谢生成物中,含有遇电极产生电化学反应的物质(即电极活性物质)。因此微生物传感器的微生物敏感膜与离子选择性电极(或燃料电池型电极)相结合就构成了代谢机能型微生物传感器。图 21-10 为甲酸传感器结构示意图。将产生氢的酪酸梭状芽菌固定在低温胶冻膜上,并把它装在燃料电池 Pt 电极上。Pt 电极、Ag_2O_2 电极、电解液(100mol/m³ 磷酸缓冲液)以及液体连接面组成传感器。当传感器浸入含有甲酸的溶液时,甲酸通过聚四氟乙烯膜向酪酸梭状芽菌扩散,被资化后产生 H_2,而 H_2 又穿过 Pt 电极表面上的聚

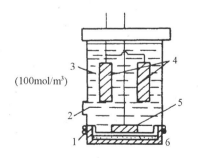

图 21-10　甲酸传感器结构图

1—圆环　2—液体连接面

3—电解液　4—Ag_2O_2 电极(阴极)

5—Pt 电极(阳极)　6—聚四氟乙烯膜

四氟乙烯膜与 Pt 电极产生氧化反应而产生电流,此电流与微生物所产生的 H_2 含量成正比,而 H_2 量又与待测甲酸浓度有关,因此传感器能测定发酵溶液中的甲酸浓度。

表 21-6 列出了一些微生物传感器的性能。

表 21-6　一些微生物传感器主要特性

传感器	微生物	固定方法	电化学器件	稳定性/d	响应时间/min	测量范围 mg·L^{-1}
葡萄糖	P. fluorescens	包埋法	O_2 电极	14 以上	10	$5 \sim 2 \times 10$
脂化糖	B. lactofermentem	吸附法	O_2 电极	20	10	$20 \sim 2 \times 10^2$
甲醇	未固定菌	吸附法	O_2 电极	30	10	$5 \sim 2 \times 10$
乙醇	T. brassicae	吸附法	O_2 电极	30	10	$5 \sim 3 \times 10$
醋酸	T. brassicae	吸附法	O_2 电极	20	10	$10 \sim 10^2$
蚁酸	C. butyricum	包埋法	燃料电池	30	30	$1 \sim 3 \times 10^2$
谷酰胺酸	E. Coli	吸附法	CO_2 电极	20	5	$10 \sim 8 \times 10^2$
己胺酸	E. Coli	吸附法	CO_2 电极	14 以上	5	$10 \sim 10^2$
谷酰胺	S. flara	吸附法	氨气电极	14 以上	5	$20 \sim 10^3$
精胺酸	S. faecium	吸附法	氨气电极	20	1	$10 \sim 170$
天门冬酰胺	B. Cadavaris	吸附法	氨气电极	10	5	$5 \times 10^{-9} \sim 90$
氨	硝化菌	吸附法	O_2 电极	20	5	$5 \sim 45$
制霉菌素	S. cerevisiae	吸附法	O_2 电极	—	60	$1 \sim 8 \times 10^2$
烃酸	L. arabinosus	包埋法	pH 电极	30	60	$10^{-2} \sim 5$
维生素 B_1	L. fermenti	—	燃料电池	60	360	$10^{-3} \sim 10^{-2}$
头孢霉菌素	C. freumdil	包埋法	pH 电极	7 以上	10	$10^{-2} \sim 5 \times 10^2$
BOD	T. Cutaneum	包埋法	O_2 电极	30	10	$5 \sim 3 \times 10$
菌数	—	—	燃烧电池	60	15	$10^6 \sim 10^{11}$ (个/mL)

微生物传感器与酶传感器相比有价格便宜、性能稳定的优点,但其响应时间较长(数分钟),选择性较差。目前微生物传感器已成功地应用于发酵工业和环境监测中,例如测定江河及废水污染程度;在医学中可测量血清中微量氨基酸,有效地诊断尿素症和糖尿病等。

21.7　免疫传感器

免疫传感器的基本原理是免疫反应。利用抗体能识别抗原并与抗原结合的功能的生物传感器称为免疫传感器。它利用固定化抗体(或抗原)膜与相应的抗原(或抗体)的特异反应,此反应的结果使生物敏感膜的电位发生变化。例如用心肌磷质胆固醇及磷质抗原固定在醋酸纤维膜上,就可以对梅毒患者血清中的梅毒抗体产生有选择性的反应,其结果使膜电位发生变化。图 21-11 为这种免疫传感器的结构原理图。图中 2、3 两室间有固定化抗原膜,而1、3两室之间没有固定化原膜。在1、2室内注入0.9%的生理盐水,当在3室内倒入食盐水时,1、2室内电极间无电位差。若3室内注入含有抗体的盐水时,由于抗体和固定化抗原膜上的抗原相结合,使膜表面吸附了特异的抗体,而抗体是有电荷的蛋白质,从而使抗原固定化膜带电状态发生变化,于是1、2室内的电极间有电位差产生。

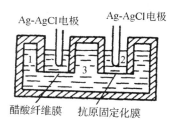

图21-11　免疫传感器结构原理图

根据上述原理,可以把免疫传感器的敏感膜与酶免疫分析法结合起来进行超微量测量。它是利用酶为标识剂的化学放大,化学放大就是指微量酶(E)使少量基质(S)生成多量生成物(P),当酶是被测物时,一个E应相对许多P,测量P对E来说就是化学放大。根据这种原理制成的传感器称为酶免疫传感器。目前正在研究的诊断癌症用的传感器把α甲胎蛋白(AFP)作为癌诊断指标,它将AFP的抗体固定在膜上组成酶免疫传感器,可检测10^9 gAFP,这是一种非放射性超微量测量方法。表21-7列出了目前已有的一些免疫传感器。

表21-7　一些免疫传感器

传感器名称	被测物质	受　体	变换器件
免疫传感器	白　朊	抗　白　朊	Ag-AgCl电极
	绒毛膜促性腺激素HcG	抗HcG	TiO_2电极
	Siphylis	心类脂质	Ag-AgCl电极
	血型	血型物质	Ag-AgCl电极
	各类抗体	抗原-束缚脂质体（TPA$^+$标记）	TPA$^+$电极
酶免疫传感器	白　朊	抗白朊(放氧酶标记)	O_2电极
	免疫球蛋白苷氨酸(IgG)	抗IgG(放氧酶标记)	O_2电极
	绒毛膜促性腺激素HcG	抗HcG(放氧酶标记)	O_2电极
	甲脂蛋白(AFP)	抗AFP(放氧酶标记)	O_2电极
	乙型肝炎表面抗原（HBsAg）	抗HBs(PoD)标记	I^-电极

21.8　生物组织传感器

生物组织传感器是以活的动植物组织细胞切片作为分子识别元件,并与相应的变换元件构成生物组织传感器。生物组织传感器有很多特点:

(1)生物组织含有丰富的酶类,这些酶在适宜的自然环境中,可以得到相当稳定的酶活性,许多组织传感器工作寿命比相应的酶传感器寿命长得多;

(2)在所需要的酶难以提纯时,直接利用生物组织可以得到足够高的酶活性;

(3)组织识别元件制作简便,一般不需要采用固定化技术。

组织传感器制作的关键是选择所需要酶活性较高的动、植物的器官组织。表 21 - 8
列出了几种组织传感器的构成。

表 21 - 8　几种组织电极的构成

底　物	生物催化材料	基础电极
腺苷	鼠小肠粘膜细胞	NH_3 电极
5—AMP	兔肌肉,兔肌肉丙酮粉	NH_3
谷酰胺	猪肾细胞,猪肾细胞线粒体	NH_3
鸟嘌呤	兔肝	NH_3
酪氨酸	甜菜	O_2 电极
胱氨酸	黄瓜叶	NH_3 电极
谷氨酸	南瓜	CO_2 电极
多巴胺	香蕉肉	O_2 电极
丙酮酸	玉米仁	CO_2 电极
尿素	刀豆浆	NH_3 电极
过氧化氢	牛肝	O_2 电极
L—抗坏血酸	南瓜或黄瓜果皮	O_2 电极

组织传感器又分为植物组织传感器和动物组织传感器。利用相应的生物组织制成的
各种传感器可以测定抗坏血酸,谷氨酰氨、腺苷等。

组织传感器虽然在若干情况可取代酶传感器,但其实用化中还有一些问题,如选择性
差、动植物材料不易保存等。

21.9　半导体生物传感器

目前,生物传感器的开发与应用已进入一个新的阶段,越来越引起人们的重视。生物
传感的多功能化、集成化是很重要的研究与发展方向。将半导体技术引入生物传感器,不
仅给多功能生物传感器开发提供了重要途径,而且可以使传感器小型化、微型化,这在实
际应用上是具有非常重要意义的,特别是在人体医疗诊断上具有更为重要的实用价值。

半导体生物传感器是由生物分子识别器件(生物敏感膜)与半导体器件结合构成的传
感器。目前常用的半导体传感器是半导体光电二极管、场效应管(FET)等。半导体生物
传感器有如下特点:

(1)构造简单,便于批量生产,成本低;

(2)它属于固态传感器,机械性能好,抗震性能好,寿命长;

(3)输出阻抗低,便于与后续电路匹配;

(4)可在同一芯片上集成多种传感器,可实现多功能、多参数测量,是研制生物芯片与
生物计算机的基础。

21.9.1　酶光敏二极管

酶光敏二极管是一种新型的光生物传感器。它由催化发光反应的酶和光敏二极管
(或晶体管)半导体器件构成,如图 21 - 12 所示。在硅光敏二极管的表面透镜上涂上一层
过氧化氢酶膜,即构成了检测过氧化氢(H_2O_2)的酶光敏二极管。当二极管表面接触到过

氧化氢时,由于过氧化氢酶的催化作用,加速发光反应,产生的光子照射至硅光敏二极管的pn结点,改变了二极管的导通状态,即将发光效应转换成光敏二极管的光电流,从而检测出过氧化氢及其浓度大小。

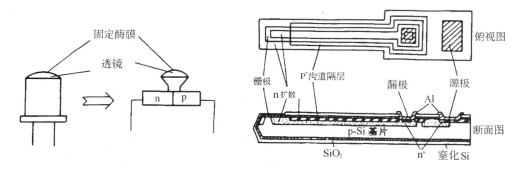

图 21-12 酶光敏二极管　　　　图 21-13 pHFET 的结构

21.9.2 酶 FET

这类 FET(场效应管)大多数由以有机物所制作的敏感膜与 HFET(氢离子场效应管)所组成。图 21-13 是 pHFET 结构图。制法是去掉 FET 的栅极金属,在此处固定生物敏感膜,生物敏感膜绝缘,这里为氮化硅膜,它易于被离子和水分渗透,而且表面一旦与若干水分溶化在一起时(称为水和作用),下式中的电位与氢离子浓度倒数的对数(即 pH)成比例,电位发生在待测溶液的界面上。

$$E = E_0 - \frac{2.303RT}{F} \cdot pH \tag{21-4}$$

式中,R——气体常数;T——绝对温度;F——法拉第常数;

E_9——常数;$pH = lg1/[H^+]$。

$dE/d(pH) \approx 58mV$(室温),称为能斯脱斜率。根据所产生的电位,要外加一个与 pH 成比例的栅极电压,从漏极电流的变化就可读出 pH 的变化值。图 21-14 是插入电路所测得的溶液的 pH 变化与栅极绝缘膜表面电位的关系曲线。在该电路中,漏极电流需要反馈到参考电极,以使其保持为一常值。如果读出其反馈电压,根据 pH 变化,就可知道

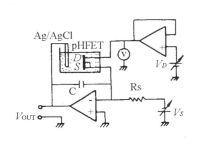
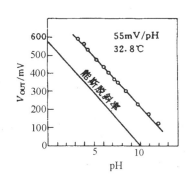

图 21-14 pHFET 的特性与测量电路

发生于溶液 – 绝缘膜界面的电位变化。

21.10　生物传感器应用与未来

生物传感器目前仍处于开发阶段,具有广泛的应用前景。特别是随着生物医学工程迅猛发展,对生物传感器的需求更迫切。在表 21 – 9 中列出了生物传感器在生物医学中的应用。

表 21 – 9　生物传感器在生物医学中的应用

传感器类型	应　用　实　例
酶传感器	酶活性监测、尿素、尿酸、血糖胆固醇、有机碱农药、酚的监测
微生物传感器	BOD 快速监测、环境中致突变物质的筛选、乳酸、乙酸、抗生素、发酵过程的监测
免疫传感器	探测抗原抗体反应,梅毒血清学反应、血型判定,多种血清学诊断
酶免疫传感器	妊娠诊断、超微量激素 TSH 等监测
组织切片传感器	可具有酶传感器、免疫传感器等功能,可用作酶活性监测、组织抗体抗原反应

生物传感器在工业生产中也得到广泛应用。如发酵工业生产中各种化学物质需连续控制发酵生成物的浓度,以保证发酵质量。为了迅速检测发酵培养液中谷氨酸含量,可采用谷氨酸传感器,它是将微生物大肠杆菌(它含有谷氨酸脱羧酶)固定化在电极硅橡胶膜上,与 CO_2 电极组成谷氨酸传感器。在测量时,谷氨酸脱羧酶引起发酵培养液反应产生 CO_2 气体,而 CO_2 气体可使电极电位增高,而此电位变化又与谷氨酸浓度的对数成正比关系,因此这种传感器可连续测量谷氨酸含量。

由于医疗诊断需要,很多场合要求传感器置入体内检测,并直接显示测量结果。因此,研究、开发集成化微型生物传感器是生物传感器发展的重要方向之一。

智能计算机的标志是具逻辑"思维"能力,能够学习、联想、推理,并能够处理信息,计算速度达到每秒钟 10 亿次以上。然而,人的大脑有上百亿个神经细胞和上千亿个较小细胞以及无数个功能分子在一种尚无法阐明的庞大而复杂的网络中互相联系着,比智能计算机功能还强。因此有些学者提出了生物芯片和由生物芯片自组织、自集成的生物计算机的设想,这个大胆设想是有根据的,在不久的将来一定能实现。

人们已经注意到,生物体本身就存在各式各样的传感器,生物体借助于这些传感器与环境不断地交流信息,以维持正常的生命活动。例如细菌的趋化性和趋光性,植物的向阳性,动物的器官(如人的视觉、听觉、味觉、嗅觉、触觉等)以及某些动物的特异功能(如蝙蝠的超声波定位、海豚的声纳导航测距、信鸽和候鸟的方向识别、犬类敏锐的嗅觉等)都是生物体传感器功能的典例。因此制造各种人工模拟生物传感器或称仿生传感器是传感器发展的重要课题。随着机器人技术的发展,视觉、听觉、触觉传感器的发展取得相当成绩。但是,生物体传感器的精巧结构和奇特功能是现阶段人工仿生传感器无法比拟的。目前对生物体传感器的结构、性能和响应机理知之甚少,甚至连一些感觉器官在生物体内的分布和地址都不太清楚,因此要研制仿生传感器,需要做大量的基础研究工作。

第二十二章　机器人传感器

22.1　概　　述

22.1.1　机器人与传感器

机器人可以被定义为计算机控制的能模拟人的感觉、手工操纵的和具有自动行走能力的而又足以完成有效工作的装置。按照其功能,机器人已经发展到了第三代,而传感器在机器人的发展过程中起着举足轻重的作用。第一代机器人是一种进行重复操作的机械,主要是通常所谓的机械手,它虽配有电子存储装置,能记忆重复动作,然而,因未采用传感器,所以没有适应外界环境变化的能力;第二代机器人已初步具有感觉和反馈控制的能力,能进行识别、选取和判断,这是由于采用了传感器,使机器人具有了初步的智能,因而传感器的采用与否已成为衡量第二代机器人的重要特征;第三代机器人为高一级的智能机器人,"电脑化"是这一代机器人的重要标志。然而,电脑处理的信息,必须要通过各种传感器来获取,因而这一代机器人需要有更多的、性能更好的、功能更强的、集成度更高的传感器。

机器人传感器可以被定义为一种能把机器人目标物特性(或参量)变换为电量输出的装置。机器人通过传感器实现类似于人类的知觉作用。

机器人的发展方兴未艾,应用范围日益扩大,要求它能从事越来越复杂的工作,对变化的环境能有更强的适应能力,要求能进行更精确的定位和控制,因而对传感器的应用不仅是十分必要的,而且具有更高的要求。因此,这是一个非常重要的研究课题。

22.1.2　机器人传感器的分类

机器人传感器可分为内部检测传感器的外界检测传感器两大类。

内部检测传感器是以机器人本身的坐标轴来确定其位置,是安装在机器人自身中用来感知它自己的状态,以调整和控制机器人的行动。它通常由位置、加速度、速度及压力传感器组成。

外界检测传感器用于机器人对周围环境、目标物的状态特征获取信息,使机器人—环境能发生交互作用,从而使机器人对环境有自校正和自适应能力。外界检测传感器通常包括触觉、接近觉、视觉、听觉、嗅觉、味觉等传感器。表 22－1 列出了这些传感器的分类和功用。

表 22 – 1　机器人外界检测传感器的分类

传感器	检测内容	检　测　器　件	应　　用
触　觉	接　触 把握力 荷　重	限制开关 应变计、半导体感压元件 弹簧变位测量器	动作顺序控制 把握力控制 张力控制、指压控制
触　觉	分布压力 多元力 力　矩 滑　动	导电橡胶,感压高分子材料 应变计,半导体感压元件 压阻元件,马达电流计 光学旋转检测器,光纤	姿势,形状判别 装配力控制 协调控制 滑动判定,力控制
接近觉	接　近 间　隔 倾　斜	光电开关,LED,激光,红外 光电晶体管,光电二极管 电磁线圈,超声波传感器	动作顺序控制 障碍物躲避 轨迹移动控制,探索
视　觉	平面位置 距　离 形　状 缺　陷	ITV 摄像机,位置传感器 测距器 线图像传感器 面图像传感器	位置决定、控制 移动控制 物体识别、判别 检查、异常检测
听　觉	声　音 超声波	麦克风 超声波传感器	语言控制(人机接口) 移动控制
嗅　觉	气体成分	气体传感器、射线传感器	化学成分探测
味　觉	味　道	离子敏感器,pH 计	化学成分探测

本章主要介绍触觉、接近觉和视觉传感器。

22.2　触觉传感器

人的触觉是人类感觉的一种,它通常包括热觉、冷觉、痛觉、触压觉和力觉等。

机器人触觉,实际上是人的触觉的某些模仿。它是有关机器人和对象物之间直接接触的感觉,包含的内容较多,通常指以下几种:

(1)触觉。手指与被测物是否接触,接触图形的检测。

(2)压觉。垂直于机器人和对象物接触面上的力感觉。

(3)力觉。机器人动作时各自由度的力感觉。

(4)滑觉。物体向着垂直于手指把握面的方向移动或变形。

若没有触觉,就不能完好平稳地抓住纸做的杯子,也不能握住工具。机器人的触觉主要有两方面的功能。

1. 检测功能

对操作物进行物理性质检测,如光滑性、硬度等,其目的是:

(1)感知危险状态,实施自身保护;

(2)灵活地控制手指及关节以操作对象物;

(3)使操作具有适应性和顺从性。

2. 识别功能

识别对象物的形状(如何识别接触到的表面形状)。

22.2.1 触觉

图22-1示出了典型的触觉传感器。其中,图22-1(a)所示为平板上安装着多点通、断传感器附着板的装置。这一传感器平常为通态,当与物体接触时,弹簧收缩,上、下板间电流断开。它的功能相当于一开关,即输出"0"和"1"两种信号。可以用于控制机械手的运动方向和范围、躲避障碍物等。

图22-1(b)所示为采用海绵中含碳的压敏电阻传感器,每个元件呈圆筒状。上、下有电极,元件周围用海绵包围。其触觉的工作原理是:元件上加压力时,电极间隔缩小,从而使电极间的电阻值发生变化。

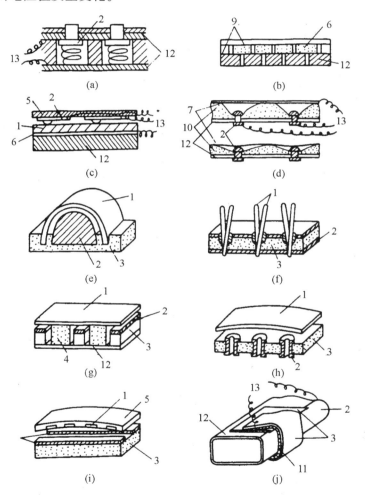

图 22-2 各种触觉传感器

1—导电橡胶 2—金属 3—绝缘体 4—海绵状橡胶 5—橡胶
6—金属箔 7—碳纤维 8—含碳海绵 9—海绵状橡胶 10—氨基甲酸乙酯泡沫
11—铍青铜 12—衬底 13—引线

图 22 - 1(c)所示是使用压敏导电橡胶的触觉结构。采用压敏橡胶的触觉,与其他元件相比,其元件可减薄。其中可安装高密度的触觉传感器。另外,因为元件本身有弹性,对操作物体无操作、元件制作与处理容易等,所以,在实用与封装方面都有许多优点。可是,由于导电橡胶有磁滞与响应迟延,接触电阻的误差也大,因此,要想获得实际的应用,还必须作更大的努力。

图 22 - 1(d)所示为能进行高密度触觉封装的触觉元件。其工作原理是:在接点与赋有导电性的石墨纸之间留一间隙,加外力时,碳纤维纸与氨基甲酸乙酯泡沫产生如图所示的变形,接点与碳纤维纸之间形成导通状态,触觉的复原力是由富有弹性与绝缘性的海绵体——氨基甲酸乙酯泡沫造成的。这种触觉,以极小的力工作,能进行高密度封装。

图 22 - 1(e)～(i)所示为采用斯坦福研究所研制的导电橡胶制成的触觉传感器。这种传感器与以往的传感器一样,都是利用两个电极的接触。其中图 22 - 1(f)的触觉部分,有相当于人的头发的突起,一旦物体与突起接触,它就会变形,夹住绝缘体的上下金属成为导通的结构。这是以往的传感器所不具备的功能。

图 22 - 1(j)所示的触觉传感器的原理为:与手指接触进行实际操作时,触觉中除与接触面垂直的作用力外,还有平行的滑动作用力。因此,这种触觉传感器要有非常耐滑动力。人们以提高触觉传感器的接触压力灵敏度作为研制这种传感器的主要目的。用铍青铜箔覆盖手指表面,通过它与手指之间或者手指与绝缘的金属之间的导通来检测触觉。

随着光纤传感器在测量领域应用的不断广泛,在机器人触觉传感器的研究中光纤传感器也得到了足够的重视。图 22 - 2 是一种触须式光纤触觉传感器装置,其原理是利用光纤微弯感生的由芯模到包层模的耦合,使光在芯模中再分配,通过检测一定模式的光功率变化来探测外界对之施加压力的大小。如图 22 - 2 所示,所用的光纤是 $50\mu m/125\mu m$ 的多模光纤,波纹板是由两块相互齿合的 V 型槽板组成,为了保持平衡,在槽的另一端放置一根不通光的虚设光纤。板的 Λ 设计为 3mm。当触须接触到物体时,波纹板的上盖相对于下盖位移,使光纤产生形变,通过测量光信号的衰减可间接得知触觉的大小。

近年来,为了得到更完善、更拟人化的触觉传感器,人们进行所谓"人工皮肤"的研究。这种"皮肤"实际上也是一种由单个触觉传感器按一定形状(如矩阵)组合在一起的阵列式触觉传感器。不过密度较大、体积较小、精度较高,特别是接触材料本身即为敏感材料,这些都是其他结构的触觉传感器很难达到的。"人工皮肤"传感器可用于表面形状和表面特性的检测。据有关资料报道,目前的"皮肤"触觉传感器的研究主要着重两个方面:一是选择更为合适的敏感材料,现有的材料主要有导电橡胶、压电材料、光纤等;另一是将集成电路工艺应用到传感器的设计和制造中,使传感器和处理电路一体化,得到大规模或超大规模阵列式触觉传感器。图 22 - 3 所示是 PVF_2 阵列式触觉传感器。

触觉信息的处理一般分为两个阶段,第一阶段是预处理,主要是对原始信号进行"加工"。第二阶段则是在预处理的基础上,对已经"加工"过的信号作进一步的"加工",以得到所需形式的信号。经这两步处理后,信号就可用于机器人的控制。

最初研究的触觉信号大多是非阵列触觉传感器的信号。对这类信号的处理,主要是为了感知障碍物和感兴趣的物体,进行安全性检测以及物体表面有关特性的检测等。由于信息量较小,处理技术相对来讲比较简单、成熟。

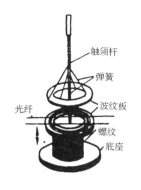
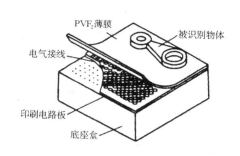

图 22-2　触须式光纤触觉传感器装置　　　　图 22-3　PVF$_2$ 阵列式触觉传感器

目前的工作重点集中在阵列式触觉信号的处理上,目的是辨识物体接触表面的形状。这种触觉信号的处理,涉及到信号处理、图像处理、计算机图形学、人工智能、模式识别等学科,是一门比较复杂、比较困难的技术,还很不成熟,有待于进一步研究和发展。

22.2.2　压觉

压觉指的是对于手指给予被测物的力,或者加在手指上的外力的感觉。压觉用于握力控制与手的支撑力检测。基本要求是:小型轻便、响应快、阵列密度高、再现性好、可靠性高。目前,压觉传感器主要是分布型压觉传感器,即通过把分散敏感元件排列成矩阵式格子来设计的。导电橡胶、感应高分子、应变计、光电器件和霍尔元件常被用作敏感元件阵列单元。这些传感器本身相对于力的变化基本上不发生位置变化,能检测其位移量的压觉传感器具有如下优点:可以多点支撑物体;从操作的观点来看,能牢牢抓住物体。

图 22-4 是压觉传感器的原理图,这种传感器是对小型线性调整器的改进。在调整器的轴上安装了线性弹簧。一个传感器有 10mm 的有效行程。在此范围内,将力的变化转换为遵从虎克定律的长度位移,以便进行检测。在一侧手指上,每个 6mm×8mm 的面积分布一个传感器来计算,共排列了 28 个(四行七排)传感器。左右两侧总共有 56 个传感器输出。用四路 A/D 转换器,变速多路调制器对这些输出进行转换然后进入计算机。

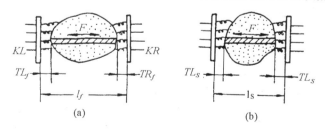

图 22-4　压觉传感器

图 22-4 示出了手指抓住物体的状态。其中图(b)示出了手指从图(a)状态稍微握紧的情况。图(a)中斜线部分的压力 F 按下式计算

$$F = KR \cdot (TR_0 - TR_f) \qquad (22-1)$$

或

$$F = KL \cdot (TL_0 - TL_f) \qquad (22-2)$$

式中：TL_0，TR_0、TL_f、TR_f——为无负载时和握紧时左右弹簧的长度；

KL，KP——为左右弹簧的弹性系数。

整个手指所受的压力，可通过将一侧手指的全部传感器上的这种力相加求得。

如果用这种触觉，也可能鉴别物体的形状与评价其硬度。也就是说，根据相邻同类传感器的位置移动判别物体的几何形状，并根据下式可计算物体的弹性系数（K_0）。

$$F' - F = KR(TR_0 - TR_s)$$
$$= K_0\{(l_f - TR_f - TL_f)$$
$$- (l_s - TR_s - TL_s)\}$$

式中，F' 为（a）的斜线部分在（b）中所受的压力；TL_s 和 TR_s 为同一位置的左右弹簧的长度，l_f、l_s 为（a）和（b）手指基片间的距离。

所以

$$K_D = \frac{\Delta TR \cdot KR}{\Delta l - \Delta TR - \Delta TL} \tag{22-3}$$

或

$$\frac{\Delta TL \cdot KL}{\Delta l - \Delta TR - \Delta TL} \tag{22-4}$$

式中：F、F' 为力；$\Delta l = l_f - ls$；$\Delta TR = TR_f - TR_s$；$\Delta TL = TL_f - TL_s$。

22.2.3 力觉

力觉传感器的作用有：

（1）感知是否夹起了工件或是否夹持在正确部位；

（2）控制装配、打磨、研磨抛光的质量；

（3）装配中提供信息，以产生后续的修正补偿运动来保证装配质量和速度；

（4）防止碰撞、卡死和损坏机件。

压觉是一维力的感觉，而力觉则为多维力的感觉。因此，用于力觉的触觉传感器，为了检测多维力的成分，要把多个检测元件立体地安装在不同位置上。用于力觉传感器的主要有应变式、压电式、电容式、光电式和电磁力等。由于应变式的价格便宜，可靠性好，且易于制造，故被广泛采用。

机器人力觉传感器主要包括关节力传感器、腕力传感器、基座传感器等。

一、关节力传感器

直接通过驱动装置测定力的装置。如关节由直流电动驱动，则可用测定转子电流的方法来测关节的力。如关节由油压装置带动，则可由测背压的方法来测定力的大小。这种测力装置的程序中包括对重力和惯性力的补偿。此法的优点是不需分散的传感器。但测量精度和分辨率受手的惯性负荷及其位置变化的影响，还要受自身关节不规则的摩擦力矩的影响。

应变式关节力传感器。应变式关节力传感器实验装置是在斯坦福机器人上改装进行的。在机器人的第1、2关节的谐波齿轮的柔轮的输出端安装一联接输出轴的弹性法兰盘。在其衬套上贴应变片，直接测出力矩，并反馈至控制系统进行力和力矩的控制。衬套弹性敏感部位厚2mm宽5mm，其优点是不占额外空间，计算方法简单，响应快。

图22-5为关节力传感器略图。

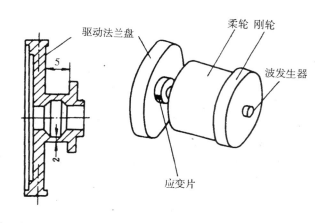

图 22-5 应变式关节力传感器

二、腕力传感器

机器人在完成装配作业时,通常要把轴、轴承、垫圈及其他环形零件装入到别的零部件中去。其中心任务一般包括确定零件的重量,将轴类零件插入孔里,调准零件的位置,拧动螺钉等。这些都是通过测量并调整装配过程中零件的相互作用力来实现的。

通常可以通过一个固定的参考点将一个力分解成三个互相垂直的力和三个顺时针方向的力矩,传感器就安装在固定参考点上,此传感器要能测出这六个力(力矩),因此,设计这种传感器时要考虑一些特殊要求,如交叉灵敏度应很低,每个测量通道的信号只应受相应分力的影响,传感器的固有频率应很高,以便使作用于手指上的微小扰动力不致产生错误的输出信号。这类腕力传感器可以是应变式的、电容式的或压电式的。

图 22-6(a)是一种筒式六自由度腕力传感器。铝制主体呈圆筒状,外侧由八根梁支撑,手指尖与手腕部相连接。指尖受力时,梁受影响而弯曲,从粘贴在梁两侧的八组应变片(R_1 与 R_2 为一组)的信号,就可算出加在 X、Y、Z 轴上的力与各轴的转矩。图中 P_{r^+}、P_{r^-}、P_{x^+}、P_{x^-}、Q_{y^+}、Q_{y^-}、Q_{x^+}、Q_{x^-} 为各根梁贴应变片处的应变量。设力为 F_x、F_y、F_z,转矩为 M_x、M_y、M_z,则力与转矩的关系可表示如下

$$F_x \propto P_{y^+} + P_{y^-} \qquad (22-5)$$

$$F_y \propto P_{x^+} + P_{x^-} \qquad (22-6)$$

$$F_z \propto Q_{x^+} + Q_{x^-} + Q_{y^+} + Q_{y^-} \qquad (22-7)$$

$$M_x \propto Q_{y^+} - Q_{y^-} \qquad (22-8)$$

$$M_y \propto -Q_{x^+} + Q_{x^-} \qquad (22-9)$$

$$M_z \propto P_{x^+} - P_{x^-} - P_{y^+} + P_{y^-} \qquad (22-10)$$

每根梁上的缩颈部分,是为了减小弯曲刚性,加大应变片部分的应变量而设计的。

图 22-6(b)为挠性件十字排列的腕力传感器。应变片贴在十字梁上,用铝材切成框架,其内的十字梁为整体结构;为了增强其敏感性,在与梁连接处的框臂上,还要切出窄缝。该传感器可测 6 个自由度的力和力矩。其信号由 16 个应变片组成 8 个桥式电路输出。

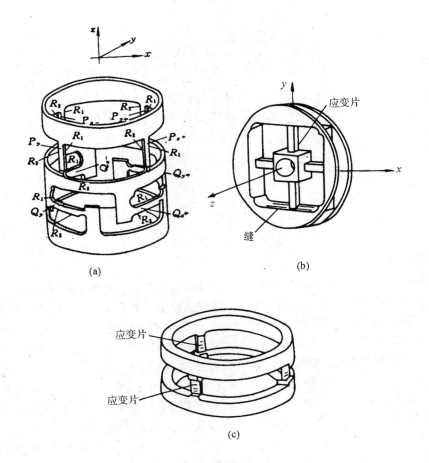

(a)

(b)

(c)

图 22－6　腕力传感器

图 22－6(c)的腕力传感器是在一个整体金属盘上将其侧壁制成按 120°周向排列三根梁,其上部圆环上有螺钉孔与手腕末端连接,下部盘上有螺孔与挠性杆连接,测量电路排在盘内。

腕力传感器的发展呈现两个趋势,一种是将传感器本身设计得比较简单,但需经过复杂的计算求出传递矩阵,使用时要经过矩阵运算才能提取出六个分量,这类传感器称为间接输出型腕力传感器;另一种则相反,传感器结构比较复杂,但只需简单的计算就能提取六个分量,甚至可以直接得到六个分量,这类传感器称为直接输出型腕力传感器。

三、基座力传感器系统

此类传感器装在基座上,机械手装配时用来测量安装在工作台上工件所受的力。此力是装配轴与孔的定位误差所产生的。测出力的数据用来控制机器人手的运动。基座传感器的精度低于腕力传感器。图 22－7 为可分离的基座传感器系统。

还有一种基座力传感器系统,由装在工作台上的三块铝板构成(40cm×2.5cm)。中间一块板上部内装有与上板相连接的 4 个垂直排列的力传感器,中间板下部有相同的四个水平排列的力传感器,并与下板相连,用以测量纵横力。

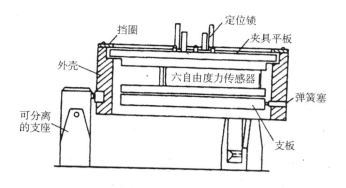

图 22－7　基座力传感器

四、力觉传感器在装配作业中的作用

图 22－8 是精密装配的自适应微调定心装置的计算机—传感器—伺服调节系统方块图。该系统将传感器的信号轻微型计算机或微处理机进行处理后送至微调伺服装置进行装配校正,或传至主机,当手指的力超过阈值时可令手臂制动。

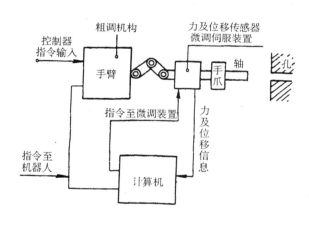

图 22－8　微调定心装置计算机—传感器—伺服调节系统方块图

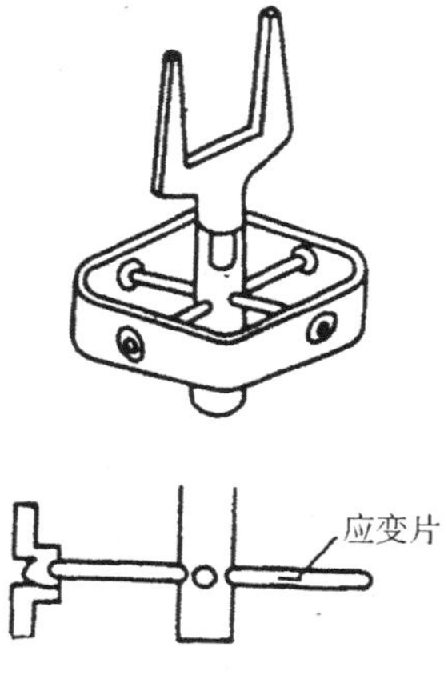

图 22－9　腕部力传感器

　　该系统中用于装配作业的机器人,其内部的腕力传感器可测出操作机械手终端链节与手指间的三个分力及三个力矩。腕力传感器由一个弹性(或挠性)组件和一个以挠曲应变来测量轴的力和力矩的传感器构成,如图 22－9、图 22－10 所示。图 22－11 为此类传感器受力分析示意图。

　　腕力传感器大多用于轴孔插入装配的测力定心系统。亦可用来上螺钉、螺栓、芯部件安装及轴承安装等。现以装配轴为例,说明其工作原理。

　　从图 22－12 看,轴插入孔时,有两类不同的初始位置(有时两者同时兼有),即存在着两类中心误差。装配的任务,就是要修正此两种误差,使轴顺利导入,也就是通过微调定心的办法进行装配。由于此两种误差存在,接触时必然存在着两种不同的接触力的模式

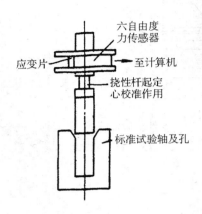

图 22-10　带有挠性杆的六自由度力传感器

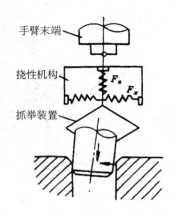

图 22-11　插轴时的受力分析示意图

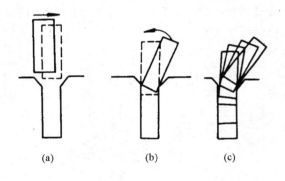

(a)　　　　　(b)　　　　　(c)

图 22-12　初始位置误差及校正的方向和后续修正
(a)中心线位置误差　(b)中心线角位置误差
(c)轴逐次校正装入孔内

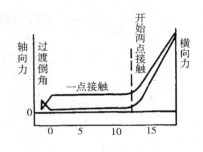

图 22-13　中心线具有线位置误差
插入过程力的变化规律
(轴直径 12.7mm,间隙 50μm
中心线位置差 6mm,角误差 0°)

(见图 22-13、22-14、22-15)。而插入过程中每一不同的未来位置(见图 22-12、22-15),都有一系列的力或力矩的数值与之相对应。经估算试验找出力和位置的关系,编入程序,存入计算机内。再将装配过程中实测力的信息输入计算机,进行比较,使计算机发出指令,使手指带动插入件(如轴)作某种补偿修正(如:一定的单稳或倾斜转动)。校准中心后,将轴平稳插入孔内。

如果所测的力达到某种阈值,计算机可能发出指令停机,以防破坏机件(如楔死,卡死等)。特别是无孔口倒角导向、高速压配和装配时对力的测定和控制更显得重要。

此类传感器的任务就是测得轴插入孔过程中力(或挠性件的变形)的信息,并反馈至计算机控制系统,控制销轴的后续补偿运动,以保证完成装配。

传感器测得力的数据可由表盘显示,以便在对机器人进行装配作业时,观察力的数值,以教给机器人装配时手指带动轴的正确运动。机器人在进行每个轴的装配过程中,传感器还可以将其测得的力的实际值送到计算机,控制手的运动,进行微调纠正。

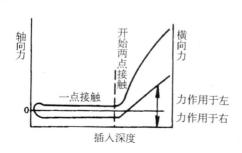

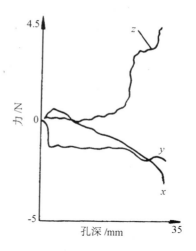

图 22 – 14　中心线具有位置误差及
角误差插入过程力的变化规律

（轴直径 12.7mm，间隙 20μm，中心线位置差 4mm，角误差 18°）

图 22 – 15　手动装配销轴实测力

目前，国外力传感器的研究，朝向大负荷、高分辨率、算法简单、处理速度快、可靠性高等方向发展，以适应大工作、精密配合、紧密以及高速度装配的要求。

此外，小型化、集成式传感器，固体电路、光敏元件等半导体的力传感器正在发展之中。

22.2.4　滑觉

机器人要抓住属性未知的物体时，必须确定自己最适当的握力目标值，因此需检测出握力不够时所产生的物体滑动。利用这一信号，在不损坏物体的情况下，牢牢抓住物体。为此目的设计的滑动检测器，叫做滑觉传感器。

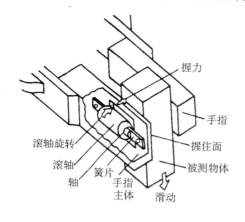

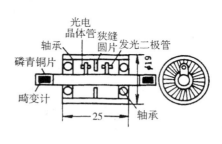

图 22 – 16　滑筒式滑觉传感器

（a)轴向图　　　（b)滚轴剖面图

图 22 – 16 所示是利用光学系统的滑觉传感器。用簧片固定在手指主体上作为检测

体的滚轴。在手指张开的状态下,手指突出握住面1mm。闭拢手指握住物体时,板簧弯曲,滚轴后退至手指的握住面,物体被整个手指面握住。滚轴表面贴有胶膜,滚轴能顺利地旋转。为检测其旋转位移,采用了位于滚轴内的刻有30条狭缝的圆板与光学传感器。这样,可以获得对应于滑动位移的电压(脉冲信号)。这种触觉可以遍布于手指的把握面,从而检测出滑动来。可是,如果物体的滑动方向不同,滑动检测的灵敏度就会下降。上述簧片用磷青铜片制成,表面安装有畸变计,这样仍可检测出握力。

图22-17为一种球形滑觉传感器。该传感器的主要部分是一个如同棋盘一样,相间地用绝缘材料盖住的小导体球。在球表面的任意两个地方安上接触器。接触器触头接触面积小于球面上露出的导体面积。球与被握物体相接触,无论滑动方向如何,只要球一转动,传感器就会产生脉冲输出。应用适当的技术,该球的尺寸可以获得很小,减小球的尺寸和传导面积可以提高检测灵敏度。

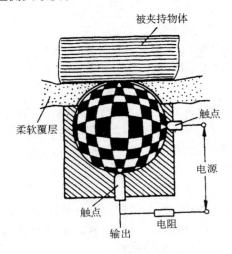

图22-17 球形滑觉传感器

图22-18所示是一种利用光纤传感器的强度调制原理做成的可以检测滑觉和压觉信号的传感器。传感器弹性元件的顶端是力的接触面。其内部有一反射镜,面形为抛物

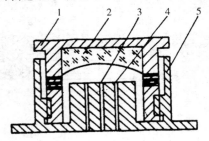

图22-18 光纤式滑(压)觉传感器

1—弹性元件 2—光反射镜 3—发射光纤
4—接收光纤 5—传感器底座

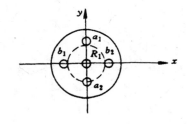

图22-19 在某一圆周上分布的接收光纤

面 $y^2 + z^2 = 2px$。发射和接收光纤的端面位于抛物面的焦平面附近,其工作原理是:当有力作用时,通过弹性元件的变形使发射和接收光纤的端面与反射面之间的距离发生变化,接收光纤所接收到的光强也随之变化,如果得出位移和转角的确定关系,便可得出本传感器的输入输出转换关系。为了得到滑觉信号,用多根并有一定的分布规律的接收光纤,例如按图 22-19 所示以半径 R_1 的圆周分布。建立如图 22-20 所示的坐标系,图 22-20(a)表示只有压觉时光反射面随弹性体在 x 轴方向的平移;图 22-20(b)表示有滑觉时光反射面随弹性体绕 z 轴的旋转;发射光纤,接收光纤及光反射面之间在几何光学上的对应关系分别如图 22-20(c)和(d)所示。图中 $P_0(x_0,y_0)$ 为出射光锥与反射面的交点,$P_1(x_1,y_1)$ 为反射光线与接收平面的交点。当它绕 z 轴沿逆时针方向旋转时,图 22-19 中分布在 y 轴正方向的接收光纤 a_1 与 y 轴负方向的接收光纤 a_2 中所接收的光强正好向相反方向变化,根据这一原理来判断滑觉的存在及大小。设计合理的 R_1 及其分布,可使接触面上有压觉和滑觉时,接收光强变化最为敏感。

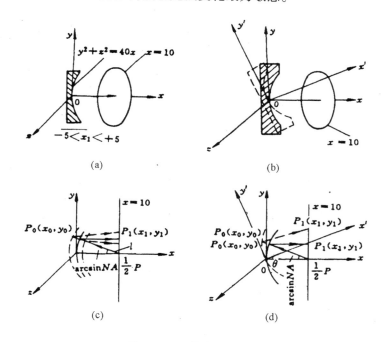

图 22-20 传感器坐标系

22.3 接近觉传感器

接近觉是指机器人能感知相距几毫米至几十厘米内对象物或障碍物的距离、对象物的表面性质等的传感器。其目的是在接触对象前得到必要的信息,以便后续动作。这种感觉是非接触的,实质上可以认为是介于触觉和视觉之间的感觉。

接近觉传感器有电磁式、光电式、电容式、气动式、超声波式、红外式等类型。

一、电磁式

成块的金属置于变化着的磁场中时,或者在固定磁场中运动时,金属体内就要产生感应电流,这种电流的流线在金属体内是闭合的,称之为涡流。涡流的大小随对象物体表面与线圈的距离大小而变化。如图 22-21 所示,高频信号 i_s 施加于邻近金属一侧的电感线圈 L 上,L 产生的高频电磁场作用于金属板的表面。由于趋肤效应,高频电磁场不能透过具有一定厚度的金属板,而仅作用于表面的薄层内,而金属板表面感应的涡流产生的电磁场又反作用于线圈 L 上,改变了电感的大小(磁场强度的变化也可用另一组检测线圈检测出来),从而感知传感器与被接近物体的距离大小。

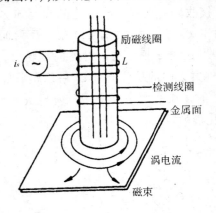

图 22-21　电磁式接近觉传感器　　　　图 22-22　平板电容器

这种传感器的精度比较高,响应速度快,而且可以在高温环境下使用。由于工业机器人(如焊接机器人)的工作对象大多是金属部件,因此这种传感器用得较多。

二、电容式

电容式接近觉传感器的工作原理可用图 22-22 所示的平板电容器来说明。当忽略边缘效应时,平板电容器的电容为

$$C = \frac{\varepsilon A}{d}$$

$$= \frac{\varepsilon_r \varepsilon_0 A}{d} \qquad (22-11)$$

式中,A——极板面积;d——极板间距离;ε_r——相对介电常数;

ε_0——真空介电常数;$\varepsilon_0 = 8.85 \times 10^{-12}$ F·m^{-1};ε——电容极板间介质的介电常数。

由式(22-11)可知电容的变化反映了极板间的距离的变化,即反映了传感器表面与对象物体表面间距离的变化。将这个电容接在电桥电路中,或者把它当做 RC 振荡器中的元件,都可检测出距离。

电容式接近觉传感器具有对物体的颜色、构造和表面都不敏感且实时性好的优点。但一般的电容式接近觉传感器是将传感器本身作为一个极板,被接近物作为另一个极板。这种结构要求障碍物是导体而且必须接地,并且容易受到对地寄生电容的影响。

下面介绍一种新型的电容接近觉传感器,其结构与一般的电容式传感器不同,能检测金属和非金属对象物体。

如图 22-23 所示,传感器本体由两个极板构成,其中极板 1 由一固定频率的正弦波

电压激励,极板 2 外接电荷放大器,0 为被接近物,在传感器两极板和被接近物三者间形成一交变电场。当靠近被测对象物时,极板 1、2 之间的电场受到了影响,也可以认为是被接近物阻断了极板 1、2 间连续的电力线。电场的变化引起极板 1、2 间电容 C_{12} 的变化。由于电压幅值恒定,所以电容的变化又反映为极板 2 上电荷的变化。

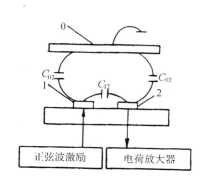

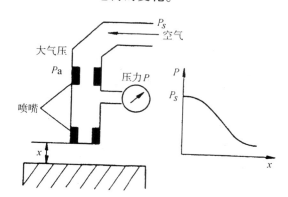

图 22 - 23　电容接近觉传感器原理图

图 22 - 24　气动式接近觉传感器原理

在实际检测时,只需将电容 C_{12} 的变化转化成电压的变化,并导出电压与距离的对应关系,就可以根据实测电压值确定当前距离。

这种形式的电容接近觉传感器使用时,被检测对象可以是不接地的,另外也能检测非导体物体(其引起极板 1、2 间电容变化的原理有待进一步研究)。

三、气动式

气动式接近觉传感器的原理如图 22 - 24 所示。由一个较细的喷嘴喷出气流,如果喷嘴靠近物体,则内部压力会发生变化,这一变化可用压力计测量出来。图中的曲线表示在某种气压源 P_s 的情况下,压力计的压力与距离之间的关系。这种传感器的特点是结构简单,尤其适合于测量微小间隙。

四、超声波式,红外线式,光电式

超声波式接近觉传感器适用于较长距离和较大物体的探测,例如对建筑物等进行探测,因此,一般把它用于移动机器人的路径探测和躲避障碍物。

红外线式接近觉传感器可以探测到机器人是否靠近人类或其他热源,这对安全保护和改变机器人行走路径有实际意义。

光电式接近觉传感器的应答性好,维修方便,目前应用较广,但使用环境受到一定的限制(如对象物体颜色、粗糙度、环境光度等)。

22.4　视觉传感器

22.4.1　机器人视觉

人的视觉是以光作为刺激的感觉,可以认为眼睛是一个光学系统,外界的信息作为影像投射到视网膜上,经处理后传到大脑。视网膜上有两种感光细胞,视锥细胞主要感受白天的景象,视杆细胞感受夜间景象。人的视锥细胞大约有 700 多万个,是听觉细胞的

3000 多倍,因此在各种感官获取的信息中,视觉约占 80%。同样对机器人来说,视觉传感器也是最重要的传感器。视觉作用的过程如图 22－25 所示。

三维实物(立体) ──传感器──→ 二维图像(平面) ──图像处理──→ 景像描述

图 22－25　视觉作用过程

客观世界中三维实物经由传感器(如摄像机)成为平面的二维图像,再经处理部件给出景像的描述。应该指出,实际的三维物体形态和特征是相当复杂的,特别由于识别的背景千差万别,而机器人上视觉传感器的视角又时刻在变化,引起图像时刻发生变化,所以机器人视觉在技术上难度是较大的。

机器人视觉系统要能达到实用,至少要满足以下几方面的要求。首先是实时性,随着视觉传感器分辨率的提高,每帧图像所要处理的信息量大增,识别一帧图像往往需要十几秒,这当然无法进入实用。随着硬件技术的发展和快速算法的研究,识别一帧图像的时间可在 1s 左右,这样才可能满足大部分作业的要求。其次是可靠性,因为视觉系统若作出误识别,轻则损坏工作和机器人,重则可能危及操作人员的生命,所以必须要求视觉系统工作可靠。再次是要求要有柔性,即系统能适应物体的变化和环境的变化,工作对象比较多样,能从事各种不同的作业。最后是价格要适中,一般视觉系统占整个机器人价格 10%～20% 比较适宜。

在空间中判断物体的位置和形状一般需要两类信息:距离信息和明暗信息。视觉系统主要用来解决这两方面的问题。当然作为物体视觉信息来说还有色彩信息,但它对物体的识别不如前两类信息重要,所以在视觉系统中用得不多。获得距离信息的方法可以有超声波、激光反射法、立体摄像法等;而明暗信息主要靠电视摄像机、CCD 固态摄像机来获得。

与其他传感器工作情况不同,视觉系统对光线的依赖性很大。往往需要好的照明条件,以便使物体所形成的图像最为清晰,复杂程度最低,检测所需的信息得到增强,不至于产生不必要的阴影、低反差、镜面反射等问题。

带有视觉系统的机器人还能完成许多作业,例如识别机械零件并组装泵体、汽车轮毂装配作业、小型电机电刷的安装作业、晶体管自动焊接作业、管子凸像焊接作业、集成电路板的装配等。对特征机器人来说,视觉系统使机器人在危险环境中自主规划,完成复杂的作业成为可能。

视觉技术虽然只有短短的一二十年发展时间,但其发展是十分迅猛的。由一维信息处理发展到二维、三维复杂图像的处理,由简单的一维光电管线阵传感器发展到固态面阵 CCD 摄像机,在硬软件两方面都取得了很大的成就。目前这方面的研究仍然是热门课题,吸引了大批科研人员,视觉技术未来的应用天地是十分广阔的。

22.4.2　视觉传感器

一、人工网膜

人工网膜是用光电管阵列代替网膜感受光信号。其最简单的形式是 3×3 的光电管矩阵,多的可达 256×256 个像素的阵列甚至更高。

现以 3×3 阵列为例进行字符识别。像分为正像和负像两种,对于正像,物体存在的部分以"1"表示,否则以"0"表示,将正像中各点数码减 1 即得负像。以数字字符 1 为例,由 3×3 阵列得到的正、负像如图 22-26 所示,若输入字符 I,所得正、负像如图 22-27 所示。上述正负像可作为标准图像储存起来。如果工作时得到数字字符 1 的输入,其正、负像可与已储存的图像进行比较,结果见表 22-2。我们把正像和负像相关值的和作为衡量图像信息相关性的尺度,可见在两者比较中,是 1 的可能性远较是 I 的可能性要大,前者总相关值为 9,等于阵列中光电管的总数,这表示所输入的图像信息与预先存储的图像 1 的信息是完全一致的,由此可判断输入的数字字符是 1 不是 I 或其他。

$$\text{正像}\quad \begin{matrix} 0 & 1 & 0 \\ 0 & 1 & 0 \\ 0 & 1 & 0 \end{matrix} \qquad \text{负像}\quad \begin{matrix} -1 & 0 & -1 \\ -1 & 0 & -1 \\ -1 & 0 & -1 \end{matrix} \qquad\qquad \text{正像}\quad \begin{matrix} 1 & 1 & 1 \\ 0 & 1 & 0 \\ 1 & 1 & 1 \end{matrix} \qquad \text{负像}\quad \begin{matrix} 0 & 0 & 0 \\ -1 & 0 & -1 \\ 0 & 0 & 0 \end{matrix}$$

图 22-26　字符 1 的正、负像　　　　　　　　　　　　　图 22-27　字符 I 的正、负像

表 22-2

	与 1 比较	与 I 比较
正像相关值	3	3
负像相关值	6	2
总相关值	9	5

二、光电探测器件

最简单的单个光探测器是光导管和光敏二极管,光导管的电阻随所受的光照度而变化,而光敏二极管像太阳能电池一样是一种光生伏特器件,当"接通"时能产生与光照度成正比的电流,它可以是固态器件,也可以是真空器件,在检测中用来产生开/关信号,用来检测一个特征式物体的有无。

固态探测器件可以排列成线性阵列和矩阵阵列使之具有直接测量或摄像的功能,例如要测量的特征或物体以影像或反射光的形式在阵列上形成图像,可以用计算机快速扫描各个单元,把被遮暗或照亮的单元数目记录下来。

固态摄像器件是做在硅片上的集成电路,硅片上有一个极小的光敏单元阵列,在入射光的作用下可产生电子电荷包。硅片上还包含有一个以积累和存储电子电荷的存储单元阵列,一个能按顺序读出存储电荷的扫描电路。

目前用于非接触测试的固态阵列有自扫描光敏二极管(SSPD)、电荷耦合器件(CCD)、电荷耦合光敏二极管(CCPD)和电荷注入器件(CID),其主要区别在于电荷形成的方式和电荷读出方式不同。

在这四种阵列中使用的光敏元件,既有扩散型光敏二极管,也有场致光探测器,前者具有较宽的光谱响应和较低的暗电流,后者往往反射损失较大并对某些波长有干扰。

读出机构有数字或模拟移位寄存器,在数字移位寄存器中,控制一组多路开关,将各探测单元中的电荷顺次注入公共母线,产生视频输出信号,由于所有开关都必须联到输出

线上,所以它的电容相当大,从而限制了能达到的信噪比。

模拟移位寄存器则是把所有存储的电荷同时从探测单元注入到寄存器相应的门电路中去。移位寄存器的作用相当于一个串行存取存储器,电荷包间断地从一个门传输到另一个门。并在输出门检测与每个门相关的电荷,从而产生视频信号输出。因为只有最后一个输出门与输出线相连,所以输出线的电容较小,有较好的信噪比。

目前在机器人视觉中采用的以 CCD 器件占多数,单个线性阵列已达到 4096 单元,CCD 面阵已达到 512×512 及更高。利用 CCD 器件制成的固态摄像机与光导摄像管式的电视摄像机相比有一系列优点,如较高的几何精度,更大的光谱范围,更高的灵敏度和扫描速率,结构尺寸小,功耗小,耐久可靠等。

22.5　听觉、嗅觉、味觉及其他传感器

一、听觉

听觉也是机器人的重要感觉器官之一。由于计算机技术及语音学的发展,现在已经实现用机器代替人耳,通过语音处理及辨识技术识别讲话人,还能正确理解一些简单的语句。然而,由于人类的语言是非常复杂的,无论哪一个民族,其语言的词汇量都非常大,即使是同一个人,他的发音也随着环境及身体状况有所变化,因此,使机器人的听觉具有接近于人耳的功能还相差甚远。

从应用的目的来看,可以将识别声音的系统分为两大类:发言人识别系统及语义识别系统。

发言人识别系统的任务,是判别接收到的声音是否是事先指定的某个人的声音,也可以判别是否是事先指定的一批人中哪个人的声音。

语义识别系统可以判别语音是什么字或短语、句子,而不管说话人是谁。

为了实现语音的识别,主要的就是要提取语音的特征。一句话或一个短语可以分成若干个音或音节,为了提取语音的特征,必须把一个音再分成若干个小段,再从每一小段中提取语音的特征。语音的特征很多,对每一个字音就可由这些特征组成一个特征矩阵。

识别语音的方法,是将事先指定人的声音的每一个字音的特征矩阵存储起来,形成一个标准模式。系统工作时,将接收到的语音信号用同样的方法求出它们的特征矩阵,再与标准模式相比较,看它与哪个模式相同或相近,从而识别该语音信号的含义,这也是所谓模式识别的基本原理。

机器人听觉系统中的听觉传感器的基本形态与麦克风相同,所以在声音的输入端方面问题较少。

二、嗅觉

嗅觉就是检测空气中的化学成分、浓度等的功能。在放射线、高温煤烟、可燃性气体以及其他有毒气体的恶劣环境下,开发检测放射线、可燃气体及有毒气体的传感觉是很重要的。这对于我们了解环境污染、预防火灾和毒气泄漏报警具有重大的意义。

嗅觉传感器主要是采用气体传感器、射线传感器等。

三、味觉及其他

味觉是指对液体进行化学成分的分析。实用的味觉方法有 pH 计、化学分析器等。

一般味觉可探测溶于水中的物质,嗅觉探测气体状的物质,而且在一般情况下,当探测化学物质时嗅觉比味觉更敏感。

此外,还有纯工程学的传感器,例如检测磁场的磁传感器,检测各种异常的安全用传感器(如发热、噪声等)和电波传感器等。

总之,机器人传感器是机器人研究中必不可缺的课题。虽然,目前机器人在感觉能力和处理意外事件的能力还非常有限,但可预言,随着新材料、新技术的不断出现,新型实用的机器人传感器将会获得更快的发展。

参 考 文 献

[1]   南京航空学院,北京航空学院合编.传感器原理.北京:国防工业出版社,1980

[2]   郭振芹主编.非电量电测量.北京:计量出版社,1984

[3]   Hermann Neubert K P. Instrument Transducers – An Introduction to their Perfomance and Dcsign 2nd Ed,Oxford Clarendon Press, 1975

[4]   刘迎春,叶湘滨编著.新型传感器及其应用.长沙:国防科技大学出版社,1989

[5]   Liu Y C,Wang P. A Smart Pieroresistive Prdssure Transducer,CISA 1989,89 – 0720

[6]   刘迎春等.压阻式智能压力传感器的研究.传感器技术,1989,(1)

[7]   [苏]ЕⅡ奥萨奇主编.机械量测量用传感器的设计.北京:计量出版社,1984

[8]   严钟豪,谭祖根主编.非电量电测技术.北京:机械工业出版社,1983

[9]   黄长艺,卢文祥编.机械制造中的测试技术.北京:机械工业出版社,1981

[10] 严普强,黄长艺主编.机械工程测试技术基础.北京:机械工业出版社,1985

[11] 许大才.机械量测量仪表.北京:机械工业出版社,1980

[12] [日]杉田稔著.传感器及其应用.卢肇英,吴立龙译.北京:中国铁道出版社,1984

[13] 吉林工业大学农机系,第一机械工业部农业机械科学研究院编.应变片电测技术.北京:机械工业出版社,1978

[14] 铁道部科学研究院铁道建筑研究所编.电阻应变片.北京:人民铁道出版社,1979

[15] 王绍纯主编.自动检测技术.北京:冶金工业出版社,1985

[16] 山东大学压电铁电物理教研室编.压电陶瓷及其应用.济南:山东人民出版社,1974

[17] 铁道部建筑研究所编.电阻应变式压力传感器.北京:人民铁道出版社,1979

[18] 蔡其恕主编.机械量测量.北京:机械工业出版社,1981

[19] 强锡富主编.几何量电测量仪.北京:机械工业出版社,1981

[20] 刘地利编著.非电量电测技术.长沙:国防科技大学出版社,1991

[21] ВN费奥多谢夫.精密仪器弹性元件的理论与计算.北京:科学出版社,1963

[22] 初允绵主编.仪表结构设计基础.北京:机械工业出版社,1979

[23] 刘广玉,庄肇康编.仪表弹性元件.北京:国防工业出版社,1981

[24] 曾宪佐.光导纤维传感器在测量领域中的应用.自动化仪表,1985,(9)

[25] 颜怡生.光纤应用传感器.传感器技术,1983,(4)

[26] John Easton C. PRESSURE MEASUREMENT USING'SMART' TRANSDUCERS CISA,1985 – Paper:85 – 0833   0065 – 2814

[27] 徐同举编著.新型传感器基础.北京:机械工业出版社,1987

[28] 袁希光主编.传感器技术手册.北京:国防工业出版社,1986

[29] 秦自楷等编.压电石英晶体.北京:国防工业出版社,1980

[30] 柳昌庆编.实验方法与测试技术.北京:煤炭工业出版社,1985

[31] 张福学.传感器的功能化与集成化.传感器技术,1986.3

[32] 大越孝敬.光学纤维基础.北京:人民邮电出版社,1980

[33] Tayor H F. Fiber optic sensors oonference on Integrated Optics, London, England, Sept. 1981:14 – 15

[34] Third Intemational conference on Optical Fibre sensors, U. S. A. February, 1985

［35］ 张国顺,何家祥,肖桂香.光纤传感技术.北京:水利电力出版社,1988

［36］ 刘瑞复,史锦珊主编.光纤传感器及其应用.北京:机械工业出版社,1987

［37］ 林强,王效敬.反射耦合型光纤位移传感器.传感器技术,1986,1

［38］ First Intemational conference on Optical Fibrc Sensors, London England April, 1983

［39］ Second Intemational conference on Optical Fiber Sensors, Gemany, 1984

［40］ 王以铭编著.电荷耦合器件原理与应用.北京:科学出版社,1987.

［41］ 黄昆,韩汝琦.半导体物理基础.北京:科学出版社,1979

［42］ C H 塞甘著.电荷转移器件.王以铭译.北京:科学出版社,1979

［43］ G S 霍布森编著.电荷转移器件.吴瑞华,黄振岗译.北京:人民邮电出版社,1983

［44］ Allison J A. 1975 Electronic integrated Ciruritcheir thchnology and design. london: McGraw – Hill

［45］ 刘广玉主编.几种新型传感器 – 设计与应用.北京:国防工业出版社,1988

［46］ 康昌鹤,唐省吾等编著.气、湿敏感器件及其应用.北京:科学出版社,1988

［47］ 莫以豪等.半导体陶瓷及其敏感元件.上海:上海科学技术出版社,1983

［48］ ［日］高桥清编著.传感器技术入门.北京:国防工业出版社,1985

［49］ ［日］高桥清,小长井编著.传感器电子学.北京:宇航出版社,1987

［50］ 骆达福.湿度检测应用综述.自动化与仪器仪表,1983,(2)

［51］ 王力,利小致.湿敏元件及其发展.仪表技术与传感器,1987,(1)

［52］ 张余丰编译.湿度检测的新技术.仪表与未来,1988,(7)

［53］ 黄元龙.半导体湿敏元件.仪表材料,1980,(6)

［54］ 黄荣华.红外技术及其在工业生产中的应用.北京:水力电力出版社,1987

［55］ 纪红编著.红外技术基础与应用.北京:科学出版社,1979

［56］ X A 拉赫马杜林主编.激波管(上册).北京:国防工业出版社,1965

［57］ 何圣静,陈彪编.新型传感器.北京:兵器工业出版社,1993

［58］ 黄俊钦等编.新型传感器原理.北京:航空工业出版社,1991

［59］ 吴兴惠编著.敏感元器件及材料.北京:电子工业出版社,1992

［60］ 袁祥辉主编.固态图像传感器及其应用.重庆:重庆大学出版社,1992

［61］ 鲍敏杭,吴宪平编著.集成传感器,北京:国防工业出版社,1987

［62］ 刘迎春,叶湘滨编著.现代新型传感器原理与应用.北京:国防工业出版社,1998

［63］ 高桥清,庄庆德.展望21世纪新技术革命中的传感器.传感器技术,2001年第20卷第1期

［64］ 安迪生译.生物传感器的现状与展望.国外传感技术,V01. 11　NO. 3